KB135624

초끈이론의 진실

초끈이론의 진실 : 이론 입자물리학의 역사와 현주소 / 피터 보이트 지음 ; 박병철 옮김. -- 서울 : 승산, 2008
p. ; cm

원표제: Not even wrong
원저자명: Peter Woit
색인 수록
영어 원작을 한국어로 번역
ISBN 978-89-6139-017-0 03420 : ₩20000

429.2-KDC4
539.7-DDC21

CIP2008003036

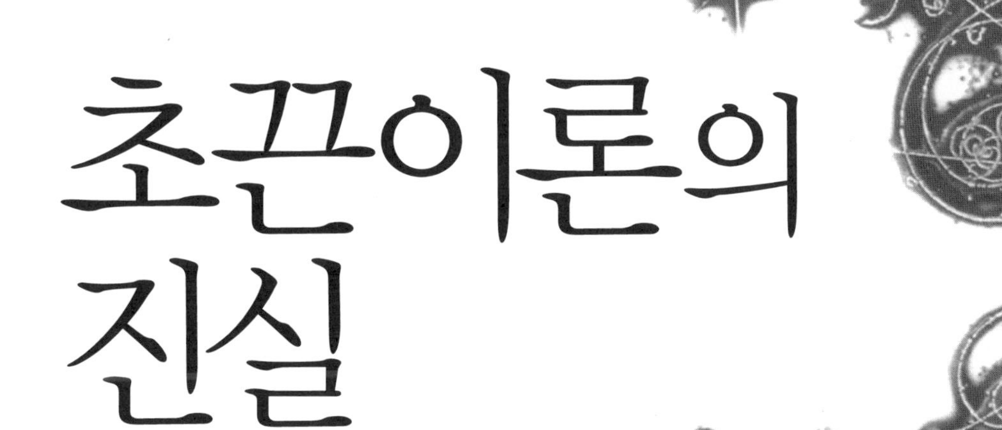

초끈이론의 진실

이론 입자물리학의 역사와 현주소

피터 보이트 지음 | 박병철 옮김

NOT EVEN WRONG

THE FAILURE OF STRING THEORY AND THE CONTINUING CHALLENGE TO UNIFY THE LAWS OF PHYSICS

『초끈이론의 진실』에 대한 찬사

과거 서부 금광의 흥망성쇠를 그대로 반복하고 있는 현대 이론물리학 이야기.

– 사이언티픽 아메리칸(Scientific American)

엄밀한 논리, 매끈한 설명…

– 퍼블리셔스 위클리(Publishers Weekly)

물리학자들에게 경고가 떨어지다. "진리를 찾는답시고 여러 가지 길을 동시에 가려면 돈 달라는 말을 꺼내지 말 것!"

– 뉴 사이언티스트(New Scientist)

"초끈이론이 검증 가능한 예측을 포기한 것은 과학에 대한 배신이다"

– 월 스트리트 저널(Wall Street Journal)

매우 읽기 쉽고 설득력도 강하다… 『초끈이론의 진실』은 무사안일에 빠진 일부 과학자들에게 커다란 경종을 울렸다.

– 선데이 타임즈(The Sunday Times, London)

과학, 철학, 미학, 그리고 놀랍게도 사회학까지 그의 도마 위에 올랐다… 보이트는 초끈이론학자들이 '과학적 유희' 와 '진정한 업적' 을 구별하지 못한다고 지적하고 있다… 위트와 확신에 찬 어조로 초끈이론에 보내는 고소고발장!

– 뉴요커(The New Yorker)

피터 보이트는 과학역사상 그 유래를 찾아볼 수 없는 이론물리학의 기이한 현주소를 냉정하고 설득적이면서 이해하기 쉬운 필체로 설명한다. 전통물리학의 관점에서 볼 때, 초끈이론은 정상적인 이론이 아니라 '이렇게 됐으면 좋겠다'는 희망사항의 집합에 불과하다. 그럼에도 불구하고 초끈이론은 이론 입자물리학의 주류로 군림하고 있다. 아무것도 예견하지 못하는 무력한 이론임에도, 틀렸다고 반증될 수도 없기에 생명을 유지하는 것이다. 이 책을 읽은 독자들은 현대 이론물리학의 현주소를 균형 잡힌 시각으로 바라볼 수 있을 것이다.

– 로렌스 M. 크라우스(Lawrence M. Krauss)

– 『스타트렉의 물리학(The Physics of Star Trek)』『거울속의 물리학: 플라톤에서 끈이론까지... 고차원세계의 찬란한 유혹(Hiding in the Mirror: The Mysterious Allure of Extra Dimensions, from Plato to String Theory and Beyond)』의 저자

초끈이론이 한계에 다다랐음을 강력하게 주장하는 책. 초끈이론은 25년 전에 탄생하여 수십 억 달러의 예산을 지원 받으면서 수천 편의 관련 논문을 양산해 왔으나, 아직도 스스로 옳은 이론임을 입증하지 못했다. 실험으로 검증 가능한 물리량을 하나도 예측하지 못했기 때문이다.

– 『보스턴 글로브(Boston Globe)』지

(보이트는) 수학과 물리학의 경계를 넘나들면서 "수학자들은 물리학으로, 물리학자들은 수학으로 간주하는" 초끈이론의 진실을 조명하고 있다. 초끈이론은 추상적 퍼즐일 뿐인가, 아니면 실재계를 서술하는 궁극의 이론인가? 이 점에 관하여 수학자와 물리학자들은 의견이 엇갈리고 있다. 아인슈타인은 "아름다운 과학이론은 틀릴 가능성이 별로 없다"고 했지만, 지금 이론물리학자들이 틀린 이론을 밀어붙이고 있다면 후대의 학자들에게 커다란 민폐를 끼치게 될 것이다.

– 『이코노미스트(The Economist)』지

아마존 서평

'진주목걸이'

그의 간결한 문체가 좋다. 읽기에 아주 편한 책이다. 이런 유의 책들에서 보석같은 대목을 찾으려면 말의 홍수를 한번씩 거쳐야만 하는데, 『초끈이론의 진실』에는 그런 거추장스러운 방해물이라곤 없다. 한마디로 말하자면 단아한 진주목걸이 같다.

– J. 슐츠(J.Schultz 버몬트 모어타운 거주) Amazon 독자서평

『초끈이론의 진실』은 옳다.

피터 보이트가 기존의 통념에 반대되는 관점을 출판할 권리(심지어 의무)를 가지고 있다는 점을 떠나서, 기존 통념의 대표자들이 끈이론("끈가설"이라 말해야 될지도 모른다)의 현 상황을 알기 쉽고 균형 있게 설명하는 이런 명저를 박대했다는 사실 자체가 그가 무언가를 찾아냈다는 좋은 증거가 된다.

내가 하고 싶은 일은 이런 주제(비전문가의 관점에서)로 이제껏 읽어 보지 못한 훌륭한 책을 써 준 데 대해 보이트에게 감사를 표하는 것이다. 선생님으로서, 그는 자명한 진실이 아닌 것들을 어떻게 설명할 지 확실히 알고 있었다. 그리고 그는 그 일을 재치 있고 총명하게 해 냈다.

이제 끈이론을 이해했다고 말하지는 못하지만, 나는 이 이론이 무엇이며 어떤 것을 그려 내려 하는지 더 잘 이해하게 되었다.

그래서, 피터 보이트에게 감사한다.

– J. 헤일(J. Hale 영국 컴브리아 주 거주) Amazon 독자서평

벌거벗은 임금님은 그 사실을 알리는 우리들을 괴롭힌다.

끈이론은 특이한 현상이다. 그것은 현대 역사 중 가장 "성공적인" 유사 과학인 것이다. 30년간 전례 없는 실험적 정보제공의 부재를 겪었던 고에너지 물리학계의 사정이 끈이론의 촉매가 되었다. 마치 암처럼, 끈이론은 고귀했던 인물들로 이루어진 훌륭한 집단을 모든 자원을 마르게 하면서 자신을 선전하고 끊임없이 세력을 늘리는 자동인형들로 바꾸어 놓았다. 후세의 과학사가들은 열이면 열, 이 기묘한 사건을 연구하는 일로 자신들의 경력을 쌓을 것이다. 그러나 아직 시작되지는 않았다. 이 책은 완전무결하지는 않지만, 이 역사적 현상을 진지하게 인정하고 기록하려는 첫 번째 시도로써 반드시 읽어 봐야만 한다.

– M. 왕(M. Wang 미국 코네티컷 주 거주) Amazon 독자서평

고마워요, 피터.

굉장한 책이다. 이 책에는 읽기 쉬운 부분과 어려운 부분이 공존한다. 그러나 요점은 물리학 연구에 다양성이 필요하다는 것이며, 나는 이에 동의한다. 피터는 끈이론이 자신들의 선전에 어울리지 않는 행보를 보이고 있고, 우리의 연구 기금이 끈이론 만이 아닌 다양한 영역의 연구 계획에 더 잘 쓰일 수 있다는 사실을 알렸다. 여기 나온 펜로즈의 선진적인 아이디어들을 보라. 나는 이 탁월한 접근들에 의거해서 피터 보이트와 리 스몰린, 로저 펜로즈가 물리학 연구 기금 심사위원회에 참여하는 것을 지지한다.

– 조지 "조지"(George "George"미국 오레곤 주 코발리스 거주) Amazon 독자서평

끈이론가로 살고 싶은가? 먼저 이 책을 읽어 보라.

끈이론의 현 상황에 관한 기술적으로 정통하면서도 읽기 쉬운 개관. 물리학 연구에서 끈이론과 함께 하다가 LHC가 초대칭의 증거를 찾아내지 못할 때 직업을 잃을지, 아니면 끈이론과 첫 직업을 동시에 포기할지 자신의 미래를 숙고하는 것은 누구에게나 고된 일이다. 아는 것이 힘이다. 이 책과 리 스몰린의 "The Trouble with Physics" 를 읽고, 그런 다음 결정해라.

– Mr. J. D. 스몰(Mr. J. D. Small 영국 켄트 주 피버샴 거주) Amazon 독자서평

또다시, 임무는 완수되었다.

이 책은 나를 무너뜨린 최후의 일격이었다. 나는 『초끈이론의 진실』을 읽고 나서 끈이론적 물리학 추론과 제안들에 대한 관심을 사실상 잃어버리게 되었다. 나는 이 책이 대안의 제시보다는 표준모형의 성공과 저자가 인지한 끈이론의 쇠퇴를 비교하는 데 주목했다는 점이 마음에 든다. 나는 "틀렸다는 말조차 할 수 없을 정도다not even wrong" 라는 말이 오해하게 만드는 어구이자 접근법이라고 생각한다. 끈 "이론"은 활기차지도, 건설적이지도 않은 연구 계획이다. 통일장 이론은 반증되어야 한다. 끈이론은 확실히 자기 몫보다 더 많은 양의 인력과 자금을 끌어 가며, 솔직히 말해서 끈이론의 가장 사변적인 주장은 그 터무니없음에 비해 과중한 관심을 받고 있다.

이 책 안에서의 단어 사용은, 극도로 주의 깊으면서도 실수가 없다. 처음부터 끝까지 매우 탄탄한 저술이다.

– 마리온 델가도(Marion Delgado 미국 오레곤 주 유진 거주) Amazon 독자서평

목차

일러두기

1. 외래어 표기는 '외래어 표기법'을 따르되, 학계 · 언론 등에서 관행적으로 써 온 표기는 예외로 하였다.
   예) 제임스 시몬스(←사이먼스), 리처드 파인만(←파인먼)

2. 본문의 물리학 수학용어의 표기는 각각 한국물리학회 물리용어 조정안과 대한수학회 수학용어집을 따랐다.

3. 대학교의 경우 '대학교'와 '대학'을 구분하여 표기하였다. 단 주립대학교와 캠퍼스의 경우에는 찾아보기에 올바로 표기하고 본문내에서는 대학교로 통일하였다.
   예) 캘리포니아 주립대학교 버클리 캠퍼스→ 버클리 대학교
   텍사스 주립대학교→ 텍사스 대학교

4. 본문 내 각주는 전부 옮긴이의 주이며 *1, *2, *3.....으로 표기하였다.

⚜ 엘렌에게

이 책의 주제와 관련하여 내가 가진 모든 지식은 수학계와 물리학계 사람들과 오랜 세월 교류하면서 얻어졌다. 그동안 나는 여러 물리학자 및 수학자들과 진지한 토론을 주고받으며 많은 것을 배울 수 있었다. 나에게 도움을 준 사람이 너무 많아서, 그 이름을 다 기억하지 못할까 싶어 걱정이 앞선다. 물론 책을 집필하고 출판하는 동안에도 수많은 사람들의 도움을 받았다.

인터넷 게시판에서 자기네 의견을 불철주야 전파하시는 끈이론가들과 끈이론을 지지하는 물리학자들에게 먼저 영광을 돌린다. 그들은 자신의 이름이 이 책에 올라감을 달가워하지 않겠지만, 어쨌거나 책은 완성되었으니 감사의 뜻을 표해야 도리일 듯싶다. 특히 아론 버그먼Aaron Bergman, 숀 캐롤Sean Carroll, 자크 디슬러Jacques Distler, 로버트 헬링Robert Helling, 클리포드 존슨Clifford V. Johnson, 루버스 모틀Lubos Motle, 모쉬 로잘리Moshe Rozali, 우르스 슈라이버Urs Schreiber에게 감사의 마음을 전한다. 이들의 분투가 없었다면, 이 책은 태어나지 않았을지도 모른다.

지난 몇 년 동안 나에게 용기를 북돋워 준 사람들, 그리고 익명의 지지자들에게도 고맙다는 말을 하고 싶다. 나는 그들과 접하면서 입자물리학의 현 상황에 대해 느끼는 우려가 비단 나 혼자만의 생각이 아님을 알게 되었으며 그것은 이 책을 집필하는 데 커다란 동기가 되었다.

로저 애슬리Roger Astley와 짐 리포프스키Jim Lepowsky를 비롯한 케임브리지 대학교 출판부 편집진 일동에게도 감사의 마음을 전한다. 이 책은 결국 케임브리지에서 출판되진 못했지만, 이들이 원고를 수정해 준 덕분에 훨씬 좋은 만듦새로 세상에 나오게 되었다. 그리고 빈키 어번Binky Urban은 "좋은 책이란 무엇인가?"에 대하여 나에게 천금같은 충고를 들려주었다.

칼 폰 미엔Karl von Meyenn 교수는 파울리가 "Not Even Wrong(틀렸다는 말조차 할 수 없을 정도로 엉터리라는 뜻: 옮긴이)"을 자주 사용했다는 소문이 사실과 다르다고 지적하면서(사실은 나도 조금 걱정스러웠다), 비엔나 서클이 파울리의 사고방식에 미친 영향을 설명해 주었다.

존 호건John Hogan은 책의 주제와 관련된 흥미로운 이야기와 함께 여러 가지 충고를 아끼지 않았고, 수시로 나의 용기를 북돋워 주었다.

내 친구들과 후원자들은 끈이론 운운하며 끊임없이 이어지는 나의 열변을 참을성 있게 들으면서 내 생각을 정리하는 데 많은 도움을 주었다. 특히 오이신 맥기니스Oisin McGuinnes, 네이선 미어볼드Nathan Myhrvold, 피터 올랜드Peter Orland, 에릭 와인스타인Eric Weinstein에게 감사하며, 학문적 도움을 준 컬럼비아 대학교의 동료인 밥 프리드먼Bob Friedman, 존 모건John Morgan, 퐁D.H. Phong, 마이클 태디어스Michael Thaddeus에게도 감사의 말을 전한다.

나는 이 책을 집필하면서 제라드 토프트Gerard 't Hooft, 리 스몰린Lee Smolin, 마틴 벨트만Martin Veltman 등 당대의 석학들과 직접 토론을 나누거나 e-메일을 주고받는 영광을 누렸다. 수학과 물리학에서 막대한 영향력을 발휘하는 마이클 아티야 경Sir Michael Atiyah과 에드워드 위튼Edward Witten도 빼놓을 수 없다. 이들 중 대다수는 나와 물리관이 전혀 달랐지만, 큰 도움이 된 것만은 분명한 사실이다.

또 한 사람의 위대한 물리학자 로저 펜로즈 경Sir Roger Penrose은 이 책의 집필을 크게 환영하면서 출판사까지 주선해 주었다. 그가 베푼 친절과 호의는 평생 잊지 못할 것이다.

이 책의 편집을 맡은 '조너던 케이프Jonathan Cape' 사의 윌 설킨Will Sulkin, 리처드 로렌스Richard Lawrence와 함께 일한 경험도 큰 즐거움이었다. 그들은 나의 딱딱하고 지루한 문체를 뜯어고치지 않고 거의 원문 그대로 살려냈는데, 지금에 와서는 후회하지 않기만을 빌 뿐이다.

마지막으로, 엘렌 핸디Ellen Handy에게 말로 다 못할 고마움을 전한다. 그녀는 지난 몇 년 동안 이 책의 편집을 도우면서 완성도를 크게 높여 주었을 뿐만 아니라, 끝없는 사랑과 헌신으로 나를 독려해 주었다.

입문

물리 세계에 대한 탐구는 호기심 해결이나 학문적 사명감을 떠나서, 인간의 타고난 속성인 듯하다. 과학적 탐구는 조직화된 사회 행위로 지난 한 세기 동안 실로 엄청난 성과를 거두었다. 물리적 실체를 가장 근본 단계에서 탐구하는 지극히 사색적인 행위인 이론물리학은 그동안 제기되어 온 수많은 질문에 아름답고도 설득력 있는 해답을 제시했다. 그러나 이 해답들이 일상어가 아닌 수학의 언어로 주어지는 바람에, 뭇사람이 이해하기에는 적지않은 무리가 따랐다. 최근 몇 백 년 사이 수학 언어는 그 능력과 정교함에서 장족의 발전을 거듭해 물리학에서 제기된 의문을 해결하는 최상의 도구로 떠올랐다.

상대성이론과 양자역학은 20세기 물리학에 일대 혁명을 일으키면서 현대 물리학의 이정표 역할을 해 왔지만, 지금은 '한물 간 이론' 취급을 받는다. 물리학자들은 소립자들 사이의 상호작용을 꾸준히 연구한 끝에 훗날 '표준모형standard model' 이라는 이름으로 불리게 되는 하나의 이론을 1973년에 세상에 내놓았다. 표준모형이론은 물리적 현상의 근원을 설명하는 데 커다란 성공을 거두었으나, "이 모든 자연현상들은 어디서 시작되었으며, 앞으로 어떻게 변해갈 것인가?"라는 더욱 근본적인 질문에는 여전히 꿀 먹은 벙어리였다.

이 책의 목적은 새로운 관점에서 그 해답을 찾는 것이다. 이 '새로운 관점'이 사실 좀 별난 녀석이기에, 독자제위의 이해를 돕기 위해 잠시 나의 개인적인 사연을 소개하기로 한다. 내가 위 질문을 처음 머릿속에 떠올린 때는 1970년대였다. 당시 나는 천문학에 완전히 매료되어 걸신들린 듯 동네 도서관 천문학 서가를 탐독 중이었는데, 온도와 압력, 내부 구성물질에 대한 일련의 방정식으로 별의 구조를 꿰뚫어 본다는 내용을 처음 접하고서 온몸에 소름이 돋는 기분을 느꼈었다. 별까지 직접 가지 않고서도 방정식만으로 그 내부구조를 알아낸다는 발상은 정말로 매혹적이었지만, 나의 의문을 시원하게 풀어 주지는 못했다. 결과를 유도하는 과정에서 내 깜냥 밖의 수학적인 내용으로 가득 찬 생전 처음 보는 물리법칙들이 줄줄이 등장했기 때문이었다. 그때부터 나는 책에 등장한 방정식을 이해하기 위해 수학과 물리학을 파고들기 시작했다.

미적분학과 기초물리학을 공부하면서 가장 놀라웠던 것은, 수학과 물리학이 매우 복잡한 방식으로 서로 얽혀 있다는 점이었다. 뉴턴역학Newtonian mechanics은 입자의 운동과 힘(운동의 원인)을 다루는 물리학의 한 분야로 모든 것이 수학의 미적분학으로 서술된다. 뉴턴이 역학의 이론체계를 세울 적에 미적분학도 같이 개발했기 때문에, 둘 중 하나를 모르면 다른 하나도 제대로 이해할 수 없다. 미적분학의 언어를 이용하면 뉴턴의 운동법칙은 자연의 이치를 설명하는 가장 단순하고도 명쾌한 법칙으로 그 모습을 드러낸다.

그 후 나는 더 많은 물리학 책들을 접하면서 역학 이외의 다른 물리학을 알게 되었고, 마지막에는 현대물리학의 총아라 할 수 있는 양자역학quantum mechanics의 세계에 완전히 빠져들었다. 뉴턴이 창시한 고전역학은 입자의 위치나 속도 등 눈으로 확인할 수 있는 물리량을 다루는 반면, 양자역학을 대표하는 슈뢰딩거Schrödinger의 방정식은 일상적인 경험의 세계와 전혀 무관한 파동함수wave function가 그 대상이었다. 슈뢰딩거의 파동방정식과 파동함수는 '눈에 보이는' 그 무엇으로도 설명되지 않았지만, 물리학자들은 이 희한한 개념을 이용하여 미시세계에서 일어나는 다양한 물리 현상들을 이해하고 앞으로 일어날(원자규모의)사건들을 놀라우리만치 정확하게 예견했다.

내게 특히 감명 깊었던 책은 베르너 하이젠베르크Werner Heisenberg의 『한계를 넘어서Across the Frontier』였다.◆1 이 책은 양자역학의 태동기인 1920년대 하이젠베르크 자신의 경험담을 모아 놓은 일종의 회고록으로, 여기에는 동료들과의 등산길에서 물리적 실체에 대하여 나누었던 긴 토론이 그대로 수록되어 있다. 이때의 이야기들은 슈뢰딩거를 비롯한 몇몇 물리학자들을 크게 자극하여 1925년 양자역학을 탄생시키는 결정적인 계기가 되었다. 1, 2차 세계대전 사이의 독일 상황에 대하여 알아 가면 갈수록, 중요한 통찰을 얻으려 오솔길을 산책하는 하이젠베르크와 그의 도반들의 모습이 내 가슴속 깊이 다가왔다.

내가 양자역학에 매력을 느낀 것은 상식에 부합하지 않는 그 신비한 특성 때문이었다. 대상이 어려우면 어려울수록 정복했을 때 느끼는 성취감도 그만큼 크지 않던가. 나는 양자역학이 제아무리 신비하다 한들 수적천석*1이라고 결국엔 깨우치리라 생각했다. 그 시절 한창 인기였던 동양 종교나 LSD로 얻는 환각과 달리, 이런 종류의 깨달음은(적어도 내가 보기에는) 훨씬 분명하게 느껴질 뿐만 아니라 나에게 잘 맞을 듯했다.

나는 1975년 하버드 대학교에 입학했다. 그리고 얼마 지나지 않아 현대물리학이 50년 전 양자역학 탄생과 함께 불어 닥쳤던 변화의 바람과 견줄 만한 변혁의 문턱에 서 있다는 놀라운 사실을 알게 되었다. 입자물리학의 표준모형이 갓 완성되어 실험 증거들이 홍수처럼 쏟아져 나오고 있었다. 혁명의 주역은 '양자장이론quantum field theory'이었는데, 내가 막 제대로 배워 보려던

---

*1 水滴穿石. 작은 물방울이라도 끊임없이 떨어지면 결국엔 돌에 구멍을 뚫는다.

양자역학의 개선된 유형이었다. 당시 나의 지도교수는 셸던 글래쇼Sheldon Glashow였고 그의 연구실에서 방 한 칸을 지나면 스티븐 와인버그Steven Weinberg의 연구실이 있었다. 두 사람은 표준모형이론에 공헌한 대가로 1979년에 노벨 물리학상을 받았다. 표준모형에서 중요한 발견을 이뤄낸 데이비드 폴리처David Politzer도 같은 건물에서 박사후 과정postdoc*[1]을 밟고 있었다. 폴리처는 얼마 후 프린스턴 대학교에서 온 또 한 명의 포스트닥 에드워드 위튼Edward Witten과 공동연구를 시작했는데, 10년 후 위튼은 이론물리학의 선두주자로 성장하게 된다. 당대의 석학과 천재들이 한 곳에 모인 하버드 물리학과는 언제라도 대형사건을 터트릴 준비가 된 화약고 같은 존재였다.

대학에 다니는 동안 나는 매해 여름방학을 스탠퍼드 선형가속기센터Stanford Linear Accelerator Center에서 보내면서 양자장이론에 통달하려 애썼지만, 결국엔 표준모형의 기본개념과 양자장이론에 대한 막연한 이해만 가지고서 1979년에 프린스턴 대학원 박사과정에 진학하는 입장에 처했다. 이 학교의 물리학과에는 표준모형이론에 위대한 업적을 남긴 데이비드 그로스David Gross교수와 그의 제자인 프랭크 윌첵Frank Wilczek이 있었다. 얼마 후 하버드에 가 있던 위튼이 모교인 프린스턴 대학교 물리학과로 되돌아왔는데, 연구실적이 워낙 뛰어나 테뉴어 트랙tenure track*[2]을 거치지 않고 곧바로 종신교수로 부임하였다. 나로서는 양자장이론을 확실하게 배우며 나만의 연구를 시작할 절호의 기회를 맞이한 셈이었다. 그런데 사실 이 무렵 이론물리학은 침체기로 빠져 들고 있었다. 표준모형의 다음 지위를 노리는 가설들은 사방

*[1] 박사박위를 취득한 다음, 취업이나 교수임용 전 1~2년 급여를 받으며 학교 연구소에 그대로 다니는 일종의 실습과정. 흔히 '포스트닥'이라 칭한다. 이 책에서는 과정의 뜻으로 쓰일 때 '박사후 과정', 박사후 과정 연구원이라는 신분의 뜻으로 쓰일 때 '포스트닥'으로 구분지었다.

*[2] 조교수에서 tanure(종신재임교수)로 올라가기 위한 5~7년간의 심사과정. 미 대학교수 사이에서 '죽음의 길'로 알려져 있다.

에 난무했지만, 성공적인 이론은 단 하나도 없었다.

나는 1984년에 박사학위를 받고 프린스턴을 떠나 뉴욕 주립대 스토니브룩Stony Brook의 이론물리학 연구소Institute for Theoretical Physics에서 3년간의 박사후 과정을 시작했는데, 바로 그해에 초끈이론의 1차 혁명이 일어나면서 입자물리학의 판도가 완전히 뒤바뀌었다(자세한 이야기는 나중에 할 예정이다). 그 후로 3년 동안 포스트닥을 거치면서, 나는 "수학이나 양자장이론으로는 이 바닥에서 살아남기 어렵다. 더 늦기 전에 하루라도 빨리 초끈이론으로 전향해야 한다"는 사실을 분명하게 깨달았다. 나는 이 중압감에 결단을 내리지 못하고 이리저리 망설이다가 박사후 과정을 또다시 시작하게 되었다. 초끈이론의 1차 혁명이 나에게는 불리한 쪽으로 작용한 것이다.

어디까지나 내 전공은 수학에 가까운 양자장이론이었고 뒤늦게 초끈이론으로 뛰어들 생각은 없었기 때문에, 수학 쪽으로 일자리를 알아보기로 마음먹고 케임브리지(하버드 대학교의 소재지)로 돌아왔다. 다행히도 대학 측에서는 무보수 연구원 자격으로 책상을 내주었고, 터프츠Tufts 대학교에서는 나에게 미적분학 수업의 조교를 맡겼다. 그러고 나서 나는 버클리에 있는 수리과학연구소Mathematical Science Research Institute에서 1년 동안 포스트닥을 지낸 후, 컬럼비아 대학교 수학과에 4년 임기의 비정년 교수로 채용되었다.

지금 와서 돌이켜 보면 물리학에서 수학으로의 전향은 현명한 선택이었다. 지금 나는 컬럼비아 대학교에 16년 이상 몸담고 있으며, 종신보장직은 아니지만 정식 교직원급 전임강사로서 수학과의 컴퓨터시스템을 관리하는 일을 맡았다. 또한 나는 학부와 대학원생들에게 수학을 가르치면서 양자장이론과 관련된 수학을 연구하고 있다. 이 정도면 이론물리학을 전공한 학자로서 만족할 만한 성과라고 생각된다.

학자로서의 내 이력은 매우 독특한 편인데, 이것은 내가 유별난 사람이어서가 아니라 중요한 시기마다 운이 따라 주었기 때문이다. 일단 자식을 하버드에 보낼 만한 재력의 부모님이 계신 것부터가 그랬고, 필요할 때마다 주변의 뛰어난 동료들에게서 받은 많은 도움도 아무나 누리지 못할 커다란 행운이었다.

나는 물리학에서 수학으로 전향한 일을 떠올릴 때마다 프랑스에서 살았던 어린 시절이 생각나곤 한다. 수학과 물리학은 서로 호환되지 않는 각자의 언어를 사용하고 있다. 동일한 내용을 서술하는 경우에도 수학과 물리학의 용어는 비슷한 구석이 하나도 없다. 이들 사이의 차이는 일상적인 언어나 문화, 역사, 전통, 또는 사고방식 등의 차이보다 훨씬 크다. 내가 그 시기 새로운 말을 배우느라 엄청 고생했던 것처럼, 물리학에서 수학으로 전향할 때에도 언어를 비롯한 많은 내용을 새로 배워야 한다. 그러나 일단 새로운 환경에 익숙해지면 두 가지 상이한 문화를 한눈에 조망하는 안목이 생긴다. 나는 이 책을 통하여 독자들에게 수학과 물리학의 학술적 차이와 이 둘 사이의 복잡하고도 치밀한 관계를 설명하려 한다. 잘 해낼지 자신은 없지만, 어쨌든 최선을 다 해 볼 생각이다.

내가 물리학을 떠났던 1987년에 '잘 나가는' 이론물리학자들은 거의 대부분 초끈이론을 연구하고 있었으나, 나는 그것이 그다지 유망한 이론이라고 생각하지 않았다. 초끈이론은 같은 시기에 등장했다가 실패로 끝난 다른 많은 이론들과 비슷한 길을 걷고 있었기 때문이다. 그런데 놀랍게도 초끈이론은 표준모형보다 낫다는 증거가 하나도 없음에도 불구하고, 그 후 20년 이상 이론물리학계를 지배해 왔다. 대체 어떤 매력을 가졌기에, 그토록 긴 세월 동안 끈이론은 끈질긴 생명력을 이어가는 것일까? 이 고르디아스의 매듭*[1]을

*[1]고대 프리기아의 왕 고르디아스가 왕이 되던 날, 신전 앞 산딸기나무에 산수유 껍질로 만든 밧줄로 동여맨 매듭. 매듭을 푸는 자가 전 아시아를 지배하게 되리라고 예언했다. 후에 알렉산더가 매듭을 잘라 버림으로써 문제를 해결한다. 그때부터 '고르디아스의 매듭을 풀다'는 복잡한 문제를 지혜롭고 대담한 방법으로 해결함을 뜻하게 되었다.

단칼에 정리하는 것이 바로 이 책의 주된 목적 중 하나이다.

일반인을 대상으로 하는 대부분의 교양과학서적은 과학이 이루어 온 진보와 위대한 성과를 영감어린 필체로 서술하는 데 주안점을 둔다. 최근 출간된 초끈이론 관련도서들도 이 범주를 크게 벗어나진 않았다. 그러나 이 책은 기존 교양과학도서와 조금 다른 의도로 쓰였다. 그 목적은 "커다란 성공을 거두었음에도 불구하고, 결국 그 성공의 희생양이 되어 막다른 길에 다다른" 물리학계를 설명하는 것이다. 초끈이론에 관한 책들처럼 영감어린 설명으로 치장되기는 어렵겠지만, 이는 매우 중요하고도 흥미로운 주제이다.

하이젠베르크, 슈뢰딩거, 디랙과 함께 초기 양자역학을 이끌었던 볼프강 파울리Wolfgang Pauli는 학술토론장에서 상대방을 깔아뭉개기로 유명했다. 그는 '틀렸다wrong/falsch'와 '완전히 틀렸다completely wrong/ganz falsch'라는 표현을 자주 사용했는데, 말년의 그에게 젊은 물리학자가 최근에 쓴 논문을 보여주며 평가를 부탁했을 때 '이건 틀렸다는 말조차 할 수 없을 정도로 엉망이다It is not even wrong/Das ist nicht einmal flasch'라며 가차 없는 혹평을 가했다.◆[2] 그 후로 'not even wrong'이라는 말은 물리학자 사이에 널리 퍼지면서 잘못된 아이디어를 평가하는 전통적인 용어로 자리 잡았다. 비엔나 서클*[1]의 논리실증주의*[2]에 커다란 영향을 받았던 파울리는 자신만의 엄격한 기준으로 타인의 의견을 평가했다. 아이디어가 불완전하여 아무것도 예측할 수 없고, 무엇이 잘못되었는지 검증도 못하는 이론은 파울리가 볼 때 '틀렸다는 말조

---

*[1] 1920년대 초 비엔나 대학교 물리학 교수였던 모리츠 슐리크를 중심으로 한 과학자 및 철학자들의 모임. 대부분 철학자가 아닌 자연과학자였지만, 매주 목요일 슐리크의 집에 모여 철학 문제를 논의했다. 영국에서 새로이 생겨난 경험주의와 논리학을 기반으로 20세기 중반까지 철학에 막강한 영향력을 행사했다.

*[2] 과학의 논리분석 방법을 철학에 적용하고자 하는 사상. 하나의 진술이 경험으로 실증 가능할 때 그 의미를 지닌다고 보았다. 실증의 방법은 경험이고 그것을 논리로 규명해야 한다. 그 기준은 검증가능성이며 명제의 의미는 그 명제를 검증하는 방법과 동일하다.

차 아까운' 엉터리 이론에 불과했다.

1984년까지만 해도 초끈이론은 물리학자들 사이에 거의 알려지지 않은 생소한 이론이었다. 그 후 관련논문들이 홍수 같이 쏟아져 나오면서, 초끈이론은 파울리가 말했던 'not even wrong'의 범주에 속한다는 사실이 분명해졌으며 몇몇 물리학자들은 그 사실을 대놓고 천명하기도 했다.◆3 앞으로도 다시 언급되겠지만, 초끈이론은 잘 정의된well-defined*1 이론이 아니라 이론물리학자들의 '실현되지 않은 희망사항'을 정리해 놓은 것에 불과하다. 이 이론은 무언가를 예견하지도 못하고 (따라서 파울리의 표현대로)틀렸다는 말조차 할 수 없다. 그리고 딱히 틀렸다고 주장할 만한 근거가 없다는 이 사실이, 바로 초끈이론의 생존과 융성을 가능하게 한 원인이다. 여기서 우리는 몇 가지 사실을 분명하게 짚고 넘어가야만 한다. 아무것도 예견하지 못하는 이론을 '과학'이라 부름이 마땅한가? 연구가치가 있는 이론과 그렇지 않은 이론의 차이는 무엇인가? 실험으로 확인이 불가능한 이론이 과학을 지배한다면, 과연 어떤 일이 일어나게 될까?

처음 이런 문제를 다루기로 마음먹었을 때, 나는 책 서두를 양자역학과 입자물리학 약사略史의 고쳐 쓰기에서부터 시작하자고 결심했다. 이 두 분야의 역사에서 수학은 자주 부차적인 문제로 취급되었지만 내 생각은 조금 다르다. 그동안 나는 현대물리학의 발자취를 추적하다가 매우 흥미로운 사실을 발견했다. 양자이론을 창시하고 발전시킨 선구자들 중에 헤르만 바일Herman Weyl이라는 수학자가 있었다. 물리학자들이 양자역학 연구에 여념이 없었던 1925~1926년 사이, 바일은 그들과 꾸준히 의견을 주고받으면서 '군표현론group representation theory'이라는 수학이론을 집중적으로 연구했다. 그는 양자역학을 제대로 이해하려면 그에 해당되는 군표현론이 개발되어야 한

*1 대응(correspondence) X→Y에서 정의역 X의 임의의 한 원소 x에 공역 Y의 단 하나의 원소 y가 대응할 때, 이를 잘 정의된 대응(well-defined correspondence), 또는 함수라 한다.

다는 사실을 누구보다도 잘 알고 있었다. 후에 바일은 양자역학과 표현론을 설명하는 책까지 출판했지만,◆4 물리학자들은 바일의 수학을 양자역학의 어떤 부분에 적용해야 할지 갈피를 잡지 못했다. 바일의 책은 오랜 세월동안 '반드시 읽어야 할 고전' 으로 취급되어 왔으나, 아마도 대다수의 물리학자가 첫 장章 반 이상은 읽지 않았을 것이다.

군표현론은 '대칭*1' 개념을 수학적으로 표현한 이론으로, 1950~1960년대에 입자물리학자들 사이에서 그 중요성이 서서히 부각되다가 1970년대에 이르러 바일의 업적 중 일부가 군표현론에 포함되면서 이론물리학의 정규과목으로 자리 잡게 된다. 그 이후로 입자물리학과 수학은 매우 복잡하게 얽혀 뗄레야 뗄 수 없는 관계가 되었으며, 그 얼개에 대한 설명이 이 책의 목적 중 하나이다.

입자물리학 발달사는 자연이 가지는 새로운 대칭군symmetry groups의 발견 및 대칭군의 표현론representation theory과 밀접하게 관련되어 있다. 내가 초끈 이론을 '실패한 이론' 으로 간주하는 이유는 대칭과 관련된 기본원리가 전혀 없기 때문이다. 이론을 검증할 만한 실험자료가 전무한 상태에서 그나마 일말의 진보라도 이루기를 원한다면, 실패한 계획에 연연하지 말고 자연의 대칭을 더 깊이 이해하는 쪽으로 관심을 돌려야 한다.

*1 Symmetry 대상에 일정한 조작을 가했을 때 변하지 않고 남아 있는 성질.

이 책에 대하여

이 책은 꽤나 복잡한 주제를 다루지만, 지식적 소양이 다른 사람들에게도 쉬이 읽히도록 가름되었다. 그러나 내용 중 불가피하게 물리학이나 수학의 전문지식이 요구되는 부분이 존재한다. 많은 독자들이 그런 대목을 읽으면서 어려움을 느낄는지도 모르겠다.

전문지식을 소개한 장章에서는 복잡한 방정식과 생소한 전문용어의 사용을 가능한 한 자제하되, 어쩔 수 없이 사용하는 경우에는 반드시 충분한 설명을 곁들였다. 전문가의 눈에는 다소 부정확하거나 불필요해 보이는 부분도 있겠지만, 어디까지나 일반 독자들을 혼란에 빠뜨리지 않기 위해 배려한 결과이니만큼 너그럽게 양해해 주기를 바란다. 책에 등장하는 '어렵고 추상적인' 개념들을 주의 깊게 따라가다 보면 현대물리학의 매력을 어느 정도는 음미할 수 있게 될 것이다.

난해한 장들은 일반적인 용어해설과 주요 쟁점을 도입부에 정리해 놓았다. 전문 수학자나 물리학자들은 책을 읽을 때 기술적 내용이 너무 어렵다고 생각되면 자신이 이해할 수 있는 부분으로 건너뛰는 데 매우 익숙하다. 독자제위께서도 어려운 부분과 마주친다면 굳이 다 읽으려 하기보다는 '적절히 건너뛰는' 요령을 발휘하시기를 권한다. 기술적인 내용이 들어있는 장章을 성공적으로 다 읽고서 더 많은 지식을 원하는 독자들은 장의 끝에 달려 있는

《더 읽을거리》를 참고하기 바란다. 사실, 이 책에 언급된 내용 대부분이 달랑 책 한 권만으로 이해하기엔 불가능에 가까운 주제들이다. 제대로 이해하려면 다양한 책을 섭렵하면서 머리에 쥐가 날 정도로 사고력을 발휘해야 한다. 내 목표는 독자에게 모든 내용을 알려 주려 함이 아니라, 현대물리학을 탐험하는 독자들이 길을 잃지 않도록 이정표를 세우고 길을 안내하는 것이다.

이 책은 내용의 상당부분을 과학의 역사에 할애한다. 그런데 400페이지 남짓의 분량으로 그 방대한 역사를 다 담기란 도저히 불가능하기 때문에, 새로운 이론이 발견된 시기와 내용에 관한 세부사항은 대부분 생략했다. 대신에 그런 발견들에 관례적으로 이름 붙여진 수학자나 물리학자에 관한 부가 설명이 들어갔다. 이는 그 사람이 반드시 실제 발견자라는 뜻은 아니다. 내가 하버드에 다니던 시절 물리학과 교수였던 알바로 데 루줄라Alvaro De Rujula는 강의 도중 누군가의 이름이 붙어 있는 개념이나 용어가 나오면 이런 식으로 말하곤 했다. "이것을 와인버그 각도Weinberg angle라고 합니다. 하지만, 이것을 발견한 사람은 와인버그가 아니라 글래쇼였습니다." 또 어떤 날에는 이름으로 명명된 물리학 개념을 설명하다가 한동안 조용히 생각에 잠기더니 이렇게 말했다. "이건 좀 예외적인 경우로군요. 이 사람은 이 개념을 창안한 주인공이 맞습니다."

내가 하는 이야기들은 대부분 이미 정설로 굳어졌기 때문에, 반론의 여지가 없으리라 본다. 이 분야의 전문가들도 역사적인 내용에는 대체로 동의할 것이다. 그러나 이 책의 후반부는 현재 논란의 대상인 첨단 이론물리학을 주로 다루며, 나의 개인적인 의견은 학계의 중론이 아님을 미리 밝혀 두는 바이다. 누구 생각이 옳은지는 독자들이 알아서 판단할 일이다. 그렇다고 전문가가 아닌 독자들에게 "첨단물리학의 진위여부를 판단하라"고 일방적으로 떠넘기는 것도 그리 바람직한 태도는 아니어 보이기에, 기술적인 내용과 나의 학술적 이력을 (이례적으로) 자세히 설명한 것이다.

과학의 매력 중 하나는 새로운 이론의 진위여부를 검증할 때 주창자의 명성이 아무런 역할도 하지 못한다는 점이다. 다시 말해서, 과학에는 '기득권'이라는 단어가 없다. 과학적 진실은 주장하는 사람의 명성과 전혀 무관하다. 이론의 진위여부는 오직 논리적 타당성과 실험 증거에 의해 결정되어야 한다. 실험 증거가 없는 이론이 논쟁의 도마 위에 오르는 것은 너무도 당연한 일이며, 이 책은 바로 그 '도마'의 역할을 자임한다. 특히 초끈이론을 연구하는 물리학자들은 그들만의 집단을 이루어 전통적인 사고방식을 무시하고 다른 사람의 비평을 솔직하게 인정하지 않고 있다. 이것이 이론물리학계에 초끈이론을 열광적으로 환영하는 의견만이 공식적인 평판처럼 떠도는 이유다. 나는 독자들에게 현실의 다른 측면을 보여 주기 위해 이 책을 집필했다. 최종적인 판단은 초끈이론의 실체를 더 정확히 알고 난 후에 내려도 늦지 않다.

1장

새 천년을 맞이한 입자물리학

2003년 교토京部 학술회에서 폐회연설을 맡은 이론물리학자, 데이비드 그로스David Gross는 윈스턴 처칠의 연설을 인용하며 열광적인 분위기 속에서 발언을 마쳤다. “절대, 절대, 절대로 포기하지 마라!!!” 이 문구는 옥스퍼드 졸업생들에게 행한 처칠의 생애 마지막 연설*[1]로 유명하지만, 사실은 2차 대전 중 처칠이 해로 스쿨*[2]운동장에서 한 연설에서 비롯된 야담野談이다.

……이 열 달 동안 내가 얻은 교훈은 이것입니다: 우리 국민은 절대 굴복하지 않습니다. 절대로. 절대. 절대, 절대. — 그들의 위협이 중대하든 사소하든, 크든 작든 간에 — 절대 굴복하지 않습니다. 명예스러운 양심과 양식을 제외하고, 그 무엇에도 우리는 절대 굴복하지 않았습니다.

지난 20여 년 동안 이론물리학을 지배해 왔던 끈이론을 주제로 ‘끈이론

*[1] “포기하지 마라!” “절대로, 포기하지 마라!” “절대로, 절대로 포기하지 마라!” 이 세 마디만 하고서 연단에서 내려왔다는 식으로 많이 알려져 있다.

*[2] Harrow school. 1571년 J. 라이언이 가난한 가정의 아동을 가르치기 위해 창설한 학교. 그 뒤 명문 사립학교로 발전한다. 시인 바이런과 처칠, 인도 수상 네루의 모교이기도 하다.

Strings 2003' 이라는 타이틀로 개최된 이 학회에는 전 세계의 내로라하는 끈 이론학자 수백 명이 참석하여 커다란 성황을 이루었다. 그로스는 하버드와 프린스턴에서 탁월한 연구능력을 발휘하여 일약 세계적인 스타로 떠오른 끈 이론학자로서, 지금은 미국 샌타바버라 소재 카블리 이론물리학 연구소Kavli Institute for Theoretical Physics*1의 소장으로 있다. 그는 1973년에 입자물리학 분야에 남긴 공로를 인정받아 2004년 노벨 물리학상을 수상하는 등, 이 분야에서는 몇 손가락 안에 꼽히는 석학으로 정평이 자자하다. 그는 대체 무엇 때문에 '처칠이 런던 대공습 — 영국인들이 역사상 가장 고난의 시기로 기억하는 — 때 절박한 심정으로 학생들에게 당부했던' 연설을 인용한 것일까? 무엇이 그로스로 하여금 '폭격에 맞먹는' 위기감을 느끼게 만들었을까?

그로스의 고뇌는 바로 과학으로 인정받기 위해 전통적으로 필요한 최소조건이었던 "단순하고 정연한 이론으로 물리 세계를 이해하고, 그로부터 특정 물리량을 예측한 뒤 실험을 통해 타당성을 검증"하는 과정을 이론물리학계가 끈이론 때문에 스스로 저버리고 있다는 사실을 인식한 데서 비롯되었다. 그는 아인슈타인이 67세 때 쓴 자서전에서 다음과 같은 문구를 인용했다.

……나는 자연의 간결함, 즉 단순명료함에 대한 믿음 외에는 어떤 토대도 요하지 않는 이론을 정립하기를 원한다…… 자연은 엄밀한 법칙의 출현이 필연적으로 가능하도록 구성되었으며 법칙에는 완전히 정의된 상수들만이 존재한다. (상수 값을 변화시켜도 이론 자체에는 아무런 문제가 없다)……◆1

아인슈타인이 자서전에서 갈파喝破한 이것은 실상 그로스를 비롯한 대다

*1 설립자 프레드 카블리는 80세의 억만장자로서 나노과학, 천체물리학, 신경과학 분야에서 2년마다 100만 달러의 상금을 지급하는 카블리상의 제정자이기도 하다.

수 이론물리학자들이 신봉하는 교리 그 자체이다. 우주의 모든 특성은 일련의 간단한 법칙으로 요약되며, 이 법칙들은 아무런 모호함 없이 '유일하게' 결정된다. 이론을 좌지우지하는 어떠한 추가변수도 존재하지 않는다. 물리법칙이 어떤 모습을 취해야 하는지, 올바른 사상을 정립하기만 하면 더 이상 숫자를 써넣을 필요가 없다. 앞서 말한 대로 그로스는 특정한 소립자들이 주고받는 힘을 성공적으로 규명하여 2004년 노벨 물리학상을 받았는데, 70년대에 정립된 그의 이론은 아인슈타인이 말했던 '유일성' 을 그대로 간직하고 있었다. 즉, 실험을 통해 결정해야 할 변수 없이 다양한 실험결과들을 매우 정확하게 예측했다.

그러나 끈이론에서는 '가능한 우주' 가 상상을 초월할 정도로 많이 존재하기 때문에, 아인슈타인이 말했던 유일성을 완전히 포기해야 한다. "(그래도 끈이론을)절대 포기하지 말라"는 그로스의 연설은 바로 이 점을 염려하고 있었다. 물리적으로 가능한 우주는 엄청나게 많은데, 정작 우리는 '단 하나의 우주' 에서 살아간다. 이 난처한 상황을 어떻게 풀어 나가야 할까? 결국 우리에게 가능한 일이라곤 이 상황이 '인류원리 *1' 에서 비롯된다는 예측 정도가 고작이다. 인류원리는 관찰자의 존재 자체가 물리법칙에 제한을 가한다는 생각이다. 즉, "우주에 인간이 존재한다"는 사실로부터 가능한 물리법칙을 유추해 낼 뿐이다. 아마도 우리 우주에는 생명체의 진화를 방해하지 않는 물리법칙이 적용되는 모양이다. 수많은 우주가 존재하고, 적용되는 물리법칙이 서로 다르다면, 우리가 사는 우주는 "지성을 가진 관찰자의 탄생

---

*1 The anthropic principle. 통용되는 역어로는 인류학적 원리, 인류원리, 인간원리, 인본원리가 있다. 인류학은 생물로서의 인류와 다른 동물에게서는 찾아볼 수 없는 인류 특유의 생활방식을 연구하는 학문으로 인류를 해석하는 관점이지 우주를 해석하는 관점은 아니다. '인간' 원리는 anthropic principle이 관찰 종(種)을 전제하기 때문에 뜻이 어긋나 보이며, 인본(人本)원리의 경우엔 비록 많이 쓰이지만 인간 중심주의적 단초를 보인다는 비판이 있으므로 인류원리를 최종 역어로 채택하였다.

및 진화를 허용하는" 우주다.

끈이론의 공동 창시자이자 스탠퍼드 대학교 물리학과 교수인 레너드 서스킨트Leonard Susskind가 이러한 관점을 지지하는 대표적인 인물이다. 여기서 잠시 그의 주장을 들어 보자.

많은 물리학자가 인류원리를 흉물스러워 하죠. 그 친구들은 보편상수의 값이 수학적인 대칭원리로부터 아름답고 매끄럽게 유도되기를 갈망합니다…… 물리학자란 이름을 내건 사람이 자신의 답이 '유일하기를' 바라는 심정이야 이해 못할 바는 아닙니다. 물론 그 답에는 어딘가 특별한 구석이 있기야 있겠지만, 그렇다고 그걸 유일무이하다고 믿었다가는 닭 쫓던 개 지붕만 쳐다보는 꼴이 될 거라는 게 제 생각입니다…… 우주의 법칙을 서술하는 방정식의 해로부터 "이 세계는 우리가 이해하는 바로 그 방식대로 운행한다"는 결론이 도출된다면, 법칙은 어딜 가나 똑같을 터입니다. 그러나 여러 종류의 다양한 환경을 허용하는 이론에서는 장소에 따라 법칙이 달라질 수도 있습니다. 지난 몇 년 사이에 우리는 끈이론이 예견하는 우주가 엄청나게 다양하다는 사실을 알게 되었습니다. 방정식의 해는 헤아리지 못할 정도로 많고, 각각의 해가 제공하는 환경은 모두 다릅니다. 그런데 많은 학자들이 그런 수학이론을 다루는 마당임에도 우주의 다양성을 인정하지 않을 뿐만 아니라, 머릿속에 떠올리는 것조차 싫어합니다. 삼라만상이 하나의 '우아한' 우주라고 믿고 싶은 모양이지요. 그러나 세상일은 그렇게 우아하게는 돌아가지 않습니다. 우리 상식과는 많이 다를지라도, 단지 그 뿐입니다. 골드버그 기계*[1]로서의 우주만이 진실입니다. 단순하고 우아한 우주를 추구하는 학자님들에게 이런 우주가 마음에 찰 리가 없지요. 그러나 아름다움과 진리는 엄연히 별개입니다. 눈앞에 펼쳐진 현실을 부정하는 물리학자에게 돌아올 거라곤 결국 쓰라린 패배뿐입니다……◆[2]

*[1]미국의 만화가 루브 골드버그(Rube Goldberg)가 상상한 '가장 단순한 과제를 해결하기 위해 '만든 가장 복잡한 기계.

서스킨트가 생각하는 우주는 매우 복잡하면서 우아함과는 거리가 먼 '골드버그 기계' 같은 우주였다. 그는 『우주의 경치: 지적설계 가설*1에 대한 환상과 끈이론The Cosmic Landscape: String Theory and the Illusion of Intelligent Design』이라는 저서를 통해◆3 자신의 생각을 널리 알리는 데 성공했고, 수많은 추종자도 생겨났다. 그로스는 인류원리를 '증상을 전혀 보이지 않는 잠복기를 가진 바이러스'에 비유하면서◆4 샌타바버라에 있는 그의 젊은 동료 물리학자 조셉 폴친스키Joseph Polchinski의 일화를 종종 언급하곤 한다. 폴친스키는 인류원리를 경멸한 나머지 "그걸 믿느니, 차라리 교수직을 그만두겠다"고 선언했다가, 지금은 그쪽으로 전향한 물리학자이다. 두 해가 지난 뒤 캐나다 토론토에서 열린 '끈이론 2005'의 강연에서 서스킨트는 이 계속되는 논쟁을 물리학자 간의 '전쟁'에 빗대면서, 허나 그 수준이 '고등학교 식당에서의 음식 던지기 싸움'에 가깝다고 질타했다. 그는 자신의 의견을 지지하는 쪽으로 대세가 기울고 있음을 강조하며 반대론자들을 '과학논리 대신에 개인적 신념과 생리적 거부감에 따라 판단을 내리는 비정상적인 과학자'라고 맹비난했다. 토론토학회에서 인류원리를 고수하는 패널과 반대쪽 패널의 수는 거의 같았지만, 청중들의 의견은 4:1 또는 5:1로 서스킨트 반대파가 압도적으로 많았다.

어쩌다가 입자물리학이 이 지경까지 오게 되었을까? 학회를 선도하는 세계적인 학자가 자신의 연구동료를 '과학을 포기한 사람'으로 매도하다니, 이런 일이 어떻게 있을 수 있는가? 지난 25년간 이 문제에 대한 아무런 진전도 없음은 무슨 이유이며, 이 상황을 변화시키려면 무엇을 어떻게 바꿔야 할까? 앞으로 이어질 장에서는 입자물리학의 역사적 변천과정과 지금과 같은

*1 우주와 우주 만물을 "지적인 존재나 원인으로부터 말미암은 피조물"이라는 시각에서 해석하는 가설. 50년대 창조과학을 겉모습만 바꾼 형태이다.

난관에 처하게 된 원인을 살펴보려 한다. 내가 보기에 입자물리학은 1973년 이후로 답보상태에 빠져 있으며 그나마 부분적으로 이루어 낸 진보라는 것도 '스스로를 희생하면서' 억지로 얻어 낸 결과에 불과하다. 이 책의 목적은 입자물리학이 실패한 원인을 분석하고 과거에 거뒀던 성공사례를 재조명하여, 앞으로 나아갈 바람직한 방향을 제시하는 것이다.

2장

생산도구

부르주아지는 생산도구에,

따라서 생산관계에,

따라서 사회관계 전체에

끊임없이 혁명을 일으키지 않고서는 존재할 수 없다……

칼 마르크스의 『공산당선언Communist Manifesto』중에서[◆1]

이 책의 주제를 한 마디로 요약하자면 '이론 입자물리학의 역사와 현주소' 이다. 특히 입자물리학과 수학 사이의 밀접한 관계를 집중적으로 조명할 예정인데, 이 내용을 이해하려면 입자물리학 연구에서 빼 놓아서는 안 될 '물질적 조건' 을 먼저 이해해야 한다. 입자가속기와 입자감지기는 모든 소립자 이론의 기초가 되는 실험 자료의 '생산도구' 이다. 이런 실험장비들의 끊임없는 개선과 정교화가 바로 지난 세기 입자물리학이 거둔 놀라운 성공의 원동력이었다. 이 장에서는 입자가속기의 기본 원리와 발달사 및 현재 상태를 간단하게 설명하고, 앞으로 입자가속기가 어떤 식으로 발전해 나갈 것인지를 예견해 보기로 한다.

기본 원리

입자물리학 실험과 관련된 물리학의 기본원리를 설명하기 전에, 몇 가지 용어부터 짚고 넘어가는 편이 좋겠다. 가장 기본적인 용어는 측정되는 양의 크기를 나타내는 단위unit이다. 물리학의 다른 분야에서는 동일한 양을 각각의 다양한 단위로 나타내는 경우도 있지만, 입자물리학자들은 '신이 부여한' 또는 '가장 자연적인' 통일된 단위(자연단위계natural unit라 불린다)를 사용한다. 다시 말해서 특수상대성이론과 양자역학을 가장 편리하게 응용하고, 측정단위에 따라 값이 달라지는 상수의 등장을 최대한 억제하는 쪽으로 개선된 단위계를 사용한다는 뜻이다. 이것은 특수상대성이론과 양자역학에서 가장 빈번하게 등장하는 상수들을 '1'로 놓음으로써 가능해진다.

특수상대성이론의 기본공리*[1]는 "어떠한 기준계에서 바라봐도 시간과 공간은 '빛이 항상 일정한 속도를 유지하도록' 서로 얽혀 있다"이다. 바로 이 공리 때문에 특수상대성이론에서 유도된 결과들은 우리의 일상 경험과 완전히 딴판이다. 내가 빛을 아무리 빠른 속도로 쫓아간다 해도, '빛이 나로부터 멀어지는 속도'는 항상 일정하다. 이때 빛의 속도(c)가 항상 1이 되도록 시간과 공간의 단위를 조절하면 특수상대성이론에 등장하는 방정식들이 몰라보게 간단해진다. 예를 들어 빛의 속도는 'c = 300,000km/초'인데, 시간의 기본단위를 1초가 아닌 1나노초(10억 분의 1초)로 잡으면 이 시간 동안 빛의 진행거리는 약 1피트(약 30cm)로 줄어든다. 따라서 길이단위를 피트로, 시간단위를 나노초로 선택하면 광속(빛의 속도)은 거의 '1'이 된다. 광속을 1로 놓으면 시간의 단위는 공간의 단위를 어떻게 잡느냐에 따라 달라지며, 그 반대도 마찬가지다.

---

*[1]이론의 출발점이 되는 가장 기초적인 바탕.

아인슈타인의 특수상대성이론에 등장하는 가장 유명한 방정식은 아마도 $E = mc^2$일 것이다. E는 에너지이고 m은 물체의 질량, c는 광속을 나타낸다. 여기서 광속 c를 1로 놓으면 위 방정식은 그냥 $E = m$이 된다. 즉 에너지와 질량이 완전히 같은 물리량이라는 뜻이다. 그래서 입자물리학자들은 에너지와 질량을 동일한 단위로 표기하고 있다.

특수상대성이론이 공간차원과 시간차원을 연결해 주듯이, 양자역학은 에너지와 시간을 서로 연결시킨다. 자세한 이야기는 뒤로 미루고 일단은 양자역학의 두 가지 근본적인 특징만 언급해 두도록 하자.

1. 특정 시간에 우주의 상태를 서술하는 수학적 객체인 '상태벡터state vector'가 존재한다.
2. 상태벡터 이외에 또 다른 수학적 객체인 '해밀토니안Hamiltonian'이 존재한다. 해밀토니안은 상태벡터에 적용되는 연산자*[1]로서, 하나의 상태벡터에 해밀토니안을 적용하면 다른 상태벡터로 변환된다. 임의의 한 순간에 일반적인 상태벡터에 해밀토니안을 적용하면, 무한히 짧은 시간(무한소無限小, infinitesimal의 시간) 동안 상태벡터가 변하는 양상이 도출된다. 그리고 '에너지가 잘 정의된well-defined' 우주를 나타내는 상태벡터에 해밀토니안을 적용하면, 우주의 에너지를 알 수 있다.

해밀토니안이 상태벡터의 에너지와 시간에 따른 변화를 '동시에' 서술한다는 것은 에너지단위와 시간단위가 서로 연결되어 있음을 의미한다. 가령 시간의 기본단위를 1초에서 0.5초로 바꾸어 보면, 상태벡터의 시간에 따른 변화율이 두 배로 커지면서 에너지도 두 배로 증가한다. 시간단위와 에너지

*[1]Operator. 수학에서 집합의 요소를 같은 집합의 다른 요소 또는 다른 집합의 요소에 대응시키는 기호.

단위를 연결하는 상수는 독일 물리학자 막스 플랑크*[1]의 이름을 따서 '플랑크 상수Planck's constant' 라고 하며, 특별한 사정이 없는 한 h로 표기한다. 그런데, 양자역학의 원조 격인 플랑크가 정한 상수는 그다지 바람직한 단위가 아니었다. 양자역학에서 가장 빈번하게 등장하는 상수는 h가 아니라, h를 원주율 π(3.14159……)의 두 배로 나눈 $h/2\pi$이기 때문이다. 그래서 물리학자들은 플랑크상수를 2π로 나눈 새로운 상수 $\hbar$('h-바' 라고 읽는다)를 정의했다. 입자물리학자들은 $\hbar$의 값이 1이 되도록 시간과 에너지의 단위를 수정하여 사용하고 있다.

빛의 속도 c와 $\hbar$를 모두 1로 맞추면, 거리단위는 시간단위와 연관되고 시간단위는 에너지단위와 연관된다. 그리고 앞서 말한 대로 에너지와 질량은 단위가 같아진다. 입자물리학에서는 모든 양을 에너지단위로 표현하는 것이 관례이기 때문에 먼저 어떤 단위를 사용할지를 결정해야 하는데, 다행히도 이론물리학자들은 전자볼트 단위를 쓰기로 모두 합의를 본 상태이다. 1전자볼트(1 eV로 표기한다)는 전위차가 1볼트인 두 개의 금속판 사이에 놓여 있는 전자의 에너지에 해당된다. 일단 에너지와 질량을 전자볼트 단위로 선택하면, (특수상대성이론에서는 에너지의 역수단위인)시간과 공간은 '전자볼트의 역수단위' 인 $(eV)^{-1}$으로 표현된다.

전자볼트 단위가 어느 정도 크기인지 감이 잘 안 잡히는 독자들은 아래 표를 참고하기 바란다. 이 표에는 입자물리학에 빈번히 등장하는 입자와 다양한 현상들의 질량/에너지가 전자볼트 단위로 표현되어 있다(이들 중 일부는 나중에 다시 자세히 언급될 것이다). 참고로 10^3eV = 1keV(킬로 전자볼트), 10^6eV = 1MeV(메가 전자볼트), 10^9eV = 1GeV(기가 전자볼트), 그리고

*[1]Max Planck(1858~1947). 최초로 "양자"의 개념을 주창하고 양자 역학의 기초를 다진 독일의 이론물리학자. 플랑크 상수 외에도 플랑크의 복사 법칙이라 불리는 열복사 법칙을 발견하였다.

10^{12}eV = 1 TeV(테라 전자볼트)이다.

에너지	사례
0.04 eV	상온에서 원자의 에너지
1.8~3.1 eV	가시광선 광자의 에너지
100~100,000 eV	X-선의 에너지
20 keV	TV 모니터에서 전자의 운동에너지
100 keV 이상	감마선*1의 에너지
511 keV	전자의 질량
1~10 MeV	핵붕괴시 생성되는 에너지
105 MeV	뮤온*2의 질량
938 MeV	양성자*3의 질량
93 GeV	Z-보존*4의 질량
1 TeV	테바트론 입자가속기로 생성된 양성자의 에너지

이 표에 나열된 것은 단일 광자나 입자의 에너지이므로, 우리가 일상적으로 겪는 에너지와 비교하면 엄청나게 작다. 예를 들어, 표에서 가장 큰 값인 1 TeV래 봤자 꼬물꼬물 기어가는 개미 한 마리의 운동에너지 정도에 불과하다. 이론물리학자들은 가끔씩 10^{19}GeV에 달하는 에너지를 고려하는 경우도 있다. 소위 '플랑크 에너지'라 불리는 이 엄청난 에너지스케일에서는 중력의 양자효과가 비로소 중요한 역할을 하기 시작한다. 그러나 이런 식의 설명은 독자들에게 별로 도움이 되지 않을 것이다. 10^{19}GeV는 자동차 연료탱크

*1 입자와 반입자가 충돌하여 소멸할 때 발생하는 진동수가 매우 높은 전자기파.

*2 Muon μ. 입자. 수명이 불안정(약 평균 2.2×10^{-6}초)하며, 전자 또는 양전자와 중성미자로 붕괴된다. 파이온 및 케이온이 붕괴할 때 생긴다. 질량은 파이온, 케이온과 비슷하지만 1/2의 스핀을 가지는 경입자이다.

*3 Proton. 전자와 전하량은 같으나 부호가 반대이고, 질량이 전자의 약 1836배에 달하는 입자. 중성자(양성자와 비슷한 질량을 가지지만 전하를 띠지 않는 입자)와 함께 원자핵을 구성한다.

*4 Z-boson. 약한 상호작용에서 힘을 전달하는 W^+, W^-, Z° 입자 중 세 번째 것. 스핀 1을 가진다.

에 가득 들어 있는 휘발유의 화학 에너지와 비슷하다. *1

지금 우리가 이야기하는 단위계에서 길이의 단위는 전자볼트의 역수단위와 같으며, 가장 흔히 사용되는 길이단위는 마이크론(micron, 10^{-6}미터, 또는 백만 분의 1미터)이다. 시간단위도 전자볼트의 역수단위와 같은데 이 단위는 엄청나게 작아서 약 4×10^{-15}초에 불과하다. *2 에너지단위는 eV이고 거리단위는 $(eV)^{-1}$이므로, 입자물리학자들은 거리와 에너지를 서로 상대방의 역수로 취급하곤 한다. 양성자의 질량에 해당되는 에너지는 1 GeV, 즉 10억 eV이다. 이 에너지는 1 eV의 10억 배나 되기 때문에 여기 해당되는 거리는 1 마이크론 보다 10억 배나 작은 $10^{-9}\times10^{-6}=10^{-15}$미터이다. 이 값은 양성자의 대략적인 크기로 간주된다.

입자물리학자들이 다루는 물리량들은 대부분 매우 짧은 거리나 매우 큰 에너지와 관련되어 있다. 입자물리학 연구는 보통 특정한 거리 및 에너지 척도에서 행해지는데, 이것을 거리와 에너지의 '스케일'이라고 표현한다. 입자가속기 속에서 충돌하는 입자들의 총 에너지가 진행 중인 연구과제의 '에너지 스케일'에 해당된다. 연구영역을 짧은 거리에 한정할수록 더 큰 에너지가 필요하며, 주어진 한 순간에 소립자로부터 얻을 수 있는 정보의 양은 입자의 에너지를 제어하는 기술에 따라 그 한계가 정해진다.

---

*1 의아해하는 독자도 있겠지만, 이 에너지가 소립자 하나에 집중된다고 상상해 보라!

*2 "거리와 시간의 단위가 같다"는 말에 혼란스러움을 느끼는 독자들을 위해 약간의 옮긴이 설명을 추가한다. 앞에서 "광속의 단위를 '1'로 잡는다."는 말의 뜻은 단순히 광속의 값만 1로 잡는다는 뜻이 아니라, 광속의 단위까지 '1'로 잡는다는 뜻이다. 즉, c = 1인 단위계에서 속도는 단위를 갖지 않는다. 그런데 통상적인 속도의 단위는 거리/시간이므로, 이 값이 단위를 갖지 않으려면 거리와 시간의 단위가 같아야 한다.

실험 입자물리학의 대략적인 역사

실험 입자물리학은 지금에 와선 꽤나 길고도 복잡한 역사를 갖게 되었다. 이 절에서는 실험과 관련된 입자물리학의 역사를 간략하게 되짚어 보기로 한다. 입자물리학 실험의 기본적 방식은 두 개의 입자를 가까이 접근시킨 후 어떤 일이 일어나는지 관측하는 것이다. 이 과정을 실험실에서 구현하려면 어떻게 해서든 강력한 입자빔을 만들어 가속기를 통해 고에너지로 가속시킨 다음, 특정한 재질의 표적과 충돌시켜야 한다. 빠른 속도의 입자빔이 표적과 충돌하면 다양한 소립자들이 사방으로 튀어나오는데, 이들을 잡아서 성분을 분석하는 장치가 바로 입자감지기detector이다.

우리가 매일같이 접하는 TV도 이와 비슷한 원리로 작동되고 있다. 음극선관cathode-ray tube을 사용하는 TV에서는 높은 전압으로 가속된 전자빔(음극선)이 검은색 브라운관을 향해 발사되는데, 이때 개개의 전자가 약 20,000 eV의 에너지를 갖도록 자기장이 빔의 세기와 방향을 조절한다. 전자빔이 스크린에 도달하면 전자와 스크린의 원자가 충돌하면서 빛의 입자인 광자photon를 방출하고, 이 광자가 우리 눈에 도달하여 TV 영상으로 나타나는 것이다. 따라서 TV는 일종의 '전자가속기'이며 눈은 (전자와 원자의)충돌 결과를 분석하는 감지기에 해당된다.

TV 스크린에 전자가 충돌하면 스크린의 표면을 이루는 원자의 에너지준위*[1]에 다양한 변화를 초래한다. 따라서 TV는 원자물리학을 연구하는 데 매우 유용한 도구라 할 수 있다. 하지만 아주 작은 스케일이나 고에너지 영역을 연구한다면, TV는 별로 도움이 되지 않는다. 전자빔의 에너지가 너무 약

*[1]Energy level. 원자를 동심원 모양의 껍질들이 둘러싸고 있으며 에너지가 높은 전자일수록 위쪽 껍질에 존재한다고 가정했을 시에(=보어의 원자모형), 전자가 임의의 에너지를 받아 핵에서 가까운 기존의 바닥 상태에서 들뜬 상태로 올라갔을 때 껍질간의 위치에너지의 차이.

해서 원자의 깊은 내부를 들여다볼 수 없기 때문이다. 전자가 원자 외부에서 튕겨 나오지 않고 그 내부로 파고들어가 원자에 속박된 또 다른 전자나 원자핵을 이루는 양성자 등과 충돌하도록 만들려면, 전자빔의 에너지가 음극선과는 비교가 안 될 정도로 강력해야 한다.

큰 에너지를 가진 입자의 특성과 충돌 시 나타나는 상호작용은 지난 100년간 다양한 방법으로 연구되어 왔다. 최초의 연구대상은 방사능붕괴가 일어날 때 방출되는 입자였는데, 예를 들어 라듐Ra은 자연적으로 붕괴되면서 4 MeV의 알파입자*[1]를 방출한다. 4 MeV는 음극선관에서 방출되는 전자빔의 에너지보다 200배나 큰 양이다. 1910년에 케임브리지 대학교의 어니스트 러더퍼드Ernest Rutherford는 원자가 가진 질량이 대부분 원자의 작은 중심부에 뭉쳐 있다는 놀라운 사실을 발견했다(이 부분을 원자핵atomic nucleus이라 한다). 그가 수행한 산란실험scattering experiment은 다음과 같은 방식으로 진행되었다. 라듐에서 생성된 알파입자를 운모mica로 만든 얇은 판에 입사시킨다. 알파입자가 운모의 원자에 충돌하면 사방으로 튕겨나가는데, 운모판 주변에 황산아연을 바른 스크린을 설치해두면 도처에 알파입자들이 도달하면서 섬광을 발하게 된다. 러더퍼드는 스크린에 알파입자가 남긴 흔적의 분포를 분석한 끝에 "알파입자는 원자 전체와 충돌하지 않고, 원자 중심부에 있는 작은 핵과 충돌을 일으킨다"는 결론을 내렸다.

러더퍼드가 4 MeV짜리 알파입자빔과 황산아연을 바른 스크린을 사용하여 산란실험을 실행한 직후에, 찰스 윌슨Charles Wilson은 자신이 발명한 안개상자cloud chamber를 이용하여 입자의 궤적을 추적하는 데 성공했다. 안개상자란 한층 더 정교한 입자감지기로서 작동원리는 다음과 같다. 내부가 들여다보이는 원통형 상자 안에 압력이 낮은 수증기(소량의 아르곤이나 알코올을 섞기

*[1] α-particle. 최초로 발견된 방사선인 α선을 구성하는 입자로 헬륨 원자핵과 구조가 같다.

도 한다)를 채우고, 상자의 밑면을 갑자기 내려서 부피를 빠르게 팽창시키면 내부의 수증기는 과포화상태가 된다. 이때 상자 안으로 전하를 띤 입자(하전입자라고도 한다)가 진입하면 경로 부근의 기체분자가 이온화*[1]하고, 이온을 핵으로 삼아 수증기가 응축되면서 하전입자가 지나간 길이 마치 제트기구름처럼 가느다란 선으로 나타난다. 윌슨은 이 방법을 이용하여 충돌하는 하전입자의 궤적을 러더퍼드보다 훨씬 정확하게 추적했으며, 원자핵에 관하여 더욱 많은 정보를 얻어 낼 수 있었다.

그 후 입자물리학자들은 하늘에서 쏟아지는 우주선宇宙線cosmic rays이 고에너지 입자로 이루어져 있음을 알게 되었다. 이 입자들은 보통 수백 MeV의 에너지를 가지며, 가끔씩은 GeV 단위의 입자가 발견되는 경우도 있다. 1940년대 후반까지 실험 입자물리학자들은 우주선에 섞여 있는 입자의 종류와 특성을 분류하는 데 총력을 기울였다. 그들은 우주선과 대기입자의 충돌을 관측하거나 실험실에 설치해 놓은 표적입자에 우주선이 충돌하면서 나타나는 현상을 관측한 끝에, 고에너지 양성자가 대기 상층부의 입자들과 충돌하면서 파이온*[2], 뮤온, 전자 등으로 이루어진 우주선이 생성된다는 사실을 알아냈다(이 입자들은 대부분 지상에서 발견된다). 가이거계수기*[3]와 사진용 유상액 등 감지기의 성능이 점차 개선되면서 우주선실험은 더욱 정교해졌다. 고성능 입자감지기를 산 꼭대기에 설치하거나 풍선에 매달아서 띄우면 고에너지 입자의 충돌을 더욱 많이 관측할 수 있다. 입자물리학자들은 이

*[1] 중성 분자, 또는 원자에서 전자를 잃거나 얻으면서 전하를 띠게 되는 반응. 저압에서 기체에 전류가 흐르게 하면 전류를 형성하는 전자들이 기체와 충돌하면서 기체로부터 전자를 뺏고 기체를 양이온으로 이온화시킨다.

*[2] pion. π중간자의 줄임말. 원자핵 안에서 핵력을 매개하는 질량이 전자의 약 270배, 스핀 0인 중간자이다. 세 가지(π^+, π^-, π^0)유형이 있으며, 핵자끼리의 충돌이나 원자핵에 γ선을 쏠 때 생겨난다. 질량이 전자와 양성자 사이였기 때문에 '중간'이라는 의미의 그리스어 meson을 이름으로 가지게 되었다.

런 방법으로 1932년에 양전자*[1]를 발견하였으며, 1937년에는 뮤온을, 1947년에는 전하를 띤 파이온과 케이온kaon을 각각 발견했다.

우주선은 수백 MeV 이상의 다소 약하고 제어하기 어려운 입자빔으로 이루어진다. 진행방향과 에너지를 쉽게 조절할 수 있는 더 강력한 입자빔으로 계획한 실험을 수행하는 것이 당시 전 세계 입자물리학자들의 한결같은 소원이었다. 그러려면 많은 수의 입자를 고에너지로 가속시키는 기술이 반드시 필요했다. 최초의 입자가속기 개발은 1930년 케임브리지 대학교의 캐번디시 연구소에서 존 콕크로프트John Cockcroft와 어니스트 월튼Ernest Walton에 의해 이루어졌다. 200킬로와트 짜리 변압기를 이용한 이 가속기는 양성자빔을 200 keV로 가속시킬 수 있었다. 1932년에 이들은 여러 단계의 과정을 거쳐 800 keV 까지 가속시키는 데 성공했다. 1931년에는 이와 비슷한 성능을 가진 두 종류의 입자가속기가 첫선을 보였는데, 로버트 반 데 그라프Robert Van de Graaff의 가속기는 정전하靜電荷*[2]를 가속시키는 장치였고 롤프 비더뢰Rolf Wideroe는 라디오 주파수의 교류전압을 이용하여 입자를 가속시켰다.

1931년 버클리 대학교의 어니스트 로렌스Ernest Lawrence와 그의 동료들은 교류방식을 채용하여 세계최초로 '사이클로트론cyclotron'을 개발했다. 균일한 자기장 속에 하전입자가 입사되면 원운동을 하게 되는데, 한 바퀴 돌 때마다 자기장의 방향이 바뀌도록 조정해 놓으면 입자는 점차 큰 원을 그리면서

---

*[3]Geiger counter. 수십cm짜리 원통형 금속관 한가운데로 0.1mm 정도의 가는 텅스텐선을 지나가게 하고 아르곤, 알코올 증기 등을 넣어 밀봉한 방전관. 1,000V에서 2,000V 사이의 고전압을 걸어 두면, 방사선이 없을 때는 전류가 흐르지 않다가 방사선이 들어가면 전리작용에 의해서 이온화 된 기체들로 인해 전류가 흐르게 된다. 이 전류를 증폭하여 스피커를 울리거나 수치로 표시한다. 1928년 독일의 가이거와 뮐러가 발명했다.

*[1]Positron. 전자와 질량이 같지만 양전기를 지니는 소립자=반전자. 캘리포니아 공과대학의 칼 D. 앤더슨이 발견했다.

*[2]움직임이 없는 전하.

속도가 빨라진다. 이와 같은 원리를 이용한 로렌스의 사이클로트론은 처음에 80 keV의 출력을 보이다가 1931년 중반에는 1 MeV까지 향상되었다. 그러나 당시에는 사이클로트론의 직경이 겨우 11인치(약 28cm)에 불과했다. 그 후 몇 년 동안 로렌스는 가속기의 규모를 엄청나게 키워서 입자물리학 실험에 혁명적인 변화를 일으켰다. 1932년 말에는 사이클로트론의 직경이 27인치(약 70cm)로 커지면서 출력이 4.8 MeV로 증가했고, 1939년에는 60인치(약 1.5m)짜리 사이클로트론으로 입자빔 에너지를 19 MeV 까지 높일 수 있게 되었다. 그런데 가속기의 직경이 커질수록 입자빔의 속도가 빨라지고, 빠른 입자의 궤적을 휘어지게 만들려면 그만큼 강력한 자석이 필요했으므로 가속기의 제작비가 눈덩이처럼 불어나기 시작했다. '결국은 돈이 문제' 라는 사실을 일찍 간파한 로렌스는 1940년에 록펠러 재단을 설득하여 직경 184인치(약 4.7m)짜리 사이클로트론(출력 100 MeV)의 제작비로 140만 달러의 재원을 확보하는 데 성공했다. 그러나 곧바로 2차 세계대전이 발발하는 바람에, 거대한 자석은 가속기에 써보지도 못한 채 맨해튼 계획에 우라늄 농축기로 투입되었다.

맨해튼 계획은 성공을 거두어 히로시마와 나가사키에 원자폭탄을 떨어뜨렸고, 결국 전쟁은 연합군의 승리로 끝났다. 이 사건을 계기로 과학자의 위상은 크게 향상되었으며 연구를 위한 재원을 확보하기도 훨씬 쉬워졌다. 로렌스는 이 기회를 놓치지 않고 맨해튼 계획의 수장이었던 레슬리 그로브스 장군General Leslie Groves의 도움을 받아 연간 85,000달러에 불과했던 연구지원금을 3백만 달러로 올리는 데 성공했다. 당시 로렌스는 "우리가 할 수 있는 일에는 한계가 없다. '가치 있는 일' 을 신중하게 고르는 게 더 문제다"라고 말할 정도로 자신감에 넘쳐 있었다.◆2

입자의 에너지가 커지면(즉, 속도가 빨라지면) 특수상대성이론에서 예견하는 효과가 두드러지게 나타나기 때문에 사이클로트론의 디자인을 조금 바꿔야 한다. 이것이 바로 '싱크로사이클로트론synchrocyclotron' 으로서, 입자의 속도변화에 따라 교류전압의 진동수도 그에 맞춰서 변하도록 설계되었다. 1946년 11월 로렌스는 맨해튼 계획에 투입되었던 초대형자석을 직경 184인치짜리 가속기에 설치하여 195 MeV의 입자빔을 만들어 내는 데 성공했다. 당시까진 우주선을 연구하는 물리학자들이 새로운 입자 발견의 선봉장 격이었지만 이 상황은 대형가속기의 등장으로 인해 급격히 바뀌게 된다. 1947년에 우주선에서 전하를 띤 파이온이 발견된 이후, 1949년 전하를 띠지 않은 중성 파이온이 발견된 곳은 로렌스의 연구실이었다.

고에너지 입자가속기가 가동되려면 여러 개의 자석을 연결하여 만든 도넛 형태의 대형자석이 필요한데, 이와 같은 디자인을 '싱크로트론synchrotron' 이라고 한다. 1947년에 원자력위원회Atomic Energy Commission는 두 대의 싱크로트론 건설을 허가하였다. 그중 하나인 3 GeV 짜리 코스모트론Cosmotron은 1952년에 뉴욕 롱아일랜드의 브룩헤븐 국립연구소Brookhaven National Laboratory에 건설되었으며, 두 번째 싱크로트론인 베바트론Bevatron*[1]은 1954년 버클리에서 완공되어 6.2 GeV 짜리 양성자빔을 만들어냈다. 입자가속기 건설 붐은 1950년대 말 들어 최고조에 이르러, 전 세계적으로 십여 개의 대형가속기가 가동 중이거나 건설되고 있었다. 러시아는 1957년에 스푸트니크 우주선을 성공적으로 발사하여 미국과의 경쟁에서 기술적 우위를 선점한 후, 같은 해에 모스크바 근교의 두브나Dubna*[2]에 10 GeV 짜리 양성자가속기를 완공하여 또 한 번 미국의 기를 꺾었다. 구소련의 파죽지세에 자극을 받은 미국은 그 후로 1960년대 중반까지 고에너지 물리학에 막대한 예산을 쏟아 부으면서 '가속기경쟁' 을 선도해 나갔다.

---

*[1]Bevatron 이란 10억 전자볼트(Billion electron volt)=GeV의 출력을 내는 가속기란 뜻이다.
*[2]초(超)악티늄족 원소의 두 번째에 해당하는 제5족 원소로 원소기호 Db, 원자번호 105를 갖는 더브늄(dubnium)은 이 도시의 이름에서 유래했다.

2차 세계대전이 끝난 후 유럽의 몇 나라들은 핵물리학을 연구하는 국가 간 협력체계를 구축하여 1952년에 유럽 입자물리학 연구소 'CERNCentre Européen de Recherche Nucléaire'을 발족시키고, 곧바로 제네바에 초대형 입자가속기 건설에 착수했다. CERN에서 가동된 최초의 가속기 PS(Proton Synchrotron: 양성자 싱크로트론)는 1959년 완공되어 26 GeV의 입자빔을 만들어 내는 데 성공했다. 거의 동시에 미국의 브룩헤븐에서는 AGS(Alternating Gradient Synchrotron: 교류물매 싱크로트론)가 33 GeV의 출력으로 가동되기 시작했다. 1960년대에 접어든 후로는 건설비가 너무 비싸서 그 추세가 다소 주춤해졌지만, 가속기의 규모와 출력은 꾸준히 증가해 나갔다. 1967년에 구소련은 세르푸호프Serpukhov에 70 MeV 규모의 가속기를 건설했고 같은 해엔 미국 일리노이 주 시카고 서부 지역에 페르미 연구소Fermilab(이탈리아의 저명한 물리학자 엔리코 페르미*[1]의 이름에서 따옴)가 착공되었다. 연구소 건설계획에는 직경 2km 짜리 입자가속기 건설도 포함되어 있었는데, 이 가속기는 1972년 완공되어 200 GeV의 출력으로 가동되었으며 꾸준한 개선을 통해 1976년에는 500 GeV로 향상되었다. 한편 CERN에서는 400 GeV 짜리 SPS(Super Proton Synchrotron: 초대형 양성자 싱크로트론)를 1976년에 완성하였다.

1950년대 말에서 1960년대 초까지 대부분의 실험은 기포상자bubble chamber를 입자감지기로 사용했다. 1950년대 중반에 개발된 기포상자는 기본적으로는 고압상태에서 액체수소를 담아 놓은 용기이다. 용기의 압력을 갑자기 낮추면 액체수소가 과열상태가 되는데, 이때 하전입자가 용기 안으로 들어오면 수소분자와 충돌하면서 입자가 지나간 자리에 기포가 형성된

*[1] Enrico Fermi(1901~1954). 1938년 노벨 물리학상을 받은 이탈리아 물리학자. 무솔리니 정권을 빠져나와 스톡홀름에서 상을 받은 후 미국에 망명했다. 미국에서 핵분열 반응을 연구했으며, 맨해튼 계획에도 참여하여 원자폭탄을 개발했다.

다. 브룩헤븐의 기포상자는 직경이 72인치(약 1.8m)였고 버클리 연구소는 80인치(약 2m)짜리 기포상자를 사용했다. 그러나 제작비와 유지비가 너무 비쌀 뿐만 아니라, 입자의 궤적을 사진으로 확인하려면 엄청난 노동을 들여야 했으므로 그다지 효율적인 장비는 아니었다. 몇 년 사이에 분석과정은 부분적으로 자동화되었지만 근본적인 문제를 해결하지는 못했다.

지금까지 언급된 가속기는 모두 양성자를 가속시키는 방식이다. 전자를 가속시키는 '전자 싱크로트론'은 그때까지는 칼텍(Caltech, 캘리포니아 공과대학교)에 있는 1.2 GeV 짜리 가속기(1956년)와 하버드 대학교의 6 GeV 가속기(1962년), 코넬 대학교의 10 GeV 가속기(1968년)가 대표적이었다. 전자가속기는 상대적으로 높은 에너지를 얻기가 어렵고, 양성자와 달리 전자는 강한 상호작용(핵력)*[1]을 주고받지 않기 때문에 핵의 구조를 파악하는 데 별다른 도움이 되지 않는다. 그래서 전자가속기는 양성자가속기만큼 폭발적인 인기를 누리지 못했다. 전자가속기가 낮은 에너지 스케일에 국한되는 이유는 다음과 같다. 일반적으로 전하를 띤 입자가 가속운동을 하면 특정 진동수의 전자기파가 방출된다. 고에너지 전자의 궤적이 자석에 의해 원형으로 휘어지면(원운동도 가속운동의 일종이므로) 다량의 X-선이 방출되면서 전자의 에너지가 줄어든다. 따라서 전자의 에너지를 일정 수준으로 유지하려면 별도의 에너지를 계속해서 투입해야만 했다. 이 문제를 해결하기 위해, 캘리포니아 주 멜로파크에 위치한 스탠퍼드 선형가속기센터 SLAC Stanford Linear Accelerator Center에서는 원형이 아닌 일직선 모양의 대형 전자가속기를 건설했다. 1967년에 완공된 SLAC 가속기는 총 길이가 3km에 달하고 20 GeV의 출력을 냈는데, 샌프란시스코 만 동쪽의 스탠퍼드 언

*[1] 원자핵 속 양성자와 중성자들을 결합시키고 쿼크들을 묶어 양성자와 중성자를 이루게 하는 자연계의 네 가지 기본 힘 중 하나.

그림 2.1 스탠퍼드 선형가속기센터(SLAC)

덕배기 근처 산안드레아스 단층지대San Andreas fault를 지나고 있어 항상 위험에 노출된 채였다. 그래서 사람들은 "대지진이 일어나면 SLAC은 SPLAC Stanford Piecewise-Linear Accelerator Center*1으로 이름이 바뀔 것"이라며 농담 삼아 말하곤 했다.

고에너지 입자가속기에서 입자빔이 가지는 엄청난 운동량(질량×속도)은 충돌 후에도 보존된다. 그래서 충돌에너지의 대부분은 충돌의 부산물을 생성하는 데 필요한 운동량으로 전환된다. 충돌과정에서 새로운 입자가 생성되는 데 필요한 에너지는 빔에너지의 제곱근에 비례하기 때문에, 페르미 연구소 가속기가 발휘하는 500 GeV의 에너지 중 30 GeV는 새로운 입자를 만들어 내는 데 소요되었다. 입자물리학자들은 일찍부터 "두 개의 가속기에서 만들어진 입자빔을 정면으로 충돌시키면 총 운동량이 0이므로 에너지가 낭비되지 않는다"는 사실을 알고 있었다. 그러나 입자빔의 밀도가 너무 낮기 때문에, 막상 두 개의 빔을 충돌시켜도 진짜 충돌은 거의 일어나지 않는다는 게 문제였다.

두 개의 입자빔이 서로 충돌하도록 고안된 가속기를 '충돌기collider' 라고 한다(과거에는 충돌이 일어나기 전 원형 가속기 내부에 입자를 보관했기 때문에 '갈무리 고리storage rings' 라고 불렀다). 1960년대에 몇 개의 전자-전자 충돌기와 전자-양전자 충돌기가 건설되었는데, 가장 출력이 큰 충돌기는 이탈리아 프라스카티Frascati에 건설된 ADONE로서 빔 하나 당 1.5 GeV, 둘을 더한 전체 충돌에너지는 3 GeV였다. 반면에 1972년 완공되어 이듬해 봄에 가동한 SLAC의 전자-양전자 충돌기 SPEARStanford Positron Electron Asymmetric Rings(스탠퍼드 양전자 전자 비대칭 고리)는 3 GeV의 전자빔(또는 양전자빔)을 만들어 냈다. SPEAR는 1974년에 있었던 입자물리학의 '11월 혁명' 에 핵심 역할을 하는데, 자세한 내용은 나중에 설명할 예정이다. 이 충돌기는 1978년에도 여전히 현역이었고 그 덕분에 나는 '(미래를 내다보는) 수정 구슬Crystal Ball' 이라는 실험 프로젝트에 고용되어 그해 여름을 보낼 수 있었다.

SPEAR는 선형가속기가 끝나는 부분의 주차장 근처에 설치되어 선형가속기가 고리 속으로 입자를 주입하게끔 만들어졌다. 그런데 그 규격이 원자력위원회에서 정한 표준을 벗어나서 재정지원을 받지 못하는 바람에, 500만 달러에 달하는 건설비를 고스란히 SLAC에서 부담해야 했다. 그래서 지금도

---

*[1]문자 그대로 해석하면 '산산 조각난 스탠퍼드 선형가속기센터' 라는 뜻이며, SPLAC은 발음상으로는 텀벙(splash)이나 철썩(splat)과 비슷하다.

SPEAR에는 별도의 건물이 딸려 있지 않다. 긴축재정에 들어간 SLAC측이 충돌기만 달랑 지어 놓고 그 외 예산을 모두 삭감했기 때문이다. 충돌기가 지나가는 터널의 내벽은 마치 지하 주차장처럼 콘크리트로 대충 발라만 놓은 상태이며, 데이터 분석은 근처 허름한 이동실험실 트레일러에서 이루어진다.

입자가속기와 입자감지기는 보기만 해도 눈이 돌아갈 정도로 복잡하고 정밀한 장치이다. 그러나 SPEAR와 감지기를 연결하는 부위는 금방이라도 무너질 듯 허름하다. 언젠가 나는 화랑에서 매우 눈에 익은 사진 작품을 보았는데, 알고 보니 바로 크리스탈 볼 실험장치의 일부였다. SLAC을 방문한 사진작가가 최첨단장비의 허름한 모습을 보고 깊은 감명을 받았던 모양이다.

1970년대와 1980년대에는 전자-양전자 충돌기가 더욱 대형화되었는데, 그중에서도 최대급은 CERN에 건설된 둘레 27km 짜리 LEPLarge Electron Positron collider(거대 전자-양전자 충돌기)였다. 프랑스와 스위스간 국경에 걸쳐 있는 LEP는 1989년에 91.2 GeV의 출력으로 처음 가동되었으며, 2000년 209 GeV 까지 도달한 후 폐쇄되었다. LEP로 만들어진 입자빔이 209 GeV에 도달했을 때 원 궤도를 한 바퀴 돌 때마다 복사로 방출된 에너지는 전체의 2%에 불과했다. 그러나 이 장치를 가동시키는 데 필요한 전력은 제네바 시 전체에 공급되는 전력의 40%나 되었다. 궤도의 직경을 두 배로 늘리면 전력 소모량은 16배로 늘어난다. 이 정도로 막대한 유지비가 들어가기 때문에, LEP 보다 큰 전자-양전자 충돌기가 건설될 가능성은 앞으로도 거의 없다.

양성자를 이용한 최초의 충돌기는 CERN에 건설된 양성자-양성자 충돌기 ISR(Intersecting Storage Ring: 교차 갈무리 고리, 1971년)로서 1983년 63 GeV 까지 도달한 후 폐쇄되었으며, CERN의 SPS를 개량한 양성자-반양성자antiproton(양성자의 반입자) 충돌기는 1981년에 540 GeV의 출력을 발휘했다. 1983년에 완공된 페르미 연구소의 테바트론Tevatron은 초전도자석을 이용한 최초의 가속기로서, 1987년 1.8 TeV 까지 도달하였다. 둘레 6.3km의 원 궤도를 따라 가속되는 고에너지 입자빔의 궤적을 휘어지게 만들려면 전례 없이 강력한 자석이 필요했고, 그 대안으로 떠오른 것이 초전도자석이었다.

이 기간 동안 입자를 감지하는 기술도 크게 향상되어 엄청나게 크고 복잡한 감지기들이 속속 제작되었다. 감지기 하나를 제작하고 운용하기 위해 100여명의 물리학자들이 팀을 이루는 것은 그다지 놀라운 일도 아니었다. 게다가 비용도 만만치 않아서 대형 입자감지기의 제작 및 유지비가 웬만한 입자가속기와 맞먹을 정도였다. 이처럼 입자물리학 실험에 들어가는 비용이 더 넘스러워지면서, 실험 횟수는 점차 줄어들고 한 건의 실험에 관여하는 물리학자의 수가 엄청나게 많아졌다.

페르미 연구소의 테바트론은 성공적으로 가동되었지만, 그 무렵 새로 계획된 가속기 프로젝트들은 그다지 큰 성공을 거두지 못했다. 1978년에 브룩헤븐 국립연구소는 초전도자석을 도입한 800 GeV 짜리 양성자-양성자 충돌기 ISABELLE의 건립계획을 세웠는데, 자석 제작에 문제가 생겨 일정이 많이 지연되었다. 그러던 중 1983년 경쟁상대인 CERN에서 신형 충돌기가 완공되어 가동에 들어가자, 브룩헤븐측은 4km 길이 터널이 완공된 상태에서 ISABELLE 프로젝트를 포기해 버렸다. 그 후 터널은 한동안 쓸모없이 방치되었다가, 최근 들어 무거운 핵자의 충돌을 실험하는 RHICRelativistic Heavy Ion Collider(상대론적 중重입자 충돌기)가 그 자리에 들어섰다.

ISABELLE 프로젝트가 날아가는 것을 지켜보면서, 페르미 연구소는 기존 가속기를 개수하는 작업을 중단하고 초전도 초대형 충돌기Superconducting Super Collider, SSC의 제작에 총력을 기울였다. SSC는 텍사스의 왁사하치Waxahachie에 둘레 87km의 규모로 건립될 예정이었으며 예상출력이 무려 40 TeV에 달했다. 당시 세계 최대 가속기였던 테바트론의 출력이 1.8 TeV였으니, 그 규모가 짐작이 가리라 믿는다. 이 프로젝트는 1987년 1월에 레이건

정부에 의해 승인되었다. 로널드 레이건 대통령은 미 에너지국Department of Energy 자문위원들로부터 SSC의 건설에 찬성한다는 보고를 받은 후, 스포츠 기자 시절*[1]썼던 "깊숙이 쏴!Throw deep!*[2]"란 기사제목을 기억해 내고 계획을 승인했다고 전해진다.◆[3] 그의 측근이 "각하, 그 계획을 승인하시면 물리학자들이 지나치게 기고만장해질까 봐 걱정됩니다."라고 조언하자, 대통령은 "그래야 공정할 것 같네. 내가 고등학교 시절에 물리선생님 두 분을 절망에 빠뜨린 적이 있거든."이라고 대답했다. 그러나 레이건의 결정은 이번엔 수많은 물리학자들을 절망에 빠뜨리는 결과를 초래했다.

1991년, SSC 건설이 본격적으로 시작되었다. 이 프로젝트에 할당된 예산은 44억 달러(약 4조원)였다. 그런데 공사가 진행되면서 설계도가 변경되고, 이런 일이 자꾸 반복되면서 예상 건설비용은 82억5천만 달러로 늘어났다. 92년 출범한 클린턴정부 때 까지는 기본적으로 SSC 건설계획을 찬성하는 쪽이었으나, "SSC에 그렇게 많은 돈을 들이면 입자물리학을 제외한 다른 과학분야의 예산이 줄어든다"는 이유로 강력한 반대의사를 표명하는 과학자의 수는 늘어만 갔다. 사실 연방의회도 텍사스 한 시골마을에 그토록 많은 돈을 쏟아 붓는 것을 달갑지 않아 했다. 그러다가 1993년 가을 "SSC의 총 건설비용은 물경 110억 달러(약 10조원)에 달할 것이다"는 연구결과가 발표되면서 프로젝트는 또 다시 도마 위에 올랐고, 연방의회는 투표를 거쳐 SSC 건설계획을 폐기해 버렸다. 그러나 이미 터널공사가 22km나 진척되었고 비용도 20억 달러나 지출된 후였다.

SSC 프로젝트의 철회는 미국 입자물리학계에 불어 닥친 사상 최악의 대재앙이었다. 그 영향이 얼마나 컸는지, 입자물리학자들은 지금도 후유증에 시

*[1]레이건은 졸업 후 라디오 방송국에 입사해 스포츠 방송 아나운서로 활동한 경력이 있다.
*[2]미식축구에서 공격기회시 쿼터백이 리시버에게 패스를 길게 주는(상대편 엔드존 쪽으로 깊숙이 던지는)작전. 레이건은 한 때 미식축구 선수이기도 했다.

달리고 있다. 소설가 허먼 오크Herman Wouk가 최근 발표한 소설 『텍사스의 구멍A Hole in Texas』에는 입자물리학자가 주인공으로 등장하는데, 그 역시 SSC 프로젝트가 철회되면서 엄청난 충격에 빠진다.◆4 미국의 실험 입자물리학자들은 유럽에 빼앗긴 주도권을 SSC로 되찾겠다는 희망을 키우다가 일순간에 나락으로 떨어지고 말았다. 이제 그들에게 남은 희망이라곤 테바트론을 개선하여 출력을 높이는 것뿐이다. 한편 입자물리학과 같은 순수학문분야에 거금이 들어가는 것을 반대하는 사람들은 의회의 결정을 쌍수를 들어 환영했다. 이들이 미국정부에 지금 같은 영향력을 발휘하는 한, SSC에 견줄 만한 프로젝트가 재개될 가능성은 거의 없다고 봐도 무방하다.

현재의 가속기들

현재 가동 중이거나 건설 중인 고에너지 입자가속기의 수는 손가락으로 꼽을 정도이다. 이것은 가속기가 처음 발명된 이후로 가장 적은 수치다. 그나마 현역인 가속기들도 지난 여러 해 동안 기술적으로 개선된 부분이 거의 없다시피 하다. CERN에서 가동되어 왔던 거대 전자-양전자 충돌기 LEP의 27km 짜리 터널은 이미 철거되었으며, 그 자리에는 현재 건설 중인 거대 강입자*1충돌기 LHC(Large Hadron Collider)가 들어설 예정이다.

현재 세계 최대의 가속기는 페르미 연구소의 테바트론이다. 충돌시에 생성되는 입자의 수를 늘이기 위해 1996년부터 5년 동안 3억 달러를 들여 수리를 하긴 했지만, 사용연도가 18년을 넘어서 비교적 '늙은' 장비에 속한다. 충돌기의 성능을 좌우하는 요인은 입자빔의 에너지와 '광도luminosity'이다. 충돌기의 광도는 빔 속에 들어 있는 입자의 개수 및 두 개의 빔이 충돌했을 때 상호작용이 일어나는 영역의 집중도와 관련되어 있다. 광도를 두 배로 늘이면, 특정한 물리 과정이 일어날 확률도 두 배로 커진다. 입자의 상호작용을 연구할 때에는 '발생확률이 매우 작은 사건' 이 가능한 한 자주 일어나도록 가속기의 광도가 충분히 높아야 한다. 고에너지 입자빔의 복잡한 행동양식은 광도를 높이는 작업을 '과학' 이라기보다 '기예' 라는 표현이 어울릴 정도로 만들어 놓았고, 실험 가능한 최대광도를 가질 때까지 1년 이상 충돌기 안에서 조정과정을 거치기가 일쑤이다.

물리학자들은 테바트론의 업그레이드가 끝나면 광도가 5배까지 증가할 것으로 기대했다. 그러나 막상 2001년 3월에 재가동해 보니 에너지는 아주 조금 증가하고(1.96 TeV) 광도는 오히려 감소한 것으로 드러났다. 그로부터 다시 1년 동안 수리를 거듭한 끝에, 테바트론은 업그레이드 이전 광도를 간신히 회복할 수 있었다. 사람들은 2002년이 되면 테바트론 입자빔의 상호작용 빈도수가 15배까지 증가할 것으로 기대했으나, 간신히 현상 유지하는 수준에 그치고 만 것이다. 2005년에 테바트론의 광도는 6배로 증가했지만 이것은 예상치의 1/4에 불과한 수준이다. 페르미 연구소 측은 지금도 테바트론의 개선을 위해 노력하고 있으나 과다한 비용과 인력낭비 때문에 골머리를 앓는 중이다. 그 덕분에 입자물리학자들은 대형가속기의 성능개선이란 얼마나 어려운 일인지 확실하게 깨달을 수 있었다.

테바트론은 엄청나게 복잡하고 예민한 장치이기 때문에 고장날 가능성도 매우 높다. 2002년 11월에는 입자빔이 갑자기 사라져서 한바탕 소동을 겪은 적이 있는데, 알고 보니 10,000km 떨어진 알래스카에서 일어난 지진이 원인이었다. 테바트론에는 극도로 정교한 두 개의 감지기 CDF(Collider Detector Facility:충돌 감지 시설)와 DZero(D0, 이 명칭은 상호작용이 일어

*[1] 강한 상호 작용을 하는 바리온(양성자, 중성자)과 쿼크와 반쿼크로 이루어진 중간자(파이온, 케이온, η중간자)를 총칭하는 단어-하드론.

나는 위치와 관련되어 있다)가 작동되고 있으며, 하나 당 무려 600명의 물리학자들이 달라붙어서 실험결과를 분석한다. 테바트론을 한 번 가동하면 엄청난 양의 데이터가 얻어지고, 이를 분석하는 데만도 보통 수년이 걸린다. 페르미 연구소 측은 테바트론의 은퇴시기를 2010년 정도로 잡고 있다.

현재 테바트론에 견줄 만한 가속기는 독일 함부르크 근처에 있는 DESY(Deutsches Elektronen-SYnchrotron) 연구소의 HERA(Hadron-Electron Ring Accelerator:원형 강입자-전자 가속기)뿐이다. 이것은 양성자-전자 충돌기로서 둘레가 6.3km이며, 전자빔의 에너지는 27.5 GeV, 양성자빔의 에너지는 820 GeV이고 이들이 충돌하면 약 300 GeV의 입자가 생성된다. HERA는 1992년에 처음 가동된 이후로 기존 전자-양전자 충돌기나 양성자-반양성자 충돌기로는 불가능했던 실험을 여러 차례 수행해 왔지만, 출력은 테바트론에 한참 못 미치는 수준이다.

테바트론보다 에너지가 낮은 전자-양전자 충돌기는 코넬 대학교와 SLAC에서 가동되고 있다. 현재 SLAC에서는 9 GeV의 전자빔과 3.1 GeV의 양전자빔을 충돌시키는 실험을 수행 중인데, 주된 목적은 바닥쿼크bottom quark가 포함된 물리계에서 물질-반물질 사이의 비대칭을 연구하는 것이다. 페르미 연구소에서도 테바트론으로 주입되는 입자빔을 만들어 내기 위해 작은 가속기를 운용 중이며 따로 독자 실험을 수행할 때도 있다. 지금 페르미 연구소에서는 뉴트리노*[1]의 특성을 파악하기 위한 두 개의 실험이 별도로 수행되고 있는데, 그중 하나인 미니분MiniBooNE이 학계의 관심을 모았다. '미니'라는 접두어가 붙은 이유는 이 실험이 8 GeV 짜리 양성자 싱크로트론 '부스터Booster'에서 만들어진 700 MeV 짜리 뉴트리노빔을 사용하기 때문이다. 이

*[1]Neutrino. 중성자가 양성자와 전자로 붕괴될 때 생기는 전하를 가지지 않으며 질량이 극히 작은 소립자=중성미자.

단계가 끝나면 에너지가 훨씬 높은 실험인 'BooNE(Booster Neutrino Experiment)' 으로 옮겨 갈 예정이다. 미니분은 페르미연구소에서 2002년부터 실행되어 왔으며, 실험결과는 내년쯤에 발표된다. *[1]

페르미 연구소에서 수행 중인 두 번째 실험은 NUMI/MINOS인데, NUMI는 'Neutrinos at the Main Injector' 의 약자이고 MINOS는 'Main Injector Neutrino Oscillation Search' 의 약자이다. 여기서 메인 인젝터란 150 GeV 짜리 양성자 싱크로트론을 칭하는 말로서, 그동안 테바트론에 입자빔을 주입하는 데 주로 쓰였으나 이 실험에서는 3~15 GeV 짜리 뉴트리노 빔을 만들어 내는 데 사용되고 있다. MINOS 실험에는 두 개의 감지기가 사용되는데, 하나는 페르미 연구소 안에 있는 '근거리 감지기' 이고 다른 하나는 735km 떨어진 미네소타 주 소우단Soudan 광산 지하에 설치된 '원거리 감지기' 이다. MINOS 실험의 목적은 두 감지기에 기록된 뉴트리노의 흔적을 비교분석하여 뉴트리노의 진동타입을 알아내는 것이다. 2005년 초에 시작된 이 실험은 2010년경에 완료될 예정이다.

입자물리학을 위한 미국의 재정적 지원은 지난 몇 년 동안 거의 늘어나지 않았다. 아니, 그동안의 물가상승률을 감안하면 오히려 줄어들었다고 봐야 맞다. 미국에서 한 해에 고에너지 입자물리학에 투자하는 돈은 평균적으로 7억 7,500만 달러이며, 이 중 7억 2,500만 달러를 미 에너지국에서 출원하고 나머지 5천만 달러는 미 국립과학재단National Science Foundation이 지원한다. 유럽의 연간 예산도 미국과 비슷한 수준인데 대부분 CERN과 DESY 쪽에 투입되고 있다. 미국 예산의 일부는 유럽에서 CERN에 할당된 예산과 합쳐져

---

*[1]2007년 4월 11일, 페르미 연구소는 미니분 실험의 결과를 발표했다. 미국 로스알라모스 국립연구소의 LSND 실험과 상치(相馳)하는 결과가 나옴으로써 자연에 또 하나의 중성미자가 존재할 가능성은 매우 희박해졌다.
http://www-boone.fnal.gov/publicpages/prl8.pdf

서 현재 진행 중인 LHC건설에 쓰인다. 미국은 8년간 LHC 건설에 5억3천만 달러를 투자했다. 미 에너지국은 고에너지 입자물리학에 배당된 2006년 회계 연도 예산을 3% 삭감했고, 앞으로의 전망도 그다지 밝지 않다.(비록 이 글을 쓰는 시점에서 07 회계 연도에 대규모 증액안이 제출되긴 했지만). 미국에서 해마다 발생하는 엄청난 액수의 세수적자는 과학연구의 발목을 잡는 심각한 장애가 되고 있다. 게다가 고에너지 물리학은 연방정부 과학지원목록에서 순위가 한참 뒤로 밀려 있는 상태이다.

입자가속기: 앞으로의 전망

현재 건설 중인 대형가속기는 CERN의 LHC뿐이다.(2008년 9월 10일, LHC는 첫 가동에 성공했다:옮긴이) 전 세계 입자물리학자들의 모든 희망이 여기에 걸려 있다고 해도 과언이 아니다. LHC는 14 TeV 규모의 양성자-양성자 충돌기이다. 양성자와 반양성자를 충돌시키는 테바트론과 달리, LHC는 광도 문제를 해결하기 위해 양성자와 양성자가 충돌하도록 설계되었다.

LHC는 LEP가 놓여 있던 둘레 27km의 원형 터널에 설치될 예정이다. 1994년에 승인된 이 프로젝트는 2007년 여름 완공을 목표로 삼고, 겨울에는 첫 번째 실험데이터가 얻어질 것으로 전망하고 있다. 모든 일이 순조롭게 진행된다면 2008년쯤에는 LHC로부터 최초의 물리적 결과가 나오게 된다. LHC 프로젝트에는 두 개의 입자감지기 Atlas(A Toroidal LHC ApparatuS: 환상형環狀形 LHC 감지기)와 CMS(Compact Muon Solenoid: 집적集積 뮤온 선륜통線輪筒)의 건설계획도 포함되어 있다. 머지않아 30여 개 국가에서 모여든 4,000명의 물리학자들이 두 개의 감지기를 관리하게 될 것이다. 감지기 하나가 1년 동안 만들어 내는 데이터는 약 1,000 테라바이트(1백만 기가바이트)에 달할 것으로 추정된다.

LHC의 총 건설비용은 대략 95억 달러(약 10조원) 정도이며, 감지기는 하나 당 10억 달러가 들어간다. 미국을 비롯한 몇몇 국가에서 비용의 일부를 지원하고 있지만, 소요예산이 워낙 방대해서 CERN은 2010년까지 LHC를 제외한 어떤 프로젝트도 추진할 여력이 없는 상태이다.

전자-양전자 충돌기는 복사에 의한 에너지손실을 줄이는 것이 가장 중요한 현안이나, 양성자-양성자 충돌기의 경우는 양성자의 질량이 전자보다 훨씬 크기 때문에 심각하게 고려할 필요가 없다. 그 대신 고에너지 양성자빔의 궤적이 원을 따라 휘어지게 만들 수 있을 정도로 강력한 자석을 제작하는 문제가 대두된다. LHC에는 개당 8.4테슬라*[1]의 자기장을 만들어 내는 강력한 초전도자석이 1,700개나 소요될 전망이다.

그렇다면 미래에 LHC를 능가하는 가속기가 만들어질 가능성은 있을까? 더 큰 에너지를 얻는 방법은 두 가지 뿐이다. 가속기의 직경을 늘이거나 자기장의 세기를 키워야 한다. 가속기가 발휘할 수 있는 에너지는 원형궤도의 둘레와 자기장의 세기에 비례하므로, LHC의 두 배인 28 TeV를 얻으려면 원주를 두 배(54km)로 늘이거나 자기장이 두 배로 강한 자석을 개발하는 수밖에 없다. 미국 입자물리학자들을 절망에 빠뜨렸던 40 TeV 짜리 SSC는 둘레가 무려 87km나 된다. 만일 계획이 예정대로 추진되었다면 대부분의 예산은 입자빔이 지나갈 길을 만드는 데 쓰였을 것이다. 현재 초전도자석은 16테슬라까지 발휘할 수 있지만, 가속기에 사용될 자석은 안정성과 비용 면에서 많은 제한이 따르기 때문에 원형을 그대로 가져다 쓸 수는 없다. 또한 가속기용 초전도자석은 입자로부터 다량의 복사에너지가 방출되는 와중에서도 초전도성을 유지해야 한다. 지금까지 초거대 강입자 충돌기Very Large Hadron Collider, VLHC의 다양한 디자인이 제안되었는데, 둘레 233km짜리가 있을 정도로 하나같이 긴 궤도를 가진 계획뿐이어서 실현가능성은 별로 없다.

SSC 프로젝트를 철회한 미 의회가 이런 황당한 계획을 승인할 리 없기 때문이다. 현실적으로 생각해도 LHC로부터 새로운 데이터를 수집하기도 전에 그보다 큰 가속기 프로젝트를 추진하는 것은 조금 억지스럽다. 만일 LHC가 새로운 물리적 발견을 이루어 낸다면, VLHC 건설도 물살을 타게 될 가능성이 높다.

초대형 입자가속기 건설에 따르는 또 하나의 문제는 에너지가 증가함에 따라 광도도 같이 높여야 한다는 점이다. 광도가 고정되어 있을 때, '의미 있는 충돌(주로 다량의 에너지가 교환되는 충돌)'의 발생횟수는 에너지의 제곱에 반비례하여 줄어든다. 따라서 가속기의 에너지가 두 배로 커진 상태에서 '의미 있는 상호작용'이 이전과 같은 빈도로 일어나려면 가속기의 광도는 4배로 높아져야 한다. 그러나 테바트론에서 겪은 바와 같이 광도를 높이는 것은 엄청나게 어려운 작업이며, 어찌어찌하여 원하는 광도를 얻었다 해도 상호작용이 일어나는 지점에서 복사에너지가 방출되는 등 부차적인 문제들이 줄줄이 발생할 것이다.

싱크로트론의 복사에너지 손실 때문에, LEP(209 GeV)보다 큰 전자-양전자 원형충돌기 건설은 현실적으로 불가능하다. 이것을 실현하려면 원형이 아닌 선형가속기 두 대를 서로 마주보게 만들어서 하나는 전자를, 다른 하나는 양전자를 가속하여 충돌시키는 수밖에 없다. 페르미 연구소에서는 1989~1998년 사이에 SLAC 선형가속기를 SLC$_{\text{SLAC Linear Collider}}$로 개조하여 47 GeV의 전자빔(양전자빔)으로 이와 비슷한 실험을 실행해 왔다. 가속기의 끝부분에서 입자빔이 방출되면 자석을 이용하여 퍼짐 현상을 방지하고, 반대편에서 날아오는 빔과 정면충돌을 일으키도록 경로를 적절히 유도해야 한다.

---

*[1] 테슬라 코일의 고안자인 미국 전기공학자 테슬라의 이름을 따서 1961년 지정된 자기력선속밀도(磁氣力線束密度)의 단위.

최근 몇 년 사이에 선형충돌기를 위한 몇 개의 디자인이 공개되었는데, 이들 중 함부르크의 DESY 연구소에서 설계한 TESLA가 가장 돋보인다. TESLA는 TeV급 초전도 선형가속기TeV Energy Superconducting Linear Accelerator의 약자로서, 교류모터의 창시자이자 전기 분야에서 위대한 업적을 남겼던 니콜라 테슬라Nikola Tesla를 기린다는 의미도 숨어 있다. 자기장의 단위인 테슬라Tesla, T도 그의 이름을 따서 명명되었다.

TESLA는 33km의 직선터널을 통해 500GeV의 충돌을(최종목표는 800~1000GeV의 충돌이다) 얻어 내는 선형가속기로서 건설비용은 대략 40~50억 달러로 예상되고 있다. 선형가속기는 싱크로트론 복사에 의한 에너지손실이 없기 때문에 입자빔의 에너지는 오직 최종적으로 일어나는 충돌에 의해 손실된다. TESLA가 가동되면 200메가와트의 전력을 소비할 것으로 추정되는데, 이 정도면 인구 20만의 도시에 공급하는 전력과 맞먹는 양이다. 전자-양전자 충돌기를 만들어 내려는 노력은 최근 국제 선형 충돌기International Linear Collider, ILC 계획의 부활이란 또 다른 결실을 맺었다. ILC는 TESLA를 비롯하여 몇 가지 디자인을 종합한 형태로서, 물리학자들은 하루속히 설계도를 완성하고 재정을 확보해서 시공에 들어갈 날을 손꼽아 기다리고 있다. 여러 가지 사정을 감안할 때 ILC의 건설은 2010년쯤 되어야 시작될 것 같다.

2001년에 미 에너지국과 국립과학재단은 미국의 고에너지 물리학을 위한 장기계획을 수립하기 위해 입자물리학자들로 구성된 고에너지물리학 자문위원회를 발족했고, 이 위원회는 2002년에 "차기 고에너지물리학 프로젝트로 전자-양전자 선형충돌기를 제작해야 한다"는 내용의 보고서를 연방의회에 제출하면서 "충돌기를 미국 내에 건설하면 입자물리학 예산 추가 소요분이 30% 증가하지만, 외국에 건설하면 10% 증가에 그친다"는 두 가지 시나리오를 상정하였다. 그러나 10%건 30%건 간에 예산이 늘어나리란 예측은 지나치게 낙천적인 생각이었다. 최근 몇 년 동안 미국의 입자물리학 연구지원예산은 오히려 줄어들고 있다. 이런 추세가 계속된다면 미국의 실험 입자물리학자들은 중요한 결단을 내려야 한다. 2010년 LHC가 가동되기 시작하면 테바트론은 보조장치 신세로 전락하며, 미국의 입자물리학자들은 새로운 논문을 쓰기 위해 일제히 유럽으로 몰려갈 것이다. ILC의 건설을 위한 재정이 확보되지 않으면 페르미 연구소의 미래가 불투명해질 뿐만 아니라, 미국 고에너지 입자물리학이 뉴트리노 같은 저에너지 입자를 대상으로 하는 실험 정도만 이루어지는 변방으로 격하되게 된다.

CERN은 CLIC(Compact Linear Collider: 압축 선형충돌기)라는 새로운 개념의 충돌기를 구상 중이다. 여기에는 하나의 입자빔을 이용하여 다른 입자빔을 가속시키는 기술이 적용되는데, 규모는 매우 방대하지만 ILC만큼 구체화되지는 않았다. CERN은 CLIC의 성공가능성을 2010년 이내에 판정하기 위해 연구개발에 박차를 가하고 있다. 만일 긍정적인 결론이 내려진다면, 5년 동안 설계하고 5년 동안 제작하여 2020년에는 가동이 가능할 것으로 예상된다. ILC가 미국정부에 의해 승인된다면 2015년에 가동이 가능하므로 LHC의 가동기간과 겹치게 되는데, 전 세계 물리학자들은 이렇게 되기를 희망하고 있다. 두 개의 대형가속기가 동시에 가동되면 선형가속기에서 발견된 새로운 물리현상을 LHC로도 확인할 수 있기 때문이다(물론 실험장비는 새롭게 조정되어야 한다). 현재 상황을 감안할 때, 선형충돌기의 제작 결정은 2009~2010년까지 미뤄질 가능성이 높다. 이때가 되면 LHC는 새로운 실험결과를 세상에 내놓을 것이다. 만일 LHC가 충분히 낮은 질량의 힉스입자 Higgs particle나 초대칭입자 Supersymmetric particle를 발견한다면(이 입자들의 존재는 이론적으로 예견되어 있지만 아직 발견된 사례는 없다. 자세한 설명은 나중에 따로 할 예정이다), 저에너지 ILC의 건설도 승인될 가능성이 높다. 그러나 만약 LHC가 새로운 발견을 이루어 내지 못할 시에는 고에너지 CLIC 건설이라는 대안이 수면 위로 올라올 것이다.

그 외에도 다른 형태의 더 기발한 충돌기 계획이 최근 물망에 오르고 있다. 4 TeV의 에너지에서 뮤온과 반뮤온을 충돌시키는 장치가 바로 그것이다. 뮤온은 전자보다 훨씬 무겁기 때문에 싱크로트론 복사에 의한 에너지 손실은 일어나지 않는다. 그러나 입자 자체가 불안정하여 생성된 지 2.2마이크로초(100만 분의 2.2초)만에 전자와 뉴트리노로 분해된다. 우리에게는 말 그대로 찰나의 순간이지만, 뮤온에게는 6km 길이의 갈무리 고리를 5,000번 일주할 만큼 긴 일생이다. 뮤온-반뮤온 충돌이 빈번하게 일어나도록 충분한 광도를 확보하면 '번갯불에 콩 볶듯이' 충돌실험을 해치울 수 있다(말이야 쉽지만 결코 쉬운 일이 아니다!). 하지만 이는 단지 기술적인 난점일 뿐이다. 더 근본적인 문제는 뮤온이 붕괴(분해)될 때 강력한 에너지를 가진 뉴트리노 빔이 방출되면서 심각한 방사선장애*[1]를 일으킬지도 모른다는 점이다. 뉴트리노는 다른 입자들과 상호작용을 거의 하지 않기 때문에, 지구 같은 행성 하나쯤은 거뜬하게 통과한다. 다시 말해서, 빔의 방출을 막을 방법이 없다. 이런 가속기를 페르미 연구소 부지 지하 1km 깊이에 설치한다 해도 여기서 방출된 뉴트리노는 시카고까지 날아갈 것이다. *[2]

이런 문제 때문에 뮤온 갈무리 고리 모형은 아직 충돌기로선 비실용적이라 분류되지만, 대신에 '뉴트리노 공장'으로의 가능성이 점쳐지고 있다. 즉,

---

*[1] 인체가 방사선을 쬠으로써 일어나는 장애.

*[2] 2003년 일본 스쿠바의 KEK(高エネルギ-加速器硏究機構: 고 에네르기 가속기연구소)와 하와이 대학교의 물리학자들은 초 고에너지 뉴트리노 빔을 사용해 핵무기를 파괴하는 기술을 제안했다. 핵무기가 위치한 곳으로 1000 TeV(현재로서는 불가능)의 에너지를 가진 뉴트리노 빔을 쏘아 보내면, 땅속으로 지구 반대편까지 도달한 뉴트리노 빔은 폭탄 내부에 있는 플루토늄이나 우라늄의 분열을 일으켜 폭탄을 녹이거나 증발시켜 버린다. 문제는 폭탄을 제거하는 대신 뉴트리노 빔을 맞은 폭탄이 폭발해 버릴 지도 모른다는 것이다. http://physicsworld.com/cws/article/news/17490

특수 가속기로 조절 가능한 강도의 뉴트리노빔을 만들어서 뉴트리노의 특성을 관측하는 것이다. 현재 뉴트리노를 대상으로 한 실험은 세계 도처에서 진행되고 있으며, 앞에서 언급했던 MiniBoone과 NUMI/MINOS도 뉴트리노와 관련된 실험을 수행하고 있다. 전형적인 뉴트리노 관측은 태양이나 핵반응기, 또는 가속기에서 생성된 뉴트리노를 지하 깊은 곳에 설치해 둔 장비를 이용해 감지하는 식으로 진행된다.*[1] 이것은 고에너지 물리학분야에서 비교적 비용이 적게 드는 실험이기 때문에, 입자물리학자들이 염원하는 거창한 실험보다 훨씬 현실적이고 장래성도 있다.

지난 20세기에 고에너지 입자물리학 기술은 거의 지수함수적으로 급속한 성장을 이룩했다. 이 현상은 컴퓨터 처리능력의 성장속도를 예견하는 무어의 법칙에도 비슷하게 맞아 들어간다. 집적회로의 밀도는 18개월마다 2배로 증가하면서 현대문명에 커다란 변화를 가져왔다. 그러나 안타깝게도 입자물리학에 무어의 법칙이 적용되던 행복한 시절은 다 지나간 듯하다. 혁명적인 기술변화가 일어나지 않는 한, 21세기 가속기의 성능은 결코 지수함수적으로 발전할 수 없다. 이제 이론 및 실험 입자물리학을 연구하는 학자들은 이미 제기된 이론을 확인하기 위해 기술혁명을 일으켜야만 하는 어려운 상황에 직면했다.

---

*[1] 2004년 6월 한미일 K2K(KEK to Kamioka Long Baseline Neutrino Experiment)공동연구팀은 KEK의 12GeV 뉴트리노 빔을 250km 떨어진 카미오칸데 뉴트리노 측정기까지 쏘아 보내 뉴트리노들끼리의 진동 변환을 확인했고, 이는 뉴트리노 질량의 유력한 증거이다.

더 읽을거리

실험 입자물리학의 역사와 관련된 일반교양서 중에서 가장 뛰어난 책으로는 클로스 서튼Close Sutton의 『폭증하는 입자들The Particle Explosion』◆5과 스티븐 와인버그의 『아원자입자의 발견Discovery of Subatomic particles』◆6이 꼽힌다.

본문의 내용과 관련된 기타 참고서적과 웹사이트를 정리하면 다음과 같다.

- 과학사가 피터 갤리슨Peter Galison은 최근 집필한 『이미지와 논리Image and Logic』에서 입자물리학이 창출한 '물질문명'을 심도 있게 다루었다.◆7
- 샤론 트래윅Sharon Traweek의 『빔타임과 라이프타임: 고에너지 물리학자들의 세계Beamtimes and Lifetimes: The World of High Energy Physicists』는 SLAC의 과학자들과 그곳에서 진행되는 연구를 문화인류학자의 관점에서 조명한 책이다.◆8
- 페르미 연구소의 테바트론에 관한 최근소식: http://www.fnal.gov/pub/now
- LHC 건설현장의 현재 진척상황: http://lhc.web.cern.ch/lhc
- ILC에 관한 최근소식: http://www.linearcollider.org
- 『CERN 신보Cern Courier』는 입자물리학계의 동향을 소개하는 월간지이다. 책의 내용은 http://www.cerncourier.com 에서 무료로 열람 가능하다.
- 입자물리학계의 최근 뉴스와 관련자료는 http://www.interactions.org 에서 얻을 수 있다.
- 페르미연구소의 SLAC에서는 『대칭Symmetry』이라는 월간지를 발행하며, 내용은 http://www.symmetrymag.org 에서 읽을 수 있다.

■ 고에너지물리학 자문위원회High Energy Physics Advisory Panel, HEPAP는 미 에너지국DOE과 미 과학재단NSF에서 진행하는 입자물리학 프로그램의 자문역할을 수행한다. 이들은 1년에 3번씩 만나면서 다양한 의견을 교환하는데, 프레젠테이션의 구체적인 내용은 http://www.science.doe.gov/hep/ agenda.shtm 에서 조회할 수 있다.

3장
양자이론

입자가속기와 충돌기로 얻어진 방대한 양의 데이터 덕분에, 물리학자들은 소립자의 특성과 상호작용을 설명하는 '표준모형' 이론을 구축하여 커다란 성공을 거두었다. 지금부터 6장까지는 표준모형의 기본개념과 역사에 대해 알아보기로 한다.

표준모형을 제한된 쪽수 안에 서술하려면, 잡다한 내용을 과감하게 잘라내고 기본적인 핵심만을 추리는 수밖에 없다. 특히 특정 물리 현상의 발견자를 언급할 때 주로 한 사람의 이름만 나올지도 모르지만, 그렇다고 해서 발견의 영예를 그 사람 혼자 독차지한다는 뜻은 아니다. 대부분의 발견은 여러 명의 물리학자로 구성된 연구팀에 의해 이루어지며, 때로는 서로 다른 곳에서 연구하는 물리학자들이 동일한 현상을 동시에 발견하는 경우도 있다. 이름을 하나만 나열하는 것은 오로지 페이지 수를 줄이기 위한 방편일 뿐이다. 또 한 가지 당부사항은 이 이야기가 목적론적 관점에 따라 지금 시점에서 해석한 과거라는 점이다. 현대 물리학에 영향을 주지 못한 역사적 사실은 과감히 생략했다. 앞에서는 실험물리학자와 실험장비의 역할을 강조했지만, 지금부터는 실험과 관련된 사항들을 잠시 잊고 이론물리학자에게 초점을 맞추기로 하자. 이론과 실험 사이의 미묘한 상호관계는 몇 페이지 안에 설명하기가 불가능할 정도로 복잡하기 그지없다.

표준모형은 양자장이론quantum field theory의 특별한 형태로서, 흔히 '양-밀스 이론Yang-Mills theory'이나 '비가환 게이지 이론non-abelian gauge theory' 등으로 알려져 있다. 앞으로 당분간 양자이론의 일반 특성과 양자장이론 및 게이지이론에 대해 알아본 후에, 마지막으로 표준모형을 설명할 것이다.

양자이론의 역사

19세기 말까지만 해도 이론물리학은 '고전물리학을 연구하는 분야'로 통했다(물론 당시에는 '고전'이라는 단어를 쓰지 않았다). 고전물리학의 대표주자인 아이작 뉴턴은 17세기에 활동하면서 입자에 작용하는 힘과 입자의 운동을 지배하는 운동방정식을 발견하여 고전물리학의 기초를 탄탄하게 다져 놓았다. 그래서 고전물리학을 '뉴턴의 고전역학'이라 부르기도 한다. 고전역학에서 입자의 특성은 '질량'과 '시간'에 따라 변하는 두 개의 벡터*1에 의해 결정된다. 두 개의 벡터란, 입자의 위치를 나타내는 위치벡터position vector와 입자의 운동량(질량×속도)을 나타내는 운동량벡터momentum vector를 말한다. 입자에 작용하는 힘이 주어졌을 때, 입자의 위치와 운동량이 시간에 따라 변해 가는 양상은 뉴턴의 제2법칙에서 제공된 운동방정식에 의해 결정된다. 즉, 뉴턴이 발견한 미분방정식*2을 풀면 임의의 시간에 물체의 위치와 운동량을 알 수 있다. 뉴턴은 고전역학과 함께 미적분학도 개발했다. 고전역학의 기본개념을 수학으로 정확하고 깔끔하게 서술하려면 미적분학이라는 연산이 반드시 필요했기 때문이다. 미적분학이 없었다면 뉴턴의

*1 Vector. 크기만을 나타내는 스칼라(scalar)와 달리 방향과 크기를 전부 나타낼 수 있는 물리적 객체.
*2 이것이 바로 그 유명한 $F = ma$이다.

아이디어는 결코 지금처럼 체계화되지 못했을 것이다.

19세기 후반에 하전입자(전하를 띤 입자)들이 주고받는 전자기력에 대한 이해가 깊어지면서, 고전 전기역학classical electromagnetics이라는 분야가 체계를 갖추게 되었다. 고전 전기역학은 입자의 운동을 서술하는 고전역학에 '전자기장electro magnetic field' 이라는 새로운 개념을 추가하여, 전하 및 전하의 운동과 관련된 물리현상을 완벽하게 설명하였다. 일반적으로 장場field이란 입자처럼 공간상의 한 점에 밀집되어 있지 않고 넓은 영역에 퍼져 있는 물리적 객체를 의미한다. 임의의 한 순간에 전자기장의 값은 공간상의 모든 점에서 정의되는 두 개의 벡터, 즉 전기장벡터와 자기장벡터에 의해 결정된다. 1864년에 제임스 클럭 맥스웰은 전기장과 자기장이 하전입자와 상호작용하는 방식과 시간에 따른 변화를 말해주는 맥스웰 방정식을 유도하여 고전 전기역학의 체계를 확립하였다. 4개의 미분방정식으로 이루어진 맥스웰 방정식은 전하를 띤 물체가 존재하는 경우에 복잡한 해를 갖는다. 그러나 진공 중에서의 해는 매우 간단하여 전자기장이 파동과 같은 형태를 띠게 되는데, 바로 광파light wave이다. 광파는 임의의 진동수를 가질 수 있으며 언제나 빛의 속도로 진행한다. 맥스웰 방정식은 언뜻 보기에 아무런 상관도 없을 것 같은 '하전입자들 사이의 상호작용' 과 '빛의 양태' 를 동시에 설명해 주었다.

그러나 20세기가 시작될 무렵, 특정 물리현상들이 기존 고전역학이나 전기역학으로 설명되지 않으며, 따라서 다른 접근방법이 필요하다는 사실이 물리학자들에게 명확해졌다. 그 결과 1900년에 막스 플랑크가 흑체복사*[1]를 통해, 아인슈타인이 1905년에 광전효과*[2]를 통해 전자기파가 '양자화

---

*[1]Black body radiation. 자신에게 쏘아지는 전자기파를 100% 흡수하는 반사율 0인 가상의 흑체(黑體)가 에너지가 높을 땐 모든 파장의 빛을 방출하리라 예견되는데, 짧은 파장의 빛을 방출하기 위해선 무한대의 에너지가 필요해 진다는 역설=검정체내비침. 빛의 에너지를 연속적인 값으로 가정해서는 풀지 못한다. 플랑크는 이 일로 1918년 노벨상을 수상하였다.

quantized' 되어 있다는 가설을 제기하기에 이르렀다. 양자가설에 의하면, 특정 진동수의 전자기파가 실어 나르는 에너지는 연속 값이 아니라 항상 어떤 특정한 값의 정수 배로 나타난다. 1913년에 덴마크 물리학자 닐스 보어Niels Bohr는 원자핵 주변을 돌고 있는 전자의 궤도에 양자가설을 적용하여 수소원자가 흡수하거나 방출하는 에너지를 이론적으로 계산하였다. 보어의 계산은 임시변통적인 성격이 짙었고 이론적인 근거도 다소 부족했으나, 실험실에서 관측된 값과 매우 잘 일치했기 때문에 최소한 "길을 잘못 들지는 않았다"는 점은 확실했다.

양자의 행동을 설명하는 이론은 베르너 하이젠베르크Werner Heisenberg와 에르빈 슈뢰딩거Erwin Schrödinger가 1925~1926년에 걸쳐 기본 개념을 정립한 후로, 매우 짧은 기간 사이에 대부분 확립되었다. 이렇게 탄생한 양자역학은 과학자들의 물리관을 송두리째 뒤엎어 놓으면서 현재까지 이론물리학의 근간으로 그 위치를 유지하고 있다. 양자역학은 고전역학과 '다른' 물리학이 아니라, 고전역학을 '포함하는' 훨씬 포괄적인 이론이다. 양자역학에 어떤 극한을 취하면 뉴턴의 고전역학과 완전히 똑같아진다. 하지만 양자역학이 서술하는 세계는 우리의 일상 경험과 완전히 딴판이다. 고전역학은 거시적인 스케일에서 우리의 경험과 일치하는 답을 주는 데 반해, 작은 스케일의 물체들은 고전적 법칙이 아닌 양자역학의 법칙을 따른다. 즉 원자와 같이 미시적인 세계로 가면 '양자'의 존재가 두드러지게 나타나면서 고전역학은 무용지물이 되고 오직 양자역학만이 올바른 진리로 통용되는 것이다. 양자역학에 의하면 임의의 시간에서 물리계의 상태는 위치와 운동량이 잘 정의된 한 무더기의 입자에 의해 결정되지 않고 추상적인 특별한 벡터에 의해 정의

*[2]Photoelectric effect. 금속 표면에 빛을 쪼였을 때 전자가 방출되는 현상. 아인슈타인은 이 발견으로 1905년 노벨상을 받는다. 같은 해 발표된 특수상대성이론과 광전효과 발견 100주년을 기념해 유네스코는 2005년을 세계 물리의 해로 선정하였다.

된다. 그런데 이 벡터는 다른 일상적인 벡터처럼 세 개의 공간좌표로 결정되는 것이 아니라, 무한개의 좌표를 통해 결정된다! 게다가 이 무한개의 좌표들은 실수가 아닌 복소수 좌표이기 때문에 시각화하기가 거의 불가능하다. 이 벡터들이 점유하는 무한차원의 상태공간state space은 독일 수학자 다비드 힐베르트David Hilbert의 이름을 따서 '힐베르트 공간'이라 불린다.

양자역학적 상태는 힐베르트 공간에 속한 하나의 벡터로 정의된다. 이것이 너무 추상적이라고 여겨진다면 '파동함수wave-function'로 생각할 수도 있다. 파동함수는 시간과 공간을 좌표변수로 갖는 복소함수인데, 서로 더할 수 있고 상수를 곱하여 스케일을 변화시킬 수 있다는 점에서 분명한 벡터이다. 그래서 양자역학은 힐베르트 공간의 벡터, 또는 파동함수로 서술 가능하다. 어느 쪽을 택하건 간에, 결과는 완전히 같다.

양자역학의 기본개념과 수학 구조는 굉장히 간단해서 두 가지만 기억하면 충분하다:

1. 임의의 순간에 모든 물리계의 상태는 힐베르트 공간에서 정의된 벡터로 서술된다.
2. 관측 가능한 물리량은 힐베르트 공간의 연산자에 해당된다. 이들 중 가장 중요한 것은 해밀토니안 연산자Hamiltonian operator로서, 이 연산자를 적용하면 상태벡터의 시간에 따른 변화가 도출된다.

흔히들 '양자역학' 하면 확률과 관련된 개념을 떠올리지만, 위에 언급된 기본 구조는 확률과 전혀 무관하다(오히려 고전역학의 결정론적 구조와 닮았다). 특정한 한 순간의 상태벡터를 정확하게 알고, 해밀토니안 연산자를 적용하면 상태벡터의 향후 모든 미래를 알 수 있다(이때 풀어야 할 방정식이 바로 슈뢰딩거의 파동방정식이다). 그러나 우리는 상태벡터를 직접 관측하지 못하고 고전적 관측가능량(위치, 운동량, 에너지 등)만 관측할 수 있기 때문에, 양자역학에 확률의 개념이 도입되게 된다. 일반적으로 대부분의 양자적 상태벡터는 '잘 정의된' 관측가능량에 대응되지 않는다. 특별한 경우에 한하여 잘 정의된 고전적 관측가능량에 대응되는 상태벡터가 존재하는데, 이것을 해당 연산자의 '고유상태eigenstate', 또는 '고유벡터eigenvector'라고 한다. 고유상태에 연산자가 적용되면 고유상태 자체에 어떤 실수가 곱해진 결과가 얻어지며, 이 실수가 바로 고전적 관측가능량에 해당된다(이 실수를 고유값eigenvalue이라고 한다)*1. 어떤 물리계에 대한 관측이란, 계의 상태를 직접 측정하는 것이 아니라 관측자가 계와 '은밀한' 상호작용을 주고받으면서 계의 상태가 고유상태 중 하나로 변해감을 의미한다. 관측에 의해 결정된 고유상태는 고전적으로 잘 정의된 고유값을 갖는다. 확률의 개념이 도입되는 때는 바로 이 시점에서다. 관측자는 관측결과를 확률적으로만 예측할 뿐, 여러 개의 가능한 값 중에서 구체적으로 어떤 값이 얻어질지 미리 알 수는 없다.

이와 같이 양자역학의 기본개념은 고전적 관측가능량과 판이하게 다르기 때문에, 고전물리학에 뿌리를 두는 우리의 직관과도 일치하지 않는다. 양자역학의 신비한 특성을 보여주는 대표적인 사례가 바로 하이젠베르크의 불확정성원리uncertainty principle이다. 이 원리에 의하면 위치와 운동량이 '동시에' 잘 정의된 입자를 서술하는 상태벡터는 힐베르트 공간에 존재하지 않는다. 위치연산자와 운동량연산자는 서로 가환적이지 않기 때문에(즉 이들을 하나의 상태벡터에 순서를 바꿔 적용하면 서로 다른 결과가 얻어지기 때문에), 어떠한 상태벡터도 위치연산자의 고유상태이면서 동시에 운동량연산자의

*1 선형대수학에서 고유벡터란 임의의 선형 변환이 일어난 후에도 그 방향이 변하지 않는 벡터를 가리키며, 고유값은 변환 후에 고유벡터의 크기가 변하는 비율을 뜻한다.

고유상태가 될 수는 없다. 입자의 위치가 명확하게 결정된 상태벡터에는 입자의 운동량에 관한 정보가 전혀 들어 있지 않으며, 운동량이 정확하게 결정된 상태벡터는 입자의 위치정보를 조금도 가지지 않는다.

양자역학은 고전역학으로부터 유도되지 않는, 완전히 새로운 이론이다. 따라서 양자역학을 이해하려면 '고전적인 지식'을 보류해 두고 새로운 논리에 익숙해지는 수밖에 없다. 양자역학의 창시자들도 이론을 가시화Anschaulichkeit하기 어려워서 골머리를 앓았었다. 그러나 양자역학은 원자 스펙트럼을 비롯하여 고전 역학이나 전기역학으로 풀리지 않았던 수많은 현상들을 너무도 정확하게 설명해 주었다. 또한 비록 양자역학으로 인한 새로운 수학의 도입이 물리학자들을 난처하게 만들긴 했지만, 괴팅겐Göttingen 대학교의 힐베르트와 하이젠베르크, 그리고 그의 동료들에게는 자기 집처럼 편안한 분야였다. 하이젠베르크는 양자역학의 첫 번째 포문을 열고 몇 달이 지난 1925년 가을 괴팅겐 대학교에서 동료인 막스 보른Max Born, 파스쿠알 요르단Pascual Jordan과 함께 초기 양자역학의 체계를 세웠는데, 이것을 보통 '행렬역학matrix mechanics'이라 한다. 보른은 괴팅겐에서 수학박사 학위를 받은 뒤에 이론물리학으로 전향했고, 보른의 제자였던 요르단은 수학에 천부적인 재능이 있었다. 이 시기에 하이젠베르크는 파울리에게 다음과 같은 내용의 편지를 보냈다.◆1

그 동안의 진척상황은 그런 대로 만족스러운 편입니다. 이론의 전체 골격은 아직 미완성이지만, 수학과 물리학적 견지에서 당신의 의견이 나와 같다는 점은 커다란 힘이 됩니다. 지금 나는 수학에 대한 이해력이 의심스러울 정도로 생각과 느낌이 정반대로 가고 있습니다. 요즘 괴팅겐은 두 개의 파로 나뉘어서, 한쪽은 힐베르트(바일이 요르단에게 보내온 편지대로라면 바일 역시)가 그랬듯이 행렬역학의 성공에 완전히 매료되었고, 다른 쪽은 프랑크*1처럼 행렬역학에 부정적인 견해를 갖고 있습니다.

이 새로운 학문의 리더로 역사에 이름을 올리게 되는 또 한 사람은 영국의 청년 물리학자 폴 디랙Paul Adrien Maurice Dirac이었다. 1925년 9월, 약관 23세로 케임브리지 대학교 물리학과 박사과정 학생이었던 디랙은 하이젠베르크의 행렬역학 논문을 읽은 후 "고전역학과 행렬역학 사이에 아름다운 수학적 연결고리가 존재한다"는 사실을 깨달았다. 디랙의 선견지명은 훗날 양자역학의 중요한 초석을 이루게 된다.

디랙은 '난해한 수학 논문을 술술 써내는 다작가'로 유명했지만, 그에 못지않게 말수가 적기로도 정평이 나 있었다. 1929년에 디랙이 위스콘신 대학교를 방문했을 때, 한 기자는 그와 인터뷰를 하면서 다음과 같은 대화를 주고받았다.◆2

"한 가지 질문을 더 드리겠습니다. 제가 듣기엔 당신과 아인슈타인이야말로 진짜배기 천재로 서로를 이해하는 유일한 사람이라고 하더군요. 하지만 박사님은 워낙 과묵하고 겸손하신 분이니 소문의 진위 여부는 굳이 캐묻지 않겠습니다. 그런데, 이것만은 너무 궁금해서 꼭 알아야겠네요. 혹시 당신의 이해 범위 밖에 있는 사람도 있습니까?"

"네."

"이야~! 그게 사실이라면 단연 특종감인데요? 그 사람이 누군지 저에게 살짝 귀띔해 주실 수 있을까요?"

"바일Weyl."

디랙과 하이젠베르크조차 따라가기 어려웠다는 당대 최고의 수학자 헤르

---

*[1] James Franck(1882~1964). 1920년 괴팅겐 대학교에서 프랑크·헤르츠의 실험이라 불리는 방법으로 보어가 발표한 원자 에너지준위의 불연속성을 확인해 1925년 노벨 물리학상을 받은 독일의 물리학자. 1933년 나치를 피해 미국으로 이주, 맨해튼 계획에 참여했다.

만 바일Herman Weyl은 괴팅겐 대학교에서 힐베르트에게 수학을 배운 후 그곳에서 처음으로 교편을 잡았다가, 1925년에 취리히 대학교 수학과 교수로 임용되었다. 당시 슈뢰딩거도 취리히에 머물면서 파동을 적용한 양자역학을 한창 연구하던 중이었다. 취리히로 이주한 바일은 슈뢰딩거와 도시의 밤 문화를 함께 향유할 정도로 절친한 친구가 되었다. ◆3

슈뢰딩거는 1925년 12월 마지막 주에 장차 물리학 역사를 바꾸게 될 양자역학의 파동함수 판版을 완성하였다. 당시 그는 비엔나에서 온 여자친구와 함께 아로사 산*1 근처 산장에 머물면서(여자친구의 신분은 아직도 베일에 싸여 있다) 그 유명한 슈뢰딩거 방정식을 완성하였고, 이 방정식을 가장 단순한 수소원자에 적용하여 해의 수학적 의미를 이해하려고 노력했다. 그 후 슈뢰딩거는 다시 취리히로 돌아와 바일에게 자문을 구하면서, 자신이 유도한 방정식과 해의 일반적인 특성을 설명해 주었다. 슈뢰딩거는 양자역학을 주제로 발표한 그의 첫 논문에서 바일을 위해 각별한 감사의 말을 남겼다. ◆4

훗날 바일은 이렇게 회상했다. "슈뢰딩거는 늦바람과 함께 큰 성취를 얻었습니다. ◆5 슈뢰딩거는 이미 결혼한 몸이었지만, 그것은 부를 이어가기 위한 정략결혼이었기 때문에 낭만적 사랑과는 거리가 멀었지요." ◆6 슈뢰딩거의 아내였던 애니Anny*2 또한 그가 아로사 산에서 정부와 가진 밀회를 눈감아 주었다. 왜냐하면 당시 그녀는 바일의 애인이었기 때문이다. 양자역학은 수학과 물리학의 긴밀한 유대관계 속에서 탄생했지만, 슈뢰딩거와 바일은 지적인 관심사 외에도 상당히 많은 부분을 공유하고 있었다.

양자역학의 발달사는 대부분 물리학자들의 손에 의해 기록되었기 때문에

---

*1 Arosa. 스위스 그라우뷴덴(Graubueden) 지방 해발 1,800m에 위치한 100년 이상의 역사를 자랑하는 스키 리조트 지역.

*2 안네마리 베르텔 슈뢰딩거(Annemarie Bertel-Schrödinger)를 말한다. 잘츠부르크 출신의 평범한 여성으로 알려져 있으며 시대적 풍조로 볼 때 자식이 없었음에도 불구하고 이혼하지 않고 평생 그와 함께 살았다.

수학자였던 바일의 역할은 그다지 두드러져 보이지 않는다. 바일은 슈뢰딩거와 물리학을 포함한 일상사에서 친밀한 관계를 유지했을 뿐만 아니라, 양자역학의 기초를 다진 다른 물리학자들과도 꾸준히 접촉하면서 거의 모든 내용을 파악하고 있었다. 그런데 바일이 새로 탄생한 양자역학에 관하여 물리학자들에게 했던 수학적 조언들을 과연 그들이 제대로 이해했는지는 분명치 않다. 바일의 관점을 이해하기 위해 잠시 수학 쪽으로 이야기를 돌려 보자.

수학 나들이: 대칭군과 군표현

디랙과 하이젠베르크조차 이해하지 못했다는 바일의 조언은 과연 어떤 내용이었을까? 지금부터 그와 관련된 수학 이야기를 할 참인데 너무 큰 기대는 하지 말아 주기 바란다. 교양과학서 단 몇 페이지만 가지고서 이를 이해하기란 불가능하기 때문이다. 양자역학이 우리 직관에 위배되고 엄청나게 어려우면서도 현대물리학의 중심에 자리 잡은 것처럼, 지금부터 언급될 수학 또한 직관적으로 통찰하기 위해선 많은 노력을 요하지만 현대수학의 핵심주제 중 하나이다. 이것은 양자역학과 마찬가지로 20세기에 태어났으며 역사의 많은 부분을 양자역학과 공유하고 있다.

수학에 친숙하지 않은 독자들을 위해 지금부터 할 이야기를 간단하게 요약해 보겠다. 어떤 물리계에 적용되는 법칙을 변화시키지 않은 채로 물리계에 변형을 가할 수 있을 때, 물리학자들은 "물리계에 대칭symmetry이 존재한다"고 말한다. 시간이나 공간 속의 '병진이동translation'이 그 대표적인 사례이다. 대부분의 실험에서, 실험기자재들이 놓인 위치를 일제히 같은 방향으로 같은 거리만큼 이동시켜도 실험결과는 달라지지 않는다. 또는 실험기자재를 그 자리에 가만히 놔둔 채 잠시 기다렸다가(시간상의 평행이동) 실험을 해도 역시 같은 결과가 얻어진다. 다시 말해서, 물리법칙은 시간과 공간의 병진이동에 대해서 불변이다(이러한 대칭을 '병진대칭' 이라고 한다). 수학자들은 일련의 대칭변환을 '군群group' 이라는 이름으로 부르고 있다. 물리학에서는 병진대칭군뿐만 아니라 회전대칭군, 복소수를 이용하여 정의된 대칭군을 중요하게 취급하는데, 기호로는 U(1), SU(2), SU(3) 등으로 표기한다. 양자역학이 서술하는 임의의 물리계가 병진대칭군을 가진다면, 그 상태의 양자역학적 힐베르트 공간은 군표현론이라는 수학 구조물의 본보기가 된다. 즉 군은 대칭변환들의 묶음이고 표현론이란 대칭이동의 결과물이다. 대칭에 주목하면 물리학의 기본 특성 대부분이 도출된다. 공간의 병진대칭은 운동량 보존을 포함하며, 시간의 병진대칭은 에너지 보존을 포함한다. 보존법칙과 대칭변환과의 관계는 고전역학보다 양자역학에서 더 명확하게 드러난다.

군, 표현, 그리고 양자역학

1925~1926년 사이에 바일은 자신의 일생을 통틀어 가장 중요한 연구를 수행하고 있었다. 이 시기에 바일이 남긴 업적은 훗날 '리군의 표현론representation theory of Lie group' 이라는 명칭으로 불리게 되는데, 그 내용을 지금부터 소개하고자 한다. 수학자들에게 군이란 '곱셈의 항등원identity element과 역원inverse element이 존재하는 추상적인 원소들의 집합' 을 의미한다. 임의의 원소 A에 I라는 특별한 원소를 곱했을 때, 그 결과가 A이면(즉, 변하지 않으면) I는 항등원이 된다. 그리고 임의의 원소 A에 다른 원소 B를 곱한 결과가 I(항등원)일 때, B를 A의 역원이라고 한다. 이와 같은 조건을 만족하는 추상적인 군은 머릿속에서 얼마든지 떠올릴 수 있지만, 각각의 원소를 대칭변환에 대응시켜 표현하면 더욱 흥미롭고 중요한 정보를 얻게 된다. 다시 말해서 '관심의 대상인 특정구조를 변화시키지 않는' 변환에 군의 각 원소들을 대응시키는 것이다. 이때 두 개의 원소를 곱한다는 것은 두 개의 변환을 연속적으

로 가하는 것에 해당되며, 역원을 곱하는 것은 한 번 가해진 대칭변환을 원래대로 되돌리는 변환에 해당된다.

하나의 군에 대한 표현이 성공적으로 이루어졌다면, 이 군을 대칭군으로 생각할 수 있다. 즉, 군을 이루는 각 원소들은 어떤 대상의 '대칭변환'에 대응된다. 이해를 돕기 위해 가장 간단한 예를 들어 보겠다. 두 개의 원소로 이루어진 단순한 군을 생각해 보자. 이 원소들은 '3차원 공간에서 행해지는 두 개의 변환'을 나타낸다. 첫 번째 변환은 아무것도 안 하는 변환, 즉 항등변환 identity transformation이고, 두 번째 변환은 모든 것을 거울에 비춰서 상을 뒤집는 변환이다. '거울상 뒤집기'를 두 번 연속 실행하면 당연히 원래의 상으로 되돌아온다. 이 군과 관련된 수학은 매우 단순하다. 일단, 군의 원소는 단 2개뿐이다. 하나는 항등원(다른 원소에 곱해도 아무런 변화가 일어나지 않음)이고 나머지 하나는 두 번 연속 곱했을 때 항등원이 되는 원소이다. 군 자체의 성질은 이것이 전부지만, 이 군을 수학으로 표현하면 3차원 공간 및 거울 변환의 특성을 좀 더 실감나게 이해할 수 있다.

유한군(원소의 개수가 유한한 군)에 관한 연구의 기원은 프랑스의 수학자 에바리스트 갈루아Evariste Galois로 거슬러 올라간다. 갈루아는 21세의 나이로 결투 중 요절했는데(1832년), "5차 이상의 다항 방정식은 일반해를 구할 수 없다"를 증명하는 과정에서 유한군 개념을 처음으로 도입하였다. 그 후 유한군의 표현과 관련된 문제는 19세기말에 집중적으로 연구되었으며, 1873년 수학자 소푸스 리Sophus Lie가 '리군Lie group'을 정의하고 모든 특성을 규명하였다. 리군은 '연속적으로 연결된 무한히 많은 원소'를 갖고 있기 때문에 종종 연속군continuous group이라 불리기도 한다. 20세기 초 바일의 마음을 사로잡은 대상이 바로 '리군의 표현론'이었다.

리군과 군표현의 간단한 사례로는 2차원 평면의 회전군을 들 수 있다. 원점이 고정된 평면이 주어졌을 때 원점을 중심으로 특정 각도만큼 회전시키는 변환을 생각해 보자. 변환이 가해진 후에도 평면 위 한 점과 원점 사이의 거리는 변하지 않으므로, 이것은 일종의 대칭변환이다. 다시 말해서, 2차원 회전변환의 불변량은 '평면상의 한 점과 원점 사이의 거리' 이다. 일반적으로 평면의 회전은 원점으로부터의 거리가 유지되는 변환으로 정의된다. 이런 변환은 무수히 많이 존재하는데, 각 변환의 특성은 '회전각' 이라는 단 하나의 변수로 표현된다.

만일 이 평면이 복소평면*[1]이라면, 이곳에서 일어나는 모든 회전은 '길이(절대값)*[2]가 1인 복소수' 에 대응될 수 있다. 복소평면 위의 모든 점에 길이가 1인 특정 복소수를 일괄적으로 곱하면 특정 각도만큼 일괄적으로 회전한

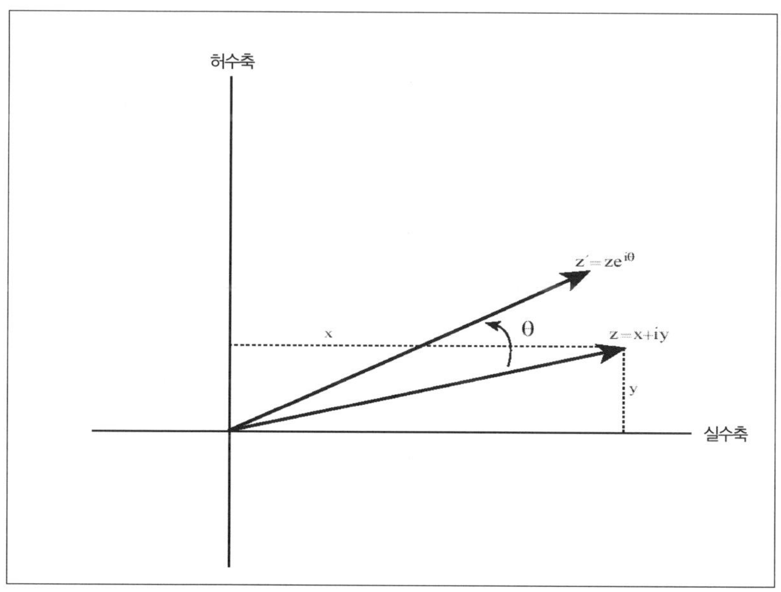

그림 3.1 복소평면에서의 회전변환(회전각 = θ)

*[1]Complex plane. 한 점을 정의하는 데 필요한 두 개의 좌표가 복소수의 실수부와 허수부로 표현되는 평면.

*[2]복소수 a + b i의 절대값은 피타고라스 정리에 따라 원점에서 $\sqrt{a^2+b^2}$의 거리이다.

결과가 얻어지기 때문이다(이것은 복소수의 연산과 관련된 간단한 연습문제이다). 그래서 복소평면의 회전군을 '하나의 복소변수에 의한 변환을 나타내는 유니터리군Unitary group of transformations of One complex variable' 이라 하며, 간단하게 U(1)으로 표기한다.

지금까지 설명한 내용은 U(1)군을 표현하는 여러 가지 방법들 중 하나에 불과하다. 즉, U(1)을 복소평면의 회전변환으로 표현한 것이다. 다른 표현법에는 어떤 것이 있을까? 이 질문에 답하려면 푸리에해석Fourier analysis을 알아야 한다. 19세기 초에 활동했던 프랑스 수학자 조지프 푸리에Joseph Fourier의 이름에서 따온 이 분석법은 뚜렷한 주기성을 갖는 파동을 여러 개의 기본진동수와 배음으로 분해하는 테크닉으로서, 조화해석harmonic analysis이라고도 한다. 조화해석법과 표현론 사이의 관계를 이해하려면 매우 긴 설명이 필요한데, 지금 당장은 "평면을 특정 각도만큼 회전시키는 변환은 파동의 위상*1을 바꾸는 변환과 비슷하다"는 사실만 기억해도 충분하다. 하나의 초기 파동이 주어졌을 때, 위상을 계속해서 변화시키다 보면 결국 원래의 파동으로 되돌아가게 된다. 이 경우에 연속으로 행해지는 일련의 변환은 평면을 회전시키는 변환과 비슷하다. 회전각도를 조금씩 증가시키다 보면 결국 원래의 상태로 되돌아오기 때문이다. 그래서 수학자들은 U(1)대칭변환을 '위상변환' 이라 부르기도 한다.

U(1)은 리군의 가장 단순한 예이며, 그 단순함은 "평면의 회전은 회전시키는 순서에 무관하다"는 사실에서 기인한다. 수학자들은 이와 같은 변환을 '가환변환commutative transformation' 이라고 부른다. 즉, 두 개의 변환을 연속으

---

*1Phase. 주기적으로 반복되는 현상에 대해 어떤 시각 또는 어떤 장소에서의 변화의 국면을 가리키는 물리학 용어.

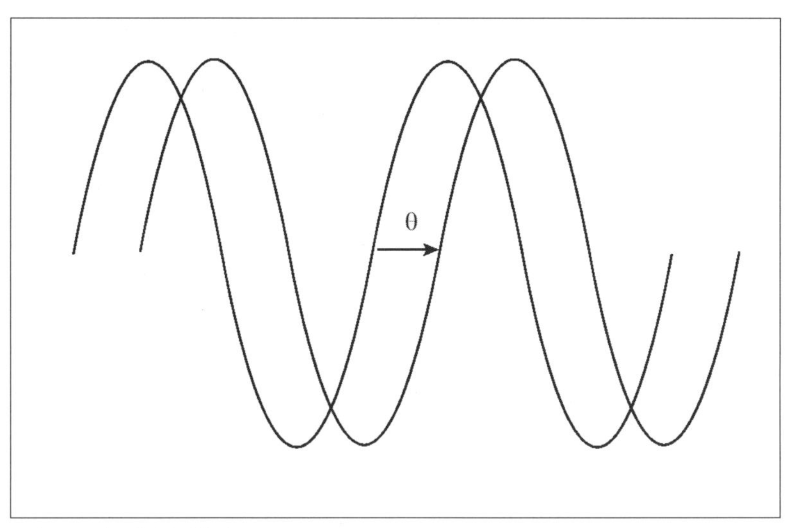

그림 3.2 θ 만큼 위상이 변한 파동

로 수행할 때 어느 쪽을 먼저 수행하건 간에 결과가 똑같다는 뜻이다. 2차원 평면에서는 이렇게 단순하지만, 고차원공간으로 가면 문제가 훨씬 흥미롭고 복잡해진다. 예를 들어 3차원 공간의 회전군을 생각해 보자. 3차원 회전군은 3차원 공간 속 한 점을 고정시킨 채(이 점을 원점으로 잡는다) 원점과의 거리가 유지되도록 각 점들을 회전시키는 변환으로 표현할 수 있다. 공간 차원이 하나 늘어난 것만 빼면 2차원 회전군과 별 차이가 없어 보인다. 그러나 두 개의 축에 대하여 연속으로 회전시킬 때, 어느 쪽을 중심으로 먼저 회전시키느냐에 따라 결과는 판이하게 달라진다. 즉, 3차원 회전군은 2차원의 경우와 달리 '비가환군non-commutative group'인 것이다. 바일은 1925~26년 사이에 바로 이런 종류의 표현론을 연구하고 있었다.

바일의 이론은 높은 차원의 다양한 변환군에 적용 가능한데, 가장 간단한 사례는 차원을 나타내는 좌표를 복소수로 잡은 경우이다. 2차원 평면은 단 하나의 복소수로 표현이 가능하며 그 다음으로 복잡한 경우는 두 개의 복소수가 등장한다. 그런데 안타깝게도 여기서부터는 변환과정을 머릿속으로 그릴 방법이 없다. 두 개의 복소수로 표현되는 좌표는 4차원 공간을 나타내므로(실수부 2개와 허수부 2개), 회전 자체가 가상의 4차원 공간에서 일어난다. 게다가 복소좌표는 실수좌표에서는 나타나지 않는 미묘한 특성을 추가로 갖고 있다. 2차원 복소평면 상에서 임의의 점에 단위허수 i(−1의 제곱근)를 곱하면 반시계방향으로 90° 만큼 회전시킨 결과가 얻어진다. 물론 이 경우에 회전축은 원점을 지나면서 복소평면에 수직한 축이다. 그러나 4차원 복소공간에서 임의의 점에 단위허수를 곱하는 연산을 '하나의 축에 대한 회전'으로 나타낸다고 했을 때, 회전축은 하나가 아니라 무수히 많이 존재한다. 4차원 공간을 두 개의 복소수로 나타내는 것은 이들 중 하나의 축을 골라냄을 의미한다. 이 축은 두 개의 복소수에 단위허수를 곱했을 때 나타나는 회전의 중심이 된다. 따라서 두 개의 복소수로 이루어지는 4차원 복소공간은 머릿속에 떠오르는 것 이외에 하나의 실수차원을 더 가지며, 그 속에는 눈에 보이지 않는 구조가 숨어 있다.

고차 복소차원의 대칭변환을 당장 눈에 보이도록 가시화할 수는 없지만, 복소수로 이루어진 행렬을 사용하면 대수적으로 간단하게 표현가능하다(하이젠베르크는 복소행렬을 별로 좋아하지 않았다). 일반적으로 임의의 복소수 N개가 주어지면 N개의 (복소)변수에 대한 유니터리변환 U(N)을 정의할 수 있다. 좀 더 쉬운 이해를 위해, 이 변환을 두 부분으로 나눠 보자. 즉, N개의 모든 복소수에 단위허수를 곱하는 변환과[이것은 앞서 말한 U(1)과 동일하다], 그 나머지 변환으로 나누어 생각하는 것이다. 그러면 U(N)의 복잡한 특성은 나머지 부분에 집약되는데, 이것을 'N개의 (복소)변수에 대한 특수 유니터리변환Special Unitary transformation'이라 하며, 기호로는 SU(N)으로 표기한다. 바일이 이룬 업적 중 하나는 N의 크기에 상관없이 SU(N)의 표현법을 정립한 것이다.

$N = 1$인 경우, SU(1)은 단 하나의 원소를 갖는 자명한 군이 된다. 자명하지 않으면서 가장 단순한 경우는 SU(2) 대칭군인데, 이것은 양자역학 초창기에 매우 특별한 역할을 했다. 눈에 띄는 이유는 없지만(그렇게 따지면 4차원 복소공간 기하학에서 우리가 '볼 수 있는' 부분 자체가 거의 없긴 하다), SU(2)는 실수 3차원공간 회전군과 밀접하게 연관되어 있다. 3차원 회전은 실제로 존재하는 3차원 공간의 대칭변환에 대응되기 때문에 매우 중요하게 취급되며, 대부분의 물리계들은 이와 같은 군의 표현을 제공한다. 수학자들은 3차원공간 회전군을 '세 개의 (실)변수에 대한 특수 직교변환군group of Special Orthogonal transformation'이라 부르고 기호로는 SO(3)로 표기한다. 3차원 공간에서 일어나는 각 회전은 SU(2)의 서로 다른 두 개의 원소에 대응되기 때문에, 어떤 면에서 보면 SU(2)는 SO(3)를 두 배로 '부풀린' 꼴이라 할 수 있다.

임의의 물리계가 주어지기만 하면, 계의 물리적 특성에 영향을 주지 않는 대칭변환 및 대칭변환군을 항상 대응시킬 수 있다. 예를 들어 원자 스펙트럼*2의 경우 핵을 중심으로 원자 전체를 회전시켜도 이와 관련된 물리학은 전혀 변하지 않는다. 원자물리학 법칙은 어떤 특정 방향을 선호하지 않기 때문이다. 원자 입장에서 볼 때 모든 방향은 완전히 동일하며, 임의의 두 방향은 회전변환을 통해 하나로 겹쳐질 수 있다. 즉, 원자는 '회전대칭'을 가지며 대응되는 3차원공간 대칭군은 SO(3)이다.

양자역학이 탄생하기 훨씬 전에, 고전역학 체계에서도 대칭군과 관련하여 매우 중요한 사실이 알려져 있었다. "고전역학계가 대칭성을 갖고 있으면 그

---

*1 평면 또는 공간을 자기 자신으로 옮기는 사상(寫像)에서 내적(內積 ; 점의 좌표 성분끼리의 곱의 합)을 바꾸지 않는 것. 두 직교변환의 조합도 직교변환이라면 직교변환의 전체는 군을 이룬다는 사실이 도출된다. 이를 직교변환군이라 한다.

*2 Spectrum. 파장에 따른 굴절률 차이를 이용해 빛을 파장 또는 진동수에 따라 분해한 것=빛띠.

에 대응되는 보존량conserved quantity이 반드시 존재한다"는 사실이 바로 그것이다. 물리계는 3차원 공간 자체의 특성에 의해 두 가지 종류의 대칭을 선천적으로 보유하고 있다. 첫 번째 대칭은 병진대칭으로서, 세 가지 가능한 방향으로 물리계 전체를 평행이동시켜도 물리법칙은 변하지 않는다. 이때 보존되는 양은 모두 3개이며, 운동량벡터의 세 성분이 여기에 해당된다. 물리계의 총 운동량성분들이 시간이 흘러도 변하지 않는다는 것은 고전역학의 근간을 이루는 기본 원리이다. 두 번째 대칭은 SO(3) 회전군 대칭인데, 3차원공간에는 회전 중심축이 3개 있으므로 이 경우에도 3개의 보존량이 존재하며 각운동량벡터의 세 성분이 여기에 해당된다. 회전대칭형 힘이 작용하는 고립된 계의 총 각운동량이 변하지 않는다는 것 또한 고전역학의 기본원리이다.

3차원 공간과 1차원 시간을 하나의 시공간으로 통일한 아인슈타인 특수상대성이론을 고려하면 시간 방향으로도 또 하나의 병진대칭이 존재하는데, 이때 보존되는 양이 바로 계의 총 에너지이다. 시간과 공간을 포함한 4차원 시공간의 회전을 고려할 수도 있지만, 시간은 공간과 사뭇 다른 특성을 갖고 있기 때문에 그다지 간단한 문제는 아니다.

일련의 보존량과 보존법칙들은 모든 물리계가 가지는 가장 근본적인 특성이다. 임의의 물리계를 탐구할 때, 가장 먼저 해야 할 일은 에너지와 운동량, 각운동량을 결정하고 관련된 보존법칙을 활용하는 것이다. 대칭성을 갖는 물리계에 보존량이 존재한다는 사실을 처음으로 알아낸 사람은 독일의 여류 물리학자 에미 뇌터Emmy Noether였다. 그래서 이 정리를 흔히 '뇌터의 정리'라고 한다.

뇌터는 학창시절 한 학기 동안 괴팅겐 대학교에서 힐베르트의 강의를 들은 적이 있지만, 대부분의 시간은 에를랑겐Erlangen에서 보냈다. 여학생을 받아주는 유일한 대학이 그곳에 있었기 때문이다. 그녀는 학위과정을 마친 후 1915년에 괴팅겐으로 돌아왔으나 여자라는 이유만으로 정식 교수자리를 얻지 못했다. 뇌터는 1차대전이 끝나고 괴팅겐 대학교의 학칙이 바뀐 후에야 비로소 채용될 수 있었다. 그녀가 세상을 떠났을 때, 바일은 추모사를 읽으면서 힐베르트의 말을 인용하였다.◆7 힐베르트는 뇌터의 채용을 반대하는 사람들을 이렇게 설득했다고 한다. "나는 그녀의 사강사*1임용에 성별이 왜 논쟁거리가 되는지 모르겠습니다. 교수 회의실이 공중목욕탕은 아니지 않습니까?!" 결국 힐베르트는 자신의 이름으로 개설된 과목 중 하나를 뇌터에게 맡기는 것으로 문제를 매듭지었다. 바일은 괴팅겐 대학교의 초빙교수로 부임하여 1926~27년 겨울학기 동안 표현론을 강의했다. 뇌터의 주 관심사는 대수학이었고 양자역학을 직접 연구한 적은 한 번도 없었지만, 바일의 강의를 들으면서 수업이 끝난 후 수학 문제를 함께 토론하곤 했다. 1930년, 바일이 괴팅겐을 다시 방문했을 때 뇌터는 이미 그곳에서 수학의 일인자로 군림하고 있었다. 그녀는 나치의 폭정을 피해 1933년에 괴팅겐을 떠나 미국의 브린마워Bryn Mawr 대학에서 학생들에게 수학을 가르치다가 1935년 세상을 떠났다.

바일은 1926년에 리군의 표현론을 완성한 후, 양자역학에 등장하는 다양한 대칭군에 자신의 이론을 적용하는 방법을 모색하기 시작했다. 그가 1928년에 발표한 책 『군론과 양자역학Gruppentheorie und Quantuenmechanik』은 물리학과 수학분야에 막대한 영향을 끼쳤다. 양자역학의 기본체계는 우리의 일상적인 직관과 상충되지만, 군표현론과는 매우 조화롭게 들어맞는다. 물리계와 대칭군 사이의 치밀한 관계는 고전역학보다 양자역학에서 더욱 분명하고 단순한 형태로 나타난다.

1920년대까지만 해도 물리학자들과 수학자들은 전혀 다른 언어를 사용하고 있었기 때문에 대다수 물리학자들은 바일의 이론을 이해하지 못했다. 1927~28년 사이에 괴팅겐 대학교를 방문했던 헝가리 출신 물리학자 유진

*1 Privatdozent. 근현대 독일대학에서 수강생의 수업료로 임금을 받았던 비정규 계약교수.

위그너Eugene Wignor는 당시 상황을 다음과 같이 서술하였다.◆8

헤르만 바일은 사고방식이 매우 분명하며, 1928년 처음 출간된 그의 저서 『군론과 양자역학』은 이 분야에서 바이블로 통한다. 그 내용을 이해하는 사람들은 일상 언어로 표현할 수 없는 아름다움을 만끽했을 것이다. 그런데 바일이 쓴 글은 그의 명쾌한 사고방식과 달리 별로 분명하지 않아서, 안타깝게도 대부분의 물리학자들이 그의 이론을 이해하지 못하고 있다. 특히 젊은 물리학도들은 바일의 책을 공포의 대상으로 여길 정도이다. 바일은 여러 사람에게 자신의 이론을 알리려는 좋은 의도로 책을 썼겠지만, 결과적으로 많은 물리학자들로 하여금 군론연구를 포기하게 만드는 부정적인 결과를 낳고 말았다.

위그너는 파울리를 양자역학에서 유행하는 군이론 사용을 "군 전염병die Gruppenpest"으로 치부하는 사람으로 묘사했는데, 이 호칭은 물리학자들 사이에서 한동안 꽤나 널리 쓰였다. 위그너 자신은 1931년에 『군론/원자 스펙트럼 양자역학에서 그 응용Group Theory and its Application to the Quantum Mechanics of Atomic Spectra』이라는 책을 집필하는 등, 상황을 개선하기 위하여 많은 노력을 기울였다. 이 책에는 군의 수학적 특성과 표현론이 물리학자에게 친숙한 언어로 설명되어 있다.

바일의 책에 대한 전후세대 물리학자의 평가 또한 다르지 않았다. 표준모형에 큰 업적을 남긴 첸 닝 양C. N. Yang은 바일의 책을 다음과 같이 기억했다.

그 책은 당대를 풍미한 명저로서, 매우 심오한 내용을 담고 있다. 아마 1935년 이전 태어난 이론물리학자의 연구실 중에 이 책 한 권 꽂혀 있지 않은 곳은 없으리라 본다. 그러나 내가 장담하건대, 그걸 다 읽은 물리학자는 열 손가락에 꼽힐 정도이다. 대다수 물리학자에게 바일의 논리 전개는 따라가기 힘들었다. 물리학적 관점에서 볼

때, 그의 사고방식은 지나치게 추상적이다.◆9

양자역학으로 서술되는 임의의 물리계가 대칭군을 가질 때, 계의 상태를 서술하는 힐베르트 공간은 바일이 말한 '대칭군의 표현' 과 정확하게 일치한다. 고전물리학 관점에서 볼 때 힐베르트 공간은 결코 자연스러운 개념이 아니었지만, 군의 표현론을 연구하는 수학자들에게는 너무나도 친숙한 대상이었다. 앞서 말한 바와 같이, 양자역학의 창시자들은 고전역학에서 핵심 역할을 했던 운동량벡터와 위치벡터를 힐베르트 공간에 존재하는 연산자로 대치했다. 운동량벡터에 대응되는 연산자는 힐베르트 공간에서 운동량벡터의 방향으로 무한소無限小만큼 평행이동시키는 연산자에 해당되며, 각운동량벡터에 대응되는 연산자는 이 벡터로 정의되는 회전축을 중심으로 무한소만큼 회전시키는 연산자에 해당된다. 양자역학에서 대칭성으로부터 보존량이 유도되는 방식은 고전역학의 경우보다 훨씬 간단하다. 대칭변환에 대응되는 보존량을 직접 다루는 대신, 상태벡터들이 놓여 있는 힐베르트 공간에서 무한소 대칭변환을 나타내는 연산자를 이용하면 된다.

양자역학에는 고전역학에서 찾아볼 수 없는 새로운 대칭성이 존재한다. 힐베르트 공간에 있는 모든 상태벡터에 일괄적으로 단위허수를 곱해도(파동함수들의 위상을 일괄적으로 변화시켜도), 겉으로 드러나는 물리적 성질은 조금도 변하지 않는다. 즉 모든 양자 물리계가 선천적으로 U(1)대칭을 보유하고 있는 셈이다. 물론 이것도 엄연한 대칭이므로 이에 해당되는 보존량이 존재하는데, 바로 '전기전하' 이다. 그리고 이 경우에 적용되는 보존법칙이 그 유명한 '전하보존법칙*1' 이다. 고전물리학의 근간을 이루는 전하보존법

*1 고립된 계의 모든 전하, 곧 음전하와 양전하의 대수합(代數合)은 불변이라는 법칙. 전하는 소모되거나 발생되지 않으며 언제나 처음의 양이 그대로 보존된다.

칙이 단순한 대칭원리로부터 자연스럽게 유도되는 것이다.

물리계에 존재하는 표준대칭성 중에서 수학적 분석이 가장 난해한 대상은 회전대칭이다. 회전대칭군의 수학적 표현인 SO(3)는 하나의 '기본표현fundamental representation'으로부터 구축될 수 있는데, 이것은 3차원 공간에서 일어나는 3차원 벡터의 회전에 대응된다. SO(3)의 기본표현이란, 바로 이 '회전하는 3차원 벡터의 표현'을 의미한다. 양자역학이 물리학의 주 무대에 등장하기 직전인 1924년경, 파울리는 "전자가 이중성double-valued nature을 갖고 있음을 인정한다면, 원자 스펙트럼의 다양한 특성이 설명된다."고 주장한 적이 있었다. 양자역학적 관점에서 볼 때 전자가 취할 수 있는 양자상태의 수는 우리 짐작보다 두 배나 많다. 양자역학과 표현론 사이의 관계가 정립되면서 그 이유가 분명해졌다. 전자의 힐베르트 공간과 일치하는 대칭군의 표현이 SO(3) 회전대칭군 표현이 아니라, 이와 밀접하게 관련된 SU(2) 표현이었던 것이다. 앞서 말한 대로 SU(2)는 SO(3)를 두 배로 '부풀린' 꼴이므로, 두 개의 복소변수에 대한 특수 유니터리 변환군에 해당된다. SU(2)를 정의하는 표현은 이 두 개의 복소변수에 대한 표현과 동일하다. 이것이 전자를 설명할 때 전자의 특성만큼이나 회전대칭군의 표현이 중요해지는 이유이다. 파울리가 말한 '이중성(전자가 취할 수 있는 상태의 수가 우리 짐작보다 두 배 많은 것)'이 두 복소수에 대한 표현으로 구현된 것이다.

입자의 경우 SU(2) 변환에 해당되는 특성은 '스핀spin'이라 불린다. 즉, 입자가 어떤 축을 중심으로 팽이처럼 회전하면서 가지는 각운동량이다. 그런데 이 발상은 몇 가지 문제점을 안고 있다. 각운동량이 양자화된 유형인 스핀이, 잘 정의된 회전축이나 회전속도를 갖지 않기 때문이다. 스핀은 오직 양자역학에만 등장하는 개념으로서, SU(2) 대칭군 표현론과는 잘 맞아떨어지지만 고전물리학으로는 마땅한 해석을 내리기 어렵다.

SU(2)의 표현 분류는 보는 바와 같이 매우 간단하다:

• 스핀 0에 해당되는 자명한 표현. 이 경우에는 어떠한 회전을 수행해도 표현이 변하지 않는다.
• 두 개의 복소수를 이용한 SU(2)의 기본표현. 이것은 스핀 = 1/2에 해당되는 표현으로서, 전자를 서술하는 데 쓰인다.
• 3차원 벡터의 3차원 회전을 이용한 SU(2) 표현. 스핀 = 1에 해당되는 표현으로서, 광자를 서술하는 데 쓰인다.

물론, 반정수半整數(3/2, 5/2, ……) 스핀에 해당되는 고차원 표현도 가능하다. 소립자에 적용 가능한 사례로는 스핀 = 2인 표현을 들 수 있는데, 이것은 중력장의 양자로 알려진 가상의 중력자graviton를 표현하는 데 유용하다.

사실, 이런 간단한 설명으로는 표현론과 양자역학 사이의 긴밀한 상호관계를 이해하기 어렵다. 양자역학의 주 무대인 힐베르트 공간 자체가 무한차원이기 때문에 자세히 파고 들어가다 보면 문제가 매우 복잡해진다. 바일의 표현론은 유한차원인 경우에 한해서 완벽한 답을 제시하고 있다. 물론 유한차원 표현론에 담겨 있는 정보들이 무한차원 힐베르트 공간을 이해하는 데 중요한 역할을 하지만, 이것이 전부는 아니다. 양자역학은 표현론과 관련해 수학자의 도전욕구를 자극하는 다양한 문제들을 양산했으며, 이 문제들은 1930년대 이후 일어난 수많은 수학적 성취의 화두 노릇을 했다. 반면 물리학자들은 수학적 주제보다 좀 더 현실적인 문제에 집착해 왔는데 자세한 이야기는 다음 장에서 소개할 것이다.

더 읽을거리

양자역학 관련도서는 수준별로 다양하게 접할 수 있다. 간결한 책을 원한다면 디랙의 『양자역학의 원리The Principles of Quantum Mechanics』가 단연 압권이다.◆10 일반인을 위한 입문서로는 최근 출간된 헤이Hey와 월터스Walters의 『새로운 양자우주The New Quantum Universe』를 권한다.◆11 조금 오래되긴 했지만 기유맹Guillemin의 『양자역학 이야기The Story of Quantum Mechanics』도 읽을 만하다.◆12 메라Mehra와 리첸버그Rechenberg가 양자역학의 역사를 집대성한 『양자이론의 발달사The Historical Development of Quantum Theory』도 도움이 될 것이다.◆13

물리학에서 대칭의 중요성을 알기 쉽게 설명한 책은 그리 많지 않다. 그나마 대칭의 개념을 소개한 책들도 군 표현론에 대해서는 별다른 언급이 없다. 대표적인 사례로는 지Zee의 『무서운 대칭Fearful Symmetry』,◆14 윌첵Wilczek과 디바인Devine의 『조화를 찾아서Longing for the Harmonies』,◆15 그리고 리비오Livio의 『풀 수 없는 방정식The Equation that Couldn't Be Solved』을 들 수 있다.◆16 위그너의 글을 한데 모아 놓은 『대칭과 반전Symmetries and Reflections』은 양자역학 및 수학과 관련된 많은 문제들을 심도 있게 다루고 있다.◆17 바일이 말년에 집필한 『대칭Symmetry』도 읽을 만하다.◆18

리군의 표현과 관련하여 최근 출간된 수학교재로는 홀Hall의 『리군, 리대수, 표현Lie Groups, Lie Algebras and Representation』과◆19 사이먼Simon의 『유한군과 컴팩트군의 표현Representations of Finite and Compact Groups』◆20, 그리고 로스먼Rossman의 『리군Lie Groups』◆21 등이 있다. 또한, 호킨스Hawkins의 『리군이론의 출현Emergence of the Theory of Lie Group』에는 바일의 업적이 잘 정리되어 있다.◆22

스피너spinor 및 관련 기하학에 관한 입문서로는 펜로즈Penrose의 『진실로 가는 길The Road to Reality』을 권한다.

4장

양자장이론

1925년부터 양자역학은 다양한 물리계의 특성을 성공적으로 규명하면서 그 위력을 발휘하기 시작했다. 그 첫 무대는 전자기장이었다. 양자역학의 일반원리를 이용하면 전자기파가 양자화되어 있음이 증명되는데, 이 사실을 처음 발견한 사람은 플랑크와 아인슈타인이다. 그 후로 물리학자들은 고전적 장이론(예를 들면 전자기학 등)을 양자역학 원리에 입각하여 다시 쓰면서 '양자장이론quantum field theory'이라는 새로운 분야를 개척하였다. 그런데 전자기장의 양자에 해당하는 광자는 파동성과 입자성을 동시에 갖고 있어서 많은 물리학자들을 혼란스럽게 만들었다(이것을 '파동-입자 이중성wave-particle duality'이라 한다). 고전물리학적 서술이 근사적으로 들어맞는 경우 양자화된 전자기장을 파동으로 간주하면 모든 내용을 훨씬 쉽게 이해할 수 있지만, 그렇지 않은 경우에는 전자기장을 입자(광자)로 간주해야 올바른 논리가 펼쳐진다.

전자와 같은 입자에 양자역학을 적용할 때에는 입자의 수가 유한해야 한다는 제한이 따른다. 전자의 수가 다른 물리계는 각기 다른 힐베르트 공간에 대응된다. 유한한 개수의 전자들이 원자핵 주변을 이리저리 돌아다니는 경우, 즉 원자물리학에 대해서는 이와 같은 접근법이 유용하지만, 에너지가 아주 큰 물리계에서는 전자의 개수가 바뀔 수도 있다. 아인슈타인의 방정식 $E = mc^2$에 의해 질량과 에너지는 상호변환을 허용하므로, 에너지가 충분히 큰 광자가 전자-양전자 쌍으로 탈바꿈하는 일이 언제든지 가능해진다(양전자는 전자의 반입자이다). 양자역학은 이와 같은 변환을 다루는 데 적절치 않다. 입자들이 갑자기 생성되거나 소멸되는 현상을 제대로 이해하려면 양자장이론을 도입해야 한다.

입자-반입자 쌍이 생성되지 않을 정도로 에너지가 작은 계를 고려하는 경우에도, 특수상대성이론과 양자역학의 원리를 조합해 보면 '입자의 개수가 결정된 물리계'란 개념은 타당하지 않음이 뚜렷해진다. 하이젠베르크 불확정성원리에 의하면 입자 위치가 정확하게 결정될수록 입자의 운동량에 대한 부정확성은 대책 없이 증가한다. 그러다가 이 부정확성에 해당하는 운동에너지가(운동에너지는 운동량의 제곱에 비례한다) 임계값을 넘어가면, 갑자기 입자-반입자 쌍이 생성될 수도 있다. 다시 말해서, 상자 크기를 계속 줄여 가며 입자 하나를 가두려 해 봐도 역으로 운동량의 부정확성이 커지기 때문에 상자 안에 몇 개의 입자가 돌아다니는지 알 도리가 없다는 뜻*1이다.

전자기장의 양자장이론은 입자(광자)가 생성되거나 소멸되는 경우에도 적용할 수 있는 양자이론으로서, 수시로 출몰하는 전자를 논리에 맞게 다루려면 광자뿐만 아니라 전자를 비롯한 모든 입자들도 다른 양자장이론의 '양자화된 들뜸*2' 으로 간주해야 한다(전자기 양자장이론의 양자화된 들뜸은 광자이다). 전자장으로 양자장이론을 만들었을 경우 광자가 아닌 전자가

*1양자 밀실공포증, 양자 욕구불만이라고도 한다.

*2Quantised excitation. 들뜸이란 바닥상태인 전자가 외부로부터 일정한 에너지를 흡수하여 보다 높은 에너지 준위로 옮겨 감을 말하며, 양자화된 들뜸이란 양자의 에너지준위의 변화를 특정하지 못한다는 뜻이다.

'양자화된 들뜸' 으로 등장하게 된다.

슈뢰딩거 파동역학에 기초한 양자역학의 핵심은 그 유명한 '슈뢰딩거 방정식' 을 풀어서 물리계의 상태를 서술하는 파동함수의 시간에 따른 변화를 알아내는 것이다. 그런데 안타깝게도 이 방정식에는 양자역학과 함께 물리학의 근간인 아인슈타인의 특수상대성이론과 조화롭게 섞이지 않는다는 커다란 문제점이 있었다. 물론 슈뢰딩거도 이 사실을 모르진 않았다. 그는 파동방정식을 처음 유도할 때 특수상대성이론에 부합되는 방정식에서 출발하였으나, 실험과 일치하지 않는 결과가 나오는 바람에 금방 포기해 버리고 말았다. 결국 그가 자신의 이름으로 발표한 파동방정식은 모든 입자의 속도가 광속보다 훨씬 느린 경우에 한하여 특수상대성이론과 근사적으로 들어맞는 방정식이었다. 이런 식으로 접근해도 원자의 스펙트럼 등 많은 현상을 설명할 수는 있었지만, 입자-반입자 쌍이 생성될 정도로 에너지가 큰 물리계에 적용할 때에는 각별한 주의를 기울여야 했다. 뿐만 아니라 파울리가 스핀이라는 놀라운 특성을 발견했을 때 슈뢰딩거는 이 점을 고려하여 방정식에 새로운 항을 추가했는데, 이것도 여러 가지 면에서 문제의 소지가 다분했다.

1927년 말, 디랙은 '디랙방정식' 이라는 새로운 형태의 방정식을 유도하여 양자역학에 새로운 지평을 열었다. 이것은 슈뢰딩거의 파동방정식과 생긴 모습은 비슷했지만 특수상대성이론에 부합할 뿐만 아니라, 전자의 스핀까지 설명하는 막강한 방정식이었다. 디랙방정식의 해들 중 일부는 전자에 해당되었으며, 다른 해들은 전자의 반입자인 양전자positron의 존재를 예견하고 있었다. 결국 양전자는 1932년에 실제로 발견되어 디랙의 예견을 입증해 주었다. 양자역학과 특수상대성이론을 결합하는 문제, 그리고 전자의 스핀과 양전자의 존재 등이 디랙방정식 하나로 일거에 해결된 것이다. 그런데 놀랍게도 디랙방정식의 탄생에 가장 큰 공헌을 한 일등공신은 1879년에 영국 수학자 윌리엄 클리포드가 이미 완성해 놓은 클리포드 대수Clifford algebra였다. 디랙방정식은 아름답고 우아한 물리학이론의 전형이다. 물리학자들은 자신이 주장하는 이론의 아름다움을 평가할 때, 거의 예외 없이 디랙방정식을 비교 대상으로 삼는다. '콜럼버스의 달걀' 같은 발상전환과 간결함을 함께 갖춘 디랙방정식은 그때까지 풀지 못했던 신비한 현상들을 훌륭하게 설명하고 새로운 현상까지 예견함으로써, 수학 성향이 강한 물리학자들에게 새로운 모범이 되었다.

수학계는 디랙방정식 이해에 더 오랜 시간이 걸렸고, 그래서 발견 초기에는 수학에 별 영향을 주지 않았다. 물리학의 경우와는 달리, 디랙방정식은 그동안 수학자들이 고심해 오던 문제에 어떠한 해답도 곧바로 내주질 않았다. 이 상황은 1960년대 초에 영국의 마이클 아티야Michael Atiyah와 미국의 수학자 이사도르 싱어Isadore Singer가 아티야-싱어 지표정리Atiyah-Singer index theorem를 통해 디랙방정식을 재발견하면서부터 달라지기 시작했다. 이 정리는 20세기 후반에 수학에서 이루어진 가장 뛰어난 업적 중 하나로 평가된다.

디랙이 자신의 방정식을 통해 전자-양전자 쌍의 생성을 예견한 후로, 물리학자들은 전자장에 대한 양자장이론을 본격적으로 연구하기 시작했다. 1929년 말에 요르단과 파울리, 하이젠베르크는 전자와 전자기장에 대한 양자장이론을 완성하였고, 양자전기역학Quantum ElectroDynamics, QED이라는 이름이 붙여졌다. 1929년은 물리학 역사상 가장 파란만장했던 4년간(1925~1929)의 마지막 해이기도 하다. 그동안 논리가 모호하고 임시변통적 색깔이 짙었던 원자물리학은 이 짧은 기간을 거치면서 완벽한 이론으로 재탄생하여, 오늘날까지 거의 변하지 않은 형태로 전수되고 있다.

1929년 이후로는 몇 가지 이유에 의해 물리학의 발전 속도가 급속하게 느려졌다. 특히 나치당黨이 정권을 잡으면서 독일 수학자와 물리학자들이 은신처로 숨거나 해외로 도피하는 바람에, 괴팅겐을 비롯한 독일의 위대한 학문단체들이 전혀 제 기능을 발휘하지 못했다. 바일과 슈뢰딩거, 그리고 보른도 1933년에 독일을 탈출해 미국이나 영국 등지로 거처를 옮겼다. 그러나 하이젠베르크와 요르단은 '도덕 가치와 과학은 별개의 문제' 임을 주장하면서 나치에 협조했다. 세계대전의 겁화가 한창이던 1939년부터 1945년까지, 나치와 연합군 측의 과학자들은 다양한 분야에서 전쟁과 관련된 업무를 수행하였다. 특히 하이젠베르크는 나치의 핵무기개발 프로젝트에 차출되었으나 다행히도 당시 독일에는 실험을 수행할 만한 인력이 남아 있지 않았다.

1931년, 사이클로트론의 첫 등장과 함께 입자가속기 시대가 본격적으로 막을 올리면서 많은 물리학자들은 가속기와 우주선 실험으로 얻어진 새로운 결과들을 이론적으로 해석하느라 분주한 나날을 보냈다. 이 무렵 새로운 입자들이 무더기로 발견되었는데, 1932년에는 중성자, 1937년에는 뮤온, 1947년에는 파이온이 발견되었다. 또한 이 입자들은 물리학자들에게 양자전기역학으로도 풀 수 없는 일련의 수수께끼를 던져 주었다. QED를 이용하면 새로 발견된 입자의 특성이 부분적으로 해명되었지만(예를 들어 뮤온이 '무거운 전자처럼 행동한다' 는 사실 등), 모든 물리적 특성을 QED의 범주 안에서 설명할 수는 없었다.

QED에 내재한 태생적 문제는 QED의 발전을 가로막는 또 하나의 벽이었다. 사실 QED는 '정확한' 해가 알려져 있지 않은 이론이며, 이 사정은 지금도 크게 다르지 않다. 방정식을 풀려면 소위 말하는 건드림 전개*[1]를 도입해야 하는데, 이것은 수학에서 말하는 멱급수 전개power series expansion와 비슷한 개념이다. 함수의 정확한 값을 모르는 경우, 함수를 멱급수로 전개하여 차수가 충분히 높은 항까지 고려해 주면(즉, 충분히 많은 항까지 더해 주면) 근사적으로 거의 정확한 값을 알아낼 수 있다. 일반적으로 함수의 멱급수 전개는 0차 항에서 시작되는데, 이것은 특정한 위치(멱급수 전개의 기준점)에

*[1]Perturbation expansion. 풀기 어려운 문제의 근사적인 해답을 찾기 위해 먼저 하나의 답을 가정해 놓고 단계적으로 값을 수정해 가는 방법=섭동전개.

서 함수의 값을 의미하는 항으로서 계산하는 사람은 이 값을 이미 알고 있다. QED 건드림 전개법에서 0차 항은 전자와 전자기장 사이에서 일어나는 상호작용의 세기가 0인 이론에 해당된다. 이런 경우에 QED는 자유입자(상호작용이 전혀 없는 입자)에 관한 이론이 되며, 완전한 해를 구할 수 있다. 즉 전자나 양성자, 또는 광자가 아무런 상호작용 없이 움직이는 경우의 해를 구한다는 뜻이다. 물론 이것은 매우 이상적인 경우이므로 현실세계에 적용할 순 없다. 건드림 전개식의 두 번째 항, 즉 1차 항도 완전한 해를 구할 수 있는데, 이것은 여러 가지 면에서 현실세계와 비슷하다. 대부분의 물리 현상은 QED의 1차 근사(1차 항까지 고려한 건드림 접근법)로 설명되며, 실험결과와도 잘 일치한다.

여기까지는 별문제가 없다. 그러나 2차 이상의 고차 항으로 가면 QED는 완전한 무의미로 돌변한다. 건드림 근사법으로 전개된 항의 차수가 하나씩 높아질 때마다 각 항에는 미세구조상수 α*[1]가 추가로 곱해지는데, 그 값은 약 1/137이다. 그렇다면 두 번째 항은 첫 번째 항보다 1/137배만큼 작아질 것 같지만, 실제로 두 번째 항을 계산해 보면 '무한대'라는 답이 얻어진다. 2차 항까지 고려하면 더욱 정확한 결과가 나와야 할 텐데도 무한대라는 황당한 답과 함께 이론 전체가 와해되어 버리는 것이다.

이는 정말로 난처한 상황이 아닐 수 없었다. 당시 대다수의 물리학자가 QED에 회의를 품고 상식적인 답을 얻을 수 있는 다른 문제에 관심을 갖기 시작했다. 그러나 몇 사람의 물리학자들이 끝까지 QED를 고수하면서 건드림 전개법을 살려 내는 방법을 연구한 끝에, 모든 문제의 핵심이 '재규격화*[2]' 속에 숨어 있다는 놀라운 사실을 발견하였다. 1차 항에 등장하는 여러

---

*[1] Fine structure constant. 전자와 광자 사이의 상호작용의 크기를 나타내는 상수.

*[2] Renormalization. 자기반복적 구조를 갖는 이론(양자장이론, 통계물리학)에서 재규격

변수들을 조합하면 전자의 전하와 질량을 이론적으로 계산할 수 있고, 이 값은 실험결과와 잘 일치한다. 그런데 고차 항에서는 이 변수들이 전자의 전하 및 질량과 매우 복잡한 방식으로 연관되어 있기 때문에 유한한 답을 얻으려면 모든 결과가 전하와 질량으로 표현되는 새로운 계산법을 개발해야 했다.

2차 세계대전이 발발하던 무렵, 이론물리학은 이와 같은 상황에 처해 있었다. 그리고 전쟁 중에는 학계조차도 어수선하여 별다른 진전을 보지 못했다. 1945년에 전쟁이 끝나자 학계에 새로 등장한 젊은 물리학자들은 대거 QED에 뛰어들어 재규격화(되틀맞춤)문제를 집중적으로 파고들었고, 그들 중 한 사람인 한스 베테Hans Bethe가 1947년에 몇 개의 원자 에너지준위에서 고차 항을 수정하여 처음으로 유한한 값을 얻어 내는데 성공했다. 과거에 행해졌던 1차 항 계산결과에 의하면 베테가 고려했던 에너지준위들 중 두 개의 에너지 값이 정확하게 일치하는 것으로 예견되어 있었다. 그러나 1947년 초에 실험물리학자 윌리스 램Willis Lamb은 두 준위 사이에 미세한 차이가 있음을 발견하여 이 차이를 '램 치우침'이라고 불렀다. 베테는 특수상대론적 효과를 완전히 고려하진 않았지만, 그의 계산결과는 실험으로 발견된 램 치우침과 거의 정확하게 일치했다. 그 후 1949년에 미국의 줄리언 슈윙거Julian Schwinger와 리처드 파인만Richard Feynman, 프리먼 다이슨Freeman Dyson, 그리고 이들과는 독립적으로 연구를 진행했던 일본의 도모나가 신이치로朝永振一郎는 재규격화(되틀맞춤)된 QED 건드림 전개를 이용하여 근사치가 아닌 완전한 답을 얻어내는 데 성공했다.

이 와중에 파인만은 건드림 전개를 특정 도식으로 표현하는 방법을 만들어 냈는데, 흔히 '파인만 도표Feynman diagram'라 불리는 이 도식을 이용하면 복

화는 어떤 물리량이 크기에 따라 변하도록 바꾸어 주는 과정으로, 그 물리량이 무한대의 양자역학적인 보정 값을 갖지 않도록 해 준다. 재규격화란 이름은 특정 크기에서, 물리량의 틀(normalization)을 다시(re-) 세워 준다는 뜻이다=되틀맞춤.

잡한 계산을 비교적 간단하게 수행할 수 있다. 지금도 양자장이론을 공부하려는 대학원생이라면 누구나 일단은 파인만 도표 계산법부터 배워야 할 정도이며, 곧 이와 관련된 다양한 신조어들이 생겨나기 시작했다. 1960년대 초 하버드 대학교의 물리학자 시드니 콜먼Sidney Coleman은 직선으로 뻗어 나가다가 원으로 끝나는 파인만 도표에 '올챙이 그림tadpole diagram*1' 이란 이름을 붙였다. 그는 이 용어를 사용한 자신의 논문을 세계적 학술지 『피지컬 리뷰』에 기고했는데, 편집자들이 "올챙이라는 용어를 다르게 바꾸어 달라"고 부탁하자 'Lollipop(막대사탕)' 과 'Sperm(정자)*2' 을 대안으로 제시했다. 기가 막힌 편집자들은 하릴없이 처음의 '올챙이 그림' 을 수용했다고 한다.

파인만 도표의 변형으로 '펭귄 그림*3' 이라는 것도 있다. 그런데 나는 이 도표를 처음 봤을 때 선뜻 이해가 가지 않았다. 아무리 들여다봐도 펭귄을 닮은 구석이라곤 전혀 없었기 때문이다. 나중에 알게 된 사연인즉슨, 1977년에 CERN의 입자물리학자 존 엘리스John Ellis와 실험물리학자 멜리사 프랭클린Melisa Franklin이 어느 날 저녁 다트게임을 하다가 "엘리스가 지면 다음 발표하는 논문 어딘가에는 '펭귄' 단어를 반드시 사용하기로" 내기를 걸었다고 한다. 결국 게임에서 진 엘리스는 펭귄을 어디에 집어넣을까 한참 동안 고민하다가, 우연한 기회에 해결책을 찾게 되었다. CERN을 떠나던 날 저녁에 친구 집을 방문했다가 친구의 권유로 마리화나를 피웠는데◆1(물론 이것은 불법행위였다), 그날 밤 자신이 쓴 논문을 들여다보니 잠시 동안 도표가 펭귄처럼 보였다는 것이다.

램 치우침을 실험으로 관측할 수 있었던 까닭은 2차 세계대전 기간 동안

*1 http://en.wikipedia.org/wiki/Image:Tadpole.png
*2 'Sperm daigram' 외에 'Spermion'(소립자 이름 뒤에 붙는 ~ion을 이용한 말장난, 精子)으로 제출했다는 이야기도 있다.
*3 http://en.wikipedia.org/wiki/Image:Penguin_diagram.JPG (대소문자를 구분한다)

레이더(radar, 무선감지장치) 개발에 차출된 물리학자들이 이 분야의 기술을 크게 향상시킨 덕분이었다. 그리고 이론물리학자들은 램 치우침이 존재한다는 사실로부터 QED의 고차 항에 매우 중요한 정보가 담겨 있음을 깨달았다. 특히 2차 항에는 전자의 자기모멘트*[1]에 대한 정보가 담겨 있는데, 1947년에 컬럼비아 대학교의 폴리카프 쿠쉬Polykarp Kusch는 일련의 실험을 통해 1차 항만으로 계산된 자기모멘트와 실제 자기모멘트 사이의 비율이 1.00114±0.00004임을 확인하였다. 숫자상으로 보면 1차 근사도 꽤 정확한 값을 주는 것 같지만, 원자물리학에서 0.1%의 차이는 결코 간과해선 안 되는 수치이다. α의 다음 고차 항까지 고려했을 때 QED로 예견되는 전자의 자기모멘트는 $(1 + \alpha/2\pi) = 1.00116$인데 이 값은 실험결과와 매우 정확하게 일치한다. 자기모멘트를 측정하는 기술은 지난 수십 년 동안 끊임없이 개선되어 가장 최근에 측정된 값은 1.001159652189±0.000000000004이며,◆[2] 재규격화를 이용한 QED의 계산결과는 1.001159652201±0.000000000030이다.◆[3] 이 정도면 QED가 얼마나 정확한 이론인지 독자들에게도 확실히 전달되었으리라고 본다. 재규격화된 QED는 실험결과를 놀라울 정도로 정확하게 재현하면서 자연을 서술하는 근본적인 이론으로 자리 잡게 되었다.

양자역학의 탄생에는 힐베르트와 바일을 비롯한 수학자들이 중요한 역할을 했지만, 양자장이론은 그와는 다른 길을 걸어갔다. 모든 장場들은 수학적으로 무한차원 공간을 점유하기 때문에, 물리학자들은 무한차원 요소에 대응되는 연산자를 개발해야 했다. 그런데 물리학자들이 사용하는 계산법이라는 것들이 다분히 임시변통적이고 자체모순을 갖고 있어서 수학자들의 관심

*[1] Magnetic moment. 자기장에서 자극의 세기와 N, S 양극 간 길이의 곱. 원자 속에서 원자핵의 주위를 회전하는 전자는 폐회로를 흐르는 전류와 원리적으로는 동일하며, 자기모멘트를 갖는다.

을 끌지 못했다. 특히 QED를 수렁에서 건져 낸 재규격화는 무한대에서 또 다른 무한대를 제거하여 유한한 값을 얻어 내는 방법인데, 그 규칙이 확실하지 않아 수학자들에게는 별로 설득력이 없었다. 항상 잘 정의된 개념만 다뤄 왔던 수학자들에게 재규격화는 낯설고 기이한 변칙에 불과했다.

그러나 QED로 톡톡히 재미를 본 물리학자 사이에선 수학을 "개밥에 도토리 취급하는" 생각이 점점 확산되어 갔다. 그들은 수학적 군이론과 표현론을 고집하는 사람들을 '군 전염병 전달자'라고 불렀는데, 앞에서도 잠시 언급한 바 있다. 아무튼 당시 물리학자들은 수학적 엄밀함을 가능한 한 피해 가려고 노력했다. 수리물리학자 레스 조스트Res Jost는 이러한 풍조를 다음과 같이 비난하였다.◆4

양자이론을 표방한 건드림 이론(섭동이론)이 등장한 후로 물리학은 타락 일로를 걷고 있다. 이 분야를 연구하는 물리학자에게는 별다른 수학 지식이 필요 없다. 그저 라틴어와 그리스어 알파벳을 읽을 줄만 알면 된다.

물리학자 실반 슈베버Silvan Schweber의 저서 『QED와 그 창시자들QED and the Men Who Made It』은 QED의 개발사를 망라한 대표 서적인데,◆5 여기서도 수학자는 단 세 사람만 언급되어 있을 뿐이다. 이 어려운 영예를 안은 수학자는 바일과 아티야(게다가 아티야의 이름은 철자도 틀렸다), 그리고 하리쉬찬드라Harish-Chandra Mehrotra였다. 찬드라라는 이름은 1947년에 다이슨과 나눴던 대화를 인용하는 부분에서 잠시 등장한다(원문 491쪽).

캐번디시에서 물리학을 공부하던 하리쉬찬드라는 이런 말을 한 적이 있다. "요즘 이론물리학은 정말 엉망진창이야. 그래서 나는 순수수학을 전공하기로 마음을 바꿨지." 그러나 이 말을 전해 들은 다이슨은 다음과 같은 반응을 보였다. "그거 이상한

데? 난 바로 그 이유 때문에 이론물리학으로 진로를 틀었다고!"

하리쉬찬드라는 디랙의 제자로서, 훗날 컬럼비아 대학교와 고등과학원을 거치면서 탁월한 업적을 남겼다. 그는 바일의 이론을 무한차원 리군으로 확장하는 등, 주로 표현론을 연구하면서 생애 대부분을 보냈다. 이론물리학을 대하는 다이슨과 찬드라의 자세에서 알 수 있듯이 양자장이론은 물리학과 수학을 괴리시키는 데 큰 몫을 했다. 양자장이론이 채택한 접근법은 수학적으로 엄밀한 구석이 별로 없었고 논리 자체도 일관성이 없었다. 그러나 물리학자들은 양자장이론을 매우 자랑스럽게 생각했으며, 이론물리학에 회의를 느낀 수학자들은 하나 둘씩 순수수학으로 되돌아갔다.

일부 수학자들과 수학을 선호하는 물리학자들은 정확하고 잘 정의된 양자장이론을 구축하기 위해 혼신의 노력을 기울였으나 기존 이론으로 설명할 수 있는 것은 상호작용을 전혀 하지 않는 입자들뿐이었다. 이런 식으로 1940년대와 50년대, 그리고 60년대를 거치면서 물리학과 수학은 독자적으로 커다란 진보를 이루었지만, 둘 사이는 돌이킬 수 없을 정도로 멀어지고 말았다.

더 읽을거리

양자장이론에 관한 책은 대부분이 물리학과 대학원생을 위한 교재들이고 일반인들이 읽을 만한 책은 매우 드물다. 지난 30~40년 동안 가장 유명했던 교재들을 출간연도순으로 나열하면 다음과 같다.

- Bjorken and Drell, *Relativistic Quantum Mechanics*,◆6 *Relativistic Quantum Fields*.◆7
- Itzykson and Zuber, *Quantum Field Theory*.◆8

- Ramond, *Field Theory*. ◆9
- Peskin and Schroeder, *An Introduction to Quantum field Theory*. ◆10

일반인들에게는 다음 책들을 추천한다.

- 최근에 출간된 양자장이론 입문서로는 지Zee의 『하룻밤에 읽는 양자장 이론Quantum Field Theory in Nutshell』이 읽을 만하다. ◆11
- 양자장이론과 QED의 역사는 슈베버Schweber의 『QED와 그 창시자들 QED and the Men Who Made It』에 잘 정리되어 있다.
- 일반인을 위한 QED 관련서적으로는 파인만의 『일반인을 위한 파인만의 QED강의*QED: The Strange Theory of Light and Matter*』가 유명하다. ◆12
- 카오Cao의 『양자장이론의 개념적 기초Conceptual Foundation of Quantum Field Theory』에는 양자장이론과 관련된 여러 기사들이 정리되어 있다. ◆13
- 양자장이론을 가장 간략하고 쉽게 설명한 책으로는 텔러Teller의 『양자장 이론의 해석적 입문An Interpretive Introduction to Quantum Field Theory』이 있다. ◆14
- 양자장이론의 백과사전으로는 전3권으로 출간된 스티븐 와인버그Steven Weinberg의 『양자장이론 I, II, III Quantum Field Theory I, II, III』을 추천한다. ◆15

5장

게이지대칭과 게이지이론

양자장이론에는 여러 종류가 있지만, 수학적이나 물리학적으로 모두 흥미를 끄는 부분은 게이지이론이다. 게이지이론은 게이지대칭gauge symmetry이라는 특별한 대칭성을 가진 이론으로서, 헤르만 바일이 커다란 족적을 남긴 분야이기도 하다.

아인슈타인이 1915년에 발표한 일반상대성이론에 의하면 4차원 시공간은 휘어져 있으며, 시공간의 곡률(휘어진 정도)을 알면 중력이라는 현상을 뉴턴의 중력이론과 무관하게 더욱 근본적인 단계에서 설명할 수 있다. 아인슈타인이 일반상대성이론을 구축하면서 따랐던 기본 원리 중 하나는 '공변성covariance' 이었다. 즉, "시공간을 나타내는 변수를 국소적으로 변화시켜도 이론의 전체 구조는 변하지 않는다"는 원리다. 시공간 속에서 한 점이 주어졌을 때, 그 근방에 있는 점들은 네 개의 좌표로 표현되는데 일반 공변성원리에 의하면 물리학 법칙은 좌표를 잡는 방식에 무관하며, '두 점 사이의 거리'나 '특정한 점에서 측정한 시공간의 곡률' 등 기하학적으로 고유한 특성에 따라 결정된다.

1915년에는 자연계에 존재하는 가장 근본적인 힘들 중에서 중력과 전자기력 두 가지만이 알려져 있었다. 그리고 당시에는 아인슈타인 일반상대성이론을 확장하여 '중력과 전자기력을 통일하는 더욱 스케일 큰 이론'으로 일반화시키려는 물리학자가 거의 없었다. 이런 와중에 바일은 공변성의 대칭원리를 새로운 대칭으로 확장시키면 전자기학에 등장하는 맥스웰 방정식을 유도할 수 있음을 깨닫고, 이 새로운 대칭에 '게이지대칭'이라는 이름을 붙여놓았다. 바일이 제안한 게이지 대칭원리에 의하면, 각 점에 대하여 서로 다른 척도(scale, 또는 gauge)를 사용할 수 있다. 즉, 각 지점에서 무언가를 측정할 때 자신이 원하는 척도를 임의로 선택할 수 있다는 뜻이다. 단 이와 같은 자유도를 누리려면 '한 점과 이웃한 점들을 연결*[1]하는 수학적 객체'가 존재해야 하는데, 바일은 이 역할을 전기장이 한다고 생각했다.

아인슈타인의 일반상대성이론에도 '연결'이라는 개념이 등장한다. 이 경우에 연결은 한 점에서의 기준그리드reference grid를 다른 점으로 '평행이동'시키는 방법을 결정한다. 인접한 두 지점에 각기 다른 3차원 그리드가 적용되는 경우, 특정 물체의 좌표는 두 지점에서 서로 다르게 나타날 것이다. 그러나 방금 언급한 '연결'을 이용하면 "한 좌표를 얼마나 회전시켜야 다른 좌표와 일치하는지" 알 수 있다. 이 변환을 수행하려면 좌표축의 방향을 고정시킨 채 한 그리드를 다른 지점으로 평행이동시켜야 한다. 2차원 곡면 위에 있는 한 점의 좌표를 측정하기 위해 커다란 원을 따라 2차원 그리드를 평행이동시키다가 출발점으로 되돌아왔을 때, 그리드의 방향은 출발점에서의 그리드의 방향과 일치할 수도, 일치하지 않을 수도 있다. 일반적으로 두 결과가 일치하는 경우는 평면밖에 없다. 원을 따라 이동하다가 출발점으로 되돌아왔을 때 그리드가 돌아간 정도는 면(또는 공간)의 휘어진 정도와 밀접하게 관련된다.

아인슈타인은 바일의 의견에 동의하지 않았다. 바일의 주장대로라면 전자

*[1]Connection. 서로를 접하지 않으면서 분리하기가 불가능할 때=위상 공간을 두 개의 공집합이 아닌 개집합으로 나눌 수 없을 때 연결되었다 정의한다.

기장이 존재하는 공간을 이동할 때마다 시간이 달라지기 때문이다. 즉, 정확하게 맞춰 놓은 두 개의 시계를 서로 다른 자기장 속에서 각각 이동시키면 시계의 크기가 달라지면서 시간도 각기 다르게 간다는 뜻인데, 자기장 속에서 원자를 이동시키는 실험이 여러 차례 수행되었음에도 불구하고 그런 현상은 그때까지 단 한 번도 발견된 적이 없었다. 바일은 1918년에 논문을 발표하면서 끝 부분에 "이 논문을 읽는 독자들은 저자의 심오하고 대담한 논리에 감탄하겠지만, 기본적인 가정을 수용하기는 어려울 것이다"라는 아인슈타인의 반대의견을 첨부하였다.◆[1] 결국 바일은 중력과 전자기력을 통일하려는 시도를 포기하고 말았지만, 게이지 원리로부터 맥스웰 방정식이 유도되는 이유는 여전히 의문으로 남아 있었다.

슈뢰딩거는 1921년경에 취리히로 돌아와 그곳에서 이론물리학 연구를 계속했는데, 특히 일반상대성이론에 대한 바일의 의견을 전적으로 받아들여 그의 저서인 『공간-시간-물질Raum-Zeit-Materie』(1918년 초판 발행)을 주의 깊게 읽었다.◆[2] 이 책은 수학자들과 물리학자들에게 일반상대성이론을 소개한 최초의 입문서로서, 1919년에 출판된 제3판에는 전자기학의 게이지이론에 대한 바일의 논고가 덧붙여진다. 슈뢰딩거는 1922년 발표한 논문을 통해 바일의 게이지이론과 초기 양자역학의 '임시변통적 양자화 원리' 사이에 모종의 관계가 있음에 주목하였고, 이 논문은 1925년에 탄생한 총체적 양자이론의 모태가 되었다. 슈뢰딩거의 양자화원리에 의하면 안정된 원 궤도를 돌고 있는 입자에는 운동과 관련된 어떤 수학적 양이 대응되며, 그 값은 항상 정수로 나타난다. 또한 슈뢰딩거는 이 양이 예전에 바일이 말했던 '원 궤적을 따라 이동했을 때 물체의 크기에 나타나는 변화'와 일맥상통한다는 놀라운 사실을 발견하고 "바일의 게이지 원리를 사물의 크기가 아닌 위상(또는 크기가 아닌 그 무엇)에 적용하면 양자화조건을 이해 가능함"을 보여 주었다. 원 궤도를 따라 2π(360도)의 정수 배만큼 이동하면, (무언가의) 위상이 원래 값으로 되돌아온다는 것이다.

당시에는 그 위상이 구체적으로 무엇을 의미하는지 슈뢰딩거 자신도 분명하게 말하지 못했으나, 1925년에 파동역학이 완성되면서 모든 것이 분명해졌다. 파동방정식에 등장하는 파동함수가 위상을 갖는 복소함수였던 것이다. 슈뢰딩거의 1922년 논문에는 이 내용이 언급되어 있지 않지만, 과학사가들 중에는 슈뢰딩거가 그 사실을 알았기에 올바른 길을 찾아갈 수 있었다고 주장하는 사람도 있다.◆3

그 무렵, 슈뢰딩거와 공동연구를 수행하기 위해 취리히로 온 젊은 물리학자 프리츠 런던Fritz London은 게이지대칭을 '위상변환에 관한 대칭'으로 해석하여 바일의 게이지이론과 양자역학 사이의 관계를 명확하게 설명하였다. 그는 이 사실을 깨달은 후 슈뢰딩거에게 다음과 같이 농담 섞인 편지를 보냈다.

교수님께.

오늘은 아주 심각한 이야기를 하려고 합니다. 1922년에 「양자궤도의 놀라운 특성bemerkenswerte Eigenschaft der Quantenbahnen」이라는 논문을 『Zeits. fur Phys』에 게재했던 '슈뢰딩거'라는 사람에 대해 들어 보셨는지요? 혹시 이 사람과 개인적인 친분이 있으신가요? 네? 뭐라구요? 그 사람을 잘 알 뿐만 아니라, 그가 논문을 쓸 때에도 함께 계셨다구요? 그러면 교수님도 그 사람과 한통속인가요? 저는 정말로 금시초문입니다…… 조금 번거로우시겠지만, 가슴에 손을 얹고 당신이 아는 모든 사람들에게 비밀을 지키겠다고 맹세해 주세요! ……이 세상을 그토록 난해하게 만들어 놓은 장본인이 교수님이라면, 이 정도는 꼭 해 주셔야 합니다.◆4

런던은 1927년에 「바일이론의 양자역학적 의미Quantum Mechanical Meaning of the Theory of Weyl」라는 제목의 논문을 발표하였다.

U(1) 위상변환에 대한 게이지대칭은 양자역학뿐만 아니라 디랙방정식과

전기역학의 양자장이론인 QED에도 적용된다. 장이론의 게이지대칭이란, 공간상의 각 점마다 독립적인 대칭변환을 수행할 수 있는 대칭을 말한다. 물리학자들은 이것을 '국소적 대칭local symmetry'이라 부르고 있다. 이와는 반대로 모든 지점에 동일한 변환을 일률적으로 가했을 때 나타나는 대칭을 전면 대칭global symmetry이라 한다. *[1]전하보존법칙과 관련된 U(1)대칭은 모든 지점에서 동일한 위상변환을 가했을 때 나타나므로, 전면 대칭의 일종이라 할 수 있다. 게이지대칭도 U(1) 대칭군을 포함하지만 공간상의 각 지점마다 각기 다른 대칭변환이 가해진다는 점에서 전면 대칭과 구별된다. 디랙방정식의 경우, 게이지대칭변환은 방정식의 해에 길이가 1인 복소수를 곱하는 것과 같다. 단 이 복소수는 각 점마다 서로 다른 위상을 갖고 있으며, 전자기장을 서술하는 벡터장도 각 지점마다 적절하게 변해야 한다.

바일은 게이지대칭과 관련된 획기적인 아이디어를 정리하여 1929년에 「전자와 중력Electron and Gravitation」이라는 제목의 논문을 발표하였다.◆[5] 이 논문에서 그는 기존 전자기학이론이 게이지대칭 원리로부터 유도될 수 있으며 게이지대칭은 하전입자와 전자기장 사이의 상호작용을 완벽하게 결정한다는 결론을 내렸다. 이와 함께 바일은 몇 가지 중요한 개념을 도입했는데, 특히 휘어진 배경 공간에서 디랙방정식의 해에 해당되는 '스피너*[2]' 장을 정의하는 방법 및 디랙방정식과 중력장을 연결하는 방법을 제안하여 학계의 관심을 끌었다.

또한 바일은 스피너장의 수학적 표현법도 개발하였다. 디랙의 스피너장은 네 개의 복소성분을 가지는데, 각 성분은 질량을 가진 입자에 해당되며 거울반전에 대하여 대칭이다. 바일은 두 개의 복소성분을 갖는 한 쌍의 장을 이용

*[1]한국 물리학회에서는 국소적 대칭 대신에 '한곳 대칭', 전면 대신 '온곳'이라는 용어를 장려하고 있다.

*[2]Spinor. 2(4) 차원 공간에서 복소수를 성분으로 하는 벡터.

하여 디랙의 이론을 재구성했고, 여기에는 '바일 스피너'라는 이름이 붙여졌다. 이들 중 하나의 성분만 이용하면 스핀이 1/2이고 질량이 없는 입자에 대한 거울반전-비대칭인 이론을 얻을 수 있다. 그로부터 근 30년이 지난 1957년에 물리학자들은 뉴트리노의 물리적 특성과 약한 상호작용을 바일의 스피너로 서술할 수 있었다. 바일의 1929년 논문에서 '휘어진 다양체manifold에서 디랙 스피너를 서술하는 수학체계'는 두 개의 바일 스피너로 분할되었으며, 이것은 1970년대 말에 물리학과 수학 사이의 긴밀한 접촉을 유도하는 중요한 계기가 되었다. 이에 관한 자세한 이야기는 나중에 따로 언급될 것이다.

표현론의 관점에서 볼 때, 바일 스피너는 4차원 시공간의 회전을 나타내는 기본 표현에 해당된다. 앞서 말한 대로 3차원 회전군은 SO(3)인데, 스핀이 1/2인 입자는 SO(3)를 '두 배로 부풀린 꼴'인 SU(2) 변환군으로 표현된다(이 경우 변환대상은 두 개의 복소변수이다). 즉 3차원 공간의 특성은 3차원 벡터뿐만 아니라 한 쌍의 복소수 변환과 관련되어 있으므로, 3차원이라고 결코 만만한 대상이 아닌 것이다. 또한, 한 쌍의 복소수(또는 스피너)를 조합하면 벡터가 만들어지지만, 벡터만으로는 스피너를 만들어 낼 수 없다. 따라서 스피너는 벡터보다 더욱 근본적인 양이라 여겨진다.

4차원 공간의 회전을 일반화하면 이 회전이 (어떤 면에서 볼 때) 한 쌍의 독립적인 3차원 회전으로 표현된다는 것을 알 수 있다. 이는 서로 다른 두 개의 3차원 스피너로 4차원 스피너를 구성 가능함을 뜻하며, 디랙방정식의 스피너가 두 유형의 바일 스피너로 만들어진다는 것도 같은 맥락에서 이해할 수 있다. 바일은 1934년~1935년 동안 프린스턴 고등과학원의 대수학자代數學者 리처드 브라우어Richard Brauer와 함께 스피너이론을 임의의 차원으로 확장하는데 성공했다. 일반화된 스피너 표현이론은 1913년에 프랑스 기하학자 엘리 카르탕Elie Cartan에 의해 이미 개발되어 있었으나, 브라우어와 바일은 클리포드 대수를 이용하여 새로운 표현법을 개발하였다(자신의 방정식에 클리포드 대수를 사용했던 디랙의 영향이라 여겨진다).

양자전기역학의 게이지대칭은 물리학적으로 가장 중요할 뿐만 아니라, 수학적으로도 특별한 관심을 끄는 주제이다. 이것을 잘만 요리하면 엄청나게 중요한 원리를 알아낼 수 있다. 게이지대칭은 QED에 커다란 제한조건을 부과한다. 그 덕분에 우리는 방정식에 등장하는 다양한 항들에 일일이 신경 쓸 필요 없이 게이지대칭성을 갖는 항들만 고려하면 된다. 그런데 여기에는 한 가지 어려운 문제가 있다. 우리가 알고 있는 모든 종류의 근사법과 계산법들이 게이지대칭을 만족하지 않기 때문에 써먹을 수가 없는 것이다. QED를 재규격화하는데 1930년대 초부터 1940년대 말까지 무려 20년의 세월이 소요된 것도 바로 이런 문제 때문이었다.

물리학자들은 1930년~1940년대에 걸쳐 양성자와 중성자 사이의 상호작용, 즉 강력*1을 관찰하던 끝에 "강력에도 우리가 이미 알고 있는 대칭군이 적용된다"는 반가운 사실을 깨닫게 되었다. 양성자와 중성자(이들을 '핵자nucleon' 라고 한다)가 만드는 장을 하나로 묶어서 두 개의 복소수로 표현하면, 핵자들 사이의 강한 상호작용은 스핀의 경우와 마찬가지로 SU(2) 대칭을 갖게 된다. 이 현상은 핵물리학에서 동위원소들isotopes 사이의 관계를 추적하다가 발견되었기 때문에 동질을 뜻하는 접두어인 'iso-'를 붙여 '아이소스핀isospin'이라 부른다. 즉, 핵자들 사이의 강한 상호작용은 SU(2) 아이소스핀대칭을 갖고 있다. 이 대칭변환을 가하면 양성자 및 중성자에 해당하는 두 개의 복소수가 한데 섞이게 되는데, 그 결과가 공간의 회전과 전혀 무관하기 때문에 내부대칭이라 부르기도 한다. 강력은 핵자들 사이에만 작용하는 힘이며 입자의 종류(양성자, 중성자)에 상관없이 항상 같은 크기로 작용한다.

1954년에 첸 닝 양Chen Ning Yang*2과 로버트 밀스Robert Mills는 강력을 서술

---

*1 Strong force. 양성자와 중성자 사이에서 작용해 원자핵을 이루게 하는 힘, 그 도달거리는 10^{-15}cm이다.

하는 데 유용하도록 기존의 QED를 일반화한 새로운 유형의 양자장이론을 발표하였다. QED는 U(1) 위상변환에 대한 국소 게이지대칭을 가지는 반면, 이들의 이론은 SU(2) 아이소스핀 대칭변환에 대하여 국소 게이지대칭을 갖고 있었다. 양과 밀스가 제안한 일반화된 게이지대칭은 오늘날 '양-밀스 게이지대칭Yang-Mills gauge symmetry'으로 불리고 있으며, 이들의 이론은 'SU(2) 양-밀스 양자장이론'이라 명명되었다. 양과 밀스는 게이지대칭 원리를 일반화해서 새로운 상호작용(강력)을 대칭원리의 범주 안으로 끌어들이는 데 성공했으나, 이와 함께 양자장이론에 더욱 혼란스러운 문제를 불러왔다. 양-밀스 이론에는 전자기장과 비슷한 개념으로 양-밀스 장이 등장하는데, 이에 대응되는 양자가 세 종류나 된다. 즉 QED의 광자에 대응되는 입자가 셋으로 늘어난 것이다. 뿐만 아니라, 이 입자들은 자기들끼리 힘을 주고받는다. QED의 경우엔 광자는 어떠한 입자하고도 상호작용을 하지 않기 때문에, 전자의 존재를 무시하고 광자만 고려해도 모든 전자기 현상을 간단명료하게 설명할 수 있었다. 그러나 양-밀스 이론에서는 세 종류의 광자가 게이지대칭을 만족하는 복잡한 상호작용을 교환해야만 했다.

QED에서 했던 대로 양-밀스 이론을 건드림 근사법으로 전개하면 0차 항은 질량이 없는 세 종류의 광자와 핵자(양성자와 중성자)에 대한 이론을 제공한다. 그런데 질량이 없는 '세쌍둥이 광자triplet of photons'는 실험실에서 관측된 적이 없었기 때문에, 양-밀스 이론의 적용범위는 극히 제한적일 수밖에 없었다. 양과 밀스의 논문이 발표되기 전에 이와 비슷한 이론을 다루던 파울리조차 '실험으로 관측된 사례가 없는 입자가 이론에 등장한다'는 이유만

*2 양전닝楊振寧(1922~). 아버지가 벤저민 프랭클린의 전기를 읽고 지은 세례명 덕에 Frank Yang이란 애칭이 있다. 1922년 중국에서 태어나 46년 미국으로 이주, 시카고 대학교에서 리정다오(李政道)와 공동연구 끝에 약한 상호작용의 홀짝성(parity: 물리현상이 좌우 공간을 구별하지 않는다는 성질)비 보존 이론을 제창했다. 이 업적으로 두 사람은 1957년 노벨 물리학상을 수상하게 된다.

으로 연구를 중단했었다. 더욱 난감했던 것은 '고차 항에서 유한한 값을 얻어 내어 QED를 궁지에서 살려 준' 재규격화(되틀맞춤) 기법이 양-밀스 이론에서는 먹혀들지 않는다는 점이었다. 그래서 양-밀스 이론은 기존 물리학 체계와 부합하지 않는 부적절한 이론 취급을 받았고, 양과 밀스는 더 이상 연구를 하지 않고 다른 분야로 관심을 돌렸다. 그러나 몇 가지 치명적인 허점에도 불구하고 양-밀스 이론은 QED를 일반화했다는 점에서 상당히 매혹적인 이론이었으므로 일부 물리학자들은 틈틈이 짬을 내 고차 항의 계산법을 연구하곤 했다.

양은 양-밀스 이론을 연구하던 시기(1953~1954) 프린스턴 고등과학원에 적을 둔 몸이었으므로, 헤르만 바일이 그곳에 있었다면 틀림없이 양의 게이지이론에 관심을 보였을 것이다. 그러나 바일은 1952년에 교직에서 은퇴했고 3년 후인 1955년 취리히에서 세상을 떠났다. 그 후 위상수학자 라울 보트 Raoul Bott와 기하학자 마이클 아티야 Michael Atiyah 등 뛰어난 차세대 수학자들이 고등과학원을 거쳐 갔는데, 특히 양과 개인적으로 매우 가까웠던 보트는 매주 토요일 아침마다 양과 함께 인근 보육원 담장에 페인트칠을 하는 등 봉사활동에 매우 열심이었다고 전해진다.◆6 그러나 두 사람의 연구분야는 공통점이 별로 없었다. 이들은 1970년대 말이 되어서야 '서로 긴밀하게 연관된 분야를 25년간 따로따로 연구해 왔다'는 사실을 비로소 깨달았다. 아티야와 보트는 양-밀스 방정식을 이용하여 기하학과 위상수학의 여러 문제들을 성공적으로 해결하였다. 양은 연결과 곡률의 개념을 수학으로 서술하는 데 큰 공헌을 했다. 그 덕분에 고등과학원의 수학자들은 일찍이 1950년대부터 양-밀스 게이지이론에 경도되어 많은 논문을 발표할 수 있었다.

헝가리에서 이주해 온 보트는 전쟁기간 동안 몬트리올의 맥길 McGill 대학교에서 전기공학을 전공하다가, 나중에 수학으로 전향하여 피츠버그에 있는 카네기 기술연구소 Carnegie Institute of Technology에서 대학원 과정을 마쳤다. 그는 그곳에 세미나 차 방문했던 바일로부터 프린스턴 고등과학원의 연구원으로 초청받았다. 보트는 고등과학원에서 지내는 동안 바일의 표현론을 확장했으며, 표현론과 기하학, 위상수학을 아름다운 논리로 통합하는 등의 뛰어난 업적을 남겼다.

1950년대는 수학의 황금기였다. 당시 프린스턴과 파리를 중심으로 활짝 꽃피었던 다양한 논의들은 지금까지도 수학의 기본개념으로 통용되고 있다. 동시에 1950년대는 수학자와 물리학자 사이의 거리가 가장 멀었던 시기이기도 했다. 두 집단의 관심사가 긴밀하게 연관되어 있다는 사실은 한참 후에야 밝혀지게 된다.

더 읽을거리

로클란 오라이피어타이Lochlainn O' Raifeartaigh는 『게이지이론의 여명기The Dawning of Gauge Theory』에서 게이지이론의 역사를 일목요연하게 정리했다. ◆[7]

6장

표준모형

실험 및 이론 입자물리학은 1970년대 후반에 참으로 파란만장한 변화를 겪었다. 우리는 당분간 이 주제와 일정한 거리를 유지하면서 입자물리학의 전체 판도를 조망하려 한다. 사실, 이 시기의 역사만 다루려 해도 책을 따로 써야 할 지경이다. 다행히도 시중에는 이런 책들이 이미 출간되어 있는데, 추천할 만한 책으로는 크리스Crease와 만Mann의 『두 번째 창조The Second Creation』와 라이오던Riordan의 『쿼크 사냥The Hunting of the Quark』◆1이 있다. 두 권 모두 당시의 역사를 체계적으로 잘 정리해 놓았다.

입자물리학 역사에서 가장 중요한 부분은 표준모형이 형성되는 과정이다. 다른 전문가들도 여기에는 이견이 없을 줄로 안다. 1973년에 처음 기틀이 잡힌 표준모형은 여러 가지 다양한 입자이론 중에서 가장 깔끔하고 간결한 이론으로 평가받았다. 그 후 1970년대 말에 많은 실험 결과들에 의해 지지되면서 큰 다툼 없이 확정되기 시작했고, "표준 모형"이란 수식어는 1979년 과학 전문지의 표제에서부터 모습을 보이다 몇 해 지나지 않아 정착되었다.

표준모형이란 어떤 이론인가? 이 질문에 제대로 답하려면 최소한 물리학과 석사과정이나 박사과정 초기에 배우는 내용 정도는 숙지해야 하지만, 여기서는 주된 개념만 소개하고 넘어가기로 한다. 간단히 말해서 표준모형은

U(1) 게이지이론이 적용된 QED와 두 개의 양-밀스 게이지이론을 포함하는 포괄적인 이론이다. 여기서 '두 개의 양-밀스 이론'이란 SU(2)군을 이용하여 약한 상호작용을 서술하는 이론과 SU(3)군을 이용하여 강한 상호작용을 서술하는 이론을 말한다. 표준모형의 주된 목적은 세 개의 게이지이론으로부터 세 종류의 힘을 유추하고 이 힘이 '작용하는' 입자들의 특성을 분류하는 것이다. 이 입자들은 소위 말하는 '세대generation'를 통해 세 가지 종류로 분류되는데, 다른 세대에 속한 입자들 사이의 차이점이라곤 질량이 다르다는 것 뿐이다. 이들 중 질량이 가장 작은 1세대 입자는 전자와 전자뉴트리노, 위쿼크와 아래쿼크이며 우리의 눈에 보이는 모든 세상은 이 입자들로 이루어진다.

표준모형에는 아직도 풀리지 않은 의문점이 존재한다. 약력 게이지이론의 SU(2) 대칭변환에 대하여 진공이 대칭이지 않다는 것이다. 이 문제는 다른 절에서 자세히 다루기로 한다.

표준모형 : 약전자기 상호작용

1927~29년 사이에 처음으로 체계화된 QED는 원자물리학과 전자기력의 특성을 매우 그럴듯하게 설명했지만, 전자기력과 전혀 무관한 두 가지 힘[약력과 강력(핵력)]에 대해서는 입을 다물 수밖에 없었다. 강력은 핵자들을 서로 강하게 결합시키는 힘으로서 전자기력보다 훨씬 강하다. 만일 강력이 작용하지 않는다면, 원자의 중심부를 이루는 원자핵은 양성자의 +전하에 의한 전기적 반발력 때문에 순식간에 산지사방으로 흩어져 버린다. 원자들이 지금과 같은 형태를 유지하는 이유는 전자기력을 압도하는 핵력이 핵자들 사이에서 끊임없이 교환되고 있기 때문이다.

또 하나의 힘은 전자기력보다 훨씬 약하면서 특정 원자핵의 붕괴에 관여하는 약력이다. 이 힘은 1896년 앙리 베크렐Henri Becquerel이 처음으로 발견했다.*[1] 대표적 붕괴과정 중 하나인 베타붕괴*[2]에서는 핵으로부터 전자가 방출되는데, 1930년에 파울리는 "전자와 짝지어 전하를 띠지 않고 눈에 보이지도 않는 입자가 방출된다고 가정하면 베타붕괴에 나타나는 에너지 스펙트럼을 설명할 수 있다"고 주장하면서 이 미지의 입자에 '뉴트리노' 라는 이름을 붙여 주었다. 약한 상호작용에 관한 이론은 엔리코 페르미가 1933년 최초로 발표하였고, 그 완성은 20여 년이 지난 1957년 독립적으로 연구를 수행하던 몇 명의 물리학자들에 의해 거의 동시에 이루어졌다. 이때 발표된 이론을 흔히 'V－A이론' 이라고 하는데, V는 벡터를, A는 축벡터Axial-Vector를 의미한다. 이 이론에서 벡터와 축벡터는 회전과 거울반전에 대칭성을 갖는 상호작용의 대칭적 특성을 서술한다.

V－A이론은 나선성(chiral, '카이랄리티' 라고도 함)*[3]이라는 희한한 특성을 가진다. 즉, 이 이론은 가장 간단한 변환인 거울반전에 대하여 대칭적이지 않다는 뜻이다. 거울 앞에 서서 자신의 모습을 볼 때, 왼손이 오른손처럼 보인다는 사실은 누구에게나 당연하다. 그 전까지만 해도 물리학자들은 물리학 기본법칙들이 거울반전에 대칭임을 항상 가정해 왔고 이로부터 문제가 발생한 적은 단 한 번도 없었다. 그런데 약한 상호작용에서는 이 가정이 성립하지 않는다. 왜 그럴까? 그 이유는 여전히 수수께끼이다. V－A이론에 의하면 약한 상호작용에서 자연스럽게 도입되는 장場은 디랙의 4－성분 스

*[1]당시 베크렐은 우라늄 광석을 서랍에 보관하다 인화지의 색이 변했음을 발견하였고 이로부터 방사성 붕괴의 존재를 유추했다. 이 공적으로 그는 1903년 퀴리 부부와 함께 노벨 물리학상을 받는다.

*[2]Beta-decay. 불안정한 원자핵이 전자나 양전자를 방출하고 다른 핵종으로 변환하는 현상. 양성자가 중성자로 변하거나 그 반대의 경우에 일어나는 붕괴이다.

*[3]좌－우를 구별하는 입자물리학의 기본 성질. 왼손과 오른손처럼 입자가 거울상과 서로 겹치지 않는다는 것으로 이러한 특성을 그리스어의 '손 '에서 어원을 따와 chirality라 부른다 =손지기.

피너가 아니라 바일의 2－성분 스피너이다.

V－A이론은 약한 상호작용과 관련된 실험결과들을 성공적으로 설명해 주었으나, 양자장이론 초기에 물리학자들을 무던히도 괴롭혔던 '무한대'를 또다시 양산하고 말았다. 건드림 전개의 1차 항은 올바른 결과를 주었지만 그 이상의 고차 항들은 무한대로 발산했고, QED처럼 재규격화를 시도할 수조차 없었다. 약력은 이름 그대로 매우 약한 힘이어서 고차 항에 의한 보정효과가 지극히 작기 때문에, 계산을 할 수 없다는 사실 자체는 그다지 큰 문제가 아니었다. 정작 심각한 문제는 V－A이론의 재규격화가 불가능하다는 점이었다.

QED의 경우 전자기력은 광자에 의해 매개되며 전하를 띤 두 입자는 전자기장과 상호작용을 교환하면서 서로에게 힘을 행사한다. 그리고 이 경우에 광자는 장의 에너지 알갱이, 즉 양자에 해당된다. 그러나 약한 상호작용에서는 상황이 전혀 다르다. QED에서는 공간을 따라 전달되는 전자기장이 있었지만, 약한 상호작용에는 이에 대응되는 장이 존재하지 않는다. V－A이론에서 약한 상호작용은 같은 지점에 모여 있는 입자들 사이에서 발생한다. 물론 V－A이론을 QED와 비슷한 형태로 만들 수는 있다. 그러나 이를 위해서는 아주 짧은 거리에서만 약력을 전달하는 특별한 장을 도입해야 했다. 이러한 장의 양자는 광자처럼 질량이 없는 입자가 아니라, 질량이 매우 큰 입자여야 한다. 이 양자의 질량이 100 GeV 정도라고 가정한다면 장을 통해 전달되는 힘의 실제 크기는 전자기력과 비슷해진다. 하지만 당시 가동되던 입자가속기는 수백 MeV 짜리 입자를 겨우 만들어 내는 수준이었기 때문에 약한 상호작용에서 가정한 입자를 실험으로 확인할 길이 없었다.

줄리언 슈윙거Julian Schwinger는 1950년대 중반 "전자기력과 약력은 강도가 같아서 하나의 법칙으로 통합할 수 있다"는 아이디어를 하버드의 제자들에게 강의하다가 1957년 논문으로 펴냈다. 이 생각은 슈윙거를 사사한 셸던 글래쇼Sheldon Glashow에게 이어져, 1960년엔 명확한 구조를 갖추게 되었다. 글래쇼의 이론은 기본적으로 양-밀스 이론과 동일한 흐름이었지만 약력 장의 양자에 질량을 부여하는 항이 추가되어 있었다. 그런데 바로 이 추가된 항 때문에 게이지대칭성이 만족되지 않았다. 또한 그의 이론은 무한대를 양산했고 기존 방법으로 재규격화를 시킬 수도 없었다. 글래쇼가 제안한 이론의 대칭군은 두 가지 인자를 갖고 있다. 하나는 QED의 U(1) 위상변환대칭이고, 또 하나는 양-밀스 이론에 등장하는 SU(2) 대칭으로 두 가지를 포괄하는 대칭군은 SU(2)×U(1)이다.

글래쇼모형이 게이지대칭을 만족하지 못하는 문제는 더 새로운 개념이 도입되고 나서야 해결되었는데, 그 주인공은 바로 '힉스장Higgs Field'이며 다음 장에서 자세히 고찰할 예정이다. 1967년 가을에 스티븐 와인버그Steven Weinberg는 글래쇼 모형을 이용하여 약한 상호작용과 전자기적 상호작용을 하나로 통일하면서, 힉스장을 도입하여 약력을 매개하는 양자의 질량이 충분히 크고 게이지대칭이 만족되도록 만들었다. 거의 같은 시기에 압두스 살람Abdus Salam도 독립적으로 동일한 이론을 발표하여 약전자기이론을 완성하였다. 이들의 이론을 흔히 '와인버그-살람 모형' 또는 '글래쇼-와인버그-살람 모형'이라고 한다.

와인버그와 살람은 약전자기이론의 재규격화가 가능하다고 생각했지만 실제로 입증하지는 못했다. 양과 밀스가 처음 이론을 제안한 후로 몇 명의 물리학자들이 건드림 전개와 재규격화를 시도해 보았지만 이렇다 할 결론을 내리지 못하고 있었다. 양-밀스 이론에는 QED의 게이지 불변성을 입증할 때 유용했던 기법이 통하지 않았던 것이다. 그러다가 드디어 1971년에 제라드 토프트Gerard 't Hooft*[1]와 그의 논문지도교수였던 마틴 벨트만Martin Veltman이 양-밀스 이론을 재규격화하는데 성공했다. 이로써 양-밀스 이론에 기초를 둔 글래쇼-와인버그-살람 모형 SU(2)×U(1)도 '재규격화 가능한 양자장이론' 임이 밝혀졌으며, 그 덕분에 건드림 전개에 등장하는 임의의 항을 계산하는 일이 가능해졌다.

자발적 대칭 붕괴

앞에서 설명한 대로, 물리법칙이 대칭성을 가진다 함은 특정한 변환 하에서 물리법칙이 변하지 않는다는 뜻이다. 여기서 말하는 '물리법칙' 이란 물리계의 상태가 시간에 따라 변해 가는 양상을 서술하는 역학법칙으로서 고전물리학의 뉴턴 법칙과 맥스웰의 법칙, 양자물리학의 슈뢰딩거 파동방정식이 여기 해당된다. 한 가지 조심할 것은 대칭변환 하에서 방정식의 형태가 변하지 않더라도 방정식의 일반해는 달라지는 경우가 있다는 점이다. 다시 말해서, 우주의 상태를 서술하는 법칙은 대칭적이지만 우주의 상태 자체는 비대칭일지도 모른다는 이야기다. 다들 알다시피 물리법칙은 회전대칭을 가지지만 우리 주변 사물 대부분은 회전변환에 대하여 비대칭이다.

이렇게 비대칭이 존재함에도 불구하고, 과거의 물리학자들은 "진공은 항상 대칭적이다"라는 가정을 세우고 있었다. 어떠한 대칭변환을 가한다 해도 진공상태는 변하지 않는다는 것이다. 허나 1950년대에 입자물리학과 다소 거리가 먼 응집물질물리학condensed matter physics이 뜨거운 감자로 떠오르면서 '진공대칭' 의 가정은 설득력을 잃기 시작했다. 응집물질물리학의 연구대상은 고체물리학과 비슷한데, 특히 고체 내부 전자와 원자의 양자역학적 특성

---

*[1] 헤라르뒤스 엇호프트Gerardus 't Hooft(1946~). 네덜란드 출신의 물리학자이다. 양-밀스 이론을 재규격화한 공로로 1999년 노벨 물리학상을 받았다. 이휘소 박사를 흠모하여 79년 한국을 방문, 추모강연을 한 경력이 있다. 국제천문학회 소행성 명명위원회는 그의 이름을 따서 소행성 9491을 엇호프트로 명명했다.

을 연구하는 분야이다. 다만 입자물리학과 달리 고체물리학은 소립자의 개별 상호작용이 아니라 엄청나게 많은 입자들이 거시 스케일로 모여 있을 때 나타나는 특성에 관심을 갖는다. 입자물리학자 머리 겔만은 "고체물리학은 입자물리학보다 복잡하고 혼란스러운 상태에 관심을 갖고 있으므로, 태생적으로 너저분한 오예汚穢*[1]물리학이다"라며 고체물리학을 폄하하는 발언으로 물의를 빚기도 했다.

1950년대에 응집물질물리학을 연구하던 학자들은 양자장이론이 응집물질물리학에도 적용 가능하다는 놀라운 사실을 발견하였다. 한 가지 사례를 들자면, 초저온에서 고체의 열역학적 특성을 설명할 때 양자장이론이 중요한 역할을 한다. 고체 속의 원자들은 규칙적인 격자형태를 이루지만, 완전히 속박된 것이 아니라 다양한 패턴으로 진동하고 있다. 이 진동을 양자화 시키면 광자와 비슷한 '포논phonon'이라는 음자音子가 얻어진다. 광자가 실제로 존재하는 장(전자기장)의 양자인 반면, 포논은 격자구조를 이루는 원자의 운동을 서술하기 위해 도입된 가상 양자이다.

양자장이론으로 응집물질의 특성을 설명할 때 진공에 대응되는 개념은 '입자가 없는' 상태가 아니라 입자들로 이루어진 계가 '최저에너지를 갖는' 상태이다. 입자물리학에서 말하는 진공과 달리 응집물질물리학의 진공, 즉 최저에너지 상태는 이론의 대칭변환에 대하여 가변적이다. 최저에너지 상태에서 대칭성이 붕괴되는 대표적인 사례로는 강자성체*[2]를 들 수 있다. 강자성체란 개개의 원자들이 자기모멘트를 가지는 고체인데, 각 원자마다 특정 방향을 향하는 벡터를 가진다고 생각하면 된다. 이 벡터들이 모두 같은 방향을 향할 때, 강자성체는 최저에너지 상태가 된다. 물론 원자의 자기모멘트를

*[1] 지저분하고 더러움.

*[2] Ferromagnetic. 자기장에 한번 놓이면 전자의 스핀이 모두 같은 방향으로 정렬되어 자기장이 없는 상황에서도 자성을 유지하는 성질을 가진 물질. 철, 니켈 등이 이에 속한다.

관장하는 물리법칙은 회전변환에 대하여 대칭이므로 특정방향을 선호하지 않는다. 그러나 이런 대칭성에도 불구하고 최저에너지 상태는 회전대칭을 갖지 않는다.*1

물리학자들은 "이론 자체는 대칭적이지만 최저에너지 상태는 대칭이 아닌" 현상을 가리켜 '자발적 대칭 붕괴spontaneous symmetry breaking'라고 부른다. 그리고 이와 같은 특성을 갖는 이론은 "자발적으로 붕괴된 대칭성을 가진다"고 말한다. 1950년대에 일단의 입자물리학자들은 동일한 아이디어를 입자물리학에 적용해 보았다. 이들의 주된 목적은 SU(2) 아이소스핀과 같은 대칭성이 자연에 '근사적인 형태로' 존재하는 이유를 설명하는 것이었다. 만일 진공이 아이소스핀 대칭에 대하여 불변이 아니라면, 이 현상을 자발적 대칭 붕괴로 설명할 수 있지 않을까?

그러나 얼마 지나지 않아 "일반적으로 자발적 대칭 붕괴는 완전한 대칭을 근사적인 대칭으로 변환시키지 않는다"는 사실이 밝혀졌다. 또한 입자물리학자들은 "자발적 대칭 붕괴는 질량이 없고 스핀이 0인 입자에 의해 특성화된다"는 사실을 추가로 알아냈다. 이 입자는 최초 제안자인 요이치로 남부Yoichiro Nambu와 제프리 골드스톤Jeffrey Goldstone의 이름을 따서 '남부-골드스톤 입자'로 명명되었다. 진공을 변화시키는 무한소 대칭변환이 존재하면 새로운 장을 정의할 수 있는데, 이 장을 양자장이론으로 서술하려면 질량이 없는 입자가 도입되어야 한다. 골드스톤은 1961년에 이와 같은 이론을 발표하였고, 여기에는 골드스톤 정리Goldstone's theorem라는 이름이 붙여졌다.

양자장이론을 응집물질물리학에 적용하여 일구어낸 가장 큰 성공은, 1957년에 존 바딘John Bardeen과 레온 쿠퍼Leon Cooper, 로버트 슈리퍼Robert Schrieffer가 발견한 초전도현상일 것이다(이것을 'BCS 초전도이론'이라고 한다). 초

*1 근사적인 대칭인 N극과 S극을 갖게 된다.

전도체 속에서는 전자들 사이에 간접적인 힘이 작용하고 있다. 즉, 전자에 의해 원자의 위치가 변형되고 또한 이것이 다른 전자에 영향을 미친다. 이 힘에 의해 전자들은 서로 짝을 이루면서 낮은 에너지상태로 전이된다. 이때 이들이 만들어내는 최저에너지 상태는 우리 짐작과 전혀 다르다. 전자들이 가만히 있지 않고 쌍을 이루어 일사불란하게 움직이면서, 아무런 저항 없이 전류를 통과시키는 것이다. "저항 없이 전류가 흐르는" 이 놀라운 현상이 바로 그 유명한 초전도현상이다.

BCS 초전도이론이 처음 발표되었을 때 사람들은 그것이 자발적 대칭 붕괴 이론의 하나라고 생각했다. 이 이론에서 최저에너지 상태는 함께 움직이는 전자쌍 등 매우 복잡한 요소들을 포함하는데, 역학적인 효과(전자들 사이에 작용하는 간접적인 힘)에 의해 최저에너지 상태가 크게 달라지기 때문에 '역학적 자발적 대칭 붕괴dynamical spontaneous symmetry breaking' 라고도 한다. 그렇다면 이 시점에서 한 가지 질문이 떠오른다. "새로운 진공상태에 의해, 과연 어떤 대칭이 붕괴되었다는 말인가?" 그 답은 바로 전기역학의 U(1) 게이지대칭이다. 이 복잡한 얼개를 설명하기 위해 전자쌍을 양자로 하는 장이 도입되었다. 여기에 U(1) 게이지대칭변환을 적용해도 이론의 역학 체계는 달라지지 않지만, 진공상태는 변하게 된다. 즉 진공은 U(1) 게이지대칭성을 갖지 않는다.

처음에 물리학자들은 초전도체의 게이지대칭을 어떻게 다뤄야할 지 갈피를 잡지 못했다. 그러다가 1963년 응집물질물리학자 필립 앤더슨Philip Anderson이 해결책을 찾던 와중 초전도체의 또 다른 특성인 '마이스너 효과*1'를 발견했다. 이것은 초전도체 내부에 자기장이 형성되지 않는 이유를 설명해 준다. 외부자기장 안에 초전도체를 삽입하고 각 지점의 자기장을 측정해 보면 초전도체 내부로 들어가면서 자기장의 세기가 급격하게 감소하는 것을 알 수 있다. 이 현상을 어떻게 설명해야 할까? 만일 광자가 질량을 갖고 있다면 설명 가능하다. 앤더슨은 "전자기장의 관점에서 볼 때 초전도체는 또 하나의 '진공상태'로 간주함이 옳다"고 주장했다. 그렇다면 이 진공상태에서 전자기학의 U(1) 게이지대칭이 자발적으로 붕괴되고, 그 결과가 골드스톤 정리의 질량=0인 입자가 아닌 '질량이 있는 광자'로 나타난 셈이다. 어떤 점에서 보면 질량이 없는 광자와 남부-골드스톤 입자들이 복합적으로 작용하여 질량이 있는 입자처럼 행동한다고 생각할 수도 있다. 앤더슨은 1963년에 발표한 논문에서 "SU(2) 게이지대칭을 갖는 양-밀스 이론에도 이와 동일한 논리를 적용할 수 있다"고 제안했다.

그 후 몇 명의 물리학자들이 앤더슨의 제안을 수용하여 '게이지대칭이 자발적으로 붕괴되면서 광자와 비슷한 입자가 출현하는' 새로운 유형의 양-밀스 이론을 연구하였고, 1965년에 그들 중 한 사람인 스코틀랜드 출신 물리학자 피터 힉스Peter Higgs가 결과를 발표하였다(거의 비슷한 시기에 벨기에 물리학자 로버트 브라우트Robert Brout와 프랑수아 엥글레르François Englert도 비슷한 내용의 논문을 발표했다). 힉스는 초전도체의 전자쌍을 서술하는 장과 비슷한 개념으로 새로운 장을 도입하여, 이론에 내재하는 게이지대칭이 이 장에 의해 자발적으로 붕괴되도록 만들었다. 바로 '힉스장'의 개념이 탄생하는 순간이었다. 그러나 이런 종류의 자발적 대칭 붕괴는 역학 과정으로 볼 수 없다. 이론의 역학적 특성으로부터 결과를 유도한 것이 아니라, 적절한 장을 도입하여 모든 것이 맞아떨어지도록 만들었기 때문이다. 이런 식으로 골드스톤 정리를 피해 가면서 양-밀스 장의 양자에 질량을 부여하는 방법을

---

*[1]물질이 초전도 상태로 전이되면서 물질의 내부에 침투해 있던 자기장이 외부로 밀려나는 현상. 전기저항이 0인 물질 내부로 들어가는 자속은 외부에서 어떠한 자기장을 걸어 주더라도 그 값이 보존된다. 하지만 물질이 초전도 상태로 전이될 때에는 외부에서 임계 자기장보다 작은 어떠한 자기장을 걸어 주더라도 초전도체는 그것들을 모두 밀어내어 침투하는 자속이 없는 상태가 된다. 초전도 상태에서는 물질 내부에 자기장이 침투할 수 없다. 저항이 0인 물체와 초전도체를 구분 짓는 특징 중의 하나이다.

'힉스 메커니즘Higgs mechanism'이라고 한다. 1967년에 와인버그와 살람이 전자기력과 약력을 표준모형 범주 안에서 하나로 통일할 때에도 힉스의 아이디어가 사용되었다.

표준모형: 강한 상호작용

양자장이론으로 전자기력과 약력을 서술하는 방법이 1950~1960년대를 거치면서 커다란 진보를 보인 반면, 핵자들을 단단하게 결속시키는 강한 상호작용의 정체는 여전히 오리무중이었다. 입자가속기의 성능이 향상되어 충돌하는 핵자의 에너지가 커지면 커질수록, 새로운 입자들이 더욱 많이 생성되어 물리학자들을 당혹스럽게 만들었다. QED와 같이 건드림 전개법을 사용하는 양자장이론에서는 이론에 등장하는 입자와 장이 1:1로 대응되어야 한다. 그런데 입자의 종류가 대책 없이 증가했으니, 그걸 따라잡을 만한 이론을 생각해 내기가 어려웠던 것이다.

강한 상호작용에 존재하는 대칭은 아이소스핀 SU(2) 대칭뿐이다. 양과 밀스도 여기에 착안하여 양-밀스 이론을 구축했었다. 이론물리학자들은 우선 여러 개의 입자가 포함되도록 대칭을 일반화시키는 데 주력했고, 1961년에 유발 네만Yuval Ne'eman과 머리 겔만Murray Gell-Mann이 첫 번째 성공을 거두었다. 이들은 강력을 주고받는 입자들이 SU(2) 군으로 표현될 뿐만 아니라, 세 복소수의 특수 유니터리 변환을 나타내는 SU(3) 군으로도 표현될 수 있음을 발견하였다.

SU(3) 표현론은 1925~6년에 바일이 완성했던 '리군의 일반적 표현론'의 일부로서, 당시 수학자들 사이에선 잘 알려진 내용이었다. 겔만은 1959~60년 사이 콜레주 드 프랑스*[1]에 머물면서 SU(2) 아이소스핀 대칭을 일반화

*[1]College de France. 국민에게 강의를 무료로 개방하는 프랑스의 국립고등교육기관. 프랑스

시키는 데 주력했다. 이 시기에 그는 프랑스의 저명한 수학자들과 점심식사를 같이 하면서◆2 많은 정보를 수집하였는데, 특히 표현론의 세계적 권위자인 장피에르 세르*2의 도움을 많이 받았다(그러나 수학자들과 점심식사를 하면서 겔만이 먼저 수학문제를 거론하는 일은 없었다고 한다). 사실, 1950~1960년대는 수학자와 물리학자 사이의 교류가 거의 없었던 시기였다. 당시 대부분의 수학자들이 물리학과 거리가 먼 주제를 연구했기 때문에, 긴 시간 동안 물리학자와 대화를 나눠 봤자 무언가를 건질 가능성은 드물었다.

1960년 말에 칼텍에 있던 겔만은 수학자 리처드 블록Richard Block과 대화를 나누다가, 자신이 수학자 사이에선 잘 알려져 있으며 이미 오래 전에 해가 구해진 분야를 붙들고 씨름해 왔다는 놀라운 사실을 마침내 알게 되었다. 그 즉시로 SU(3)의 표현을 파악한 겔만은 1961년까지 발견된 입자들이 이 표현 중 일부에 대응되는 어떤 틀을 갖고 있음을 깨달았다. SU(3)의 가장 간단한 표현은 8차원에서 이루어진다. 그래서 겔만은 SU(3) 대칭을 부처의 팔정도*3에 비유하여 '팔중도八重道*4' 라고 불렀다. 또한 그는 8차원 표현으로 설명되지 않는 입자들 중 9개를 10차원으로 표현하는 데 성공했으나, 여기에는 이론상 하나의 입자가 누락되어 있었다. '오메가-마이너스' 로 명명된 이 열 번째 입자는 결국 1964년에 브룩헤븐 연구소의 80인치(2미터)짜리 기포상자에서 발견되었다.

혁명기에 그 유래를 둔다.

*2Jean-Pierre Serre(1926~). 대수다양체의 개념을 최초로 엄격하게 정의하였으며, 알렉산더 그로텐디크와 더불어 현대 대수기하학 발전의 기초를 닦은 프랑스의 대 수학자. 1954년 필즈메달, 2003년 아벨상을 수상하였다.

*3바른 견해(正見), 바른 사유(正思惟), 바른 말(正語), 바른 행위(正業), 바른 생계(正命), 바른 정진(正精進), 바른 마음챙김(正念), 바른 삼매(正定)로 이어지는 불교의 실천 수행으로서의 여덟 가지 바른 길.

*4Eight-fold way. 팔도설(八道說), 팔정도(八正道)가 올바른 표기이지만 어감상 이 책에서는 『스트레인지 뷰티』(승산 펴냄)의 예를 따른다.

그 이후로 리군의 표현론은 입자물리학을 공부하는데 반드시 필요한 과목으로 급부상했다. 나는 하버드 대학교의 물리학과 대학원과정에서 하워드 조자이Howard Georgi에게 리군과 관련된 이론을 배웠는데, 이 무렵의 물리학자들은 리군 표현론의 중요성을 충분히 인식하고 있었으며 '군 전염병' 이라는 속어를 입에 올리는 사람도 없었다. 그러나 보수적인 물리학자들은 리군에 열광하는 사람들을 여전히 걱정 어린 시선으로 바라보았다. 조자이는 자신의 강의노트를 기초로 집필한 입자물리학 교재에서 다음과 같이 경고했다. ◆3

대칭원리 자체가 물리학의 종착역이 될 수는 없다. 물론, 문제가 지나치게 복잡할 때 대칭논리를 적용하여 유용한 정보를 캐낼 수도 있다. 이런 경우에는 대칭원리를 그냥 사용하면 된다. 그러나 대칭에 집착하다 보면 주어진 물리계의 역학 구조를 간과하기 쉽다. 대칭이란 계의 저변에 깔려 있는 역학을 이해할 때 사용되는 보조수단에 불과하며, 역학 자체는 대칭만으로 결정되지 않는다. 군론은 매우 유용한 테크닉이지만, 물리학을 대신할 정도로 대단하지는 않다.

이 책의 서문에는 더욱 강한 경고문이 실려 있다. ◆4

군론을 이용하면 정보를 거의 '공짜' 로 얻을 수 있다. 그래서 요즘 입자물리학자들은 군론을 남용하는 경향이 있다. 그 남용의 정도는 기하학자를 제외한 어떤 수학자보다도 심각한 수준이다. 물리학을 공부하는 학생들은 수학과 물리학의 구별법을 처음부터 잘 익혀두어야 한다.

그러나 입자의 상호작용을 분류하는 데 사용되는 표현론이 SU(3) 대칭군 정의에 나타나는 복소수 삼중항triplet의 기본표현을 포함하지 않는 이유는 여전히 미스터리로 남은 채였다. SU(3)의 모든 표현은 복소수 삼중항으로부터 구축된다. 그런데 이 결과를 실제 입자에 적용하면 입자의 전하가 전자나 양성자 전하의 정수 배가 아니라, '1/3배' 로 나타나는 것이었다. 물론 분수 전하를 갖는 입자는 단 한 번도 발견된 적이 없었다. 겔만은 여러 가지 가능성을 따져 본 끝에 이런 입자가 실제로 존재할 수도 있음을 간파하고, '쿼크 quark' 라는 희한한 이름을 붙여 주었다. 전해지는 소문에 의하면, 그는 이 용어를 제임스 조이스*[1]의 소설 『피네간의 경야經夜Finnegans Wake』에 나오는 한 구절*[2]에서 따왔다고 한다. 그런가 하면 물리학자 게오르그 츠바이크 George Zweig는 분수전하를 갖는 입자를 '에이스aces' 라고 불렀다.

SU(3) 표현론으로 입자를 분류하는 데 성공한 후, 물리학자들은 더욱 일반적인 대칭군을 찾는데 열을 올리기 시작했다. 이들의 주된 목적은 SU(3) 내부대칭군과 SU(2) 회전대칭군을 하나로 통합하는 '더욱 큰 대칭군' 을 찾는 것이었는데, 가장 강력한 후보는 SU(2)와 SU(3) 대칭변환을 모두 포함하는 SU(6) 대칭군이었다. 그러나 1967년에 시드니 콜먼과 제프리 만둘라 Jeffrey Mandula가 '콜먼-만둘라 정리' 를 발표한 후로 일반 대칭군을 찾으려는 노력은 한풀 꺾이게 되었다. 이들의 정리는 "어떠한 경우에도 회전대칭군과 내부대칭군을 결합하면 입자의 상호작용을 허용하지 않는 자명한 이론이 얻어진다"는 내용을 골자로 했다.

1960년대 중반에 '흐름대수current algebra' 라는 개념이 도입되면서, 겔만이

---

*[1]James Joyce(1882~1941). 아일랜드 출신의 소설가이자 시인으로 20세기 문학에 커다란 변혁을 불러온 세계적인 작가. 피네간의 경야 외에도 『율리시스』, 『더블린 사람들』등의 작품이 있다.

*[2] Three quarks for Muster Mark! 쿼,쿼,쿼! 마크 대왕을 기리며!
Sure he hasn' t got much of a bark 확실히 그는 큰 울음을 토해내진 못했으며
And sure any he has it' s all beside the mark. 또한 확실히 크 전부가 과녁을 비껴갔으며
-피네간의 경야 2부 4장 383에서 발췌

제안했던 SU(3) 대칭은 더욱 체계적으로 연구되었다(내용이 다소 복잡하여 자세한 설명은 생략한다). 흐름대수를 이용하면 강한 상호작용이 두 개의 서로 다른 SU(3) 대칭을 갖게 된다. 이들 중 첫 번째 SU(3)는 거울반전 실행여부와 무관한 대칭으로서, 겔만이 처음 제안했던 SU(3) 대칭과 동일하며 진공상태는 이 변환에 대하여 불변이다. 겔만의 SU(3)를 이용하면 입자들은 SU(3) 표현법에 따라 분류된다. 한편, 두 번째 SU(3)는 거울반전을 적용했을 때 '부호가 바뀌는' 변환으로 이해할 수 있다. 이 변환을 적용하면 진공상태가 달라지기 때문에 자발적 대칭 붕괴를 자연스럽게 포함한다. 대칭성의 자발적 붕괴는 강한 상호작용에 의한 역학적 효과로 생각할 수 있으므로, 방금 언급된 것은 '역학적 자발적 대칭 붕괴'에 해당한다. 또한 이것은 게이지 대칭을 포함하지 않는 자발적 붕괴이므로 골드스톤 정리가 적용되며, 그 결과로 SU(3)의 8차원에 대응되는 남부-골드스톤 입자(질량=0)가 존재해야 한다. 그 후 이 조건을 대부분 만족하는 8개의 파이온이 실험실에서 발견되었으나 유감스럽게도 질량을 갖고 있었으며 강한 상호작용을 교환하는 입자보다는 질량이 훨씬 작은 것으로 판명되었다. 결국 두 개의 SU(3)를 결합한 이론은 대충 맞아떨어지는 근사적 이론이었던 셈이다.

그 후 다양한 계산법이 개발되면서 물리학자들은 파이온의 특성과 상호작용을 계산하는 데 흐름대수를 계속 사용할 수 있었다. 여기서 예견된 몇 가지 값들은 실제와 크게 달랐지만, 대부분 실험값과 거의 정확하게 일치했다. 그러나 연구가 더 진행되면서 몇 가지 미묘한 문제들이 발견되었고 개중에는 순수한 대칭논리가 전혀 먹혀들지 않는 경우도 있었다. 물리학자들은 이런 경우를 두고 '나선성 비정상chiral anomaly' 이라고 불렀는데, 여기서 'chiral' 은 거울반전을 가했을 때 부호가 바뀐다는 뜻이고 'anomaly' 는 양자장이론에서 대칭에 관한 표준논리가 적용되지 않는다는 뜻이다. 물리학자와 수학자들은 이 문제를 해결하기 위해 향후 20년의 세월을 인내해야 했다.

1967년이 되자, 실험물리학자들은 그 해 완공된 SLAC의 20 GeV짜리 선형 전자가속기를 가지고서 양성자 표적에 전자를 충돌시키는 산란실험을 수행하기 시작했다. 대부분의 전자-양성자 충돌에서는 입사입자와 표적 사이의 운동량전이가 상대적으로 적게 일어나지만, SLAC의 연구원들은 운동량전이가 큰 경우를 골라내는 기술을 개발했다. 이것을 '심층 비탄성 산란deep inelastic scattering' 이라고 하는데, 'deep' 은 입사입자(전자)와 표적(양성자) 사이에 운동량전이가 크다는 뜻이고, 'inelastic' 은 충돌 후 입사입자가 튕겨 나오는 단순 충돌이 아니라 충돌 과정에서 새로운 입자가 생성된다는 뜻이다.

SLAC의 실험은 몇 년 동안 예상 밖 결과들을 무더기로 쏟아냈다. 특히 다량의 운동량이 전이되는 경우에는 기존 예상보다 10~100배나 많은 입자들이 마구 생성되었다. 이 난처한 상황을 어떻게 설명해야 할까? 한 가지 방법은 양성자가 '더 이상 분해될 수 없는 직경 10^{-15}m 짜리 기본입자' 라는 가설을 포기하고 '거의 점에 가까운 세부입자들로 이루어진 복합체' 로 간주하는 것이다. 60년 전 어니스트 러더퍼드도 원자에 전자를 충돌시키면서 이와 비슷한 상황에 직면했었다. 그는 전자의 산란각도가 예상보다 크게 나타나는 현상을 설명하기 위해 "원자의 질량은 대부분 중심부(원자핵)에 똘똘 뭉쳐 있다"는 과감한 가설을 내세웠고, 결국 그의 주장은 사실로 판명되었다.

러더퍼드 산란실험의 경우, 입자의 에너지가 충분히 크면 원자핵을 원자로부터 분리할 수 있기 때문에 충돌과정에서 일어나는 현상의 관측이 그렇게 어렵진 않았다. 그러나 SLAC의 실험에서는 전자-양성자의 충돌로 인해 새로운 입자가 생겨났다는 증거가 전혀 보이지 않았으며, 이 상황은 정교해진 실험데이터로 인해 심층 비탄성 산란이 비례축소Scaling라는 성질을 가짐이 밝혀지면서 더욱 복잡하게 꼬여 갔다. 이것은 양성자가 어떤 점입자의 집합체일 뿐만 아니라, 그 점입자들이 약한 상호작용을 주고받으면서 자유입자처럼 행동하고 있음을 의미한다. 그렇다면 이 입자가 바로 겔만이 예견했던 쿼크가 아닐까? 하고 많은 사람들이 추측했지만, 그 말대로라면 양성자 안에서 쿼크를 결합시키는 강력이 너무 강하기 때문에 단일입자로 분리되어 혼자 떠돌아다니는 쿼크를 관찰하기란 불가능했다.

1972년 말에 데이비드 그로스와 시드니 콜먼은 SLAC의 실험결과가 양자장이론 범주 안에서 해석될 수 없음을 증명하는 연구에 착수했다. 이들은 양자장이론의 재규격화를 완전히 새로운 관점에서 해석한 케니스 윌슨Kenneth Wilson의 아이디어에서 영감을 얻었는데, 당시 윌슨은 양자장이론의 재규격화와 응집물질물리학의 위상변화이론 간의 밀접한 연관을 간파하고 있었다. 그는 "양자장이론의 상호작용 강도는 하나의 숫자로 표현되지 않고 관측대상의 거리 스케일에 따라 달라진다"고 주장했다. 윌슨의 논리에 의하면 양자장이론의 상호작용은 교환되는 거리에 따라 실제적인 유효강도effective strength를 가지며, 그 결과 초단거리 상호작용은 평균적으로 상쇄된다. 주어진 거리 스케일에서 상호작용의 유효강도를 알면, 이 거리와 더 먼 거리 사이에 나타나는 효과들을 평균하여 먼 거리 상호작용의 유효강도를 계산할 수 있다. 그렇다면 기존 재규격화 계산법은 '상호작용의 순수한 강도(거리가 0으로 접근하는 경우)'와 '상호작용의 물리적 강도(대부분의 실험이 행해지는 원거리 스케일의 경우)' 사이의 상호관계와 무언가 연관이 있을 터였다.

QED의 경우, 원거리 상호작용의 강도는 건드림 전개항의 상대적 크기를 좌우하는 미세구조상수 $\alpha = 1/137$에 의해 결정된다. QED에서는 거리가 짧을수록 유효강도가 커지며, 거리가 지나치게 가까워지면 더 이상 건드림 전개를 사용할 수 없게 된다. 상호작용의 강도가 너무 커서 '항의 차수가 높아질수록 값이 급격하게 줄어드는' 바람직한 특성이 나타나지 않기 때문이다. 이것은 1950년대부터 물리학자 사이에서 익히 알려진 문제로서, 상호작용을 교환하는 거리가 아주 가까워지면 양자장이론이 아닌 다른 이론이 필요하다는 사실을 암시하고 있었다. 데이비드 그로스는 "QED와 비슷한 논리로 전개되는 모든 양자장이론은 SLAC의 초단거리 실험결과를 설명하지 못한다"고 굳게 믿었다. 당시 양자장이론들은 대부분 기본구조가 QED와 거의 비슷했는데, 유독 양-밀스 이론의 계산법만이 독특했다. 게다가 토프트와 벨트만이 양-밀스 이론을 재규격화하는 데 성공했으므로 계산 자체도 별로 어렵지 않을 듯했다.

그 무렵 그로스는 프린스턴에서 강의를 하고 있었고, 콜먼은 하버드를 떠나 1973년 봄 학기에 그로스와 의기투합하여 공동연구를 시작했다. 프랭크 윌첵은 1970년에 프린스턴 대학원 수학과에 입학했다가 우연히 그로스의 양자장이론 강의를 듣고 깊은 감명을 받아 물리학과로 전향하여 그의 첫 번째 제자가 되었다. 훗날 그로스는 윌첵을 가르치던 시절을 회상하며 이렇게 말했다. "그는 종종 내 자존심을 구겨놓곤 했다. 그러나 결과적으로 내겐 약이 되었다."◆5 윌첵은 양-밀스 이론에 등장하는 상호작용의 유효강도를 계산하는 문제를 연구하면서, 다른 모든 양자장이론에 적용되는 동일한 계산을 찾을 수 있겠다고 생각했다. 그로스는 윌첵이 새로운 무언가를 알아내기 보다는 SLAC의 실험결과를 기존 양자장이론으로 설명 못한다는 사실을 입증하기만을 원했다.

1973년 봄에 하버드에 있는 콜먼의 제자 데이비드 폴리처David Politzer도 동일한 계산에 착수했다. 그는 계산을 끝내고 나서 "양-밀스 이론은 다른 양자장이론과 전혀 다른 특성을 가진다"는 결론을 내렸다. 폴리처는 프린스턴에 있는 콜먼에게 전화를 걸어 계산결과를 설명했고, 콜먼은 "그로스와 윌첵도 계산을 방금 끝냈는데 그들의 결과에 의하면 양-밀스 이론은 다른 양자장이론과 동일하다"고 말해 주었다. 혼란스러워진 폴리처는 자신의 계산을 다시 한 번 확인했지만 아무리 들여다봐도 틀린 곳이 없었다. 그런데 그 무렵 그로스와 윌첵은 계산결과를 점검하다가 부호 하나가 틀려 있는 것을 발견했다.

프린스턴의 그로스와 윌첵, 그리고 하버드의 폴리처는 계산과정을 치밀하게 점검한 끝에, "양-밀스 이론에 등장하는 상호작용의 유효강도는 거리가 가까워질수록 약해진다"는 놀라운 결과를 얻었다. 물리학자들은 이것을 '점근적 자유성asymptotic freedom' 이라고 부른다. 즉, 입자들 사이의 거리가 가까워질수록(점근적으로 0에 접근할수록) 상호작용의 유효강도가 약해지면서 자유롭게 움직인다는 뜻이다. 그러므로 쿼크를 결합시키는 양-밀스 이론의 상호작용은 먼 거리에서 강하게 작용하고 가까운 거리에서 약해지며, 이것은 SLAC의 실험결과와 정확하게 일치한다. 가까울수록 상호작용이 약해진다는 점근적 자유성을 반대로 해석하면 '거리가 멀수록 상호작용이 강해진다' 는 뜻으로 해석할 수 있다. 거리가 멀수록 상호작용이 강해져서 여러 개의 쿼크를 영원히 한 가족으로 붙들어 매어 놓는 이 메커니즘은 종종 '적외선 구속(비가시非可視 속박)infrared slavery' 이라는 이름으로 불리기도 한다.

이로써 강력을 서술하는 양자장이론이 드디어 물리학적 체계를 갖추게 되었다. 한동안 물리학자들은 "겔만의 쿼크모형이 실험결과와 일치하려면 겔만이 예견했던 세 개의 쿼크는 각각 세 종류로 분류되어야 한다"고 생각하여, 이들을 분류하기 위해 '색*1' 이라는 용어를 사용해 왔다(겔만이 예견한 '세 개' 의 쿼크와 '세 종류' 사이에는 아무런 관계도 없다). 세 종류의 색에 게이지대칭을 적용하면 SU(3) 양-밀스 이론이 얻어지는데, 전체적인 구조는 양자전기역학(QED)과 비슷하다. 그래서 물리학자들은 강력을 서술하는 양자장이론을 '양자색역학Quantum ChromoDynamics, QCD' 이라고 불렀다.

QCD SU(3) 대칭은 게이지대칭으로서 겔만이 처음에 제안하여 흐름대수로 이어졌던 두 개의 SU(3) 대칭과는 무관하다. 이 두 개의 SU(3)는 게이지

*1 Color. 눈에 보이는 색과는 관계없이 쿼크의 특정한 양자 특성을 표시하기 위해 도입한 개념. 빨강 · 녹색 · 파랑은 쿼크를, 음의 빨강 · 녹색 · 파랑은 반쿼크를 나타낸다.

대칭이 아닌 전면 대칭이며, 어떠한 경우에도 근사적으로 성립할 뿐이다. 겔만이 애초에 제안했던 세 개의 쿼크를 구별하는 특성은 현재 '맛깔flavor'이라는 용어로 통용되고 있다. 겔만이 명명한 쿼크의 세 가지 맛깔은 '위up'와 '아래down', 그리고 '야릇한strange'이었다(저런 단어들을 '맛깔'을 표현하는 데 썼다는 것 자체가 전문용어를 잘못 붙인 대표적 사례에 속한다). 흐름대수 SU(3)군은 쿼크의 색을 바꾸는 것이 아니라, 특정 쿼크의 맛깔을 다른 쿼크의 맛깔로 변환시키는 대칭군이다. 모든 쿼크들의 질량이 똑같다면 두 개의 흐름대수 SU(3)군 중 하나(거울반전 대칭)는 완전한 대칭성을 갖는다. 그리고 모든 쿼크의 질량이 0이라면, 흐름대수 SU(3)군은 둘 다 완전한 대칭성을 갖게 된다. 따지고 보면 흐름대수가 거둔 근사적인 성공의 까닭은 쿼크의 질량이 매우 작았기 때문이었다. 세 가지 맛깔에 해당되는 각 쿼크의 질량은 QCD의 질량스케일(QCD의 상호작용이 강해지는 거리스케일에 대응됨)보다 훨씬 작다. QCD는 흐름대수 SU(3) 대칭이 존재하는 이유와, 이 대칭이 근사적으로 성립하는 이유를 설명함으로써 확고한 입지를 굳힐 수 있었다.

QCD는 여타 물리학이론과 확연하게 구별되는 특성을 갖는다. 쿼크의 질량을 무시하면 상호작용 강도는 단 하나의 자유변수에 의해 좌우되는데, 윌슨의 재규격화에 의하면 이것은 진정한 변수가 아니다. 거리 스케일을 고정해 놓고 이 변수를 특정 값으로 잡으면 다른 모든 스케일에서 변수의 값을 결정할 수 있기 때문이다. 그러므로 QCD에서 거리단위의 선택과 변수의 선택은 서로 무관하지 않다. 한 선택이 다른 하나의 선택에 영향을 주는 것이다. 콜먼은 이러한 특성을 '차원변형dimensional transmutation'이라고 불렀다(차원도착次元倒錯dimensional transvestism이라 부르기도 했다). QCD에서 쿼크 질량을 0으로 간주하면 모든 것이 완벽하게 계산되어 조정해야 할 변수가 하나도 남지 않는다. 이와 같은 '유일성uniqueness'은 이론물리학자들이 꿈에도 그리는 황금의 성배였다. 이론 자체에 남아 있는 변수가 하나도 없이 모든 것이 완벽하게 계산되고, 그 값이 실험결과와 일치한다면 이보다 이상적인 이론은 없다. 이 점에서 볼 때 QCD는 다른 어떤 이론보다 가장 이상에 근접했으며, 바로 이러한 이유 때문에 물리학자들 사이에서 매우 빠르게 전파되었다.

더 읽을거리

마이클 라이오던Michael Riordan의 『쿼크 사냥The Hunting of the Quark』◆[1], 그리고 찰스 만Charles C. Mann과 로버트 크리스Robert Crease 두 공동저자의 『두 번째 창조The Second Creation』◆[6]를 추천한다. 그 외에 기술적인 참고서적으로는 다음의 두 책이 읽을 만하다.

- 『파이온에서 쿼크까지: 1950년대의 입자물리학Pions to Quarks: Particle Physics in the 1950's』◆[7]
- 『표준모형의 대두: 1960년대와 70년대의 입자물리학The Rise of the Standard Model: Particle Physics in the 1960 and 1970's』◆[8]

표준모형의 역사를 최근에 정리한 글로는 와인버그의 『표준모형 성립사The Making of the Standard Model』◆[9]가 있다. 이 글은 토프트가 편집한 『양-밀스 이론 50년사50 Years of Yang-Mills Theory』◆[10] 에 수록되었는데, 토프트의 책은 적절한 주석과 함께 표준모형의 모든 것을 충실하게 설명한 양서로 정평이 나 있다.

7장

표준모형의 쾌거

1973년 봄에 점근적 자유성과 QCD가 알려지면서, 표준모형을 완성하는 데 필요한 도구들이 완벽하게 갖춰졌다. 강한 상호작용은 QCD를 통해 쿼크들 사이의 상호작용으로 설명되었으며[SU(3) 양-밀스 이론], 약한 상호작용은 글래쇼-와인버그-살람의 모형으로 설명되었다[SU(2)×U(1) 양-밀스 이론]. 그런데, 한 가지 중요한 문제가 남아 있었다. 1970년에 글래쇼는 "글래쇼-와인버그-살람의 모형이 쿼크이론과 상충되지 않으려면 겔만이 제안했던 세 종류의 맛깔 이외에 또 하나의 맛깔을 추가해야 한다"고 주장했었다(이 연구는 와인버그와 존 일리오폴로스John Iliopoulos, 그리고 루치아노 마이아니Luciano Maiani에 의해 수행된다). 그가 제안했던 제4의 맛깔에는 '맵시charmed' 라는 이름이 할당되었으나, 실험으로는 아직 확인하지 못한 상태였다. 실험실에서 관측되지 않았다는 것은 네 번째 쿼크 — 만일 존재한다면 — 의 질량이 기존 쿼크보다 훨씬 크다는 사실을 의미했다.

이로써 표준모형은 네 종류의 맛깔(위쿼크, 아래쿼크, 야릇한쿼크, 맵시쿼크)을 갖는 쿼크와 각각의 쿼크에 상응하는 세 종류의 색, 그리고 네 종류의 렙톤을 포함하게 되었다. 렙톤은 강한 상호작용을 하지 않는 입자로서, 전자와 전자뉴트리노, 뮤온, 그리고 뮤온뉴트리노가 발견되어 있었다. 이

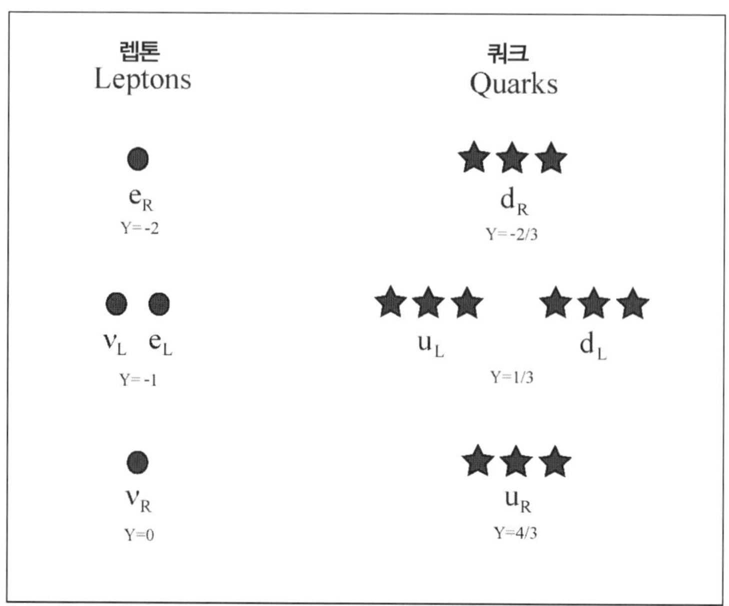

그림 7.1 표준모형 페르미온*[1]의 1세대 입자들
표준모형에 등장하는 1세대 페르미온의 SU(3)×SU(2)×U(1) 변환특성.(제2, 제3세대의 입자들도 같은 방식으로 변환된다. 3세대 렙톤에 대해서는 잠시 후에 언급할 것이다)
SU(3) 하에서 쿼크는 삼중상태(triplet)가 되고, 렙톤은 불변이다.
SU(2) 하에서 가운데 줄에 있는 입자들은 이중상태(doublet)가 되고[로렌츠 변환 하에서는 왼손편향 바일 스피너(left-handed Weyl-spinor)가 된다], 나머지 입자들은 불변이다[로렌츠 변환 하에서는 오른손편향 바일 스피너(right-handed Weyl-spinor)가 된다].
U(1) 변환 하에서 각 입자의 변환특성은 약한 초전하(weak hypercharge) Y로 표현된다.

입자들은 크게 두 종류의 세대로 나뉘는데, 1세대는 위쿼크와 아래쿼크, 그리고 전자와 전자뉴트리노로 구성된다. 이들은 질량이 작다는 공통점을 가지며 양성자와 중성자, 원자 등 일상적인 세계를 구성한다. 2세대(야릇한쿼크, 맵시쿼크, 뮤온, 뮤온뉴트리노)는 질량이 크다는 것만 제외하면 1세대 입자들과 특성이 동일했다. 이들은 불안정한 상태에 있기 때문에 한 번 생성된 후 곧바로 붕괴되어 질량이 작은 1세대 입자로 전환된다.

*[1]파울리의 배타원리를 따르는, 즉 2개 이상의 전자가 같은 양자상태를 취하지 않는 입자. 스핀이 반정수(1/2, 3/2, 5/2,...)이다. 쿼크와 렙톤은 모두 페르미온에 속한다.

표준모형은 1974년 11월 J/Ψ라는 입자를 발견하면서 첫 번째 쾌거를 이루었다. 사람들은 J/Ψ의 발견과 그 후에 이루어진 일련의 발견을 통틀어 '11월 혁명November Revolution'이라고 부른다. 브룩헤븐과 SLAC의 실험물리학자들은 각기 다른 방법을 사용하여 거의 동시에 새로운 입자를 발견했는데, 브룩헤븐측은 이 입자를 'J'로 명명했고 SLAC에서는 Ψ(프시)라고 불렀다.*[1] 특히 SLAC의 물리학자들을 놀라게 했던 이 입자는 특정 에너지를 가진 입자 빔을 쏘았을 때 공명을 일으키면서 다량으로 생성되었다. SLAC에 있는 전자-양전자 충돌기 SPEAR의 출력을 정확히 3.095GeV에 맞춰 놓으면 생성되는 입자의 수가 무려 100배까지 증가했는데, 그 이유를 아무도 몰랐다.

표준모형을 추종하는 물리학자들은 실험에 나타난 공명현상이 맵시쿼크와 반맵시쿼크(맵시쿼크의 반입자)의 속박상태bound state에서 나타난다고 확신했다. 맵시쿼크의 질량이 3.095GeV의 절반쯤이라면, 전자와 양전자가 충돌하고 쌍소멸 하는 과정에서 '거의 정지상태인' 맵시쿼크와 반맵시쿼크 쌍*[2]이 생성될 수 있다. 이들 두 쿼크 사이에는 강력이 작용하므로 분리되지 않은 채로 속박상태에 놓이게 된다. 그런데 입자가 다량으로 생성되는 에너지의 범위, 즉 공명범위가 좁다는 것은(3.095 GeV 근처), 속박상태의 수명이 강력을 교환하는 다른 입자들보다 훨씬 길다는 것을 의미한다. 그 이유 중 하나는 강력의 세기가 현저하게 약해지는 근거리에서 쿼크와 반쿼크가 결합되어 있기 때문이다. 이렇게 상호작용이 약하기 때문에, 쿼크-반쿼크 쌍이 합쳐지면서 소멸되려면 비교적 긴 시간이 흘러야 한다. J/Ψ 입자가 발

*[1]양측의 발견자인 사무엘 팅(Samuel Ting)과 버튼 리히터(Burton Richter)가 원인을 제공했다. 팅은 자신의 중국 이름인 딩자오중(丁肇中) 의 丁을 따서 J로, 리히터는 입자가 붕괴되는 모양을 닮은 글자인 Ψ로 명명했다. 결국 두 사람은 이 업적으로 1976년 노벨물리학상을 공동수상하게 된다.

*[2]이 맵시 쿼크와 반맵시 쿼크의 결합상태를 차모늄(charmonium)이라 한다.

견되면서 QCD와 점근적 자유성, 그리고 약전자기 이론에서 예견한 맵시쿼크의 존재는 강한 설득력을 얻게 되었다. 또한 맵시-반맵시 쿼크 쌍은 포지트로늄*1처럼 물리적으로 단순한 속박상태를 이루기 때문에 다루기도 쉬웠다. 이 모든 사실은 표준모형으로부터 예견되었으며, SLAC의 실험결과와 정확하게 일치했다.

1975년까지만 해도 '표준모형'이라는 말은 글래쇼와 와인버그 등 하버드대학교 물리학과에서 제한적으로 사용되는 곁다리 용어에 불과했으나, 1979년이 되어서는 대부분의 입자물리학과 논문에서 정식용어로 쓰이게 되었다. 표준모형의 타당성을 뒷받침하는 실험결과는 1974년 이후부터 세계 각지의 실험실에서 봇물 터지듯 쏟아져 나왔고, 특히 SLAC의 실험물리학자들은 1976년에 반맵시 대신 다른 쿼크와 짝지어 있는 '헐벗은' 맵시쿼크를 발견하여 전 세계 물리학자들을 흥분시켰다. 그 후로 몇 년 동안 맵시쿼크를 비롯한 다양한 입자들의 실험자료가 축적되었으며, 대부분 표준모형에서 예측된 값과 정확하게 일치했다.

QCD에서 점근적 자유성을 계산하면 심층 비탄성 산란실험의 비례축소 scaling 현상뿐만 아니라 거기 나타나는 작은 편차까지 결정할 수 있다(이 편차는 1970년대 말에 발견되었다). QCD는 고에너지에서 전자와 양전자가 충돌할 때 여러 종류의 쿼크가 생성되며, 이 쿼크들이(강력 양-밀스 장의 양자인 글루온*2과 함께) 상호작용 영역에서 입자빔의 형태로 뿜어져 나오리

*1 Positronium, 전자-양전자 쌍의 속박상태. 수소와 유사한 수명이 짧은 원자. 양전자가 물질 내에서 감속되어 전자에 포획될 때 생긴다. 2가지 형태가 알려져 있다. 양전자와 전자의 스핀이 서로 반대방향인 파라포지트로늄은 평균수명이 약 0.1 나노초(1ns는 10^{-9}s)로서 2개의 광자로 소멸되며, 스핀이 동일한 방향인 오르토포지트로늄은 평균수명이 약 100나노초(10^{-7}s)로 3개의 광자로 소멸된다.

*2 Gluon. 질량 0, 전하 0, 스핀1 을 가지는 양자색역학의 게이지입자. 강한 상호작용을 매개한다=붙임알.

라 예견했다. 이 입자빔은 1979년에 처음으로 관측되어 QCD의 타당성을 입증해 주었다. 입자빔의 원천은 누가 뭐라 해도 쿼크였으므로, 전자-양전자 충돌과정에서의 입자빔은 사실상의 쿼크 관측이나 진배없었다.

약전자기이론이 이루어 낸 가장 큰 성과는 광자와 비슷한 무거운 입자, 즉 SU(2) 양-밀스 장에서 양자의 존재를 예견한 것이었다. 이 입자는 모두 세 가지로서, 전하를 띤 채 입자-반입자 쌍을 형성하는 W^+, W^-와 전하가 없는 Z^0로 구성된다. 이들 모두는 1983년에 CERN의 양성자-반양성자 충돌기에서 검출되었으며 질량과 붕괴모드도 표준모형이론에서 예견된 값과 정확하게 일치했다. 그 후 물리학자들은 SLAC 선형 충돌기(SLC)와 CERN의 거대 전자-양전자충돌기(LEP)를 이용하여 Z^0의 특성을 철저하게 분석한 끝에, 공명에너지가 90GeV 근처임을 알아냈다(1989년). 뿐만 아니라 Z^0의 붕괴로 나타나는 입자의 수는 공명에너지의 폭(범위)에 따라 좌우되는데, 이 값도 이론과 정확하게 일치했다. 이는 곧 약전자기 상호작용과 관련하여 Z^0 질량의 1/2(45 GeV) 이하에서는 우리가 모르는 입자가 더 이상 존재하지 않음을 의미했다.

그런가 하면, 질량이 가장 큰 제3세대 입자의 발견은 이론에서 짐작하지 못한 의외의 소득이었다. 새로운 렙톤 중 가장 먼저 발견된 것은 '타우tau'라는 입자였는데 매우 큰 질량을 가짐에도 불구하고 행동방식은 전자나 뮤온과 비슷했다. 타우입자가 존재한다는 증거는 1975년에 SLAC의 전자-양전자 충돌기SPEAR에 의해 처음으로 제시되었고, 그로부터 2년 후 실험으로 확인되었다. 제3세대 렙톤의 존재가 사실로 판명된 후 표준모형은 두 가지 새로운 맛깔을 갖는 한 쌍의 쿼크가 추가로 존재해야 한다고 예견하였는데, 바로 꼭대기top쿼크와 바닥bottom쿼크였다(발견 당시에는 진실truth/아름다움beauty이란 이름과 경합했지만 지금은 이 둘이 남았다). 바닥쿼크는 1977년 페르미 연구소에서 처음으로 발견되었고, 꼭대기쿼크는 1994년에 역시 페르미 연구소에서 발견되었다. 지금까지 발견된 렙톤의 각 세대(1, 2, 3세대)는 질량이 0이거나 거의 0에 가까운 뉴트리노를 포함하고 있다. 만일 이들 외에 또 다른 세대가 존재한다면 질량이 45GeV를 훌쩍 넘어서는 초중량 뉴트리노가 어딘가에 존재할 것이다. 이와 관련된 실험은 지금도 일부 실험물리학자들에 의해 수행 중이나, 새로운 세대의 입자를 발견했다는 보고는 아직 없다.

글래쇼와 살람, 그리고 와인버그는 약전자기이론으로 1979년에 노벨 물리학상을 받았으며, 토프트와 벨트만은 양-밀스 이론 재규격화와 관련된 업적으로 1999년에 노벨상을 받았다. 그리고 그로스, 윌첵, 폴리처는 양-밀스 이론의 점근적 자유성을 규명한 공로로 2004년 노벨상을 수상하였다. 이들 덕분에 QCD는 '강한 상호작용을 서술하는 이론'으로 확고한 입지를 굳힐 수 있었다.

여기서 한 가지 특이한 점은 점근적 자유성에 대한 시상이 2004년에 와서야 이루어졌다는 사실이다. 양-밀스 이론의 점근적 자유성은 1973년 처음으로 발견되었고, 1980년대에는 이를 입증하는 실험결과들이 수도 없이 쏟아져 나왔다. 그런데도 시상이 이렇게 늦어진 데에는 물리학과 무관한 몇 가지 사연들이 숨어 있다. 폴리처는 대학원생 시절에 점근적 자유성에 대한 계산을 끝낸 후 곧바로 칼텍의 교수로 임용되었는데, 처음부터 정년을 보장받았기 때문에 굳이 '치열한 연구정신'을 발휘할 필요가 없었다. 그런가 하면 그로스는 동료들 사이에서 '사람과 어울리기를 싫어한다'는 평판이 나 있었는데 일부 사람들은 그 책임을 그로스 자신에게 돌렸다. 이걸로 끝이 아니다. 토프트는 이들보다 앞선 1972년에 점근적 자유성과 관련된 계산을 완수하였으나, 논문은커녕 학술회의에서도 공개하지 않았다. 사실 그는 자신의 계산이 SLAC의 실험결과를 설명하고 강력이론을 완성하는 결정적 열쇠임을 미처 깨닫지 못하고 있었다. 그런 까닭에 토프트의 1999년 노벨상 수상

후에야 그로스와 윌첵, 폴리처의 업적을 기리는 일이 가능해졌던 것이다.

더 읽을거리

마이클 라이오던의 『쿼크 사냥The Hunting of the Quark』◆[1]은 SLAC의 실험물리학자들이 직접 구술한 내용을 담고 있다. 과학저술가인 게리 타우브스Gary Taubes는 『노벨상을 향한 꿈Nobel Dreams』에서 CERN을 배경으로 한 W와 Z입자의 발견사를 흥미진진하게 서술했다.◆[2]

이론물리학자가 직접 집필한 표준모형 관련서적으로는 토프트의 『궁극의 초석礎石을 찾아서In Search of the Ultimate Building Blocks』◆[3]와 마틴 벨트만의 『소립자물리학의 진실과 수수께끼Facts and Mysteries in Elementary Particle Physics』◆[4]를 추천한다.

2004년도 노벨상 자료집◆[5]에는 점근적 자유성의 발견과 실험을 통한 확인과정이 더욱 자세하게 정리되어 있다.

8장

표준모형의 문제점

표준모형은 엄청난 성공을 거두었고, 그 덕분에 소립자물리학은 '실험과 상충되는 부분이 전혀 없는' 최상의 이론으로 자리 잡았다. 입자물리학 실험들은 하나같이 표준모형에 부합하는 결과를 무더기로 양산해 냈다. 그러나 그 내면에는 표준모형으로 풀리지 않는 의문점 또한 상존하고 있었다. 물리학자들 사이에서 회자되던 표준모형의 문제점은 대략 다음과 같다.

- 왜 SU(3)×SU(2)×U(1)인가? 진정으로 '근본적인' 이론이라면, 이렇게 특수한 대칭군이 등장하는 원인까지 아울러야만 한다. 그뿐만이 아니다. QCD[SU(3)에 해당되는 부분]는 자유변수가 없는 바람직한 특성을 갖고 있지만, 다른 두 개의 군[SU(2)와 U(1)]은 두 개의 자유변수를 가진다. 그렇다면 이 변수들이 특정 값을 가져야 하는 이유도 밝혀져야 한다. 이들 중 하나가 바로 미세구조상수 α인데, 이 상수의 도입은 QED의 초창기까지 거슬러 올라가는 긴 내력을 가지고 있다. 또 한 가지 문제는 게이지이론에서 U(1)에 해당하는 부분이 점근적 자유성을 가지지 않아 수학적으로 완전한 이론이 아닐지도 모른다는 점이다.
- 렙톤과 쿼크가 속하는 각 세대에 특정한 주기가 나타나는 이유는 무엇

인가? 수학적인 관점에서 볼 때 쿼크와 렙톤은 SU(3)×SU(2)×U(1) 대칭군의 특정 표현에서 등장한다. 왜 특정한 표현에서만 이런 입자들이 나타나고 다른 표현에서는 나타나지 않는가? 여기에는 "약력에 나선성이 존재하는 이유는 무엇인가?"라는 질문도 포함된다.

- 입자의 세대는 왜 셋인가? 아직 발견되지 않은, 더 큰 질량의 상위세대 입자가 존재하는 건 아닐까?
- 진공상태에서 약전자기 게이지대칭electro-weak gauge symmetry이 깨지는 이유는 무엇인가? 정말로 힉스장 때문이라면, 대칭 붕괴 규모와 힉스 상호작용의 크기를 서술하는 새로운 변수가 적어도 두 개 이상 필요하다. 이 변수들이 특정한 값을 갖는 이유는 무엇인가? 이들 중 하나는 관측가능한 양으로부터 결정되지만 나머지 하나는 실험으로 결정할 수 없다. 표준모형이 힉스입자 존재를 예견하면서도 그 질량을 예측하지 못하는 이유가 바로 이것이다. 뿐만 아니라 힉스장을 서술하는 표준 양자장이론에는 점근적 자유성이 존재하지 않으며, 이 또한 수학적 타당성을 의심케 한다.
- 표준모형에서 렙톤과 쿼크의 질량 및 섞임각mixing angle을 결정하는 요인은 무엇인가? 이들의 질량은 거의 무작위로 분포되어 있어서 이론적으론 결정할 수 없고, 관측된 9개의 값을 인위적으로 대입해 주어야 한다. 게다가 입자에 작용하는 약전자기력을 정확하게 정의하려면 섞임각과 관련된 4개의 변수 값을 추가로 결정해야 한다. 그러나 표준모형에서 쿼크-렙톤과 힉스장 사이의 상호작용을 좌우하는 이 13개의 변수들을 이론적으로 결정할 방법은 어디에도 없다. 이 문제는 바로 전에 제시한 문제와 밀접하게 연관되어 있다. 변수 값을 이론적으로 결정 못하는 원인은 진공의 약전자기 게이지대칭 붕괴를 이해하지 못하는 이유와도 어떻게든 연결될 것이기 때문이다.

- θ – 변수는 왜 0인가? 이 변수는 표준모형의 QCD 부분에서 등장할 수 있는 여분의 항의 크기를 결정하는데, 실험을 통해 0으로 판명되긴 했지만 그 이유는 여전히 미지로 남아 있다. 근본적인 이론이라면 θ가 0인 이유(또는 0에 가까운 이유)를 설명해야 한다.

표준모형에 등장하는 17개의 변수가 지금과 같은 값을 갖는 이유는 알 길이 없고, 18번째 변수 θ가 0인 이유도 오리무중이다. 0이 아닌 17개의 변수들 중 15개는 힉스장의 특성을 결정한다. 따라서 표준모형이 완전해지려면 힉스장을 아예 제거하는 방법을 알아내거나, 힉스장의 원천을 규명해야 한다. 글래쇼는 힉스장처럼 게이지대칭 붕괴문제를 뭉뚱그려 해결해 주는 존재가 자신이 제안했던 초창기 약전자기이론엔 없다는 사실을 꼬집어 (후기 와인버그–살람 모델에 추가된 힉스장을) '와인버그의 화장실Weinberg's toilet'이라고 부르곤 했다. *1 힉스장은 화장실처럼 반드시 있어야 할 필수시설이지만, 이웃에게 자랑스럽게 보여 줄 만한 대상은 아니라는 뜻이다.

뉴트리노에 관해서도 계속 무시되어 온 문제점이 하나 있었다. 표준모형의 가장 단순한 유형에서 모든 뉴트리노는 질량을 갖지 않는다. 그러나 최근 실시된 실험에서 뉴트리노가 질량을 갖는다는 유력한 증거가 포착되었다. *2 다만 실험 자체가 충분히 정밀하지 않아서 질량의 구체적인 값과 섞임각을 결정하지 못했을 뿐이다. 간단한 계산을 거치면 태양에서 방출된 뉴트리노들 중 지구에 도달하는 양이 산출되는데, 실제로는 이 값의 1/3밖에 도달하지 않는다. 실험물리학자들은 이 사실을 확인하던 와중 두 가지 다른 상태 사

*1 사실 와인버그와 글래쇼 이 두 사람은 뉴욕의 같은 지구에서 태어난 고교, 대학교 동창이며(심지어 학부까지!) 같은 대학에서 교수생활을 했고 노벨상도 같이 받았지만 너무나 사이가 나빠 서로 학회에서 얼굴을 마주치지 않도록 일정을 조정해 주어야 할 정도였다고 전해진다.

*2 66쪽의 옮긴이 주 *1을 참조하라.

이에서 진동하는 뉴트리노를 발견했다. 지구에 도달하는 뉴트리노의 갯수가 예상보다 작은 이유는 무엇일까? 한 가지 설명은 전자뉴트리노가 지구로 이동하면서 진동을 하기 때문에 입자검출기에 뮤온이나 타우뉴트리노로 인식된다는 것이다. 페르미 연구소에서는 최근 들어 뉴트리노의 진동현상을 더욱 자세하게 관측하기 위해 NUMI/MINOS 실험을 시작했다.

뉴트리노가 질량을 갖도록 표준모형을 확장하는 일은 그다지 어려운 작업이 아니다. 이 작업을 수행하면 7개의 변수가 추가로 도입되는데, 이들은 쿼크의 질량 및 섞임각과 매우 비슷한 성질을 가진다. 뉴트리노는 전하를 띠지 않으므로 질량과 관련된 두 종류 항이 추가되어 전체적으로 조금 복잡해질 뿐이다. 그러나 이런 식으로는 쿼크 질량의 수수께끼처럼, 뉴트리노 질량의 원천 또한 미지로 남을 따름이다.

또 한 가지 중요한 문제는 표준모형에서 중력이 완전히 무시되고 있다는 점이다. 중력의 얼개는 아인슈타인 일반상대성이론으로 설명되며, 입자에 가해지는 중력의 크기는 질량에 비례한다. 이때 등장하는 비례상수가 뉴턴의 중력상수 G인데, 정말로 근본적인 이론이라면 이 값의 출처도 설명 가능해야 한다. 전자기력이나 강력 등과 비교할 때, 중력은 너무도 약한 힘이다. 그런데도 우리가 주로 중력을 느끼면서 사는 이유는 그것이 항상 '인력'으로만 작용하기 때문이다. 지구를 구성하는 모든 입자들이 중력을 통해 서로 잡아끌면서, 이 효과가 전부 더해져 '느낄 수 있는' 힘으로 나타나는 것이다.

중력은 매우 약한 힘이기 때문에 이로부터 나타나는 '관측 가능한 효과'들은 굳이 양자역학을 동원하지 않아도 계산할 수 있다. 그러나 중력장도 엄연히 존재하는 장이므로 여타의 장과 일관성을 유지하려면 양자장이론으로도 설명이 가능해야 한다. 중력장의 양자인 중력자는 모든 만물과 매우 약한 상호작용을 교환하기 때문에, 현재의 둔탁한 실험장비로는 도저히 관측할 길이 없다. 게다가 불행히도 양자장이론의 표준 방법이라 여겨지는 건드림 전개를 일반상대성이론에 적용하면 이론의 재규격화가 불가능한 것으로 판명되었다. 이것이 바로 양자중력이론이 떠안은 문제점이다. 어떻게 하면 일반상대성이론을 양자역학의 범주 안으로 끌어들일 수 있을까? 설상가상으로 양자중력이론에서 예측된 값을 실험으로 확인할 방법도 없다. 표준모형은 이 문제를 아주 간단하게 해결했다. 이론 범주에서 중력을 아예 제외시켜 버린 것이다.

9장

표준모형을 넘어서

1973년 봄 점근적 자유성을 발견함으로써 표준모형 완성에 필요한 마지막 퍼즐 조각이 갖추어졌지만, 이와 함께 입자물리학 발전의 숨 가쁜 역주도 서서히 둔화되어 갔다. 그러나 이것이 앞으로 강산이 세 번 바뀔 동안 이어질 침체기의 서막임을 눈치 챈 사람은 아무도 없었다.

QCD가 완성된 직후부터 입자물리학자들은 표준모형의 문제점을 해결해 줄 새로운 묘안을 찾기 시작했다. 1975년부터 사용되어 온 표준모형이라는 용어 속에는 '검증된 이론' 이라는 뜻 이외에, '미래에 진행될 모든 연구의 기본 토대' 라는 의미도 포함되어 있었다. 사실 1975년에는 물리학자들이 향후 10년 간 수행하게 될 주요 연구과제가 이미 결정된 상태였다. 이 장에서는 당시 입자물리학계에서 떠올랐던 주요 현안들을 알아보기로 한다.

대통일이론

1974년에 글래쇼는 하버드 대학교에서 박사후 과정을 밟던 하워드 조자이와 함께 대통일이론Grand Unified Theories(약칭하여 GUTs*1)의 서막을 열었다. 이들은 더욱 큰 대칭군을 도입해 QCD와 약전자기이론을 하나의 게이지 이론으로 통합한다는 야심 찬 포부를 품었다. 근원이 다른 상호작용(장)들의 한 이론체계 안으로의 통일이 조자이와 글래쇼의 목적이었기에, '대' 통일이라는 거창한 이름까지 붙게 되었다. 초기에 제안된 조자이-글래쇼 모형은 다섯 개의 복소변수를 대상으로 하는 특수 유니터리 변환군인 SU(5) 대칭군을 사용했다. 이들 중 세 개는 QCD의, 나머지 두 개는 약전자기력의 복소변수이다. 이 다섯 개의 변수들을 한꺼번에 다룬다는 것은 쿼크와 렙톤을 연결하는 대칭변환이 존재한다는 뜻이다.

SU(5)와 같이 하나의 군을 사용한다 해도, "왜 하필 SU(3)×SU(2)×U(1)인가?"라는 질문에 근원적인 답을 주진 못한다. 이들의 시도는 원래의 질문을 "왜 SU(5)인가?"라는 질문으로 모양만 바꿔 놓았을 뿐이다. 그러나 새로운 이론은 표준모형 내 세 집단*[2]에 대응하는 힘의 상대적 크기를 좌우하는 두 변수값을 결정할 수 있는 가능성을 열어 주었다. 조자이와 글래쇼는 렙톤과 쿼크의 한 세대를 기존 SU(3)×SU(2)×U(1) 표현 대신, 대칭군 SU(5)의 두 가지 표현만으로 정확하게 서술해 내는 데 성공했다. 그러나 이들의 모형 역시 입자의 세대가 3종류로 나타나는 이유만은 설명할 수 없었다.

SU(5)를 이용한 대통일이론은 힉스입자나 진공의 대칭붕괴에 대해서도 이렇다 할 설명을 내놓지 못했다. 아니, 못한 정도가 아니라 상황을 더욱 어렵게 만들어 놓았다. 조자이-글래쇼 이론에 의하면 진공상태에서는 약전자기 대칭뿐만 아니라 SU(5)에 남아 있는 나머지 대칭까지도 붕괴되어야 하기 때문이다. 이 현상을 설명하는 데만도 또 다른 힉스입자를 필요로 하며, 이론체계 내에서 설명 못하는 변수만 늘어나게 된다. 게다가 약 250GeV에서 붕괴

---

*[1] guts는 입말로 핵심이나 본질을 뜻한다. (배짱, 용기란 뜻도 있다)
*[2] 그림 7.1을 참고하라. SU(3), SU(2), U(1) 각각의 표현을 뜻한다.

되는 약전자기 대칭에 비해 SU(5) 대칭은 10^{15}GeV라는 천문학적 에너지 스케일에서라야 깨지리라 예견되었다. 그 자체가 당시 가동되던(또는 가동될) 가속기의 수준으로는 도저히 검증이 불가능했다.

SU(5)모형의 예측 중에, 실험으로 검증 가능한 내용이 하나 있었다. 이 이론에서 쿼크와 렙톤은 게이지대칭을 통해 서로 이어지기 때문에 양성자 내부의 쿼크들은 언제든지 렙톤으로 변할 수 있고, 이것은 양성자의 붕괴를 초래한다. 다만, 그 원인인 SU(5) 게이지장의 양자가 질량이 매우 큰 입자이므로 붕괴과정이 매우 느리게 진행된다. 대통일이론에 입각하여 하나의 양성자가 붕괴되어 사라질 때까지 걸리는 평균시간, 즉 양성자의 평균수명을 계산해 보니 약 10^{29}년이라는 답이 얻어졌다. 이것은 우주의 수명(약 10^{10}년)보다 훨씬 긴 시간이므로, 실험실에 앉아서 양성자가 붕괴될 때까지 기다릴 수는 없는 노릇이다. 그러나 10^{29}개의 양성자를 한곳에 가둬 놓고 기다린다면 1년에 한 개 정도는 붕괴되는 양성자가 나올 법했다. 1974년에 몇 개의 팀이 이 실험을 실행에 옮겼는데, 우주선의 영향을 최소한으로 줄이기 위해 깊은 지하동굴 속에 여러 개의 감지기를 설치해 놓고 양성자가 붕괴되기만을 기다렸다. 실험물리학자 카를로 루비아*1는 이 실험을 다음과 같이 설명했다. "간단합니다. 지하 3~4km 속에 대학원생 대여섯 명을 가둬 놓고 5년 동안 커다란 물탱크를 하염없이 바라보게 하는 거지요."*2

물리학자들은 1980년대 초까지 수집된 실험데이터를 분석한 끝에 SU(5)이론이 틀렸다는 결론을 내렸다. 이론에서 예견된 양성자의 평균수명은 10^{29}

---

*1 Carlo Rubbia(1934~). 이탈리아의 실험물리학자. CERN의 SPS를 양성자 – 반양성자 충돌기로 개조하여 W^+, W^-, Z° 입자를 탐색할 것을 제안했으며, 1983년 결국 이 약한 보존(weak boson)들의 존재를 확인해 사이먼 반 데르 미어(Simon van der Meer)와 함께 1984년 노벨 물리학상을 수상하였다.

*2 계획 초기 양성자붕괴 관측이 목적이었던 일본의 카미오칸데 실험은 1983년 가미오카(神

년이었으나, 관측된 수명은 이보다 훨씬 긴 10^{31}~10^{33}년이었던 것이다(이 결과는 양성자가 무엇으로 붕괴되는지에 따라 조금씩 달라진다). 이리하여 SU(5) 대통일이론은 고전과학적 검증을 통과하는 데 실패하고 말았다.

SU(5) GUT는 1974년 이후에 물리학자들의 관심을 끌었던 최초의 대통일이론이었다. 그 후 제시된 다른 대통일이론들도 커다란 대칭을 도입하는 식으로 진행되었는데, 마찬가지로 대칭 붕괴에서 허점을 드러내곤 했다. 이 이론들은 1970년대 말~80년대 초에 걸쳐 집중적으로 연구되었다. 대통일이론을 주제로 한 학술회의가 1980년에서 1989년까지 매년 열렸지만, 결국 별다른 성과를 올리지 못한 채 혜실바실해지고 말았다. 가장 간단한 GUT이론이 검증에서 탈락했고 동일한 맥락에서 더 복잡한 구조를 가진 이론들도 긍정적인 결과를 내지 못했다. 진정한 통일장이론을 완성하려면 무언가 획기적인 발상이 필요해 보였다.

테크니컬러

표준모형이 떠안은 대부분의 문제점은 힉스장과 관련되어 있다. 힉스장을 도입하는 과정 자체가 부자연스러울 뿐만 아니라, 다른 장과 상호작용을 교환하는 방식도 임의적이기 때문이다. 게다가 힉스장(또는 힉스입자)은 단 한 번도 발견된 적이 없다. 그래서 물리학자들은 힉스장의 역할을 대신해 줄 다른 역학구조를 찾기 시작했다. SU(2) 게이지 변환 하에서 진공상태가 변하는 자발적 대칭 붕괴를 도입하면 페르미온의 질량이 지금과 같은 이유를 설명할 수도 있을 성싶었다.

岡町) 시 폐광 지하 1,000m에 높이 16m, 지름 15.6m 약 3,000t의 물을 담은 특수 탱크로 시작되었다. 그 후, 용적을 5만 톤으로 늘린 슈퍼 카미오칸데로 뉴트리노 관측에 도전하게 된다.

또 한 가지 방법은 최저에너지 상태에서 SU(2) 대칭이 붕괴되는 새로운 입자와 힘을 찾는 것이었다. 이것이 바로 '역학적 자발적 대칭 붕괴dynamical spontaneous symmetry breaking'이며, 초전도체에서 나타나는 현상이기도 하다. 앞서 말한 대로 초전도체이론은 게이지대칭의 자발적 붕괴를 도입한 최초의 이론이었다. 초전도체의 경우에는 대칭을 붕괴시키는 기본적인 장이 존재하지 않지만, 이동하는 전자가 금속과 상호작용하는 역학구조를 따라가다 보면 게이지 변환 하에서 최저에너지 상태가 불변이 아니라는 결론에 이르게 된다. 따라서 초전도체는 역학적 자발적 대칭 붕괴의 대표 사례임이 분명하다. 초전도체에서 이런 일이 일어난다면, 표준모형을 근간으로 하는 양자장이론에서도 가능하지 않을까?

양자장이론의 건드림 전개에 등장하는 표준 진공상태는 이론 자체가 가지는 대칭을 그대로 갖고 있다. 그러므로 건드림 전개에서는 역학적 대칭 붕괴가 나타나지 않으며, 이런 상황에서는 가장 간단한 계산법조차 먹혀들지 않는다. 역학적 대칭 붕괴를 다루기가 어려운 것은 바로 이런 이유 때문이다. 그런데 QCD에서 쿼크들 사이에 작용하는 강력은 비-건드림 방식*[1]으로 비보존-진공을 양산한다. 앞에서 설명한 바와 같이 QCD에는 두 개의 근사 SU(3) 대칭이 존재하는데, 이들 중 하나는 이론 자체의 역학구조에 의해 자발적으로 붕괴된다.

역학적 대칭 붕괴는 표준모형 초창기 때부터 물리학자들의 관심을 끌어왔다. 스티븐 와인버그와 레너드 서스킨트는 각자 독립적으로 연구를 수행하여 1978년에 새로운 모형을 제안했는데, 'QCD처럼 게이지이론을 따르지만 대칭군이 다른 새로운 힘'이 그들의 주된 관심사였다. 당시 QCD의 전

*[1]Non-perturbative. 근사적인 건드림 계산의 타당성 여부에 상관없이 독립적으로 존재하는 성질.

하는 '색' 이라는 용어로 불리고 있었으므로, 새로운 이론의 전하에는 '테크니컬러Technicolor' 라는 이름이 붙여졌다. 와인버그와 서스킨트는 테크니컬러를 갖는 입자들이 새로운 게이지이론의 힘에 의해 서로 결합하여 중간자*[1]나 핵자(양성자와 중성자) 등과 같이 강력에 관계된 입자를 형성한다고 가정한 후, "QCD와 같은 방식으로 테크니컬러 이론에서 SU(3) 대칭이 자발적으로 붕괴된다면 약력의 게이지대칭은 역학적-자발적으로 붕괴되며, 이런 경우에는 힉스장을 도입할 필요가 없다"는 것을 입증했다. 글래쇼-와인버그-살람의 약전자기 게이지이론에서는 힉스장이 필요했지만, 테크니컬러 이론에서는 최저에너지를 갖는 중간자가 그 역할을 대신하기 때문이다.

그러나 안타깝게도 테크니컬러 이론을 실험과 일치시키는 과정에서 많은 문제점들이 드러났다. 기존의 이론에서는 쿼크와 렙톤이 힉스장과 상호작용을 교환하면서 질량을 획득한다고 가정했으므로, 힉스장을 제거하면 입자에 질량을 부여하는 새로운 메커니즘이 도입되어야 한다. 테크니컬러 개념을 유지하면서 이것을 구현하려면 일련의 새로운 힘과 게이지장을 도입해야 하는데, 여기에는 '확장된Extended 테크니컬러' 라는 이름이 붙여졌다. 현재 이 이론은 관측되지 않은 여러 입자의 존재를 가정한 채 매우 복잡한 형태로 진전된 상태이다. 새로 도입된 힘과 입자들은 매우 강한 상호작용을 주고받기 때문에, 그 효과를 정확하게 계산하기도 쉽지 않다. 테크니컬러 이론은 정확한 예측을 할 수 없을 뿐만 아니라, 실험으로 관측된 사실과 일치시키기 위해 추가요소를 덕지덕지 붙여 나가면서 모양새가 너무 복잡해졌다. 그래서 1980년대 후반에는 테크니컬러를 연구하는 학자들이 극소수에 불과했다.

테크니컬러 이론의 아이디어가 사실이라면 입자가속기의 출력이 충분히

---

*[1]Meson. 강입자 중에서 쿼크와 반쿼크로 이루어진 파이온(π중간자, pion), 카온(K중간자, kaon), η중간자(eta)를 통칭하는 단어. 강력을 매개한다.

커졌을 때(약 250GeV) 실험물리학자들은 힉스장을 도입한 표준모형에서 예견하는 내용과 전혀 다른 현상을 목격하게 된다. 여기에 가장 가깝게 다가간 후보는 CERN의 거대 강입자 충돌기인데, 공사가 예정대로 진행된다면 2008년경에 역학적 자발적 대칭붕괴의 진위여부가 가려질 것이다. *1

초대칭, 그리고 초중력

표준모형이 입자물리학의 표준이론으로 등극하기 몇 년 전, 모스크바와 하리코프Kharkov*2에서 활동했던 몇 개의 러시아 연구팀들은 독립적으로 연구를 수행하여 '초대칭supersymmetry'이라는 새로운 개념을 학계에 발표했다. 예프게니 리흐트만Evgeny Likhtman과 유리 골팬드Yuri Golfand의 논문은 1971년에, 블라드미르 아쿨로프Vladmir Akulov와 드미트리 볼코프Dmitri Volkov의 논문은 1972년 각각 발표되었는데, 일 년 뒤 CERN의 물리학자인 율리우스 베스Julius Wess와 브루노 주미노Bruno Jumino가 새로운 유형의 초대칭을 제안하면서부터 서방세계 물리학자들도 이 분야에 관심을 갖기 시작했다. 사실 그 무렵 러시아 물리학자들의 업적은 거의 알려지지 않은 상태였고, 골팬드는 연구실적이 부진하고 태생이 유태인이며 사상에 의심이 간다는 이유로 대학에서 퇴출되는 바람에 더 이상의 업적을 남기지 못했다. 반면 이상적인 연구환경에 있었던 베스와 주미노는 학계의 관심을 한 몸에 받으며 일약 스타로 떠올랐다. 점근적 자유성이 알려지고 몇 달이 지난 시점에 발표된 베스-주미노

*1 LHC는 건설승인 14년째인 2008년 9월 10일, 힉스입자 탐색을 위한 첫 가동에 들어갔다.

*2 우크라이나 북동부의 도시. 구소련에서는 모스크바, 레닌그라드 다음으로 큰 공업도시였고 교육의 중심지 역할을 수행했다.

의 초대칭은 표준모형을 넘어설 새로운 모형을 찾던 입자물리학자들에게 단비와도 같은 소식이었다.

초대칭의 기본 얼개를 대충 설명하면 다음과 같다(좀 더 자세한 내용을 알고 싶은 독자들은 고든 케인Gordon Kane이 최근 집필한 『초대칭: 궁극적인 자연법칙의 베일을 벗기다Supersymmetry: Unveiling of Ultimate Laws of Nature』◆1를 읽어 보기 바란다).

모든 양자이론은 기본적으로 4차원 시공간에서 병진과 회전에 대응되는 대칭을 갖고 있으며, 각각의 대칭에는 힐베르트 공간에서 정의된 연산자가 대응된다는 점을 상기하자. 이 연산자는 무한소infinitesimal 대칭변환이 양자상태에 미치는 영향을 결정한다. 3차원 공간의 병진이동은 운동량 연산자의 세 성분에 대응되며, 시간방향으로 일어나는 병진이동은 에너지 연산자에 대응된다. 또한 3차원 공간의 회전은 각운동량 연산자의 세 성분에 대응된다. 마지막으로 고려해야 할 변환은 부스트Boost 연산자인데, 빛원뿔*1을 변형시키지 않은 채 공간좌표와 시간좌표를 섞는 변환에 대응된다. 시-공간에 존재하는 모든 대칭을 한데 모아 놓은 대칭군을 푸앵카레군이라고 한다(프랑스의 수학자 앙리 푸앵카레Henri Poincare의 이름에서 따왔다). 수학에서 대수algebra란 기본적으로 보편타당한 덧셈 및 곱셈규칙을 따르는 추상적 객체를 말하는데, 무한소 시공간대칭을 양산하는 연산자들은 '푸앵카레 대수'라는 대수체계를 이룬다. 임의의 리군 대칭변환에는 무한소 대칭변환 대수가 대응되며, 이것을 '리 대수'라고 한다. 푸앵카레 대수는 푸앵카레군에 대응되는 리 대수이다.

---

*1Light-cone. 가로축을 공간, 세로축을 시간으로 잡아 물체의 시공간 궤적을 나타낸 그림에서 입자의 세계선이 벗어날 수 없는 경계. 사건 A에 대한 과거 빛원뿔은 빛 신호가 A에 도달할 수 있는 모든 사건들의 집합으로 정의되며, 사건 A에 대한 미래 빛원뿔은 사건 A가 일어난 곳에서 나오는 빛 신호가 갈 수 있는 모든 사건들의 집합으로 정의된다.

러시아 물리학자들은 무한소 시공간대칭의 푸앵카레 대수를 확장하는 새로운 방법을 알아냈고, 이 방법으로 확장된 대수를 '초대칭 대수 supersysmmetry algebra'라고 불렀다. 이 과정에서 새로 도입된 연산자는 어떤 면에선 병진변환의 제곱근에 해당한다고 생각할 수 있다. 두 연산자를 곱하면 시공간의 무한소 병진변환에 해당하는 운동량(또는 에너지) 연산자가 얻어지기 때문이다. 이 계산의 수행에는 디랙이 재발견했던 클리포드 대수가 필요하다.

양자장이론에 이 새로운 연산자를 도입하면, 보존boson과 페르미온fermion 사이에 특별한 관계가 성립하게 된다. 인도 출신의 물리학자 사티엔드라나스 보즈Satyendranath Bose의 이름에서 따온 보존은 행동방식이 가장 단순한 입자이다. 두 개의 동일한 보존이 주어졌을 때, 이들의 위치를 서로 바꿔치기 해도 양자상태는 변하지 않는다. 또한 보존의 스핀은 항상 정수로 나타나는데, 파울리에 의해 최초로 발견된 이 사실은 양자장이론의 근간을 이루는 기본원리이다. 지금까지 보존으로 판명된 기본입자는 게이지장의 양자뿐이다. 즉 전자기력을 매개하는 광자와 약력을 매개하는 W, Z입자, 강력을 매개하는 글루온gluon 등이 모두 보존이며, 이들의 스핀양자수는 1이다. 그 외에 아직 발견되진 않았지만 힉스입자(스핀=0)와 중력자(스핀=2)도 보존에 속한다.

동일한 입자들의 행동방식이 보존과 다른 경우도 있다. 이런 입자들을 '페르미온'이라고 하는데, 이 이름은 이탈리아 물리학자 엔리코 페르미에서 따온 것이다. 두 개의 동일한 페르미온을 서로 맞바꾸면 상태벡터의 부호가 정반대로 바뀐다. 따라서 두 개의 동일한 페르미온은 동일한 양자상태에 놓이지 못한다(상태벡터가 자기 자신과 부호가 다르려면 0이 되는 수밖에 없기 때문이다. 즉, $A = -A$ 일 땐 $A=0$이 되어야 한다). 양자장이론에서 페르미온은 반정수 스핀(1/2, 3/2, ……)을 가지며, 렙톤과 쿼크는 스핀=1/2인 페르미온이다.

푸앵카레 대수로 확장된 연산자를 페르미온에 적용하면 페르미온은 보존으로 변환되고, 보존은 페르미온으로 변환된다. 그러므로 양자장이론에서 보존과 페르미온은 새로운 대칭(초대칭)에 의해 서로 긴밀하게 연관되어 있음이 분명하다. 1967년에 발표된 콜먼–만둘라 정리*[1]에 의하면 시공간 대칭 이외에 새로운 대칭을 얻는 유일한 방법은 순수하게 내부대칭을 이용하는 것 뿐이었다. 그러나 방금 서술한 보존과 페르미온 사이의 대칭을 이용하면 콜먼–만둘라 정리를 극복할 수 있다. 콜먼–만둘라 정리는 보존과 보존, 또는 페르미온과 페르미온 사이의 대칭만을 허용하며, 이들이 대칭변환을 통해 서로 섞이지 않음을 암암리에 가정하고 있다.

양자장이론에 초대칭이 존재한다면 모든 보존과 페르미온들은 스핀이 1/2만큼 다른 초대칭짝을 가져야 한다. 그러나 입자의 초대칭짝은 단 한 번도 발견된 적이 없기 때문에, 러시아 물리학자들이 초대칭이론을 발표했을 때 서방 물리학자들은 처음엔 별다른 관심을 보이지 않았다. 그 후 표준모형이 물리학계에 널리 수용되면서 "별개로 존재하는 표준모형들을 하나로 통합하려면 새로운 대칭이 필요하다"는 의견이 설득력을 얻어 갔고, 초대칭은 (실험 증거는 없었지만) 이 문제를 해결해 줄 강력한 후보로 부상했다.

학자들이 초대칭에 관심을 갖게 된 또 한 가지 이유는 그것이 중력의 양자장이론을 구축하는 데 실마리를 줄지도 모른다는 희망 때문이었다. 일반상대성이론의 기본원리 중 하나인 '일반 좌표 불변성general coordinate invariance'에 의하면 시공간의 한 점을 나타내는 좌표를 다른 좌표로 바꿔도 전체 이론 체계는 달라지지 않는다. 어떤 의미에서 보면 일반 좌표 불변성은 시공간 병

*[1]콜먼–만둘라 정리에 따르면 중력을 서술하는 시공간 대칭과 입자를 서술하는 대칭을 결합하면 입자의 상호작용을 허용하지 않는 자명한(trivial) 이론이 얻어진다. 입자들의 질량이 불연속이 아니라 연속적으로 배열되게(마치 광자처럼 한데 뭉치게) 된다.

진변환의 전면 대칭에 대응되는 일종의 국소 게이지대칭으로 생각할 수 있다. 그래서 물리학자들은 초대칭으로부터 국소 대칭을 만들어낼 수 있을지도 모른다는 희망을 갖게 되었다. 만일 이 작업이 성공하여 일반상대성이론의 게이지이론 버전이 만들어진다면, 양자장이론의 가장 큰 문제 중 하나가 해결되는 셈이었다.

하리코프에서 논문이 발표된 다음 해인 1972년, 볼코프는 브야체슬라프 소로카Vyacheslav Soroka와 함께 양자중력이론의 초석이라 일컬을 만한 게이지 버전의 초대칭이론을 연구하여 일부 결과를 논문으로 발표하였다. 이들의 이론은 훗날 '초중력이론supergravity'이라 불리게 되는데, 내용이 너무 복잡했기 때문에 그 완성까지 4년의 시간을 더 필요로 했다. 결국 초중력이론은 1976년 다니엘 프리드먼Daniel Freedman과 피터 노이벤후이젠Peter Nieuwenhuizen, 세르지오 페라라Sergio Ferrara에 의해 완성되었으며, 몇 년 동안 수많은 물리학자들이 이 분야에 뛰어들어 재규격화 가능성을 검증하면서 다양한 계산법을 개발하였다. 초중력이론은 초대칭을 포함한 이론이므로, 스핀=2짜리 보존인 중력자 이외에 스핀=2/3짜리 페르미온인 중력미자gravitino도 포함하게 된다. 표준모형에 입각한 양자중력이론은 건드림 전개에서 무한대가 발생하여 재규격화가 불가능했다. 초중력이론에서는 중력자와 중력미자가 건드림 전개 계산에서 상쇄를 일으켜 양자중력 표준모형이 재규격화-불가능성을 갖게 하는 원인인 무한대를 피해 가게 해 주지 않을까? 물리학자들은 이 사실을 확인하기 위해 백방으로 노력했으나 부분적인 성과밖에 거두지 못했다. 차수가 낮은 항에서는 상쇄가 일어나지만, 항의 차수가 높아지면 여전히 무한대가 존재했다.

가장 단순한 초중력이론에서 그치지 않고, 여러 개의 초대칭이 동시에 존재하는 '확장된extended 초중력'까지 연구해 들어가자 그제야 성공의 기미가 조금씩 보이기 시작했다. 이 이론은 중력자와 중력미자 이외에 다양한 입자와 힘을 포함하고 있어서 겉으로는 표준모형을 모두 아우르고도 남을 법했다. 물리학자들은 연구를 거듭한 끝에 "초대칭을 8개 이하로 제한하면 논리적으로 타당한 초중력이론을 만들 수 있다"는 결론을 내렸다. 초대칭이 8개를 넘어서면 스핀이 2보다 큰 입자가 반드시 등장하는데, 이런 입자는 물리학적으로 존재가 허용되지 않기 때문이었다. 8개의 초대칭을 보유한 이론은 '확장된 N=8 초중력이론'으로 불리면서 한동안 학계의 관심을 끌었다. 스티븐 호킹은 1980년 4월 29일 케임브리지 대학교의 루카시언 석좌교수*1에 취임하면서 취임연설 제목을 "이론물리학은 그 최종장에 다다랐는가?"로 정하고, 입자 이론물리학이 모든 힘을 다루는 완전한 통일장이론에 근접했다고 선언했다.◆2 호킹은 확장된 N=8 초중력이론이 가장 강력한 후보이며, 20세기가 끝나기 전 통일장이론이 완성될 가능성은 반반이라고 예견했다.(통일장이론은 아직 완성되지 않았으며, 호킹의 예견도 틀리지는 않았다. 사실 이런 식의 두루뭉실한 예견은 누구나 할 수 있다: 옮긴이)

당시 많은 사람들은 20년 후(건강상 문제 때문에) 호킹이 살아 있지 못하리라 예상했으나, 다행히도 그는 아직 생존해 있다. 그러나 오호 통재라! 함께 각광을 받았던 확장된 N=8 초중력이론은 호킹처럼 운이 좋지 못했다. 호킹의 연설 이후 제일 처음 떠오른 문제는 이론의 건드림 전개 고차 항이 기존 중력이론과 마찬가지로 재규격화-불가능성 문제를 여전히 가진다는 점이었다. 그리고 짐작과는 달리 8개의 초대칭을 모두 고려해도 표준모형에 등장하는 입자들을 전부 포함할 순 없었다.

확장된 N=8 초중력이론을 구축하는 방법 중 하나는 단 하나의 초대칭을 갖는 가장 단순한 초중력이론을 구축한 후 시공간을 11차원으로 확장하는

---

*1 영국 케임브리지 대학교에서 1663년부터 수학에 중요한 공헌을 한 교수에게 주어지는 명예종신직. 발안자인 당시 하원의원 헨리 루카스의 이름에서 비롯되었다고 전해진다. 호킹은 2대 뉴턴, 15대에 디랙이 앉았던 이 자리에 17대 석좌교수로 취임하였다.

것이다. 그다음 (구체적인 이유는 모른다 해도) 11차원 중 4차원에 의해 모든 것이 좌우된다고 가정하면, 4차원 시공간에서 확장된 N=8 초중력이론이 얻어진다. 시공간의 차원을 늘여서 통일장이론을 구축한다는 생각은 1919년에 처음으로 제기되었다. 그 당시의 수학자 테오도르 칼루자Theodor Kaluza는 아인슈타인의 일반상대성이론에서 시공간의 차원을 4가 아닌 5로 확장하여 전자기학과 중력을 모두 포함하는 새로운 이론을 만들어 냈다. 단, 추가된 '제5의 차원'은 시공간상의 모든 점에서 아주 작은 원형으로 똘똘 감겨 있다고 가정해야 한다. 칼루자는 이 여분 차원의 규모가 너무 작아서 육안으로는 보이지 않지만, 전자기력을 통해 그 존재를 간접적으로 확인할 수 있다고 주장했다. 그 후로 차원을 확장한 이론은 '칼루자-클라인 이론Kaluza-Klein theory*[1]'이라고 불리면서 여러 해 동안 간간이 연구되어 왔다.

칼루자-클라인의 기본 아이디어를 초중력에 적용한 11차원 초중력이론은 11차원 중 7개의 차원이 아주 작은 영역 안에 감겨 있다고 가정한다(물론 그 이유는 설명하지 못한다). 더 구체적으로 말하자면 4차원 시공간의 모든 지점마다 '대칭을 갖는 7개의 작은 차원'이 똘똘 감겨 있으며, 이 대칭은 일종의 게이지대칭으로 해석된다. 여분의 4차원은 대칭의 규모가 충분히 커서 이로부터 표준모형의 SU(3)×SU(2)×U(1) 대칭군을 얻어낼 수 있다. 그러나 11차원 초중력 이론은 얼마 지나지 않아 심각한 불일치를 드러내기 시작했다. 이론을 전개하다 보면 거울반전에 대하여 대칭적인 이론이 항상 만들어지는데, 약력은 거울반전에 대칭이지 않기 때문에 이런 식으로는 약력을 통합하지 못한다는 점이 문제였다. 게다가 이 이론에도 재규격화-불가능성 문제가 여전히 남아 있었다. 이런 이유 때문에 확장된 N=8 초중력이론은

*[1] 전자기장이 5차원의 중력이론에서 도출된다는 주장은 칼루자이고, '똘똘 감긴' 다섯 번째 차원을 주장한 사람은 스웨덴 물리학자 오스카 클라인(oskar klein)이다.

1984년에는 학계의 관심 밖으로 밀려나, 양자중력이론의 해결사로 초중력 이론을 신봉하던 물리학자들도 의욕을 잃어가던 중이었다. 그러나 언급된 문제점들에도 불구하고 11차원 이론은 불사조처럼 또 다른 모습으로 화려한 부활에 성공한다. 대체 어떤 기적이 일어났던 것일까? 자세한 사연은 다음 장에서 소개하기로 한다.

10장

양자장이론과 수학에 대한 새로운 통찰

"칼루자-클라인 유형 초중력 이론으로는 약력을 설명하지 못한다"는 사실을 수학적으로 우아하게 증명한 사람은 에드워드 위튼Edward Witten이었다. 이 장에서는 1973년 이후로 양자장이론이 거쳐 온 역사를 되짚어 보기로 한다. 이 기간 동안 가장 큰 업적을 남긴 사람은 누가 뭐라 해도 위튼이다. 그는 양자장이론의 수학적 속성을 규명하는 데 탁월한 업적을 남겼으며, 이미 정립된 수학이론과 물리학 사이의 관계를 새롭게 조명함으로써 수학자들에게도 새로운 영감을 불어넣어 주었다. 이 장에서는 전문적인 내용이 자주 언급될 텐데, 이해가 되지 않는 부분은 그냥 넘어가도 상관없다. 첨단 수학과 물리학의 이런 긴밀한 관계를 독자들이 알아주기만 하더라도 나로서는 성공이다.

에드워드 위튼

에드워드 위튼은 1951년 메릴랜드 주 벌티모어에서 일반상대성이론을 전공한 물리학자 루이스 위튼의 아들로 태어났다. 그는 '물리학의 대가' 라는 수식어에 어울리지 않게 브랜다이스Brandeis 대학교에서 역사를 전공했고, 부

전공은 언어학이었다. 그는 1968년에 17세의 어린 나이로 『네이션』지誌에 신좌파의 정책 부재를 질타하는 글을 기고했으며, 그 다음 해에는 뉴멕시코주의 푸에블로 데 타오스*[1] 방문기를 『뉴 리퍼블릭』지에 연재했다. 1971년 브랜다이스를 졸업한 위튼은 잠시 동안 위스콘신 대학교의 대학원에서 경제학을 공부하다가 1972년 조지 맥거번*[2]의 선거운동에 참여하기도 했다. 그 후 위튼은 정치에 회의를 느끼고 1973년 가을에 프린스턴 대학교 응용수학과 대학원과정에 입학한 지 얼마 지나지 않아 전공을 물리학으로 바꾸게 된다. 프린스턴 대학교의 그로스와 윌첵이 점근적 자유성을 발견한 때도 바로 이 무렵이었다(당시 윌첵은 박사과정 학생이었다).

위튼의 천재성은 이론물리학을 시작하면서 본격적으로 빛을 발하기 시작했다. 그 무렵 물리학과 조교수 한 사람이 반 농담 삼아 나에게 이런 말을 한 적이 있다. "위튼 말이야…… 그 친구가 물리학과 대학원생들을 모두 망쳐 놓고 있어." 이 말은, 학부에서 물리학을 전공하지도 않은 학생이 어느 날 대학원에 불쑥 나타나 초단시간에 모든 내용을 통달하고 최첨단 연구논문을 발표하는 통에 동료 대학원생들의 사기가 너무 죽는다는 뜻이었다. 나의 논문 지도교수였던 커티스 캘런 주니어Curtis Callan Jr.는 최근 프린스턴에서 개최된 세미나에서 위튼을 만난 후 옛날 일을 다음과 같이 회고했다.◆[1] "그 친구는 논문 지도교수를 물 먹이는 데 도가 텄었지. 그때 그로스가 위튼의 지도교수였는데, 제자에게 당하는 기분이 썩 좋지는 않았을 거야." 사실인즉슨,

*[1]Pueblo de Taos. 푸에블로는 공동체, 마을을 지칭하는 스페인 어이다. 타오스 시 북쪽에 위치하며, 500년 이상의 역사를 지닌 아사나지 인디언 건축물과 19세기 이후 유입된 기독교 건축양식이 공존하는 마을이다. 1992년 유네스코에서 세계문화유산으로 지정하였다.

*[2]George S. McGovern. 대선 초반부터 계속 휘둘리다 닉슨에게 한 주(州)도 이기지 못한 채 60%대 37.5%로 패배해 미 선거 역사상 가장 '불운한' 대통령 후보로 평가받는 중도좌파 민주당 상원위원. 반전, 베트남 철수를 공약했다. 닉슨은 2선에 성공하나 그 과정 중 일어난 워터게이트 사건으로 임기 중 사임한 최초의 대통령이 되었다.

그로스는 "무조건 많이 풀어 보는 게 물리학의 왕도다"를 신조로 삼고 매번 엄청나게 복잡한 계산문제를 위튼에게 내주었다고 한다. 그러나 위튼은 계산 없이 물리학 일반원리만 가지고서 곧바로 답을 제시했다는 것이다. 위튼은 1975년 말에 첫 번째 연구논문을 완성한 후로 지금까지 무려 311편의 논문을 세계적인 학술지에 발표했다(이 책이 출판되어 나오는 시점에는 논문 편수가 더 늘어났으리라 생각된다). *1

위튼은 1976년에 프린스턴 대학교에서 박사학위를 받고 하버드 대학교에서 포스트닥을 거친 후 그곳에서 조교수가 되었다. 곧이어 학과 안에선 그에 대한 입소문이 퍼져 나가기 시작했으며, 모두들 새로운 거물이 등장했다고 수군거렸다. (자기 주제도 모른 채) 양-밀스 양자장이론을 붙잡고 끙끙대는 한 대학생을 위해 기꺼이 시간을 내주던 그의 친절함은 아직도 나에게 고마운 기억으로 남아 있다. 그는 1980년 프린스턴으로 돌아와 정년을 보장받은 정교수tenured professor가 되었으며, 이는 전례를 찾기 어려울 정도로 파격적인 대우였다. 통상적으로 이론물리학자가 프린스턴 대학교에서 정년을 보장받으려면 최소한 10년 동안 두 번 이상의 박사후 과정을 거친 테뉴어 트랙의 신분이어야 하는데, 위튼은 이 조건을 하나도 충족시키지 않은 채로 정교수가 되었다. 하버드 대학교가 위튼을 붙잡기 위해 프린스턴만큼 파격적인 제안을 내놓지 않은 것이 지금도 물리학자 사이에서 "하버드 개교 이래 가장 큰 실수"로 회자될 정도이다. 1987년 위튼은 프린스턴 고등과학원*2의 교수로 자리를 옮겨, 2년 동안 칼텍에 초빙교수로 가 있던 기간을 제외하고 지

*1 위튼은 연구자가 발표한 논문의 발표량과 인용 횟수를 측정해 양적, 질적인 측면을 하나의 숫자로 수치화한 h-index 점수가 110으로, 물리학자 중 1위이다. (와인버그가 88, 월첵이 68, 호킹이 62)

*2 Institute for Advanced Study. 역사, 수학, 자연과학, 사회과학, 이론 생물학을 일체의 강의나 자금 부담없이 연구하는 사설 연구소. 아인슈타인, 괴델, 폰 노이만, 오펜하이머, 바일, 아티야, 양전닝, 추청퉁, 리정다오 등이 거쳐 갔다. '지식인 호텔', '고액(연봉)연구소' 라 불

금까지 그 신분을 유지하고 있다. 그의 아내인 치아라 내피Chiara Nappi도 유명한 이론물리학자로서, 현재 프린스턴 대학교 교수로 재직 중이다.

1982년 맥아더 재단은 위튼에게 제1회 '천재상*1' 을 수여하고 천재를 위한 특별연구기금을 기부했다. 아마도 그는 전 세계의 모든 이론물리학자들로부터 천재임을 인정받는 유일한 사람일 것이다. 그는 지금까지 수많은 상을 받았는데, 가장 큰 상은 1990년 수상한 필즈메달*2이었다. 이론물리학에서 가장 뛰어난 학자가 수학의 노벨상이라는 필즈메달을 받은 것도 이상하지만, 정작 노벨 물리학상을 받지 못했다는 사실도 그에 못지않게 신기한 일이다. 이것만 봐도 위튼이 얼마나 특이한 사람이며 최근 수학과 물리학의 관계가 얼마나 희한해졌는지 짐작가리라 생각된다.

프린스턴 대학원생 시절, 나는 도서관을 나오면서 10미터 앞에서 위튼이 걸어가는 모습을 보았다. 도서관 위쪽엔 수학동과 물리학동을 가르는 넓은 광장이 있었는데, 그는 내 앞에서 광장으로 올라가는 계단을 올라가다 이윽고 시야에서 사라졌다. 희한한 점은 내가 광장에 도착했을 때 광장 어디에서도 그의 모습이 보이지 않았다는 사실이었다. 광장에서 가장 가까운 건물 입구만 해도 10미터 이상 떨어져 있는데 말이다. 뭔가 사정이 있어 뛰어갔으려니 하고 생각하는 대신, 내 머릿속에선 실은 그가 외계의 고등 종족이어서 보는 이 없을 때 연구실로 순간이동한 게 아닐까 하는 망상이 스쳐 지나갔다.

리기도 한다. 권경환, 김승환, 이휘소, 진영선 같은 한국 학자들도 이곳에서 방문연구원을 지냈다.

*1Genius grant. 미국 존 D. and 캐서린 T. 맥아더 재단이 "인간 조건의 지속적인 개선"을 촉구하기 위해 해마다 사회 각계각층에서 독특한 성과를 올리고 있는 사람에게 수여하는 상. 5년에 걸쳐 50만 달러의 상금을 조건 없이 수여한다.

*2Fields Medal. 캐나다 출신의 수학자인 존 찰스 필즈가 창시해, 4년마다 열리는 국제 수학자 총회(ICM)에서 그간 수학 발전에 획기적인 업적을 남긴 수학자에게 부여하는 가장 영예로운 상. 수상자가 4명 이내로 국한되어 있으며 수상연령이 40세를 초과할 수 없다는 제약이 있다.

농담은 이쯤 해 두고, 위튼이 이룬 업적은 뛰어난 재능과 또 그만큼의 근면의 산물이었다. 그의 논문은 명쾌한 논리와 깊은 사고의 전형으로서 이에 필적할 만한 논문을 쓴 사람은 극소수에 불과하다. 논문의 일부라도 이해하려 애써 본 이라면 누구나 위튼이 이루어 낸 성취의 산 앞에 서는 것만으로도 겸손해지는 경험임을 깨닫게 된다. 그는 또한 유쾌하지만 자주 불안정해지고 대인관계가 원만치 않았던 초기 입자물리학자들의 인물상을 완전히 바꿔 놓았다.

양-밀스 이론과 수학에 등장한 순간자

표준모형이 종착점에 도달한 후 몇 년 동안, 입자물리학의 가장 중요한 화두는 양자장이론에서 건드림 전개의 한계를 극복하는 계산법의 개발이었다. 특히 QCD에서는 입자들 사이의 거리가 멀어질수록 상호작용이 강해져서 건드림 전개를 사용할 수 없기 때문에, 새로운 계산법 없이는 더 이상 진도를 못 나가는 상황이었다. 다양한 방법들이 제시되긴 했지만 '건드림 전개 없는 완벽한 계산법'은 여전히 베일에 싸인 채 그 아름다움을 허락하지 않고 있었다.

전자기학과 달리 양-밀스 이론에서는 양자장이론뿐만 아니라 고전적 장 방정식도 매우 복잡한 형태로 나타난다. 전하를 띤 입자가 존재하지 않을 때 고전 전자기학을 지배하는 미분방정식, 즉 맥스웰 방정식은 기초적인 지식만으로 쉽게 풀리며, 그 해는 전자기파의 형태로 나타난다. 맥스웰 방정식은 선형linear방정식이다. 다시 말해서, 방정식을 만족하는 두 개의 해를 서로 더하면 제3의 해가 얻어진다. 그런데, 고전적 양-밀스 이론에 등장하는 방정식(이것을 '양-밀스 방정식'이라 한다)은 사정이 전혀 다르다. 양-밀스 방정식은 비선형적non-linear*[1]이고 풀기도 매우 어렵다. 1975년에 네 명의 러시아 물리학자(알렉산더 벨라빈Alexander Belavin, 알렉산더 폴리야코프Alexander Polyakov, 알버트 슈바르츠Albert Schwartz, 유리 튜프킨Yuri Tyupkin)들은 양-밀스 이론을 연구하다가 자체이중성self-duality을 만족하는 해를 구하는 데 성공했다. 그 후로 이들이 발견한 해는 이름 앞글자를 따서 'BPST 순간자 해'라 불리게 된다. '순간자instanton'라는 이름은 방정식의 해들이 4차원 시공간상의 한 점(한 지점, 한 순간)에 집중되어 있음을 의미한다. 한 가지 명심할 것은 이들이 이른바 유클리드 공리를 따르는 자체이중적 방정식의 해라는 점이다. 즉, 특수상대성이론에서 시간의 방향을 구별하는 요소를 무시하고, 시간과 공간을 완전히 동일한 물리적 객체로 취급한다는 뜻이다. 이때까지만 해도 수학자들은 자체이중적 방정식의 순간자 해를 심각하게 연구해본 적이 거의 없었다.

순간자 해의 특성 중 하나는 이들이 건드림 전개의 새로운 시작점을 제공한다는 것이다. 표준 건드림 전개는 장의 값이 0에 가까울 때 제법 정확한 근삿값을 도출하지만, 장이 자체이중성을 만족한다면 0이 아닌 장에서 출발해도 건드림 전개와 비슷한 전개를 시도해 볼 수 있다. 고전적 장방정식의 자명하지 않은 해를 출발점으로 삼아 양자장이론의 근사적 해를 계산하는 방식을 '준-고전적semi-classical 해법'이라고 한다. 1976년에 토프트는 이 방법을 사용하여 BPST 고전적 순간자 해를 구하는 데 성공했고, 다른 몇 명의 물리학자들도 동일한 계산을 완결했다. 값이 0인 장을 중심으로 진행되는 기

*[1] f(ax+by) = af(x)+bf(y) 위 관계가 성립하지 않는 모든 함수를 말한다, 선형방정식엔 중첩원리라는 편리한 법칙이 있고, 아무리 복잡한 해라도 간단한 해들의 합으로 표현가능함이 증명되었다. 비선형 방정식의 경우에는 중첩원리가 적용되지 않으며, 아직까지 방정식을 푸는 어떠한 일반적인 방법도 존재하지 않는다. 두 개의 아주 비슷한 초기 조건들을 대입해도 절대 비슷한 결과가 도출되지 않는다.

존 표준 건드림 전개방식으로는 이와 같은 해를 결코 얻을 수 없었으므로, 이들의 결과에 물리학자들이 각별한 관심을 쏟게 되었음은 당연한 이치였다. 토프트는 약전자기 이론의 고전적 방정식에 순간자 해법을 적용하면 양성자 붕괴를 예견할 수 있다는 사실을 알아냈다. 이 방법으로 예견된 양성자의 붕괴속도는 대통일이론이 예견했던 속도보다 훨씬 느릴 뿐만 아니라, 실험을 통해 관측된 붕괴속도보다도 느린 것으로 나타났다. 그래서 이때까지는 물리학자들은 순간자 해를 '또 하나의 이론' 정도로만 취급했다. 또한 토프트는 흐름대수의 문제점 중 하나인 '아홉 번째 남부-골드스톤 보존이 존재하지 않는 이유'도 새로운 계산법으로 설명할 수 있음을 알아냈다.

그 후로 몇 년 동안, 양-밀스 이론을 비롯하여 여러 물리학 이론의 고전적 방정식의 다양한 해를 이용한 준-고전적 계산이 세계 각처에서 수행되었다. 이론물리학자들, 특히 프린스턴 대학교의 학자들은 새로운 계산이 강력 상호작용에서 QCD의 문제를 해결해 줄지도 모른다는 희망을 갖기 시작했다. 그러나 이들의 희망사항은 끝내 현실로 구현되지 않았다. 아마도 준-고전적 계산법이 표준 건드림 전개의 경우와 마찬가지로 약한 힘에 지나치게 의존하여, 강한 힘이 작용하는 QCD에서 실패한 것으로 추정되었다.

순간자 개념은 QCD를 개선하는 데는 별다른 도움을 주지 못했지만, 수학자들 사이에서 엄청난 반향을 불러일으켰다. 수학자들에게 "20세기 후반부에 가장 뛰어난 업적을 남긴 수학자가 누구냐?"고 묻는다면 그들은 주저 없이 마이클 아티야 경을 꼽는다. 그는 평소에 수학이라는 학문의 경계를 비정상적인 방법으로 넘나들긴 했지만, 위상수학topology과 기하학 분야에서 탁월한 업적을 남겼다. 특히 '아티야-싱어 지표정리Atiyah-Singer index theorem'가 그 중에서도 가장 뛰어난 업적으로 여겨진다. 마이클 아티야와 이사도르 싱어Isadore Singer는 1960년대 중반에 이 정리를 함께 증명하여 2004년에 두 번째 아벨상Abel prize을 받았다. 노벨 수학상에 필적하는 아벨상은 노르웨이 정부가 수학자들을 위하여 제정한 상으로서(노벨상에는 수학자에게 주는 상이 없다) 2003년부터 수상이 시작되었으며, 첫 수상의 주인공은 프랑스의 수학자 장피에르 세르였다.

아티야–싱어 지표정리에 의하면 위상수학만을 이용해서 다양한 미분방정식에 존재하는 해의 개수를 알아낼 수 있다. 위상수학이란 도형의 외관을 연속으로 변형시켰을 때 변하지 않는 기하학적 속성을 다루는 분야이다(그래서 세간에는 "위상수학자는 커피 잔과 도넛을 구별하지 못하는 친구들이다"라는 농담이 떠돈다). 임의의 미분방정식에 디랙방정식의 일반화된 유형을 대입하면 지표정리가 증명되며, 이는 지표정리의 중요한 특성이다. 아티야와 싱어는 정리를 증명하는 과정에서 물리학 논리를 전혀 도입하지 않은 채 디랙방정식을 유도해 냈다. 주어진 미분방정식과 관련된 일반화된 디랙방정식의 해의 수를 알면, 주어진 방정식에 존재하는 해의 개수를 알 수 있다. 일반화된 디랙방정식은 아티야와 싱어가 미분방정식 해의 개수를 알려주는 아름다운 위상수학 공식을 발견하는 데 결정적인 역할을 했다.

싱어는 스토니브룩을 방문했을 때 양–밀스 이론을 처음 알게 되었고, 1976년 가을부터 옥스퍼드 대학교 수학연구소Mathematical Institute에서 이와 관련된 강의를 하기 시작했다. 싱어의 강의에 관심을 보인 아티야는 얼마 지나지 않아 "양–밀스 이론에 지표정리를 적용하면 자체이중성을 만족하는 해가 몇 개나 존재하는지 알 수 있다"고 생각하게 되었다. 그 후 아티야는 1977년부터 이론물리학을 집중적으로 연구하면서 『게이지이론Gauge Theories』이라는 5권짜리 책까지 저술했다.◆2

1977년 봄에 아티야는 이례적으로 매사추세츠 주의 케임브리지*1시를 방

*1매사추세츠 주 동부 찰스강 연안의 도시. 래드클리프, 레슬리, 하버드, MIT 등 세계적 명문 대학들이 자리 잡은 교육과 연구의 중심지이다.

문했다.◆3 다른 대학에서 주로 수학자들과 교류했던 과거와는 달리, 케임브리지에서 아티야는 물리학자들과의 대화에 열을 올렸다. 그러던 어느 날 그는 MIT의 로만 제키프Roman Jackiw교수 연구실에 들렀다가 하버드 대학교에서 온 포스트닥 한 명을 만나 깊은 인상을 받게 된다. 그 젊은이가 바로 에드워드 위튼이었다. 그해 12월 아티야는 위튼을 옥스퍼드로 초청했고, 그 뒤로부터 두 사람은 근 25년 동안 교류하면서 수학과 물리학에 엄청난 기여를 하게 된다. 1978년에 위튼은 초대칭을 이용하여 자체이중적 방정식뿐만 아니라 모든 양-밀스 방정식의 해를 구하는 일에 전념하고 있었다. 위튼이 옥스퍼드를 방문했을 때 아티야는 그에게 영국의 물리학자 데이비드 올리브David Olive를 소개시켜 주었다. 위튼과 올리브는 곧바로 공동연구에 착수하여 특정한 초대칭 게이지이론의 이중성duality을 발견했는데, 이 문제는 오늘날까지도 연구가 계속되는 매우 중요한 주제이다. 이때부터 위튼은 현대수학과 초대칭, 그리고 이들 사이의 관계를 집중적으로 연구하기 시작했다.

자체이중성 방정식의 연구 초기에 온갖 다양한 종류의 수학적 발상이 봇물 터지듯 쏟아져 나왔는데, 가장 획기적인 아이디어는 옥스퍼드 대학원생이자 아티야의 제자였던 사이먼 도널드슨Simon Donaldson의 머리에서 나왔다. 1982년에 도널드슨은 자체이중적 양-밀스 방정식의 해법을 이용하여 4차원 공간의 위상과 관련된 다양한 정리를 증명해 냈다. 위상수학은 1950년대와 1960년대 초에 걸쳐 집중적으로 연구되어, 1960년대 말에는 상당히 많은 내용이 알려져 있었다. 2차원 공간(탁구공이나 도넛의 표면)의 위상은 매우 간단하다. 모든 2차원 공간의 위상학적 특성은 음이 아닌 하나의 정수, 즉 '구멍의 수'로 나타낼 수 있다. 구球의 표면은 구멍의 수가 0이며, 도넛은 구멍의 수가 1이다. 그런데 시공간의 차원이 5 이상이라고 가정하면 모든 것이 매우 단순해진다. 충분히 높은 차원에서는 도형의 외관을 변형시키는 방법이 다양해서 하나의 공간을 다른 공간으로 어떻게든 변환시킬 수 있다(비록 그 과정이 아주 복잡해질지라도). 그러나 3차원, 또는 4차원 공간에서는 자유로운 변형이 어렵기 때문에 이에 관한 이해도 매우 서서히 진행되었다.

위상에 따른 공간의 분류법은 공간을 찢지 않는다는 가정 하에 '꼬임을 포함한 모든 변형을 허용하는' 공간과, '꼬임 없이 변형과정에서 곡률이 항상 매끄럽게 유지되기를 요구하는' 공간으로 나뉜다. 2차원과 5차원(또는 그 이상의 차원)에서 두 개의 서로 다른 변형이 밀접하게 연관된다는 사실은 1960년대 말에 이미 알려져 있었다. 도널드슨은 4차원에서 이 두 종류의 변형이 완전히 다른 분류체계를 형성함을 증명했는데, 놀랍게도 그의 증명에는 게이지이론과 미분방정식의 해가 사용되었다(보통 미분방정식은 위상수학자들에겐 '먼나라 이야기'다). 도널드슨은 이 업적을 인정받아 1986년에 필즈메달을 수상했다.

격자 게이지이론

1974년에 케니스 윌슨과 알렉산더 폴리야코프는 각자 독립적으로 연구를 수행하여 '격자lattice 게이지이론'이라는 완전히 다른 계산법을 개발했다. 격자 게이지이론의 기본 발상은 건드림 전개를 사용하지 않고 시공간에 규칙적으로 늘어선 유한한 개수의 점들(격자)에 적용되는 양-밀스 양자장이론을 구축하는 것이다. 이웃한 점들과 유한한 거리만큼 떨어져 있는 점들만을 고려하여 이론을 구축하면 양자장이론을 어렵게 만드는 '무한대 문제'를 피해갈 수 있다. 물론 격자 사이의 간격을 0으로 접근시키면(즉, 격자점의 수를 무한히 늘여 가면) 무한대 문제가 다시 나타난다. 윌슨과 폴리야코프는 쿼크와 렙톤을 서술하는 장을 각 격자점에 대응시키고 양-밀스 장을 점 사이의 연결선에 대응시켜서 게이지변환에 불변인 이론을 만들어 냈다.

양자장이론을 정의하는 일반적인 기법으로 '경로적분path integral'이 있다 (그 원조는 파인만이다). 만일 누군가가 (양자장이론에 반대되는)양자역학을 정의하기 위해 이 방법을 사용했다면, 그는 시공간에서 입자가 취할 모든 경로에 대하여 무한차원의 적분을 수행했다는 뜻이다. 그러나 무한차원 적분이라는 것이 현실적으로 불가능하기 때문에, 경로적분은 양자장이론의 형식적인 계산에 주로 사용되어 왔다. 그런데 격자 게이지이론에서는 격자들이 불연속적으로 분포되어 있으므로 적분값이 분명하게 결정된다. 우리의 관심대상을 시공간의 유한한 영역에 국한시키고 그 안에 일정 간격으로 놓여 있는 격자만 고려한다면, 점의 수뿐만 아니라 수행해야 할 적분의 차원도 유한해진다. 물론 정확한 결과를 얻으려면 격자들 사이의 간격을 0으로 접근시켜야 하지만, 윌슨과 폴리야코프는 과거에 응집물질물리학을 연구하면서 비슷한 문제를 성공적으로 해결한 경험이 있었다.

응집물질물리학에 사용되는 다양한 기법들은 격자 게이지이론에 부분적으로 응용될 수 있다. 단, 근사적 접근법에 기초를 두기 때문에 떨어지는 신뢰도가 문제인데, 한 가지 예외적인 경우가 바로 '몬테카를로 알고리듬*1' 이다. 이것은 특별한 종류의 고차원 적분을 확률적으로 수행하는 방법으로서, 컴퓨터가 만들어 내는 난수를 이용하여 공간상에 점을 무작위로 찍으면 적분하고자 하는 영역의 면적이 점의 개수에 비례하게 된다. 고차원에서 정의된 특정 함수의 적분에 이 방법을 사용하면 고성능 컴퓨터를 쓰지 않아도 적절한 시간 내에 매우 정확한 근사치가 얻어진다. 물론 시간을 더 들여서 점을 많이 찍을수록 결과는 더욱 정확해진다. 이 과정을 옆에서 지켜보면 결과

*1 Monte-Carlo algorithm. 확률변수에 의거한 방법이기 때문에, 도박의 도시인 모나코의 수도 몬테카를로의 이름을 따서 명명되었다. 진정한 의미에서의 몬테카를로 알고리듬을 처음 사용한 사람은 현대 컴퓨터의 아버지라 불리는 수학자 폰 노이만으로, 맨해튼 프로젝트 시기 중성자 확산 시뮬레이션에 적용했다 전해진다.

가 어떤 명확한 값으로 수렴하는지, 아니면 무한대로 발산하고 있는지를 확인할 수 있다. 1979년 브룩헤븐의 마이클 크로이츠Michael Creutz가 이 계산을 처음 수행한 이후로 많은 연구팀들이 지금까지 연구를 계속해 왔다. 컬럼비아 대학교 물리학과의 내 동료들은 특수 멀티프로세서가 탑재된 컴퓨터를 직접 고안하여 비슷한 계산을 진행 중인데, 이 컴퓨터는 1초 동안 부동 소수점 연산floating point calculation을 10^{13}회 수행하는 성능이다.

이런 종류의 계산법을 페르미온 장이 도입되지 않은 순수한 양-밀스 이론에 적용하면 매우 정확한 결과를 얻을 수 있다. 그러나 페르미온이나 입자-반입자 쌍에 의한 효과까지 고려하면 계산이 매우 어려워진다. 이 방법을 QCD에 적용하면 강한 상호작용을 교환하는 입자로부터 얻은 결과가 실험치와 어느 정도 일치하지만, QED와 같이 정확한 계산은 아직 요원한 이야기다. 이런 식의 계산은 QCD로 강한 상호작용을 다루는 일이 가능하다는 강력한 증거였으나 이론물리학자를 만족시키기에는 부족한 점이 많았다. 페르미온을 다루는 문제를 떠나서, 이론에 요구되는 조건은 QCD에서 일어나는 과정을 사람이 되짚어 갈 때 이해가 되도록 논리적으로 설명하는 일이다. 그 점에서 격자 게이지이론은 논리와는 거리가 멀었다.

큰 N

점근적 자유성이 알려진 직후인 1974년 토프트는 QCD와 관련된 계산을 수행하는 또 다른 방법을 제안했다. 기본적인 발상은 세 가지 색을 포함하는 QCD의 SU(3) 게이지이론을 일반화하여 색의 종류를 N개로 확장하고, 대칭군도 SU(N)으로 확장하는 식이었다. 토프트는 숫자 N이 커질수록 어떤 면에서는 이론이 단순해져서, N이 무한대로 접근하면 이론을 완전하게 풀

수 있다고 생각했다. 만일 이 방법이 제대로 먹힌다면, 전개계수가 1/N에 비례하는 새로운 건드림 전개법을 만드는 길이 열린다. 사람들은 이것을 '1/N 근사법, 또는 큰 N 근사법1/N or large N approximation' 이라고 불렀다. QCD는 N=3인 경우인데, N의 역수인 1/3은 충분히 작은 수이므로 새로운 건드림 전개에서 처음 몇 개 항만을 취해도 거의 정확한 QCD 해가 얻어진다.

2차원 시공간(시간 1차원 + 공간 1차원)을 바탕으로 하는 양자장이론에 이 아이디어를 적용하면 문제가 매우 간단해진다(이것을 단순화된simplified 모형, 또는 장난감toy 모형이라고 한다). 이 경우에는 3차원 공간이 1차원으로 단순화되어, 전체공간이 하나의 선으로 나타난다. 1978년에 큰 N의 개념을 처음으로 접한 위튼은 몇 년 동안 이 분야를 연구하면서 토프트의 생각이 QCD를 제대로 다룰 수 있는 그럴듯한 방법임을 확신하게 되었다. 위튼이 2차원 시공간 장난감 모형을 연구하던 초기에는 훌륭한 계산법이 이미 개발되어 있었으므로, 마음만 먹으면 1/N 멱급수 전개법을 구체적으로 연구하기는 쉬웠다. 나중에 위튼은 아홉 번째 남부-골드스톤 보존이 존재하지 않는 이유를 규명하는 과정에서 파이온의 흐름대수모형이 큰 N 전개에 부합되는 이유를 명쾌하게 설명하였다.

그 후 1983년 위튼은 파이온의 물리적 특성뿐만 아니라 양성자나 중성자처럼 강한 상호작용을 교환하면서 질량이 더 큰 입자들까지도 흐름대수의 범주 안에서 이해할 수 있음을 증명하였다. 이 논리를 따라가려면 양성자와 중성자를 '자명하지 않은 위상을 갖는 파이온 장의 독특한 배열' 로 생각해야 한다. 이 독특한 배열들이 '파이온 양자를 갖는 파이온 장의 작은 변형' 으로 풀리거나 변환되는 일은 위상학적으로 모순이다. 위튼은 큰 N 근사의 가능한 행동양식과 기하학 및 위상수학의 논리를 절묘하게 결합하여 이 결과를 유도하였다. 나는 위튼이 프린스턴 고등과학원에서 이 결과를 처음 발표하는 세미나에 참석했었는데, 위상수학의 요소 몇 가지, 그리고 큰 N 근사법과 흐름대수에서 출발하여 "양성자의 존재는 위상수학으로 증명 가능하다"는 결론에 이르자 좌중에선 탄성이 쏟아져 나왔다. 위튼은 마술사처럼 모자 속에서 토끼를 끄집어냈고, 관객들은 한동안 자리를 뜰 수 없었다. 그토록 수준 높은 청중들을 감동시키기란 결코 쉬운 일이 아니다.

부분적인 진보에도 불구하고, 당시 위튼을 비롯한 어느 누구도 큰 N 전개를 이용하여 QCD를 풀지 못했다. 가장 근본적인 문제는 N이 무한대로 가는 극한에서 SU(N) 게이지이론의 정확한 해를 구할 수 없다는 점이었는데, 이것은 $1/N$ 멱급수 전개의 출발점(0차 항)이었으므로 정확한 계산을 실행하려면 이 문제부터 해결해야 했다. 학자들은 오래 전부터 "N 값이 커지면 일종의 끈이론string theory에 접근한다"고 막연하게 추측해 왔으나 아무도 그 관계를 정확하게 규명하지 못했었다. 이 분야는 최근 들어 장족의 발전을 이루었는데, 자세한 설명은 잠시 뒤로 미룬다.

2차원 양자장이론

양자장이론과 관련하여 1973년 이후에 새로 밝혀진 사실들은 대부분 3차원 공간을 1차원으로 축소하고 N을 무한대로 가져가는 새로운 유형의 양자장이론에서 탄생하였다. 이 이론에서 공간은 하나의 선이나 원으로 표현된다. 1차원 공간에 존재하는 물체의 크기는 오직 길이만으로 정의되며 물체의 이동도 전진 아니면 후진 밖에 없다. 공간을 1차원으로 간주한 양자장이론은 3차원 양자장이론과 비슷한 점이 많지만, 수학 구조가 단순하여 다루기가 훨씬 쉽다. 특히 1차원 공간 양자장이론에서는 무한대를 양산하는 몇 가지 원인이 나타나지 않기 때문에 재규격화가 쉽게 이루어진다. 물론 여기에는 시간이라는 하나의 차원이 추가되어야 한다. 그래서 이런 종류의 양자장이론은 흔히 '1+1차원 양자장이론', 또는 '2차원 양자장이론'이라 불린다.

2차원 양자장이론은 초기에는 순간자를 이용한 준-고전적 계산이나 큰 N에 대한 계산에 주로 쓰였는데, 물리학자들은 매번 계산을 수행할 때마다 "어떤 환경에서 근사적 계산법이 제대로 작동하는지"를 알아 나갔다. 그리고 이런 단순화된 장난감모형을 대상으로 쌓아 온 계산경험은 실제 4차원 시공간 양자장이론의 특성을 이해하는 데 매우 중요한 정보를 제공했다. 1980년대에는 장난감모형에 대하여 더욱 많은 사실들이 알려졌으며, 특히 근사적 방법을 쓰지 않고 완벽한 해를 구할 수 있는 2차원 등각장이론conformal field theory이 이론물리학자들의 관심을 끌었다.

수학에 친숙하지 않은 독자에겐 좀 생소하겠지만 2차원 곡면(도넛이나 구의 표면)의 수학은 사실 너무나도 아름답다. 그래서 이 분야는 19세기 초부터 가우스 등 쟁쟁한 수학자들이 집중적으로 연구해 왔고, 19세기 말에는 베른하르트 리만Bernhard Riemann을 비롯한 여러 수학자에 의해 더욱 완성된 형태를 갖추게 되었다. 이들은 2차원 곡면을 두 개의 실변수가 아닌 하나의 복소변수로 표현할 것을 제안했는데, 이런 식으로 표현된 곡면을 '리만곡면Riemann surface'이라고 한다. 리만곡면은 위상수학과 기하학, 해석학, 심지어는 정수론까지 망라하는 광범위한 주제로서 지금도 연구가 활발히 진행 중이다.

리만곡면에서 가장 중요한 개념은 해석함수*[1]인데, 변수와 함수가 모두 복소수이기 때문에 직관적으로 이해하기란 결코 쉽지 않다. 하나의 실변수를 갖는 실함수는 고등학교 수학과정에 나올 정도로 단순하고 두 개의 실변수를 갖는 실함수도 쉽게 이해할 수 있다. 학부 2학년생들은 미적분학 강좌

*[1]Analytic function. 복소수를 변수로 가지는 복소함수에서, 복소 변수에 대하여 미분 가능한 함수.

에서 두 개의 실변수로 표현되는 실함수의 그래프를 수도 없이 그려 봤을 터이다(이런 함수는 우리네 3차원 공간에서 2차원 그림으로 표현된다). 그런데 두 개의 변수를 복소수로 대치시키면 상황이 크게 달라진다. 가장 심각한 문제는 이 함수를 그래프로 나타낼 방법이 마땅치 않다는 것이다. 2개의 실수부 외에도 허수부가 존재하기 때문에, 굳이 그래프로 나타내려면 4차원 공간에 그려야 한다.

두 개의 실변수를 하나의 복소변수로 대치시키면 원래의 실함수가 복소함수로 바뀌면서 상황이 크게 달라진다. 이런 경우에는 변수의 영역(정의역domain)과 함수의 영역(치역range)을 연결하는 새로운 조건을 부과할 수 있다. 평면을 점유하는 두 개의 실변수를 하나의 복소변수로 바꾸는 과정에는 -1의 제곱근인 허수단위 i가 반드시 개입되는데, 이것은 기하학에서 90° 회전에 해당된다. 복소함수가 해석적analytic이라는 것은 정의역을 90° 회전시킨 결과가 치역을 90° 회전시킨 것과 동일한 효과를 준다는 뜻이다.

이 조건을 머릿속에 그리기란 결코 쉽지 않다. 그러나 약간의 트릭을 거치면 해석함수를 다른 방법으로 이해할 수 있다. 결론부터 말하자면, 해석함수는 '각도가 보존되는 함수'이다. 예를 들어 정의역에서 특정 각도를 형성하는 두 개의 직선을 생각해 보자. 이때 해석함수는 치역에서 어떤 곡선을 그리는데, 복소변수의 값이 정의역에 그려진 교점에 가까워질수록 두 곡선이 이루는 각도는 두 직선 사이의 각도에 접근하다가 결국은 완전히 일치하게 된다. 해석함수가 '등각변환conformal transformation'을 한다는 것은 바로 이런 의미이다. 등각변환을 가하면 복소평면상의 일부 영역이 다른 영역으로 변환되면서 크기가 변하지만, 각도는 변하지 않는다. 등각변환을 매개변수로 표현하려면 무한개의 변수가 필요하다. 그래서 등각변환군은 무한차원 대칭변환군에 해당된다.

2차원 양자장이론이 주어졌을 때, 이 이론이 등각변환에 대하여 어떻게 변하는지 생각해 볼 수 있다. 등각변환에 대하여 불변이거나 단순한 방식으로 변하는 양자장이론을 '등각장이론codformal field theory' 이라고 한다. 따라서 등각장이론은 무한차원 대칭군을 갖는 특별한 형태의(변환을 가해도 각도가 보존된다) 2차원 양자장이론인 셈이다. 이와 같은 특성을 가지면서 자명하지 않은 이론을 최초로 연구한 사람은 월터 티링Walter Thirring이었다(1958년). 그 후로 이 이론은 양자장이론을 연구하는 이론물리학자들 사이에서 '티링 모형' 이라는 이름으로 회자되었다. 1970년에 폴리야코프는 응집물질물리학의 문제에서 영감을 얻어 등각장이론의 일반 특성을 파고들기 시작했고, 1970~80년대에 걸쳐 이 분야에서 탁월한 업적을 남겼다. 위튼도 등각장이론에 커다란 공헌을 했는데, 1983년에 발표된 베스-주미노-위튼 모형Wess-Zumino-Witten mode이 바로 그것이다. 위튼은 흐름대수에서 양성자의 존재를 이끌어 냈던 2차원 위상학적 우회로를 이용하여 이 모형을 구축했으며, 그로부터 매우 흥미로운 수학체계를 완성했다. 또한 위튼은 등각장이론의 상당수가 다양한 게이지대칭을 통해 베스-주미노-위튼 모형과 연결되어 있음을 증명하였다.

바일이 1925~26년에 걸쳐 연구했던 유한차원군 표현론은 1960년대에 거의 완성되어 있었지만, 2차원 등각변환군처럼 차원이 무한대인 군의 표현론에 대해서는 알려진 바가 거의 없었다. 군과 표현법에 어떤 제한조건을 가하지 않는 한 무한차원군의 표현론은 거의 손을 댈 수 없을 정도로 어렵다. 1967년에 수학자 빅터 캐츠Victor Kac와 로버트 무디Robert Moody는 새로운 대수구조를 도입하여 일련의 무한차원군을 만들어 냈는데, 현재는 '캐츠-무디군Kac-Moody group' 이라 부른다. 캐츠-무디군은 부분적으로 유한차원군과 특성이 동일해서, 바일의 기법 중 일부를 그대로 적용할 수 있다. 그중에 표현의 지표character를 계산하는 '바일 지표공식Weyl character formula' 이 있다. 지표란 군에 의해 정의되는 함수로서 군의 각 원소에 숫자가 할당되는 규칙을 담고 있는데, 이것을 계산하면 자신이 어떤 표현을 사용하는지가 밝혀진다. 따라서 지표는 주어진 표현의 특성을 담은 중요한 정보이다. 두 가지 표현이 전혀 다른 방법으로 만들어졌다 해도 지표함수가 같으면 수학적으로는 완전히 동일한 표현이다.

1974년에 캐츠는 바일 지표공식을 캐츠-무디 군에도 적용할 수 있도록 일반화시킨 '바일-캐츠 지표공식'을 유도했다. 그 후로 수년 동안 이 분야에 관심이 집중되면서 다양한 표현법이 발견되었는데, 유한차원을 일반화시킬 때 사용했던 방법과 물리학자들이 즐겨 사용했던 꼭지점 연산자vertex operator 등의 방법이 복합적으로 사용되었다. 꼭지점 연산자는 끈이론을 이용하여 강한 상호작용을 이해하기 위한 시도의 일환으로 1960년대 말~1970년대 초에 걸쳐 개발된 기법으로서, 그 효과만 일단 설명해 두도록 하자. 1974년 점근적 자유성이 알려지면서 물리학자들의 관심이 그쪽으로 대거 이동하는 바람에 이 분야에 관련된 연구는 다소 시들해졌지만, 극소수의 수학자와 물리학자들이 1970년대 말~1980년대 초에 걸쳐 꾸준하게 연구를 계속했다.

이들은 등각 양자장이론의 도움을 받아 새로운 대수체계를 도입함으로써 최근 들어 '꼭지점 연산자 대수vertex operator algebra'라는 새로운 수학분야를 탄생시켰다. 이것이 응용된 가장 유명한 문제는 아마도 몬스터군Monster group의 표현론일 것이다. 몬스터군이란 원소의 수가 유한하면서 엄청나게 큰 군(약 10^{55}개 정도)을 말한다. 원소의 수가 유한한 모든 군은 기약형irreducible 군으로 분해될 수 있는데, 이들은 1980년대에 집중적으로 연구되면서 완벽하게 분류되었다. 몬스터군은 유한군이 가지는 가장 큰 기약형 군이며 놀랍게도 양자장이론의 기법으로 설명할 수 있다. 이는 곧 수학과 물리학 사이에 모종의 연결고리가 존재함을 의미한다. 수학자와 물리학자에게 "지난 수십 년 사이에 발견된 가장 의외의 사실은 무엇인가?"라고 물으면, 거의 대부분의 사람들이 몬스터군과 양자장이론이 수학적으로 연결된 사건을 꼽을 것이다.

베스-주미노-위튼의 2차원 양자장이론은 캐츠-무디 군의 표현론과 밀접한 관련이 있음이 밝혀졌다. 힐베르트 공간이라는 양자역학 모형이 대칭변환과 관련된 모든 유한군의 표현을 제공했던 것처럼 베스-주미노-위튼 모형은 무한차원 캐츠-무디 군을 포함하며, 이들의 표현도 힐베르트 공간이 제공한다. 베스-주미노-위튼 모형의 힐베르트 공간은 캐츠-무디 군의 표현일 뿐만 아니라 등각변환군의 표현이기도 하다(사실 이것은 지나치게 단순화된 설명이지만, 이 설명에 부합하도록 힐베르트 공간을 재구성할 수 있다).

베스-주미노-위튼 모형은 수학자와 물리학자들 사이에서 매우 중요한 이론으로 꼽힌다. 수학자 입장에서 볼 때 이들의 이론은 캐츠-무디 군과 무한차원 등각변환군의 표현을 동시에 제공하는 막강한 이론이며, 이론에 포함되어 있는 양자장이론적 요소는 물리학에 생소한 수학자들에게 새로운 궁금증을 유발하기에 충분하다. 또한 물리학자들이 볼 때 베스-주미노-위튼 모형은 완벽하게 풀리는 양자장이론이다(이런 이론은 극히 드물다). 이들의 모형은 표현론만으로 완벽한 해가 구해지기 때문에 건드림 전개가 아예 필요 없다. 그래서 베스-주미노-위튼 모형의 수학적, 물리학적 의미와 다른 양자장이론과의 관계는 지금도 꾸준하게 연구되고 있다.

또 한 가지 흥미로운 것은 캐츠-무디 군이 게이지군의 한 사례로서 표준모형 연구에 많은 정보를 제공한다는 사실이다. 단, 표준모형은 4차원 시공간을 배경으로 하지만 캐츠-무디 군은 2차원(시공간) 양자장이론의 게이지대칭군에 해당된다. 이렇게 낮은 차원에서 만들어진 게이지군의 표현이 4차원 시공간의 게이지대칭을 물리적으로 이해하는 데 얼마나 도움이 될는지는 좀 더 두고 봐야 할 일이다.

비정상성과 양자역학적 대칭붕괴

위튼이 창안한 2차원 양자장이론에 '베스-주미노-위튼'이라는 긴 이름이 붙은 이유는 율리우스 베스와 브루노 주미노가 이미 창안했던 4차원 모형을 2차원으로 수정한 이론이기 때문이다. 베스와 주미노는 파이온을 남부-골드스톤 입자로 설명한 이론과 흐름대수의 특성을 파악하기 위해 이 이론을 연구했다. 그 후 위튼은 베스-주미노의 4차원 이론을 2차원으로 전환하면서 4차원 흐름대수의 수학 구조가 캐츠-무디 대수와 원리적으로 유사하다는 사실을 발견했다. 캐츠-무디 군의 표현은 흐름대수의 2차원 버전과 밀접하게 연관되어 있다.

흐름대수와 관련하여 1960년대에 이루어진 초기의 연구는 '비정상성 anomaly'이라는 난해한 문제를 야기했다. 이 문제는 1951년에 슈윙거가 처음 발견한 후로 '특정 계산에 나타나는 슈윙거 항 문제'로 알려지게 되었다. 슈윙거 항이 존재하면 흐름대수의 힐베르트 공간은 해당 모형의 대칭군 표현이 될 수 없다. 계에 대칭군이 존재할 때, 힐베르트 공간이 대칭군의 표현이 되어야 주어진 계로부터 정상적인 양자역학적 체계가 세워진다. 흐름대수 이론에서는 이 조건이 대부분 성립되는 데 반해, 슈윙거 항(또는 비정상성)이 있으면 당장 문제가 야기된다.

문제의 근원은 흐름대수의 양자역학을 정의할 때 재규격화 기법이 필요하다는 사실과 밀접하게 연관되어 있었다. QED(양자전기역학)를 비롯한 대부분의 양자장이론에서 재규격화 기법은 가장 직접적인 방법으로 물리량을 계산할 때 무한대를 방지하는 수단으로 사용된다. 그런데 이 재규격화가 U(1) 위상변화를 야기해서 힐베르트 공간이 대칭군의 표현이 되어야 한다는 기본조건을 망쳐 버리고 있었다. 이 문제를 해결하려면 U(1) 위상변화를 적절하게 다루는 방법이 개발되어야 했다.

현재 이 문제는 2차원 이론에서는 깔끔하게 해결된 상태이다. 이 경우에는 원래의 무한차원 대칭군에 U(1)의 여분인자extra factor를 더해줌으로써 이론의 비정상성을 제거할 수 있다. 2차원 이론에서 힐베르트 공간은 일종의 표현임이 분명하지만, 대략적인 예상보다 조금 큰 대칭군을 형성한다. 그리고 이 여분의 U(1) 대칭군은 일부 무한차원 캐츠-무디 군에서도 등장한다. 2차원에서는 비정상성을 야기하는 물리학과 캐츠-무디 군의 수학이 정확하게 맞아떨어진다고 보아도 된다.

그러나 4차원 양자장이론에서 비정상성(슈윙거 항)을 다루려면 훨씬 교묘한 방법이 필요했다. 4차원 흐름대수는 이 문제에 담겨 있는 물리적 특성을 적나라하게 보여 준다. 비정상성에 대하여 초기에 알려진 물리적 결과는 중성 파이온이 두 개의 광자로 붕괴되는 비율과 관련되어 있었다. 비정상성 문제를 무시했을 때, 흐름대수를 이용하면 중성 파이온의 붕괴가 매우 느리게 진행된다는 결과를 얻는다. 그러나 실험실에서 확인한 바에 의하면 파이온의 붕괴는 매우 빠른 속도로 진행된다. 흐름대수의 계산결과가 실험과 일치하려면 비정상성을 고려해야만 한다. 이 계산은 QCD에 등장하는 색의 수에 따라 달라지는데, 이로부터 얻어진 성공적인 결과는 물리학자들에게 쿼크의 색이 3종류라는 심증을 굳히게끔 했다. 비정상성과 관련하여 물리학자들이 거둔 또 하나의 성공은 이미 앞에서 언급했었다. 비정상성을 무시하면 흐름대수에서 자발적으로 대칭이 붕괴된 남부-골드스톤 보존, 즉 질량이 작은 9개의 파이온이 자연스럽게 등장한다는 것이다. 현실세계에서도 9종류의 파이온이 존재하지만, 이들 중 질량이 상대적으로 작은 것은 8개뿐이다. 질량이 큰 9번째 파이온까지 설명하려면 비정상성에 의한 효과를 고려해 주어야 한다.

비정상성은 종종 '양자역학적 대칭 붕괴'라고 불리기도 한다. 이론 자체에는 어떤 대칭성이 존재하는 것 같지만, 양자장이론의 특성에 의해 힐베르트 공간이 이 대칭의 표현과 맞아떨어지지 않기 때문이다. 지금까지 논해 온 흐름대수의 전면 대칭에 영향을 주는 비정상성 이외에 게이지대칭에 비정상성이 존재할 수도 있는데, 이것을 '게이지 비정상성'이라고 한다. 게이지 비정상성은 아직 완벽하게 이해되지 않았지만, 양-밀스 양자장이론의 게이지대칭을 다루는 표준 방식에 장애가 되는 것만은 분명하다. 쿼크의 존재를 아예 무시하고 렙톤만으로 표준모형을 전개한다면 당장 게이지 비정상성이 나타나면서 토프트와 벨트만이 처음 성공했던 양자장이론의 재규격화가 불가능해진다. 이 문제의 해결법은 아직 알려지지 않았으나 이론 자체를 위협할 정도로 심각한 수준은 아니다. 이론 속에 쿼크를 다시 도입하면 렙톤에 의한 게이지 비정상성과 크기가 같고 부호만 다른 또 하나의 비정상성이 나타나서 정확하게 상쇄되기 때문이다. 그래서 표준모형에는 게이지 비정상성이 존재하지 않으며, 이것을 확장한 이론에서도 '게이지 비정상성은 상쇄되어야 한다'는 논리가 적용되고 있다.

1980년대 초반에는 비정상성 문제에 관심을 가진 수학자와 물리학자들 사이에 활발한 교류가 이루어졌다. 수학자의 관점에서 볼 때 비정상성은 아티야-싱어 지표정리 및 이것을 일반화시킨 '족family에 대한 지표정리'와 관련되어 있다. 지표정리는 하나의 디랙방정식에 존재하는 해의 개수를 추정하는 반면, 족에 대한 지표정리는 여러 개의 방정식을 한꺼번에 고려하는 정리이다. 물리학에서는 모든 가능한 양-밀스 장마다 각기 다른 디랙방정식이 대응되기 때문에 다양한 형태의 디랙방정식이 등장한다. 즉, 양-밀스 장의 형태에 따라 디랙방정식의 족族이 결정된다. 이것은 수학자들 사이에 잘 알려져 있는 '일반화된 지표정리'를 적용하기에 아주 알맞은 사례여서, 이로부터 새로운 유형의 후속 정리들이 탄생하였고 수학자들이 미처 생각하지 못했던 다른 분야와의 연결고리도 연달아 발견되었다. 그리고 위튼은 (늘상 그래 왔듯이)수학자와 물리학자들 사이에 이루어진 교류의 중심에 서서 비정상성의 수학적, 물리학적 의미를 규명하는 일련의 논문을 발표하여 학계의 관심을 모았다.

이 모든 이론의 2차원 버전은 매우 풍부한 결과를 낳았다. 특히 최근 들어 캐츠-무디 군의 표현론과 지표이론 사이에 흥미로운 관계들이 연달아 알려졌는데, 이들 중 하나는 1988년에 물리학자 에릭 베를린데Erik Verlinde에 의해 처음 발견되어 '베를린데 대수'와 '베를린데 공식'을 낳는 계기가 되었다. 베를린데 공식은 특정 방정식에 존재하는 해의 수를 산출하는 공식으로서, 지표정리와 연계하여 수학의 새로운 분야로 확장될 수 있다. 이 착상은 지금도 연구가 계속되고 있다.

2차원 이론에 대해서는 이렇게 많은 사실들이 알려졌지만, 4차원에선 아직 태반이 미스터리로 남아 있다. 2차원에서는 표현이 잘 알려진 캐츠-무디 군으로 모든 것이 결정되는 반면에 4차원 게이지 대칭군의 표현에 대해서는 알려진 바가 거의 없다. 게다가 4차원에서는 재규격화가 더욱 난해하여 2차원에서 사용했던 방법을 적용할 수 없다. 이것은 앞으로 해결되어야 할 문제이다.

위상수학적 양자장이론

비정상성 개념이 수학에 중대한 영향을 끼치긴 했지만, 더 중요한 변화는 위상수학적 양자장이론topological quantum field theory이라 불리는 일련의 사상들로 인해 일어났다. 이 이론은 1982년 위튼이 「초대칭과 모스이론Supersymmetry and Morse Theory」이라는 제목의 논문을 발표하면서 본격적으로 연구되기 시작했다. 그런데 이 논문이 실린 책은 물리학 학술지가 아니라, 『미분기하학 저널Journal of Differential Geometry』이라는 저명한 수학 학술지였다.

당시 위튼이 제출한 논문의 게재여부를 놓고 편집자 사이에서 약간의 논쟁이 벌어졌다고 한다. 수학논문이라면 정의와 정리, 증명 등이 완벽하게 갖춰져야 하는데 위튼은 그런 것에 구애받지 않고 '물리학자답게' 논문을 썼기 때문이다. 그러나 저명한 수학자들이 영향력을 행사하여 위튼의 논문은 결국 출판되었고, 편집자들은 논문의 후폭풍을 겪으면서 그들의 판단이 옳았음을 뒤늦게 깨달았다.

하버드 대학교의 수학자 라울 보트Raoul Bott는 1979년 여름 카쥐스*1에서 개최된 여름학교에서 물리학자들을 대상으로 위상수학과 양-밀스 방정식에 대해 강의를 한 적이 있다.◆4 물리학자들은 대부분 강의 내용이 관심사와 거리가 멀다며 시큰둥한 반응을 보였지만, 오직 위튼만은 온 정신을 집중하여 보트의 강의에 몰입했다. 그로부터 8개월 후, 위튼은 보트에게 짤막한 편지를 썼다. "드디어 모스이론을 이해했습니다!"

모스이론은 공간의 위상을 연구하는 방법 중 하나로서, 1925년 수학자 마스턴 모스Marston Morse가 처음으로 제안했다. 위튼이 모스이론을 이해했다는 것은 '모스이론과 양자역학 사이의 관계'를 이해했다는 뜻이었다. 나중에 그는 다른 논문을 통해 임의의 어떤 차원에서든 초대칭을 갖는 간단한 양자역학적 모형을 만들 수 있으며, 이에 대응되는 힐베르트 공간은 오직 공간의 위상에만 의존한다는 사실을 증명했다. 이 힐베르트 공간은 유한차원 공간으로서 수학자들이 말하는 공간의 '호몰로지(homology, 상동관계)'와 정확하게 일치한다. 위튼은 자신의 증명을 모스이론에도 적용했는데 이것은 뛰어난 수학자들에게도 생소한 내용이었다.

위튼의 논문은 오랜 기간 동안 학계에 커다란 반향을 불러일으켰으나, 발표 당시에는 그다지 명쾌한 내용이 아니었다. 공간의 호몰로지는 '위상불변

*1 Cargese. 지중해 프랑스령 코르시카 섬 북부의 마을.

량topological invariants' 이라는 수학적 구조의 가장 단순한 사례이다. 위상불변량이란 공간을 변형시켜도 변하지 않는 특징으로서 불변여부는 오직 객체의 위상에 따라 좌우된다. 위상수학을 연구하는 수학자들이 볼 때 두 개의 공간이 변형과정을 통해 서로 상대방과 같아질 수 있으면 동일한 공간이고, 이것이 불가능하면 다른 공간이다. 위상불변량은 이것을 판단하는 척도이다. 두 공간의 위상불변량을 계산했는데, 이 값이 서로 다르다면 두 공간은 변형을 통해 같아질 수 없다. 공간의 위상불변량은 대부분 간단한 숫자로 표현되지만, 경우에 따라서는 매우 복잡해질 수도 있다. 위튼이 논문에서 다뤘던 호몰로지 불변량homology invariant은 정수의 집합으로서 대충 말하자면 다양한 차원의 공간에 나 있는 구멍의 수를 나타낸다.

위튼이 발견했던 위상불변량은 수학자들 사이에서 이미 잘 알려져 있었지만, 그가 사용했던 양자역학적 방법이 수학자들에게 완전히 생소한 내용이었다. 위튼의 아이디어를 양자장이론과 같이 좀 더 복잡한 양자이론에 적용하면 새로운 수학적 사실들을 무더기로 알아낼 수 있을 것 같았다. 위튼의 논문은 2차원 양자장이론에 대해 간단히 언급하면서 끝을 맺고 있었다.

1987년 3월에 헤르만 바일 탄생 100주년을 기념하는 학술회의가 듀크Duke 대학교에서 개최되었다(원래 바일은 1885년에 태어났지만, 학교 측의 사정으로 2년 늦게 개최되었다). 당시 나는 다음 학기 직장을 구하지 못한 채 스토니브룩의 박사후 과정을 거의 마쳐 가고 있었다. 전공이 이론물리학이었던 나는 수학계의 분위기에 대해서는 아는 바가 없었지만, 생전 처음으로 수학 학술회의에 참석했다. 바일 탄생 100주년 기념 학술회의는 새로운 수학적 아이디어가 마구 쏟아지던 시기에 개최되어 커다란 성황을 이루었고, 나는 수학자들의 열의에 찬 강연을 들으면서 문득 이런 생각을 떠올렸다. "직장도 마땅찮은데, 이 기회에 연구분야를 아예 수학으로 바꿔 봐?"

이 학회에는 위튼과 아티야도 참석했는데, "3, 4차원 다양체의 새로운 불변량New invariants of three and four manifolds"이라는 제목으로 펼쳐진 아티야의 강연은◆5 내 평생 내 일생을 통틀어 가장 훌륭한 강연이었다. 그는 자신의 제자였던 사이먼 도널드슨이 4차원에서 정의한 새로운 위상불변량과 젊은 천재수학자 안드레아스 플로어Andreas Floer의 새로운 업적을 발표했다(그러나 안타깝게도 플로어는 몇 년 후 스스로 목숨을 끊고 말았다). 플로어는 3차원 공간의 위상불변량을 주로 연구했는데, 특히 모스이론에 관한 위튼의 아이디어를 이용하여 '플로어 호몰로지'라는 새로운 위상불변량을 정의하였다. 강연석상에서 아티야는 4차원 공간의 경계를 3차원 공간으로 간주하여, 플로어와 도널드슨의 아이디어가 적절히 맞아떨어진다는 가설을 제안했다. 고개를 갸웃하는 독자들도 차원을 하나씩 낮추면 쉽게 이해할 수 있을 것이다. 구球의 내부공간은 3차원이지만, 구의 경계를 이루는 구면은 2차원 도형이다. 아티야는 4차원 공간에서 도널드슨이 제안했던 새로운 불변량이 의미를 가지려면 3차원 경계공간의 플로어 호몰로지가 수정되어야 한다는 사실을 증명했다. 아티야의 논리는 도널드슨과 플로어가 창안했던 두 개의 서로 다른 수학분야를 깔끔하게 연결하면서 수학자들에게 많은 연구과제를 던져 주었다.

또한 아티야는 초대칭과 모스이론에서 위튼이 이룬 업적을 전체적인 하나의 그림으로 통합하면서 "플로어의 3차원 경계 호몰로지를 힐베르트 공간으로 갖는 4차원 양자장이론이 존재하며, 이 이론에서 관측 가능한 양들은 도널드슨의 위상불변량에 해당된다"고 주장했다. 이밖에도 그는 다양한 수학분야를 새로 도입하면서 본 존스Vaughan Jones가 1985년에 발견했던 존스 다항식Jones polynomial과 매듭knot의 위상불변성에 대해서도 언급했다. 그때 청중석에 앉아 있던 위튼은 플로어와 도널드슨의 업적을 이미 알고 있었음에도 불구하고, 강연이 끝난 후 아티야에게 달려가 존스 다항식에 관해 맹렬한 질문을 퍼부었다.

처음엔 위튼은 아티야가 그 존재를 예상한 양자장이론이 정말로 존재할지 의심스러워했다.◆[3] 1987년 말 아티야가 프린스턴 고등과학원을 방문했을 때 당시의 의문을 떠올린 위튼은, 초인적인 집중력을 발휘한 끝에 아티야가 예견했던 양자장이론의 특성을 규명하는 데 성공했다. 이 내용은 1988년 초에 「위상수학적 양자장이론Topological Quantum Field Theory」이라는 제목의 논문으로 발표되었는데, 이론의 출발점은 초대칭을 가진 4차원 양자장이론이었다. 앞에서 잠시 언급한 대로, 초대칭은 병진대칭의 제곱근으로 이해할 수 있다. 위상학적으로 자명하지 않은 4차원 공간은 일반적으로 매우 복잡하고 휘어진 기하학이 적용되기 때문에 전 구역에 적용되는 병진대칭 같은 것은 없으며, 따라서 표준 초대칭도 존재하지 않는다. 그러나 위튼은 휘어진 4차원 공간에 존재하는 '꼬인 초대칭twisted supersymmetry'을 도입하여 문제를 피해 갔고 이 특이한 초대칭을 이용하여 초대칭 양자이론과 위상수학을 연결하는 올바른 이론을 구축할 수 있었다.

임의의 4차원 공간에서 위상수학적 양자장이론을 이용하여 관측 가능한 양을 계산하면 모두 '0'이라는 값이 얻어진다(이것은 아티야가 바라던 결과였다). 0이 아닌 경우는 오로지 관측량의 특성이 공간 변형과 무관한 경우뿐이다. 이것은 도널드슨이 제안했던 새로운 위상불변량, 즉 도널드슨 다항식Donaldson polynomial과 정확하게 일치한다. 도널드슨은 이 수학적 객체를 정의하고 일반적인 4차원 공간에서 특별한 성질을 갖는다는 사실도 증명했지만, 실제 계산은 엄청나게 어렵다. 위튼은 자신이 만든 양자장이론으로 다양한 경우의 도널드슨 다항식을 계산하고 싶었으나, 그의 바람은 당장 이루어지지 않았다. 고전적 장방정식에 준-고전적인 표준 건드림 전개를 적용하면 도널드슨이 이미 알고 있었던 다항식이 얻어질 뿐이다. 그래서 4차원 위상수학을 전공한 수학자들은 위튼의 논문을 대수롭게 생각하지 않았다. 이들이 볼 때, 위튼의 업적은 잘 정의될 가망이 없는 양자장이론을 이용하여 도널드슨 다항식을 좀 더 복잡하게 정의한 것에 불과했다.

위튼은 재빨리 위상수학적 양자장이론의 기본 착상을 다양한 경우에 적용하는 쪽으로 눈을 돌려서 일군一群의 양자장이론을 새로이 만들어 냈다. 각 이론에서 관측 가능한 양은 위상불변량으로 표현되는데, 이들 중 하나가 매우 놀랍고도 흥미로운 특성을 나타냈다. 위상수학에 속하는 여러 분야 중에 역사가 꽤 오래 된 '매듭이론knot theory'이라는 것이 있다. 위상수학에서 말하는 매듭이란 3차원 공간에서 양끝이 연결된 채 복잡한 형태로 놓여 있는 끈 조각을 의미한다. 이 끈을 움직이면서 3차원 공간을 변형시키면 경우에 따라 매듭이 풀릴 때도, 풀리지 않을 때도 있다. 매듭이론의 가장 중요한 목적은 각각의 매듭에 위상불변량을 대응시켜서 모든 불변량을 찾아내는 것이다. 위상불변량은 매듭을 변형시켜도(예를 들어, 매듭을 완전히 풀어도) 달라지지 않는다. 이론상으로는, 위상불변량은 문제의 매듭이 '풀리는' 매듭일 경우에만 자명하게 풀리는 매듭의 그것과 일치하게 된다. 이런 경우 임의의 매듭을 풀 수 있는지 알고 싶다면 대응된 불변량을 계산하여 풀린 매듭의 불변량과 같은지를 확인하면 된다.

바일 탄생 100주년기념 학술회의에서 아티야가 언급했던 존스 다항식은 매듭이론을 연구하는 학자들이 가장 중요하게 생각하는 위상불변량이었다(2차원 등각장이론에 관한 논문에서도 존스 다항식이 가끔씩 언급되곤 했다). 아티야의 연구에 자극을 받은 위튼은 이것을 양자장이론에 부합시키려고 끈질기게 노력했고, 1988년 여름 스완지Swansea 학회에서 아티야와 아티야의 옛 제자 그렘 시걸Graeme Segal과 함께 식사를 주문해 놓고 토론을 나누는 과정 중에 마침내 결정적인 아이디어를 손에 넣었다. 그로부터 10년 후, 그 무대였던 애니Annie 레스토랑에서는 "여기서 위튼이 세기적 아이디어를 떠올리다"는 사실을 기념하는 액자가 걸렸다. 같은 해 9월에 위튼은 '이론에 등장하는 모든 물리량이 존스 다항식과 정확하게 일치하는' 위상수학적 양자장이론을 완성하였다. 3차원 시공간을 배경으로 하는 이 양자장이론은 믿기 어려울 정도로 단순하고 아름다운 이론으로서, 게이지대칭은 있지만 초대칭은 존재하지 않는다. 이 이론은 양-밀스 게이지장으로부터 구축되며, 매듭은 3차원 시공간에서 움직이는 무수히 많은 하전입자의 궤적으로 등장한다. 이론의 역학 구조를 결정하는 라그랑주 방정식Lagrange equation은 단 하나의 항으로 이루어져 있다. 양-밀스 장의 게이지이론에서 유도된 이 항은 수학적으로 매우 중요한 양으로서, 1971년에 처음 발견한 싱셴 천Shiing-shen Chern*[1]과 제임스 시몬스James Simons의 이름을 따 '천-시몬스 항'으로 불린다. 20세기 최고의 기하학자 중 한 사람인 천은 얼마 전에 93세의 나이로 세상을 떠났고, 시몬스는 스토니브룩 수학과를 명문의 반열에 올려놓은 후 학교를 떠나 지금은 세계적으로 유명한 헤지펀드사인 르네상스 테크놀로지를 설립했다.*[2] 위튼이 창안한 위상수학적 양자장이론은 '천-시몬스-위튼 이론'으로 알려져 있다.

천-시몬스 이론은 어떠한 3차원공간에서든 정의 가능하므로, 이것을 응용하면 표준 3차원공간의 매듭에 해당하는 존스 다항식뿐만 아니라 다른 3차원 공간의 존스 다항식도 구할 수 있다. 이 이론에서 가장 놀라운 부분은 다름 아닌 힐베르트 공간이다. 힐베르트 공간은 등각장이론에서 처음 발견된 베를린데 공식에 의해 차원이 결정되는 유한차원 공간으로 주어진다. 단 하나의 천-시몬스 항으로 정의되는 위튼의 새로운 양자장이론은 매듭의 위상과 3차원 공간의 상관관계를 규명했을 뿐만 아니라, 캐츠-무디 군과 표현

*[1] 천성선陳省身(1911~2004). '미분기하학의 대부'로 불리는 중국계 수학자. 미국의 프린스턴, 시카고, 버클리 등 주요 대학에서 대수적 위상수학, 구면기하학, 외미분형식 등을 강의하며 수많은 제자들을 배출했다. 2004년 11월 2일 국제천문학회 소행성 명명위원회가 그의 업적을 기려 1998C S2호 소행성을 '천성선별'로 이름 붙였다.

*[2] 시몬스는 지난 2005년에 무려 1조4천억 원이라는 천문학적 액수의 연봉으로 펀드매니저 연봉 세계 1위를 기록했다.

론, 등각장이론과 지표이론 등 다양한 분야에 걸쳐 지대한 영향을 미쳤다.

1990년 일본 교토에서 개최된 국제 수학회International Congress of Mathematics에서 위튼은 수학자 최고의 영예인 필즈메달을 받았다. 여러 가지의 수상이유 중에서도, 가장 큰 이유는 천-시몬스 이론을 개선한 업적이 인정을 받았기 때문이었다. 노벨상에는 수학자를 위한 상이 없기 때문에, 필즈메달은 수학자를 위한 노벨상의 역할을 하고 있다(최근 제정된 아벨상*1이 필즈메달의 권위에 도전 중이다). 그러나 노벨 물리학상은 매해 1~3명의 물리학자에게 수여하는 반면 필즈메달은 4년에 한 번씩 2~4명의 수학자에게 수여하므로 두 상을 동일선상에서 비교하기는 어렵다. 뿐만 아니라 필즈메달을 받으려면 수상 당시의 나이가 40세를 넘지 않아야 한다.*2 필즈메달은 1936년 첫 번째 수상자를 배출한 후 전쟁으로 인해 14년 동안 시상이 중단되었다가 1950년에 재개되었으며, 1990년에 위튼이 수상할 때까지 물리학자에게 수여된 적은 단 한 번도 없었다. 물론 과거의 상황을 돌이켜 볼 때 물리학자가 필즈메달을 수상할 가능성은 희박했다. 위튼이 수상자로 결정된 후에도 대다수 수학자들은 위원회의 선정결과를 쉽게 받아들이지 못했다. "위튼은 대상의 정확한 정의를 내리지 않고 정리를 증명하지도 않았다. 그의 연구가 흥미로운 것은 사실이지만, 수학이라고 보기에는 무리가 있다"가 당시 수학자들의 중론이었다. 4차원 공간을 주로 연구하던 위상수학자들은 위튼의 4차원 위상수학적 양자장이론을 이해할 수 있었지만, 도널드슨 다항식과 관련

---

*1 19세의 나이로 5차방정식의 불가해성을 증명한 노르웨이 수학자 아벨의 탄생 200주년을 기념하여 제정된 상. 나이 제한 없이 순수수학과 응용수학을 아울러 수상자를 결정한다. 상금은 노르웨이 화폐로 600만크로네(약 110만 달러)이다.

*2 한 예로 19장의 앤드루 와일즈의 경우 첫 증명의 오류로 1994년 최종 증명에 성공했으나 이미 40세를 넘긴 후였고, 이 규정으로 인해 대신 공로상을 수상하게 되었다.

하여 별로 새로운 내용이 없다고 생각했다.

그 후 위튼은 자신의 위상수학적 양자장이론으로부터 도널드슨 다항식에 관한 정보를 얻어내는 방법을 계속 궁리했다. 1980년대 후반~1990년대 초반에는 많은 수학자들이 위상불변량에 관심을 보였고, '도널드슨 이론'은 위상수학의 새로운 분야로 떠올랐다. 이에 관한 연구는 꾸준히 계속되었지만 기술적인 문제가 해결되지 않아서 거의 진전을 보지 못하다가, 1994년 가을 극적인 변화를 겪게 된다.

하전입자가 존재하지 않는 경우, 전자기장을 서술하는 맥스웰 방정식은 게이지 대칭과 시공간 대칭 이외에 특이한 대칭성을 갖게 된다. 이 대칭은 방정식에서 전기장과 자기장의 형태를 유지한 채 역할을 서로 맞바꿀 수 있다는 사실에서 기인한다. 이럴 때 전기장과 자기장은 서로 이중적dual인 관계에 있으며, 이와 같은 대칭을 '이중성 대칭duality symmetry'이라고 한다. 여기에 하전입자를 도입하면 전자기학의 이중성 대칭은 말끔하게 사라진다. 1931년에 디랙은 하전입자를 포함한 일반적인 전자기학이론에 자기적 전하(magnetic charge, 자하磁荷)를 갖는 입자를 도입하면 이중성 대칭이 회복된다는 사실을 알아냈는데, 이것이 바로 그 유명한 자기홀극magnetic monopole*1이다. 자기홀극은 한 점에서 무한대의 값을 가지면서 위상학적으로 자명하지 않은 전기장 배열로 생각할 수 있다. 전기전하는 전자기장과의 결합이 약해서 결합상수에 해당하는 미세구조상수 α가 1/137에 불과하지만, 이중성 대칭을 적용하면 숫자가 뒤집히면서 자하와 전자기장의 결합상수가 $1/\alpha = 137$로 커진다.

자기홀극이 정말로 존재한다면 전자기장과의 결합이 강하기 때문에 실험

*1자기장은 전하의 가속이 닫힌 경로를 가진 경우에 발생하는 회전하는 물리량이며 항상 쌍극자이다. 우주 탄생 중 자기장이 따로따로 존재하던 시기가 있었을 것으로 예측된다.

실에서 쉽게 관측할 수 있을 것이다. 그러나 지금까지 자기홀극은 단 한 번도 발견되지 않았다(스탠퍼드 실험실에서 1982년에 단 한 차례 긍정적인 결과가 나왔으나, 그 후로는 감감 무소식이다). 1978년 처음 옥스퍼드를 방문할 적에 위튼은 물리학자 데이비드 올리브를 알게 되었다. 당시 올리브는 클라우스 몬토넨Claus Montonen과 함께 "전자기학의 이중성과 유사한 대칭이 4차원 양-밀스 이론에도 존재할 지도 모른다"는 추론을 주장하면서 그 진위 여부를 확인하는 중이었다. 위튼은 이들의 추론이 초대칭 유형 양-밀스 이론에 가장 적절하게 부합된다는 사실을 간파하고, 곧바로 올리브와 공동연구를 수행하여 논문을 발표했다. 그 후로 몇 년 동안 위튼은 종종 이 아이디어를 떠올리며 해결책을 강구해 오다가 1994년 봄에 네이선 사이버그Nathan Seiberg와 함께 이중성을 갖는 초대칭 양-밀스 이론의 해를 구하는 데 성공했다. 이것은 학계 전체를 놀라게 한 일대 사건이었다. 왜냐하면 이로부터 양-밀스 유형의 양자장이론에서 결합이 강할 때 어떤 현상이 나타나는지 명백하게 이해할 수 있기 때문이다. 표준 건드림 전개법은 약한 결합에서 나타나는 현상을 설명해 줄 뿐이지만, 사이버그-위튼 이론의 이중성 대칭을 이용하면 약한 결합의 계산법을 그대로 적용하여 강한 결합과 관련된 모든 것을 계산할 수 있다. 이러한 이중성에는 양-밀스 장 대신 QED의 경우와 마찬가지로 U(1) 게이지대칭을 갖는 게이지 장과 자기홀극이 존재한다.

위튼은 이 새로운 해로부터 도널드슨 다항식에 관한 정보까지 얻어짐을 깨달았다. 왜냐하면 위튼의 꼬인 초대칭을 도입한 위상수학 이론은 본질적으로 사이버그-위튼 이론과 동일하기 때문이다. 위튼은 1994년 10월 6일에 케임브리지로 날아가 MIT의 물리학자들 앞에서 사이버그와 함께 계산했던 이론을 발표했다. 그는 좌중에 수학자 몇 명이 섞여 있음을 간파하고, 강연이 끝나갈 무렵 "본 연구는 도널드슨 이론과 연관되어 있을지도 모른다"고 지적하면서 자신이 생각하는 이중성 방정식을 '수학자 식'으로 칠판에 써

내려갔다(이것을 '자체 이중적 방정식self-dual equation' 이라고 한다). 그 자리에 있던 수학자들은 위튼의 강연을 대부분 알아듣지 못했지만, 그들 중 일부는 위튼이 제안한 새로운 방정식을 깊이 생각하게 되었다.

당시 객석에 앉아 강연을 들었던 하버드 대학교의 수학자 클리포드 타우브스Clifford Taubes는 위튼이 적은 새로운 방정식의 중요성을 간파하고 곧바로 연구에 착수했다. 그는 이 방정식의 해가 자체 이중적 방정식의 해와 연관되어 있다는 위튼의 주장을 수학적으로 증명하진 못했지만 방정식의 해 자체는 쉽게 이해할 수 있었다. 여기에는 도널드슨이 이용했던 SU(2) 양-밀스 게이지 장이 아닌 U(1) 게이지 장이 포함되어 있는데, U(1)은 가환군이기 때문에 비가환군인 SU(2)보다 다루기가 훨씬 쉽다. 타우브스는 연구를 시작한지 얼마 지나지 않아 위튼이 제안한 새로운 방정식을 이용하면 자체 이중적 방정식과 관련된 모든 계산을 더 쉽게 수행할 수 있다는 사실을 깨달았다. 타우브스의 동료인 하버드 대학교의 수학자 아서 제프Arthur Jaffe는 당시의 상황을 다음과 같이 서술하였다.

10월 6일에 위튼의 물리학 세미나가 끝난 후, 강연에 참석했던 하버드와 MIT의 수학자들은 옥스퍼드 대학교와 캘리포니아 공과대학 등 각 처에 흩어져 있는 동료 수학자들에게 [새로운 방정식에 관해]란 제목의 전자메일을 보냈고, 대부분의 경우 단 몇 시간 이내에 답신이 날아왔다. 위튼의 강연 소식을 뒤늦게 접한 수학자들도 밤잠을 설쳐가며 새로운 방정식을 파고들기 시작했다. 이들은 도널드슨의 주요 정리를 새로운 방법으로 재증명하는 등 새로운 결과를 매일 밤낮으로 쏟아냈다. 연구가 진척되면서 세간에는 다음과 같은 경고성 루머가 떠돌기 시작했다. "젊은 수학자라면 자신의 경력을 걸고 이 문제에 몰두해야 한다. 잠시 쉬는 사이에 다른 경쟁자가 몇 시간, 또는 몇 분 먼저 해답을 찾아낼 수도 있다!" 수학자들은 우선권을 점유하기 위해 치열한 경쟁을 벌였다. 매일같이 새로운 결과가 홍수처럼 쏟아지는 상황에서 최고를 유지하려면 수면이나 휴식 같은 것은 상상할 수도 없었다. 도널드슨 정리가 발표된 지 근 10년이 지났지만, 이 정리를 재확립하고 개선하고 확장하는 데에는 단 3주밖에 걸리지 않았다. 획기적인 강연과 장족의 발전, 이 모든 사건이 1994년 10월 한 달 사이에 일어난 것이다.◆ 6

그해 11월 2일에 타우브스는 하버드 대학교에서 '위튼이 만들어 낸 마법의 방정식Witten's Magical Equation'이라는 제목으로 강연을 행하면서 다음과 같이 선언했다. "도널드슨 정리의 시대는 끝났다. 앞으로는 자체 이중적 방정식을 사이버그-위튼 방정식으로 대체시킨 사이버그-위튼 정리가 이 분야를 이끌어갈 것이다." 위튼은 방정식 하나로 단 몇 주 만에 수학계에 일대 혁명을 불러일으켰다. 4차원 위상학을 연구하는 위상수학자들도 처음에는 위튼의 발표에 회의적인 생각을 품었다가 결국에는 그 중요성을 인식하고 "과연 필즈메달을 받을 자격이 있다"는 사실을 뒤늦게 인정하였다.

3-4차원 공간의 위상수학에 대하여 새로운 아이디어를 양산한 천-시몬스와 도널드슨의 위상수학적 양자장이론, 그리고 3차원 매듭이론 이외에, 위튼은 1988년 초에 제3의 위상수학적 양자장이론을 제안했다. 아티야는 이보다 1년 앞선 1987년에 듀크 대학교에서 강연을 할 때 이 이론의 존재를 예견한 바 있었다. 위튼은 흐름대수에 사용되는 시그마모형을 차용하여, 이 새로운 양자장이론을 '위상수학적 시그마모형topological sigma model'이라고 불렀다. 요즘은 일반적으로 "시공간의 각 점에서 정의된 장의 값에 숫자나 벡터가 할당되지 않고 휘어진 바탕공간target space의 점이 할당된" 양자장이론을 시그마모형이라고 부른다(바탕공간은 특정 차원의 휘어진 공간이다). 흐름대수에 등장하는 시그마모형은 시공간의 각 점에서 장의 값에 군의 원소가 할당되어 있어서, 바탕공간은 단순히 군이다. 군에 속하는 모든 원소들은 특정 차원의 휘어진 공간을 이룬다. 예를 들어 U(1)에 대응되는 공간은 1차

원의 경계를 가지는 원이며, SU(2)에 대응되는 공간은 3차원 구이다.

위튼이 제안한 위상수학적 시그마모형은 바탕공간이 복소구조complex structure로 되어 있는 2차원 양자장이론이었다. 특정 공간이 복소구조를 갖는다는 것은, 공간상의 모든 점에서 인근에 있는 다른 점들을 복소수 좌표로 나타낼 수 있다는 뜻이다. 물론 모든 공간이 복소구조를 갖는 것은 아니다. 공간이 복소구조를 가지려면, 일단 차원이 짝수여야 한다. 하나의 복소수좌표는 두 개의 실수좌표에 대응되기 때문이다.

위상수학적 시그마모형에서 2차원 시공간과 바탕공간은 모두 복소구조를 갖고 있어서 등각장이론의 경우처럼 장에 해석적 조건을 부과할 수 있다. 이 조건의 의미는 대략 다음과 같다. 시공간과 바탕공간에 −1의 제곱근(i)을 곱했을 때 장이 변하지 않는다면, 장은 해석적이라는 뜻이다. 일반적으로 장의 배열은 무수히 많은 가능성을 가지지만 해석적인 장은 이들 중 극히 일부이며, 경우에 따라서는 유한한 수이거나 심지어는 아예 없을 수도 있다.

위튼의 위상수학적 시그마모형에서 본질적으로 관측 가능한 양은 해석적인 장의 개수이다. 이 수는 위튼이 처음 제안했던 위상수학적 시그마모형에서 도널드슨 다항식에 해당하는데, 이 값을 계산하는 것은 대수기하학의 범주에 속한다. 대수기하학은 길고도 복잡한 역사를 가진 수학의 한 분야로서 20세기 후반에 커다란 발전을 이루었다. 간단히 말해서, 대수기하학은 일련의 다항방정식polynomial equation의 해를 연구하는 분야이다. 방정식은 해가 없을 수도, 유한 또는 무한개의 해를 가질 수도 있다. 독자들은 고등학교 수학시간에 변수가 하나인 방정식의 해법을 배웠을 것이다(주어진 다항식을 0으로 놓았을 때 이 관계를 만족하는 변수 값이 방정식의 해에 해당된다). 대수기하학도 이와 비슷한 문제를 다룬다. 다만 방정식과 변수의 개수가 여러 개라는 점이 다를 뿐이다.

대수기하학에서는 방정식을 풀 때 변수를 종종 복소수로 대치시킨다. 이렇게 하면 방정식이 1변수 방정식처럼 단순해지기 때문이다. 한 세트의 다항방정식이 무한개의 해를 갖는 경우 각각의 해를 어떤 새로운 공간의 점으로 생각할 수 있는데, 이런 공간을 해공간解空間solution space이라고 한다. 모든 점들이 방정식의 해에 대응되는 해공간은 결코 자명한 공간이 아니며, 이들을 다루는 것이 대수기하학의 주된 목적이다. 복소변수를 갖는 다항방정식의 해공간은 복소수 좌표로 나타낼 수 있다. 또한 해공간은 위튼이 창안한 위상수학적 시그마모형의 배경공간이 될 수 있기 때문에, 이론의 특성에 대하여 중요한 정보를 담고 있을 것으로 추정된다. 일반적으로 위상수학적 시그마모형은 각각의 해공간에 하나의 수(해석적인 장의 개수)를 부여하며 이 수는 일종의 위상불변량으로 취급할 수 있다. 두 개의 서로 다른 해공간이 주어졌을 때, 이들이 정말로 다르다는 것을 증명하는 방법 중 하나는 각 공간에서 해석적인 장의 개수를 계산하여 이들이 서로 다름을 증명하는 것이다.

위튼의 위상수학적 양자장이론이 처음엔 도널드슨 불변량에 대하여 위상학자들에게 아무런 정보도 주지 못했던 것처럼, 위상수학적 시그마모형은 해석적 장의 수에 대하여 대수기하학자들에게 아무런 정보도 주지 못했다. 그러나 그 후로 몇 년 동안 많은 물리학자들이 이 모형을 연구하면서 수학자들에게 매우 흥미로운 정보를 제공했다. 위상수학적 시그마모형은 초대칭 양자장이론으로서 위튼은 도널드슨 이론을 다룰 때와 마찬가지로 여기에도 '꼬인 초대칭'을 도입했다. 또한 위상수학적 시그마모형에서 관측 가능한 양은 등각변환을 포함한 2차원 시공간의 모든 변형에 대하여 불변이기 때문에, 이 모형은 등각장이론의 한 사례라고 할 수 있다. 1988년에는 등각장이론에 대하여 많은 사실이 이미 알려져 있었고, 위튼은 주어진 정보를 십분 활용했다. 이러한 형태의 초대칭 등각장이론이 갖는 특성 중 하나는 주어진 이론에 특정한 변환을 가했을 때 원래 이론과 밀접하게 관련되어 있는 새로운 이론이 얻어진다는 점이다. 이 변환을 두 번 연속해서 가하면 다시 원래의 이론으로 되돌아온다. 이것은 거울에 사물을 비췄을 때 나타나는 결과와 비슷하기 때문에 거울대칭이라고 불린다.

주어진 배경공간에서 시작하여 여기 대응되는 위상수학적 시그마모형(즉, 등각장이론)을 만든 후 거울반전을 적용했다면, 새로운 등각장이론은 어떤 특성을 갖게 될까? 그것은 또 다른 배경공간에 대응되는 새로운 시그마모형일까? 만일 그렇다면 새로운 배경공간은 원래 공간의 '거울공간mirror space'이 된다. 거울공간 짝은 1990년에 물리학자 브라이언 그린과 로넨 플리서Ronen Plesser가 처음으로 발견했다. 그 후 1991년부터 텍사스 대학교의 필립 칸델라스Philip Candelas와 그의 동료들이 거울공간 짝의 많은 사례들을 발견해 왔는데, 이들 중 하나가 대수기하학자들에게 커다란 관심을 불러일으켰다. 이 공간은 5차 다항방정식의 해로 이루어져 있고 세 개의 복소수 차원(6개의 실수 차원)을 가지기 때문에, 대수기하학자들 사이에서 '3중 5차방정식quintic three-fold' 배경공간으로 알려져 있다. 2차원 시공간을 구의 표면으로 잡았을 때, 3중 5차방정식 공간에서 해석적 장의 개수를 헤아리는 것은 대수기하학자들에게 매우 익숙한 문제이다. 해석적 장은 '차수degree'라고 하는 정수를 통해 분류될 수 있는데, 1, 2차의 경우에는 모든 것이 거의 완벽하게 규명되었다. 19세기부터 알려진 1차 장fields of degree one의 개수는 2,875개이고, 1986년에 셸던 카츠Sheldon Katz가 계산한 2차장의 개수는 609,250개이다. 3차장의 개수는 현재 계산이 진행되고 있으며, 이보다 차수가 높은 경우에는 마땅한 계산법이 없어서 손을 대지 못하고 있다. 심지어는 각 차수에 대하여 해석적 장의 개수가 유한한지, 또는 무한한지 조차 모르고 있는데, 대수기하학자 허버트 클레멘스Herbert Clemens는 유한하다고 주장 중이다.

칸델라스가 이끄는 연구팀은 전 세계 수학계가 깜짝 놀랄 만한 일을 해냈다. 다양한 거울공간을 대상으로 계산을 수행한 끝에 모든 차수에서 해석함수의 개수를 얻을 수 있는 일반 공식을 유도한 것이다. 사이버그-위튼 이론에서도 이와 비슷한 일이 있었다. 원래 위상수학적 양자장이론은 계산이 어렵기로 유명하지만, 다른 양자장이론과 연결하면 계산이 엄청나게 쉬워진다. 처음에 수학자들은 이 점에 대하여 약간의 의구심을 갖고 있었다. 물리학자들이 즐겨 사용하는 거울공간 계산법에 의하면 3차 공간에 존재하는 해석적 장의 개수는 317,206,375개이다. 그 후 두 명의 수학자가 별도로 계산을 수행하여 이와 다른 답을 얻었는데, 계산상 오류가 발견되어 수정을 거치고 나니 물리학자가 얻은 결과와 정확하게 일치했다. 이 결과는 평소 물리학과 담을 쌓고 지내는 대수기하학자들에게 깊은 인상을 남겼다. 특히 대수기하학의 대가인 아티야와 동료들은 최근 학계의 동향을 살필 때 물리학의 중요 학술지인 『Nuclear Physics B』를 빼놓지 않고 읽는다고 한다.

거울대칭분야는 지난 10여 년 동안 수학자와 물리학자의 교류를 촉진하면서 집중적으로 연구되었다. 물리학자들이 양자장이론의 언어를 사용하여 어떤 추론을 내놓으면, 수학자들은 엄밀한 수학 언어로 문제를 다시 정의한 뒤 그것을 증명하곤 했다. 그리고 새로 확립된 증명들 중 일부는 대칭군과 관련된 새로운 아이디어를 양산하여 물리학 발전에 크게 기여했으며, 그 덕분에 물리학자들은 위상수학적 시그마모형('위상수학적 끈' 이라고도 불린다)과 위튼의 천-시몬스 게이지이론, 행렬모형 등 다양한 이론들의 복잡한 상호관계를 연구할 수 있었다. 이 모든 연구는 큰 N 게이지이론을 끈이론으로 이해하는 것을 목적으로 삼는데, 게이지이론과 끈이론은 이론 자체의 물리적 의미보다 위상학적 정보를 얻는 수단으로 많이 활용되었다. 지금도 수학의 다양한 분야를 서로 연결해 주는 여러 가지 추론들이 계속 쏟아져 나오면서 수학자와 물리학자들에게 새로운 연구분야를 제공하고 있다.

더 읽을거리

안타깝게도, 내가 아는 한 이 장에서 논의된 내용을 일반인들이 읽을 수 있도록 쓰인 책은 없다. 전문서적 중에서 그나마 친절한 설명이 붙어 있는 책은 다음과 같다.

순간자에 관해서는 아티야의 『양-밀스 장의 기하학Geometry of Yang-Mills Fields』◆7이 읽을 만하고, 순간자의 활용에 대해서는 콜먼의 1977년 에리케*1 강연을 추천한다◆8. 그리고 격자 게이지이론에 대해서는 로스Rothe의 『격자 게이지이론 입문Lattice Gauge Theories, an Introduction』◆9을 추천한다.

비정상성에 관한 책으로는 트레이만Treiman, 재키Jackiw, 주미노, 위튼이 공동저술한 『흐름대수와 비정상성Current Algebra and Anomalies』이 있고, ◆10 아티야의 『비정상성과 지표이론Anomalies and Index Theory』◆11, 『비정상성의 위상수학적 특성Topological Aspects of Anomalies』도 읽을 만하다. ◆12

큰 N에 대해서는 콜먼의 1979년도 에리케 강연◆8을 참조하기 바란다.

2차원 위상수학적 양자장이론에 대해서는 들린느Deligne 등이 편집하고 프린스턴 고등과학원이 출판한 2권짜리 책 『양자장과 끈: 수학자를 위한 안내서Quantum Fields and Strings: A Course of Mathematicians』◆13와 호리Hori등이 집필한 『거울대칭Mirror Symmetry』◆14을 추천한다.

*1 남이탈리아 시실리 섬의 마을.

11장

끈이론: 역사

지금까지는 과학의 성공담을 주로 다뤄 왔지만 이 장에서 하게 될 이야기는 사정이 전혀 다르다. 앞으로 소개될 '성공적 아이디어' 들은 소수의 물리학자들에 의해서만 연구되어 왔고, 나머지 대다수의 물리학자들은 전통적인 방법으로 연구를 수행해 오다가 결국 막다른 길에 몰리고 말았다. 이 장에서는 '아직 완성되지 않은' 물리학 아이디어의 역사와 이것이 현대 물리학에 미친 영향을 가급적 자세히 다루고자 한다. 이 내용을 좀 더 긍정적인 관점에서 서술한 책으로는 브라이언 그린의 『엘러건트 유니버스Elegant Universe』◆[1], 『우주의 구조The Fabric of the Cosmos』◆[2], 미치오 카쿠의 『초공간Hyperspace』◆[3], 『아인슈타인을 넘어:진정한 우주론을 찾아서Beyond Einstein:The Cosmic Quest for the Theory of Universe』◆[4], 『평행우주Parallel Worlds』◆[5]등이 있다. 끈이론 이전의 물리학에 대해서는 대충 설명이 된 상태이므로, 이 책을 더 이상 읽을 필요가 없다고 생각하는 독자들은 위 책들을 읽어 보기 바란다.

S-행렬 이론

양자장이론의 초기라 할 수 있는 1930년대부터 물리학자들은 무한대라는 난제에 부딪혀 골머리를 앓았고 이를 피해 가기 위해 다양한 대체이론이 제안되었다. 앞서 지적한 대로 무한대는 매우 가까운 거리에서 교환되는 장의 상호작용에서 기인한다. 그래서 '공간상의 모든 점에서 정의된 장'의 개념을 아예 포기하고 장을 대신할 만한 다른 개념을 도입한 이론도 제기되었지만, 양자장이론만큼 큰 성공을 거두지 못했다. 초기 양자이론의 선구자들은 비엔나 서클의 논리실증주의에 영향을 받아 "인간의 의식으로 감지되지 않는 추상적 객체는 과학에서 배제해야 한다"는 원칙을 고수했다. 그 후 새로운 양자역학으로 투신한 다수의 물리학자들도 이러한 사고방식을 전적으로 수용하여 '정확한 위치와 운동량을 갖는 입자'의 개념을 폐기하고 양자역학에 확률 개념을 도입했다. 양자역학의 관점에서 볼 때, 고전적인 입자는 형이상학 개념이므로 과학의 대상이 아니다.

1937년에 존 휠러John Wheeler는 실증주의적 관점으로 입자물리학을 연구했고, 그의 관점은 1943년 하이젠베르크에 의해 결실을 맺었다. 하이젠베르크는 "산란scattering 행렬만으로 이론을 서술할 수 있어야 한다"는 입장을 고수했기에 그의 관점을 'S-행렬 철학S-matrix philosophy'이라고도 한다. 산란행렬은 간단히 말해서 멀리 떨어져 있던 두 개의 입자가 서로 가까이 다가올 때 어떤 일이 일어나는지를 말해 주는 수학적 양이다. 두 입자는 충돌 후 정체성을 잃지 않고 단순히 산란될 것인가? 아니면 충돌과 함께 소멸하면서 새로운 입자를 만들어 낼 것인가? 이 모든 질문의 해답은 S-행렬에 들어 있으며, 입자물리학 실험은 대부분 이것을 확인하는 절차이다. 양자장이론도 S-행렬을 계산하는 수단으로 활용될 수 있다. 그러나 본질적으로 양자장이론은 시공간상의 모든 지점에서 일어나는 (장의)복잡한 상호작용을 포함하기 때문에, 그다지 만만한 계산은 아니다. 양자장이론과는 달리 S-행렬은 두 입자 사이의 거리가 아주 가까워졌을 때 상호작용의 진행 방식에 대하여 아무런 정보도 담고 있지 않다.

하이젠베르크의 S-행렬에 회의적인 생각을 가진 파울리는 1946년에 개최된 학술회의 석상에서 다음과 같은 말을 남겼다.

하이젠베르크는 무한대로의 발산 때문에 대부분의 이론이 적용되지 않는 영역에서 S-행렬을 수학적으로 결정할 어떠한 규칙이나 법칙도 제시하지 못했습니다. 따라서 그의 계획은 (적어도 지금까지는) 공허한 이상론에 불과합니다.◆6

파울리는 S-행렬이론이 실질적인 물리문제를 전혀 해결하지 못한다고 논박했다. S-행렬을 이용하면 무한이 발생하는 가까운 거리에서 일어나는 일을 고려할 필요가 없어지지만, 무한대 문제는 계산의 최종 결과에 그대로 남는다는 것이다.

재규격화로 무한대 문제를 해결한 QED가 S-행렬 철학의 자리를 일부 꿰차긴 했지만, 1950년대부터 QCD가 처음 등장한 1970년대 초반까지는 S-행렬 철학은 강력 서술에서 가장 촉망받는 기대주였다. 당시 물리학자 사이에는 "양자장이론에는 강력을 교환하는 입자들을 제대로 서술할 돌파구가 없다"는 의견이 지배적이었다. 1960년대 초반에 강한 상호작용이론의 선두주자였던 제프리 츄Geoffrey Chew는 버클리의 동료들과 함께 '해석적 S-행렬'이라는 새로운 유형의 S-행렬이론을 제안하였다. 여기서 '해석적'이라는 말은 입자의 초기 에너지와 운동량의 변화에 따라 S-행렬이 변해 가는 방식에 해석적 조건analyticity condition을 부과했다는 뜻이다. 이 조건은 앞에서 여러 번 언급했던 수학적 조건과 동일하며, 에너지와 운동량은 실수가 아닌 복소수로 표현된다. S-행렬에 부과된 해석적 조건은 '분산관계

dispersion relation' 라는 방정식에 곧바로 반영된다. 1950년대 후반에 제프리 츄와 그의 동료들은 해석적 조건과 몇 개의 원리로부터 S-행렬을 단 하나의 값으로 유일하게 결정할 수 있다고 주장하면서, 이것을 '구두끈 철학bootstrap philosophy' 이라고 불렀다. 해석적 조건을 가하면 각 입자의 기본 특성은 다른 입자와의 상호작용에 의해 결정되며, 전체 이론은 소립자 대신 '구두끈을 잡아당겨서 스스로 끌어올리는' 체계를 갖게 된다(늪에 빠진 소년이 구두끈을 들어 올려 자신을 구해 냈다는 고사에서 유래했다).

1960년대 중반에 제프리 츄는 구두끈 아이디어에 착안한 '핵자核子 평등nuclear democracy' 을 주장했다. 이 세상에 소립자는 존재하지 않으며, 우리가 입자라고 부르는 것은 여러 개의 입자들이 결합한 복합체라는 것이다. 이것은 특정 입자에 특별한 성질을 부여한 양자장이론과 정면으로 상치되는 주장이었다. 양자장이론에 의하면, 장의 양자는 분명히 소립자이다. 그러나 1960년대 중반에 츄가 몸담은 버클리 대학교에서는 어느 누구도 특권계급의aristocracy 입자를 옹호하면서 평등을 폄하하진*1 않았다. 쿼크모형이 강한 상호작용을 교환하는 입자들을 성공적으로 분류한 것도 이 무렵이었는데, 이 이론은 쿼크를 소립자로, 다른 입자를 복합체로 간주했으므로 츄의 주장에 도전장을 내민 셈이었다. 츄는 1966년에 S-행렬에 관한 책을 집필하면서

*1 1964년 학내 정치활동 금지에 대해 비판한 물리학과 학생 마리오 사비오의 연설 "만약 대학이 하나의 기업이고 총장이 경영자라면 교직원은 종업원이며 우리 학생은 생산 원료가 된다. 그러나 우리는 아무것으로나 만들어지는 원료가 아니다. 대학의 일부 고객에게 팔리는 것으로 끝나는 원료도 아니다. 우리는 인간이다……."로 시작되어 성조기를 앞세운 1500 학생의 본관 점거, 800여 명의 강제 연행, 수업거부로 이어진 버클리 자유언론 운동은 미 대학 내 급진적 학생 운동의 등장을 알리는 상징이자, 이후 60년대를 뒤흔들게 될 신좌파운동의 출발점 역할을 했다. 이는 미국과 유럽 각 대학에서 벌어진 총장실 점거와 시위 등의 도화선이 되었고 베트남 반전운동으로 이어져, 결과적으론 1972년까지 학내 전체가 학생운동으로 물들었다. 1970년 한 해 학생 대부분이 수업을 거부해 당시 캘리포니아 주지사였던 로널드 레이건이 학교를 폐쇄하려 들 정도였다.

끝 부분에 다음과 같이 적어 놓았다.

쿼크모형이 주장하는 '특권계급'은 실험으로 입증되지 않았다. 그런데 사람들은 왜 검증되지 않은 특권계급을 수용하면서 핵자 평등을 거부하는가? 다시 말해서, 쿼크 개념이 특정 연구팀들 사이에서 인기를 끄는 이유는 무엇인가?◆7

잠시 후에 그는 스스로 답을 제시한다.

소립자의 존재를 부인하는 핵자 평등을 받아들이면 물리학자의 삶이 몹시 고달파진다. 이것이 바로 사람들이 핵자 평등을 싫어하는 세 번째 이유이다. 이 어려운 상황을 타개하려면 완전히 새로운 분석법이 개발되어야 한다.

그는 핵자 평등이 제대로 먹혀들지 않는 이유를 이런 식으로 설명했다. 츄의 제자였던 데이비드 그로스는 훗날 구두끈 계획이 "동어반복일 뿐 이론으로서의 가치가 없음을" 깨닫게 된 결정적 계기가 바로 스승의 1966년 학술회의 강연이었다고 술회했다.◆8

사실, S-행렬이론은 양자장이론에 입각하여 계산된 S-행렬의 일반적인 특성을 나열한 것에 지나지 않았다. 양자장이론은 여러 가지 유형이 있고 QCD 자체도 다양한 변종이 가능하므로 강한 상호작용을 서술하는 이론은 매우 많다. 그리고 이 모든 이론들은 각기 다른 S-행렬을 가진다. 그러나 구두끈이론을 옹호하는 사람들은 '유일하게 타당한' S-행렬이 존재함을 믿어 의심치 않았다.

쿼크모형이 거둔 성공은 새로운 소립자를 도입해서가 아니라, SU(3) 대칭군과 표현법을 다루는 수학이 거의 완벽하게 개발되어 있었기 때문이었다. 그 후로 핵자 평등을 옹호하는 학자들은 소립자분야에서 입지가 좁아짐과 동시에 대칭을 가장 근본 원리로 간주하는 학자들에게도 밀리기 시작했다. 츄는 그의 저서인 『특권계급인가, 평등인가?: 대칭 대 역학Aristocracy or Democracy: Symmetries versus Dynamics』에서 "계의 대칭성은 역학과 거리가 멀다"고 주장했다. 근본적인 법칙은 역학에 의해 좌우되는 S-행렬에 담겨 있으며, 군 표현과는 무관하다는 것이다. 파인만은 "대칭 파" 와 "역학 파"(이들은 분산관계를 중요하게 생각한다)로 양분된 입자물리학계를 다음과 같이 비유적으로 표현하였다.

이론물리학자에는 두 가지 부류가 있습니다: 한데 모이는group 사람, 흩어지는 disperse 사람.◆9

S-행렬이론의 영향력은 바다 건너까지 미쳐서, 심지어는 '버클리 인민공화국*1' 보다 소비에트 연방에서 더 발흥했을 정도였다. 그로스에 따르면,

"소련에서처럼 버클리 대학교에서 S-행렬이론은 불가침 영역이었으며, 젊은 이론학자들은 장론field theory을 모르는 채 학자로 양성되었다. 온건파였던 동부 해안지역에서도 S-행렬이론은 들불같이 맹렬한 기세로 퍼져 나갔다."◆8

1970년대 중반에 양자장이론을 공부하던 학생들의 교과서는 그 여파가 어느 정도였는지를 한눈에 보여 준다. 당시 S-행렬에 관한 책은 사방에(그것도 최신간으로) 넘쳐 났지만, 양자장이론에 관한 교과서로는 제임스 뵤르켄James Bjorken과 시드니 드렐Sydney Drell이 10여 년 전 공동 저술한 책이 가장 최

*1 중화인민공화국의 영문표기인 people's republic of china(본문에선 Berkeley)를 이용해 영향력 차이를 표현한 말장난.

근에 나온 교재였고 그나마 양-밀스 이론은 다루지도 않았다.

츄를 비롯한 그의 동료들은 S-행렬 계획에 완전히 몰입한 채로 1970년대를 보냈다. 버클리의 좌파들이 와해되어 뉴에이지나 동양 종교에 심취하기 시작하면서, 자연히 S-행렬 추종자들도 평등보다 동양사상에 더 초점을 맞추게 되었다. 물리학자 프리쵸프 카프라Fritjof Capra는 비엔나에서 월터 티링*[1]과 수행한 공동연구로 1966년에 학위를 받았으나, 1970년대 초 동양 철학에 빠져들어 S-행렬이론과의 접점을 찾으려 애썼다. 그가 1975년에 펴낸 『현대물리학과 동양사상The Tao of Physics』은 대칭적 세계관에 바탕을 두고 발전한 서양문명과 '그가 생각하기에' 만물의 관계에 대한 직관과 관조를 중시하는 동양사상을 대비시켰다.◆[10] 대표적인 부분을 소개하면 다음과 같다.

물리학자들은 소립자 세계에서 다양한 대칭성을 발견하면서, 대칭유형에 자연 법칙이 반영되어 있다고 굳게 믿었다. 그들은 물질의 구조를 설명하고 다양한 입자를 하나의 체계로 통합하는 궁극적인 대칭을 찾기 위해 지난 15년 동안 각고의 노력을 기울여 왔다. 이 모든 시도는 고대 그리스를 원류로 긴 세월동안 이어 내려온 철학 사조를 반영하고 있다. 대칭은 기하학과 더불어 고대 그리스의 과학, 철학, 예술 분야에서 매우 중요한 요소였으며, 미와 조화, 그리고 완전함의 상징으로 인식되었다……

대칭에 대한 동양철학적 관점은 고대 그리스인들과 사뭇 대조적이다. 극동아시아의 철학자들은 대칭 도형을 어떤 상징이나 명상도구로 사용해 왔지만, 대칭이라는 개념 자체가 그들의 철학에 중요한 역할을 한 것 같지는 않다. 기하학과 마찬가지로

---

*[1] 10 장에 나왔던 티링 모형을 만들어 낸 오스트리아 물리학자. 아버지인 한스 티링은 일반상대성이론에서 거대질량의 물체가 회전하면, 그 주위의 시공간이 회전 방향으로 끌어당겨지는 효과인 렌제-티링 효과를 발견했으며 논리학자 쿠르트 괴델의 물리학 스승이기도 했다.

대칭은 자연의 속성이 아닌 마음의 소산으로 여겨졌으며, 따라서 근본적으로 중요한 개념은 아니었다……

입자물리학자들의 근본적인 대칭 탐구는 현대과학에서 서서히 부각하는(그러나 일상적인 세계관에는 부합하지 않는) 헬레니즘 유산의 일부인 것 같다. 그러나 입자물리학에는 대칭을 중시하는 경향만 있지는 않다. 학계에는 '정적static' 인 대칭연구법과 대조되는 '동적인dynamic' 학파가 있는데, 이들은 소립자모형을 자연의 근본 특성으로 보지 않고 동적인 특성과 아원자 세계에서 이루어지는 본질적인 상호관계의 결과로 간주한다.◆11

카프라는 이후 두 개의 장에 걸쳐 양자장이론의 부적절함을 지적하면서 구두끈 철학의 우월성을 강조하고 있다. 이 책은 1974년 12월 탈고되었기 때문에, 그보다 한 달 전(11월)에 있었던 표준모형의 11월 혁명을 충분히 고려하고 있지 않다(당시에는 카프라 뿐만 아니라 대부분의 학자들도 큰 변화를 느끼지 못했다). 그런데, 정말로 이해하기 어려운 것은 카프라가 시대에 뒤떨어진 물리관을 간직한 채 이 책의 개정판을 여전히 내놓고 있다는 점이다. 책 서문과 맺음말을 읽어 보면 아무리 봐도 그는 현대물리학을 부정하는 듯싶다. 1983년 개정판에 추가된 서문에는 다음과 같이 적혀 있다.

나는 7년 전에 쓴 이 책의 내용이 최근에 알려진 물리학과 모순되지 않는다는 사실을 알고 매우 기뻤다. 사실, 현대물리학의 많은 부분은 이 책의 초판에서 이미 예견된 바 있다.◆12

1983년이면 구두끈이론이 폐기되고 표준모형이 정설로 굳어진 후인데도, 카프라는 이러한 현실을 완전히 외면하고 있다. 또한 후기에선 "QCD는 강한 상호작용을 서술하는 데 별로 성공적이지 않았다"면서 사실과 동떨어진 주장을 계속 펼쳤다.◆13 그는 1991년 증보된 3판의 후기에서도 끊임없이 츄를 찬양한다.

> 츄는 하이젠베르크를 비롯한 양자역학의 창시자들과 동시대에 살진 않았지만 후세의 역사가는 100년간의 물리학에 츄가 끼친 업적을 그들과 같은 반열에 올려놓는 데 주저함이 없으리라……

> 츄는 20세기 물리학의 세 번째 혁명에 불을 댕겼다. 그가 창안했던 구두끈이론은 양자역학과 상대성이론을 하나로 통합하여, 서구세계 기초과학에 획기적인 돌파구를 열었다.◆14

입자물리학의 세계적 추세를 부정하는 카프라의 책은 지금도 서점에서 쉽게 눈에 띄며, 게리 주카프Gary Zukav의 『춤추는 물리The Dancing Wu-Li Masters』같은 책들과 함께 어느덧 서가 하나를 이룰 정도가 되었다. 구두끈이론은 완전히 실패한 이론임에도 불구하고, 뉴에이지 문화의 상징으로 진실에 등 돌린 추종자 사이에서 여전히 위세를 떨치고 있다.

최초의 끈이론

구두끈철학은 "해석적 조건을 비롯한 몇 개의 조건을 부과하면 S-행렬을 유일하게 결정할 수 있다"는 희망사항에서 시작되었다. 그런데 해석적 조건을 만족하는 S-행렬은 무한히 많이 존재하므로 그 외의 조건들이 결정적인 역할을 하게 되는데, 문제는 구체적으로 어떤 조건을 부과해야 하는지 아는 사람이 없었다. 양자장이론의 건드림 전개를 이용하여 S-행렬을 계산하면 일반적인 조건이 도출되지만, 이 방법으로는 건드림 전개의 영역을 벗어나지 못한다.

1968년에 물리학자 가브리엘레 베네치아노Gabriele Veneziano는 18세기의 수학자 레온하르트 오일러Leonhard Euler가 창시했던 베타함수beta function야말로 '해석적 S-행렬'의 특성을 서술하는 가장 적절한 도구임을 깨달았다. 베타함수를 통해 유도된 S-행렬은 건드림 전개의 S-행렬과 전혀 다른 성질을 가지는데, 가장 두드러진 특징은 '듀얼리티(duality, 이중성)'이다. 여기서 말하는 듀얼리티란 강력을 교환하는 입자들을 바라보는 방식이 두 가지가 있으며, 각 방식마다 서로 다른 행동양식이 관측된다는 의미이다.(앞에서 언급된 전기장과 자기장의 이중성과는 무관하기 때문에, 혼란을 피하기 위해 듀얼리티로 표기한다: 옮긴이)

그 후로 '이중적 S-행렬이론dual S-matrix theory'은 커다란 반향을 불러일으키면서 입자물리학계의 태풍의 핵으로 떠올랐고, 1970년에는 세 명의 물리학자(요이치로 남부Yoichiro Nambu, 레너드 서스킨트, 홀거 베치 닐슨Holger Bech Nielson)들이 베네치아노 공식에서 간단한 물리적 의미를 유추하는 데 성공했다. 이들은 양자장이론의 S-행렬이 고전역학에서 입자를 끈으로 간주한 것에 해당한다는 놀라운 사실을 알아냈다. 여기서 말하는 끈이란 공간 속에 존재하는 1차원 경로로서, 이상적인 끈 조각이 3차원 공간 속에서 점유하는 위치를 의미한다. 이러한 끈은 열려 있을 수도(양끝이 존재한다), 닫혀 있을 수도 있다(양끝이 서로 연결된 고리형태이다). 3차원 공간에서 점입자 하나의 위치를 나타낼 때에는 세 개의 숫자로 충분하지만 끈의 위치를 나타내려면 무한개의 숫자가 필요하다. 끈이란 무수히 많은 점들의 집합이기 때문이다.

그 후로 몇 년 동안 물리학자들은 입자를 대신한 끈에 양자역학의 표준 방법을 적용하여 양자역학적 끈이론을 만들어 냈으나, 이 과정에서 두 가지 커다란 문제에 직면하게 되었다. 첫 번째 문제는 "이론이 제대로 작동하려면 끈이 거하는 공간이 4차원이 아니라 26차원이어야만 한다"는 조건이었고, "이론체계 속에 타키온*[1]을 포함해야만 한다"가 두 번째였다. 타키온은 빛보다 빠르게 움직이는 입자로서 양자장이론에 이런 입자가 도입되면 타당한 체계를 유지할 수 없다. 타키온이 야기하는 문제 중 하나는 정보가 과거로 전달되기 때문에 인과율이 위배된다는 점이다. 예를 들어 누군가가 과거로 거슬러 올라가서 자기 조상을 죽인다면, 현재의 자신을 설명할 방법이 없어진다. 이뿐만 아니라 타키온을 포함한 이론에서는 진공에서 타키온으로의 붕괴를 허용하기 때문에 '안정된 진공상태'가 존재하기 어렵다는 문제점도 안고 있었다.

초기 끈이론의 또 한 가지 문제점은 페르미온의 부재였다. 앞에서 설명한 대로 페르미온은 전자나 양성자처럼 반정수(1/2, 3/2, ……) 스핀을 갖는 입자이다. 현실세계에서 일어나는 강한 상호작용을 끈이론으로 설명하려면, 어떻게든 페르미온을 이론 속에 포함시켜야 한다. 1970년에 피에르 라몽 Pierre Ramond은 3차원 변수를 갖는 디랙방정식을 무한차원으로 확장시켜서 최초로 페르미온을 포함하는 끈이론을 구축하는 데 성공했다. 그 후로 몇 년 동안 많은 물리학자들이 이 분야에 뛰어들어 연구를 수행한 끝에 "페르미온을 포함한 끈이론이 논리적으로 타당하려면 끈이 거하는 시공간은 26차원이 아니라 10차원이어야 한다"는 사실이 밝혀졌다. 물론 10차원도 4차원과는 거리가 멀었지만, 26차원보다는 훨씬 현실적이었다.

그 후 연구가 더욱 심도 있게 진행되면서 초대칭 유형 끈이론이 물리학자

---

*[1]Tachyon. 독일 수리물리학자 아놀드 좀머펠트가 처음 생각해 낸 빛보다 빠른 가상입자. '빠르다'는 뜻을 지닌 그리스어 '타키스'(tachys)가 어원이다. 그 질량은 복소수이며, 에너지를 얻을수록 속도가 느려진다. 그래서 에너지가 가장 클 때 빛의 속도가 되고, 에너지를 모두 잃게 되면 그 속도는 무한대가 된다.

들의 관심을 끌게 되었다. 앞서 말한 대로 1971~73년 사이에 몇 개의 연구팀들이 4차원 양자장이론에 초대칭을 도입하여 성공을 거두었고, 이 새로운 대칭은 페르미온을 포함한 이론에서 (개략적으로)병진대칭의 제곱근으로 이해되고 있었다. 공간 속에서 1차원 끈이 쓸고 지나간 궤적은 2차원 곡면을 형성하는데, 이것을 끈의 '월드시트world-sheet' 라고 한다. 초기에 끈이론을 연구하던 학자들은 페르미온을 포함한 끈이론에 4차원 초대칭과 달리 2차원의 초대칭이 존재한다는 사실을 알아냈다(이들은 1973년 베스와 주미노가 발견했던 4차원 초대칭이론의 영향을 받았다). 이와 같이 초대칭이 도입된 끈이론을 '초끈이론superstring theory' 이라고 하는데, 당시에는 이런 용어가 사용되지 않고 그냥 '초대칭을 갖는 끈이론' 으로 통용되었다.

초기의 초끈이론은 한동안 강력을 서술하는 유력한 후보로 떠올랐다. 많은 물리학자들은 초끈이론의 유별난 특성 뿐만이 아니라 '기존 양자장이론이 아닌 새로운 이론' 이라는 점에서 신선한 충격을 받았다. 서스킨트는 1970년대 초에 이런 말을 한 적이 있다. "데이비드 그로스는 끈이론의 수학이 너무 아름답기 때문에 틀린 이론일 가능성이 거의 없다고 주장했다."◆15 끈이론 학자들은 SLAC에서 실행된 심층 비탄성 산란실험의 결과가 이론과 상치될 지도 모른다고 내심 걱정했지만, 끈이론은 한동안 이론물리학자들 사이에서 커다란 인기를 누렸다. 그러나 1973년 중반 점근적 자유성이 발견되면서 많은 물리학자들이 끈이론을 포기하고 QCD로 되돌아왔다.

이와 같은 분위기에도 불구하고, 츄 학파의 제자였다 1972년 칼텍으로 온 존 슈바르츠John Schwartz는 끈이론을 끝까지 포기하지 않았다. 당시 대부분의 물리학자가 "끈이론은 QCD의 연구수단이 될 수 없다"며 등을 돌렸지만, 슈바르츠는 "끈이론의 수학이 너무 아름답기 때문에 어떻게든 자연의 속성을 담고 있을 것이다"◆16라는 믿음 하나로 초끈이론을 계속 파고들었다. 끈이론으로 강력을 서술하는 데 걸림돌이 되는 문제 중 하나는 실제로 관측된 적이 없는 입자가 이론체계 안에 존재한다는 점이었다. 끈이론에 의하면 '강력을 교환하면서 질량이 없고 스핀=2인 입자'가 반드시 존재해야 하는데, 이런 입자는 단 한 번도 발견된 적이 없었다. 1974년에 슈바르츠는 파리 고등사범학교의 조엘 셰르크Joel Sherk와 함께 "이 입자가 바로 중력장의 양자인 중력자에 해당한다"고 주장했다. 이들은 초끈이론이 표준모형 양-밀스 장과 중력의 양자장이론을 모두 포함하는 통일장이론의 강력한 후보라고 생각한 것이다. 그 후로 몇 년 동안 슈바르츠는 자신의 아이디어를 구현하기 위해 몇 사람의 동료들과 연구에 몰입했고, 1977년에 드디어 만족할 만한 결과를 얻어냈다. 타키온 제거 과정에서 보존에 해당하는 초끈의 진동모드를 페르미온의 진동모드와 일치시킬 수 있다는 사실을 발견한 것이다. 또한 이것은 초끈이론의 초대칭이 2차원 월드시트뿐만 아니라 10차원 공간 전체에 적용 가능함을 의미했다.

1979년에 슈바르츠는 영국 물리학자 마이클 그린Michael Green과 초끈이론의 공동연구를 시작하여 끈이론의 초대칭버전을 확립하고 관련 계산을 수행하는 등, 불과 몇 년 사이에 커다란 수확을 거두었다. 이 기간 동안 슈바르츠는 여전히 칼텍의 교수였지만 정년을 보장받은 상태는 아니었다. 초끈이론과 같은 비주류 물리학에 몰두한다는 점이 정년보장 심사에서 결격사유로 작용한 게 분명했다. 그러나 얼마 지나지 않아 초끈이론과 슈바르츠의 위상은 극적인 변화를 겪게 된다.

초끈이론의 1차 혁명기

위튼이 본격적으로 초끈이론에 관심을 갖기 시작한 것은 1983년이었다. 1980년부터 시작된 대통일이론 4차 연례학술회의가 그해 4월에 열렸는데, 이 자리에서 위튼은 '초끈이론에 기초한 대통일이론의 전망'이라는 주제로 슈바르츠와 그린을 비롯한 초창기 끈이론학자들의 연구성과와 자신이 얻은 새로운 결과들을 정리하여 발표하였다.◆17 이 무렵 위튼의 관심사는 학계에 그다지 알려지지 않은 상태였으나, 그의 제자이자 역시 끈이론학자였던 라이언 롬Ryan Rohm이 초끈이론을 주제로 한 논문을 그 해에 발표하면서 세간의 관심을 끌기 시작했다.

위튼은 초끈이론의 매력에 점차 빠져들어 갔지만, 이론에 잠재된 문제점이 여전히 그를 고민하게끔 만들었다. 앞서 지적한 대로 양자장이론에서 게이지대칭이 붕괴되면 게이지 비정상성이라는 미묘한 효과가 나타난다. 이런 경우에는 표준 방법을 적용할 수가 없다. 1983년에 위튼은 "게이지 비정상성 때문에 초끈이론이 틀릴 수도 있다"는 생각을 갖게 되었다. 그는 1983년 10월에 발표한 논문을 통해 게이지 비정상성의 상쇄는 초끈이론의 저에너지 극한에서 일어나는 현상임을 지적하였다. 초끈이론에는 여러 가지 유형이 있는데, 이들 중 게이지 비정상성이 상쇄되는 이론을 'II형type II 이론'이라고 한다. 이 이론에서는 표준모형 양-밀스 장을 다룰 방법이 없다. 그러나 또 다른 초끈이론인 I형type I 이론은 양-밀스 장을 포함할 수 있는데, 여기에도 게이지 비정상성이 존재하는지는 미지로 남아 있었다.

그린과 슈바르츠는 1984년 여름에 아스펜*1 물리학센터Aspen Center for Physics에서 개최된 여름 캠프에 참석하여 공동연구를 수행하다가 I형 이론의 비정상성을 계산하는 데 성공했다. I형 초끈이론에도 여러 가지 유형이 있다. 대부분의 이론에는 게이지 비정상성이 존재하지만, 대칭군을 SO(32)로 잡으면(32차원 회전대칭군) 다양한 게이지 비정상성이 말끔하게 상쇄된다. 그린과 슈바르츠는 위튼과 전화통화를 하다가 위튼도 그 문제에 관심이 많

*1 콜로라도 주 로키 산맥에 위치한 미국의 대표적 휴양도시. 작은 탄광촌이었으나 1949년 7월 음악 축제에 각계인사를 초청한 것이 출발점이 되어, 매년 10만 명의 관광객이 찾는 세계적 음악명소이자 관광 휴양도시로 자리매김했다.

다는 것을 알고 그들의 논문을 배달전문업체인 페덱스FedEx를 통해 보내 주었다(전자우편이 없던 시절이었다). 그리고는 곧바로 이 논문을 유명 학술지인 『피직스 레터 B』*[1]에 제출했다. 끈이론학자들은 1984년 9월 10일에 일어난 이 사건을 두고 '초끈이론의 1차 혁명'이라고 부른다. 좀 더 엄밀하게 말하자면 혁명이 촉발된 날짜는 9월 10일이 아니라, 그린-슈바르츠의 논문과 위튼의 논문(초끈이론을 주제로 위튼이 처음으로 쓴 논문)이 편집부에 도착한 9월 28일이라 보아야 옳겠다. 사실 I형 초끈이론에서 게이지 비정상성이 상쇄된다는 것 자체는 입자물리학계에서 그다지 큰 뉴스가 아니었다. 정작 화젯거리는 이론물리학의 선두주자인 위튼이 이 분야에 전력투구하기로 마음먹었다는 사실이었다.

그 후 얼마 지나지 않아 프린스턴의 4인조(데이비드 그로스, 제프 하비Jeff Harvey, 에밀 마티넥Emil Martinec, 라이언 롬)는 게이지 비정상성이 상쇄되는 끈이론의 또 다른 사례를 찾아냈다. 이 이론은 '혼합종'이라는 의미에서 '이형heterotic 초끈이론'이라고 불린다. 학계에서는 반 농담 삼아 이 연구팀을 '프린스턴 현악 사중주단Princeton String Quartet'이라고 부르곤 했다. 이형 초끈이론에 관한 이들의 논문은 11월 21일에 학술지 편집부에 접수되었다. 한편, 위튼은 또 다른 네 명의 물리학자들과 함께 이형 끈이론으로부터 표준모형의 물리학을 도출해냈고, 이 결과는 1월 2일자로 학술지에 발표되었다. 그 후로 몇 년 동안 수많은 입자물리학자들이 이 분야로 뛰어들었는데, 대부분은 QCD보다 오래된 초창기 끈이론을 연구했기 때문에 10여 년 전에 처박아 두었던 연구자료를 다시 끌어 모아야 했다. SLAC의 고에너지 물리학 연구

---

*[1]Physics Letters B. 1967년 창간된 핵물리학, 핵이론물리학, 고에너지 실험물리학, 고에너지 이론물리학, 천체물리학분야의 세계적인 학술지. 피직스 레터 A는 응집물질 물리학, 이론물리학, 비선형학, 통계물리학, 수리 계산물리학, 플라즈마 물리학, 유체물리학, 광학, 생물물리학, 일반물리학, 나노기술 분야 논문을 게재한다.

논문 데이터베이스(SERIES)에 의하면 1983년에 초끈이론을 주제로 발표된 연구논문은 단 16편에 불과했지만, 1984년에 51편, 1985년 316편, 1986년에는 639편으로 폭증했다. 간단히 말해서, 초끈이론이 이론물리학계를 완전히 장악한 것이다. 지금은 이 추세가 다소 주춤해지긴 했지만 초끈이론은 여전히 이론물리학자들의 사랑을 받는 매력적인 연구 테마이다.

이론 입자물리학계의 연구동향이 이토록 빠른 변화를 겪게 된 데에는 몇 가지 이유가 있다. 1984년에는 입자물리학의 연구 테마가 거의 고갈되어 많은 학자들이 새로운 아이디어를 찾고 있었는데, 때마침 등장한 초끈이론은 이미 10여 년 전에 거론된 적이 있었으므로 완전히 생소한 분야도 아니었다. 그러나 뭐니뭐니 해도 학자들의 마음을 움직인 가장 큰 원동력은 위튼의 연구동향이었다. 그가 초끈이론에 전력투구하기로 작정했다는 소문이 학계에 퍼지면서, 이론물리학자들은 앞다투어 이 분야로 뛰어들기 시작했다. 초끈이론의 타당성을 굳게 믿었던 위튼은 이론의 전도사로서 결정적인 역할을 했다. 그 무렵 끈이론과 무관한 연구에 대해 위튼에게 조언을 들으려 찾아갔다가, "그럭저럭 훌륭하지만, 때려치우고 초끈이론에 매진하는 게 살아남는 길입니다." 란 대답만 들었던 물리학자들이 한둘이 아니었던 걸로 기억한다.

이형 초끈이론이 얼마나 대단한 이론이길래, 이론물리학자들의 마음을 그토록 사로잡았던 것일까? 다른 초끈이론과 마찬가지로, 이형 초끈이론은 10차원 시공간에서 움직이는 끈을 다룬다. 그런데 끈을 서술하는 변수들이 E_8이라는 군의 두 복사본으로 이루어진 대칭군을 추가로 가진다는 점이 차이였다. E_8군은 SU(2) 등 입자물리학에 등장하는 다양한 군들과 마찬가지로 리군의 일종인데, 기존 군들과 달리 매우 유별난 특성을 갖고 있었다. 지금까지 언급했던 리군들이 실수나 복소수 벡터의 회전군이라는 기하학적 해석을 가지는 반면에, E_8은 기하학적 해석이 불가능한 다섯 개의 '예외적' 리군 중 하나이다.

E_8은 5개의 예외적 리군들 중 가장 큰 군으로서 대칭변환이 일어나는 공간이 무려 248차원이나 된다. 이렇게 차원이 높은데다가 기하학적 해석도 불가하기 때문에 E_8과 관련된 계산을 할 때에는 매우 특화되고 복잡한 대수학을 동원해야 한다. 수학자들에게 예외적인 군을 어떻게 생각하느냐고 물으면 '상당히 모호한 수학적 객체' 라는 답이 돌아온다. 위상수학자 프랭크 아담스Frank Adams는 자신이 쓴 논문의 끝 부분에 E_8과 관련하여 다음과 같은 글을 첨부하였다(이것은 극히 이례적인 경우이다. 형식을 갖춘 논문들은 대부분 아래와 같은 대화체를 사용하지 않는다). ◆18

여러분,

수학자는 두 부류로 나누어집니다 : 리군을 알고 사랑하는 사람 / 그렇지 않은 사람.

후자에 해당하시는 분들은 계수가 8이고 248차원을 가지는 예외적 컴팩트 단순 리군—약칭하여 E_8군에 대하여 이런 생각이 널리 퍼져 있다는 사실에 상당히 불편한 마음을 가지고 계실 터입니다.

1)그건 그가 주류에서 멀리 떨어져 소외되었기 때문이야: 그랑 사귀고 싶은 사람들은 E_6와 E_7부터 시작할 각오를 해야 될 거야.

2)그건 그가 과묵해서야: 그에게서 쓸 만한 점이 찾아진다면, — 있다면 말이지만 — 죽을 때나 되서 나올걸.

3)그건 그가 세상에서 제일 비틀려 있기*1 때문이야.

……

(이에 대한 반박문이 이어짐)

……

*1 원문은 torsion이며, 미묘한 위상학적 불변량을 뜻한다.

우리 모임, 친구 그밖에 많은 사람들이…

'E_8'

딱지가 붙어 농담거리가 되어 갑니다.

E_8은 매우 큰 대칭군이어서, 대통일이론에 등장했던 SU(5)와 SO(10)(10차원 실수벡터의 회전군), 그리고 E_6(또 하나의 예외적 리군)까지 E_8 안에 쉽게 포함된다. 그래서 사람들은 "대통일이론은 이형 끈이론의 저에너지 극한일지도 모른다"는 희망을 갖게 되었다. 즉, 기존 대통일이론이 끈이론의 일부일 수 있다는 것이다.

초끈이론이 현실세계와 조화를 이루려면 이론의 배경인 10차원 시공간과 실제 4차원 시공간 사이의 차이점을 극복해야 한다. 한 가지 방법은 4차원 시공간 상의 모든 점마다 '관측되지 않을 정도로 작은' 6개의 차원이 존재한다고 가정하는 것이다. 이렇게 하면 "우주의 시공간은 원래 10차원인데 이들 중 규모가 큰 4개의 차원만이 관측 가능하고 나머지 6차원은 지극히 작은 영역 속에 숨어 있다"는 식의 설명이 가능하다. 11차원 초중력이론에 도입된 칼루자-클라인의 아이디어는 바로 이러한 논리에 기초한다. 물론 이 경우에는 보이지 않는 '7개의 차원'을 규명해야 한다는 문제가 남는다.

초끈이론이 성립하려면 다양한 조건들을 만족해야 한다. 그 중에서도 가장 기본적인 조건은 끈의 월드시트인 2차원 곡면의 등각변환(각도가 보존되는 변환)에 대하여 이론 자체가 불변이어야 한다는 것이다. 이 조건을 부과한 후 초대칭을 도입하면 '여분의 6차원 공간은 각 점마다 세 개의 복소좌표로 표현되어야 하며, 공간의 곡률은 어떤 특수한 조건을 만족해야 한다'는

*[1]추청퉁丘成桐(1949~). 미분방정식, 대수기하학의 칼라비(Calabi) 추측, 일반상대론의 양의 질량에 관한 예상, 실 · 복소 몽주(Monge)-앙페르(Ampére) 방정식 등에 대한 공적으로

사실을 증명할 수 있다. 여기서 곡률에 부과되는 조건은 6차원 공간만이 만족할 수 있는 조건이다. 수학자 유지니오 칼라비Eugenio Calabi는 1957년에 "이와 같은 곡률 조건이 만족되려면 어떤 특정한 위상불변량이 사라져야 한다"고 추정했고, 이 추론은 1977년에 신통 야우Shin-Tung Yau *1에 의해 증명되었다. 그 후로 물리학자와 수학자들은 이러한 곡률 조건을 만족하는 공간을 '칼라비-야우 공간Calabi-Yau space'이라고 불러 왔다.

이형 끈이론이 예견한 내용들은 수많은 칼라비-야우 공간 중 어떤 것을 선택하느냐에 따라 크게 달라진다. 1984년에는 단 몇 개의 칼라비-야우 공간만이 알려져 있었지만, 그 후로 지금까지 수십만 개가 추가로 발견되었다. 심지어는 칼라비-야우 공간의 수가 유한한지, 또는 무한한지도 불분명한 상태이다. 나와 친분이 있는 대수기하학자 두 사람은 이 문제를 놓고 내기를 벌이기도 했다. 여기서 잠시 영국의 대수기하학자 마일스 리드Miles Reid의 의견을 들어 보자.

> 나는 무수히 많은 족族이 있을 거라고 믿는다. 그러나 반대파도 많다. 특히 공인되는 칼라비-야우 공간을 만들어 보지 못한 사람들이 유독 그렇다.◆19

무한개일 수도 있는 칼라비-야우 공간은 크기와 모양을 서술하는 수많은 변수들을 가지기 때문에, 각각이 어떤 가능한 공간들의 족을 형성한다.

1980년대 말~1990년대 초에 걸쳐 다수의 물리학자들은 새로운 칼라비-야우 공간을 찾아내고 분류하는 데 엄청난 노력을 기울였다. 그 와중에 수학자와 물리학자 사이의 교류가 활발하게 이루어졌는데, 가장 중요한 이슈는 앞에서 언급된 '거울대칭'이었다. 그리고 이 기간동안 초끈이론과 불가분

30세에 필즈메달을 받은 중국계 미국 수학자. 필즈메달을 받은 아시아 4인방(고다이라 구니히코, 히로나카 헤이스케, 모리 시게후미, 추청퉁)중 한 명이다.

의 관계에 있는 2차원 등각 양자장이론에 관한 연구가 크게 진척되었다.

초끈이론의 2차 혁명기

1990년대 초부터 초끈이론에 대한 물리학자들의 열광적 관심이 점차 수그러들기 시작했다. 그 무렵 초끈이론의 가능한 형태는 다음 5가지로 분류되어 있었다.

- 1984년에 '비정상성 상쇄'가 알려진 SO(32) I형 초끈이론type I superstring theory.
- 두 가지 형태의 II형 초끈이론type II superstring theory.
- E_8 대칭을 두 개 갖는 이형 끈이론$E_8 \times E_8$ heterotic string theory.
- SO(32) 대칭을 갖는 이형 끈이론.

여러 가지 기술적인 이유로 인해, 이들 중 가장 큰 관심을 끈 것은 E_8 이형 끈이론이었다. 1995년 3월에 서던 캘리포니아 대학교Univ. of Southern California에서 개최된 끈이론 학술회의에서 위튼은 "다섯 개의 초끈이론들이 서로 긴밀하게 연결되어 있을지도 모른다"는 충격적인 가설을 발표하여 꺼져 가는 끈이론에 다시 불을 지폈다. 그는 지난 몇 년 동안 다섯 개의 끈이론 사이에서 다양한 듀얼리티를 발견했으며, 초끈이론과 11차원 초중력이론 사이에도 듀얼리티가 존재한다는 강력한 증거를 찾아냈다. 앞서 언급했던 대로 초중력은 아인슈타인의 일반상대성이론에 초대칭 개념을 도입한 양자장이론으로서 자체적으로 재규격화 문제점을 안고 있다. 또한 11차원은 모순 없이 구축 가능한 시공간의 최고 차원이다. 1983년에 위튼은 "11개중 7개의 차원이 작은 영역 안에 숨어 있다고 가정한 대통일이론은 약한 상호작용의 거울 비대칭적 특성mirror asymmetric nature을 재현하는 데 선천적으로 문제가 있다"는 사실을 이미 증명했었다.

1993년에 위튼이 제안한 추론의 핵심은 "새로운 11차원 초대칭이론이 존재할 수도 있다"는 것이었다. 이 이론을 저에너지 극한으로 가져가면 초중력 이론이 되지만, 고에너지 극한에 대응되는 이론은 기존 양자장으로 서술할 수 없는 새로운 이론임이 분명했다. 위튼의 추론이 사실이라면, 끈은 길이만 갖는 1차원적 대상이 아니라 2차원, 또는 5차원의 p-브레인p-brane이어야 한다. 여기서 p는 양의 정수이고, p-브레인은 11차원 공간 속에서 이동 가능한 p-차원 공간을 의미한다. 따라서 끈은 1-브레인이며, 2-브레인은 11차원 공간 속을 이동하는 2차원 곡면인 셈이다. 브레인brane이라는 용어는 2차원 곡면(막)을 의미하는 '멤브레인membrane'에서 유래되었다. 3-브레인은 3차원 막을, p-브레인은 p차원의 막을 의미한다.

끈이론 초창기에도 브레인이론에 관심을 가진 물리학자들이 있었다. 이들은 만물을 이루는 최소단위가 단순한 1차원 끈이 아니라 고차원 막이라고 생각했다. 그러나 기존 끈이론과 비슷한 방식으로 이론을 정의하려다 보니 당시로서는 도저히 해결할 수 없는 여러 가지 문제점에 봉착했다. 위튼이 제안했던 11차원 이론도 끈이론과 같은 방식으로는 구축할 수 없고, 2-브레인이나 5-브레인으로 이루어진 완전히 새로운 이론이어야 했다. 위튼은 이 이론을 'M-이론M-theory'이라고 명명하면서, "M은 어머니mother가 될 수도 있고, 마술magic이나 미스터리mystery, 또는 멤브레인membrane의 첫 글자일 수도 있습니다. 각자 마음에 드는 대로 갖다 붙이면 됩니다"라고 설명했다.◆[20] 그 후 1995년부터 대다수의 이론물리학자들은 M-이론의 정체를 규명하는 연구에 몰입했지만 이렇다 할 성과를 거두지는 못했다. 이들 중 무한차원 행렬을 이용한 연구가 가장 큰 성공을 거두면서, M은 '행렬Matrix'의 첫 글자로 통용되고 있다. 행렬이론은 아주 특별한 11차원 공간에만 적용 가능한데, 11개 중 7개가 작은 영역 속에 숨어 있는 경우(지금 우리가 살고 있는 공간이 이럴 것으로 추정된다)에는 적용되지 않는다.

1995년에 위튼이 제안했던 일련의 추론들 중 가장 중요한 내용은 "극단적인 경우에 이미 알려진 다섯 개의 끈이론과 M-이론으로 전환되는" 단 하나의 이론이 존재한다는 것이었다. 이 부분적으로만 밝혀진 이론을 M-이론이라 지칭하기도 하는데, '모든 이론의 어머니 격인' 근본적인 이론이라는 뜻에서 'mother'의 첫 자인 M을 따서 그렇게 부른다. 글래쇼는 끈이론을 주제로 한 다큐멘터리 '노바Nova'에 출연하여◆[21] 반 농담 삼아 "M-이론의 M은 위튼의 첫 자인 W를 뒤집은 것이다"라고 말한 적이 있다. 위튼도 그 프로그램에 출연하여 다음과 같이 응수했다.

> 일부 냉소적인 사람들은 M-이론을 이해하는 수준이 매우 초보적인 단계에 머물러 있음을 지적하면서, M이 '미적지근한murky'의 첫 글자라며 빈정대곤 합니다. 예! 사실입니다, 그에게 그 이야기도 미리 해 줄 걸 그랬네요.

M-이론의 정체는 아직도 정확하게 규명되지 않았다. 그러나 1995년에 위튼이 "다섯 개의 끈이론들은 듀얼리티를 통해 서로 연결되며, 연결망의 중심에 M-이론이 있다"는 추론을 제안한 후로 끈이론을 향한 열풍이 또 한 번 대대적으로 일어나기 시작했다. 그래서 사람들은 1995년을 '끈이론의 2차 혁명기'라고 부른다. 그 후로 끈이론학자들은 단순한 끈이 아닌 p-브레인을 주로 연구했기 때문에, 초끈이론이라는 용어 자체가 무색해졌다. 일부 물리학자들은 M-이론을 '한때 끈이론으로 불렸던 이론'이라고 부르기도 한다.

최근 동향

물리학자 후안 말다세나Juan Maldacena는 끈이론에 관한 새로운 아이디어를 정리하여 1997년 7월 논문으로 발표했다. 후에 '말다세나 추론' 또는 'AdS/CFT 추론'이라는 이름으로 세상에 알려진 그의 이론은 차원이 서로 다른 두 개의 상이한 이론이 듀얼리티를 통해 서로 연결되어 있음을 주장하는데, 그중 하나가 N=4 초대칭을 갖는(즉, 4종류의 초대칭이 존재하는) 4차원 양-밀스 양자장이론이다. 이 이론은 스케일 변화에 대하여 불변이기 때문에 오랜 세월 동안 '또 하나의 특별한 양자장이론'으로 인식되어 왔다. 다시 말해서, N=4인 4차원 양-밀스 양자장이론에는 질량을 갖지 않는 입자만 등장하기 때문에 거리나 에너지의 스케일을 맞출 일이 전혀 없다는 뜻이다. 그런데 이론이 스케일에 대하여 불변이면 등각변환에 대해서도 불변이므로, 자동적으로 4차원 등각대칭을 갖게 된다. 즉, 4차원 양-밀스 양자장이론은 일종의 등각장이론(CFT)인 셈이다('AdS/CFT 추론'의 CFT는 여기서 비롯되었다. 그러나 4차원 등각장이론은 앞에서 언급된 2차원 등각장이론과 완전히 다른 이론이다).

듀얼리티를 통해 말다세나의 CFT와 연결되는 이론은 특별한 형태의 5차원 공간을 배경으로 하는 초끈이론이다. 이 공간은(또는 이와 유사한 특성을 가진 4차원 공간은) 일반상대성이론을 연구하는 학자들 사이에서 '반-드지터 공간Anti-deSitter space'으로 알려져 있다. 윌렘 드 지터Willem de Sitter는 이 분야를 연구했던 수학자의 이름인데, 5차원 초끈이론의 공간과 드지터 공간은 곡률의 부호가 반대이기 때문에 '반Anti'이라는 접두어가 붙는다('AdS/CFT 추론'의 AdS는 Anti-deSitter space의 약자이다). 반-드지터 공간은 무한한 크기의 5차원 공간으로서, AdS/CFT 추론에 의하면 이 공간을 배경으로 하는 끈이론과 4차원 등각장이론은 듀얼리티를 통해 서로 연결되어 있다. 따라서 듀얼리티는 5차원 끈이론과 4차원 양자장이론을 연결하는 '심오하면서도 난해한' 원리임이 분명하다. 4차원 공간이란 "반-드지터 공간의 임의의 한 점에서 출발하여 무한히 뻗어 가는 방향이 4개 존재하는 공간"으로 해석할 수 있다. 이와 같은 유형의 듀얼리티를 '홀로그래픽holographic' 이라 한다. 3차원 물체의 외형과 관련된 모든 정보를 2차원 면에 저장하는 홀로그램hologram처럼 고차원(5차원) 끈이론의 모든 정보가 4차원 양자장이론에 투영되기 때문이다.

5차원 초끈이론에는 무한히 큰 차원이 5개 존재하는 반면, 4차원 양자장이론에는 이와 같은 차원이 4개밖에 없기 때문에 언뜻 생각하면 말다세나의 AdS/CFT 추론은 별로 도움이 될 것 같지 않다. 이 분야를 연구하는 물리학자들은 '초대칭 등각변환 4차원 양자장이론' 이 아닌 '초대칭이 없는 양-밀스 이론(QCD)' 에 적용되도록 AdS/CFT 추론을 일반화하려고 노력하고 있다. 만일 이것이 실현된다면, "QCD 양자장이론의 듀얼dual에 해당하는 끈이론이 존재할지도 모른다"는 이론물리학자들의 오래된 희망사항이 사실로 판명되는 셈이다. 이 듀얼이론으로 계산을 진행한다면 오랜 세월 동안 물리학자들을 궁금하게 만들었던 QCD의 특성이 완전하게 이해될 것이다.

AdS/CFT 추론에 관한 연구는 지난 7년 동안 방대하게 이루어져 왔다. 현재(2005년 여름) SLAC의 SPIRES 데이터베이스에 등재된 고에너지 물리학 연구논문 목록에서 말다세나의 논문이 인용된 것만 3,641편에 이른다. 입자물리학의 역사를 통틀어 이보다 자주 인용된 논문은 단 두 편뿐인데, 둘 다 실험과 관련된 논문이었다. 입자물리학에서 순수하게 이론적인 아이디어가 이토록 많이 인용된 사례는 이전에도 없었고 앞으로도 찾아보기 힘들 것이다.

브레인-세계 시나리오brane-world scenario는 1998년부터 이론물리학의 최대 현안으로 떠올랐다. 대통일이론의 후보로 거론되는 원조 초끈이론이나 M-이론은 이 우주가 10차원, 또는 11차원이며, 눈에 보이는(또는 느껴지는) 4차원을 제외한 나머지 6차원, 또는 7차원은 아주 작은 영역 속에 숨어 있다고 가정한다. 그러나 브레인-세계 가설은 여분의 6차원, 또는 7차원 중 일부(또는 전부)가 매우 큰 스케일로 뻗어 있으며, 표준모형에 등장하는 장場들이 다른 차원으로 스며들지 않고 우리가 알고 있는 4차원 공간에 머물도록 만드는 어떤 역학 조건이 존재한다고 가정한다. 여분차원의 크기와 특성을 적절히 선택하면 현재 가동 중인(또는 가동예정인) 입자가속기로 관측 가능한 이론 모형을 만들 수 있다.

지난 몇 년 동안 대다수 끈이론학자들은 끈이론에 대한 연구를 멈추고 우주론으로 진출하여 '끈우주론string cosmology' 이라는 새로운 분야를 탄생시켰다. 우주론의 가장 큰 현안은 초기우주의 비밀을 밝히는 것인데, 최근 들어 획기적인 천문관측이 대대적으로 이루어지면서 끈우주론학자들을 고무시키고 있다. 이들은 초끈이론이 초기우주의 초 고에너지 상태를 설명해 줄 것으로 기대한다.

최근 들어 초끈이론의 동향은 엄청나게 많은 해를 인류원리로 해석하는 경치론*[1]쪽으로 흐르고 있다. 이 책 1장에서 언급한 바와 같이, 요즘 학계에는 "전통적인 과학을 포기하고 이런 연구에 몰입하는 것이 과연 타당한가?"라는 의문이 널리 퍼져, 학자들 사이에 격렬한 논쟁이 펼쳐지고 있다. 초끈이론의 접근방식이 전통적인 이론물리학의 근간을 뒤흔드는 형국이다. 이 문제는 다음 장에 자세히 다룰 예정이다.

각각 듀얼리티와 M-이론으로 대변되는 초끈이론의 1,2차 혁명은 고차원 공간의 기하학 및 위상수학과 관련된 흥미로운 논란을 불러왔고, 새로운 수학 아이디어를 낳는 계기가 되었다. 그런가 하면 지난 몇 년 동안 입자물리

*[1]Landscape. 끈이론이 예견하는 엄청나게 많은 진공 중에서 실제로 우리 우주에 존재하는 진공은 확률론적 무작위 선택으로 밖에는 설명할 수 없다는 주장.

학을 이끌었던 브레인-세계 시나리오와 끈우주론, 경치론은 미분방정식이라는 전통적인 수학에 의존하고 있다. 수학과 이론물리학은 1980년대~1990년대 중반까지 매우 친밀하고 생산적인 관계를 유지해 왔지만, 최근 연구동향을 보면 이 관계가 다소 소원해진 느낌이다.

더 읽을거리

초대칭의 역사에 관해서는 케인Kane과 쉬프만Shifman이 공동으로 편집한 『초대칭의 세계: 이론의 출발점The Supersymmetric World: The Beginning of the Theory』를 추천한다.◆22

초끈이론의 역사는 존 슈바르츠의 『초끈이론 – 간략한 역사Superstring - A Brief History』에 잘 정리되어 있다.◆16

초끈이론의 교과서로는 그린, 슈바르츠, 위튼의 『초끈이론Superstring Theory』◆23과 폴친스키의 『끈이론String Theory』◆24, 그리고 바르톤 자이바흐Barton Zwiebach의 『끈이론 입문A First Course in String Theory』◆25 등이 있다.

브레인-세계와 AdS/CFT 추론에 대해서는 클리포드 존슨Clifford V. Johnson의 『D-브레인D-Branes』◆26을 참조하기 바란다.

브레인-세계 시나리오와 관련하여 최근에 출간된 교양서적으로는 리사 랜들Lisa Randall의 『숨겨진 우주Warped Passages』◆27가 있다.

12장

끈이론과 초대칭: 과학적 평가

……또한 끈이론의 기호들도 연거푸 나타난다. 렉터 박사의 계산을 이해 가능한 소수의 수학자들은 이렇게 말할 것이다. 그의 방정식은 최초의 발상은 획기적이나 뒤로 갈수록 마음 속 소망에 영향을 받아 내용이 흐려진다고.

토머스 해리스, 『한니발Hannibal』◆1 중 6장에서 발췌

물리학은 이론과 실험 사이에 복잡한 상호작용이 교환되면서 발전해 나간다. 사실 이것은 물리학뿐만 아니라 모든 과학이 공통으로 가지는 속성이다. 이 책에서는 크게 강조하지 않았지만, 입자물리학의 표준모형도 이와 같은 과정을 거치면서 발전해 왔다. 그런데 (주의 깊은 독자들은 이미 눈치 챘겠지만)초끈이론은 처음 탄생한 후로 지금까지 실험 검증을 단 한 번도 거치지 않았다. 물론 여기에는 그럴 만한 이유가 있다. 초끈이론은 아무것도 예견하지 않았기 때문에, 실험과는 아무런 관련이 없다.

이 장에서는 초끈이론이 지난 20여 년 동안 '실제 자연을 서술하는 물리학'으로 진화하기 위해 걸어온 길을 조명하고 과학으로서의 가치를 평가하고자 한다. 초끈이론의 저에너지 극한은 초대칭 양자장이론으로 추정되고 있으므로, 우리의 평가는 표준모형의 초대칭 버전에서부터 시작되어야 한

다. 그 다음에는 초끈이론이 진정한 이론으로 거듭나기 위해 무엇이 필요하며, 이 상황이 앞으로 어떻게 극복될지 알아볼 것이다. 그리고 초대칭과 초끈이론이 수학에 기여한 바에 대한 조명으로 이 장을 마무리할 예정이다(초대칭과 초끈이론은 물리학이 아닌 수학분야에서 커다란 성공을 거두었다).

이 장에서는 기술적이고 전문적인 내용이 수시로 등장하기 때문에 일반 독자들에게는 다소 어렵게 느껴질지도 모른다. 이 책은 일반 독자들을 위한 교양과학서적을 표방하지만, 초끈이론을 정확하게 평가하려면 어쩔 수 없이 자세한 내용을 다뤄야 한다. 앞으로 이어질 이야기는 지금까지의 그 어떤 교양서적에도 나온 적이 없다. 어쨌거나 이 장의 내용을 대충이라도 이해한다면 초끈이론을 새로운 시각으로 바라볼 수 있게 될 것이다.

초대칭

최근 몇 년 사이 '초대칭이론 탄생 30주년'을 기념하는 다양한 학술회의가 개최되었으며, 이 분야에 기여한 학자들의 초기 논문이 모음집 형식으로 재출간되어 세간의 관심을 끌었다.◆2 지금까지 발표된 논문은 무려 37,000여 편에 달하며,◆3 어림잡아 지난 10년 동안 한 해 평균 1,500편에 가까운 논문이 초대칭을 주제로 발표된 셈이다. 논문 수로 볼 때 초대칭에 대한 관심은 조금도 수그러들지 않았다. 실험 증거가 전혀 없는 순수이론에 학자들이 이토록 열광하는 이유는 무엇일까? 전례를 찾아볼 수 없을 만큼 방대한 수의 논문이 발표되고 나서, 무엇을 알게 되었으며 어떤 소득을 올렸는가?

초대칭 개념은 1970년대 초에 탄생하여 새로운 아이디어를 찾던 물리학자들을 크게 고무시켰고, 1970년대 말에는 상당수 입자물리학자들이 이 분야에 뛰어들었다. SLAC의 데이터베이스에 의하면 초대칭을 주제로 한 논문은

1979년에 322편, 1980년에 446편에 불과했으나, 1982년이 되면서 1,066편으로 폭증했다. 이는 곧 초대칭이 1981년부터 갑자기 학자들의 관심을 끌기 시작했음을 의미한다. 그해에 위튼은 시실리 섬의 에리케Erice에서 개최된 입자물리학 여름학교 캠프에서 초대칭과 관련된 일련의 강연을 베풀었다. 이 여름학교는 오랜 역사와 전통을 자랑하는 학술회의로서, 당대의 저명한 입자물리학자들과 포스트닥, 대학원생들이 대거 참석하여 최근의 현안을 놓고 열띤 공방을 벌인다. 이탈리아의 저명한 물리학자 안토니오 지치치Antonio Zichichi가 이 학회의 주최자이며, 정치인에서 마피아에 이르기까지 이탈리아 내 모든 계층의 사람들과 친분관계를 맺고 있는 마당발로 유명하다. 또한 그는 물리학자 사이에서 전설같이 떠도는 다양한 일화의 주인공이기도 하다. 잠시 머리를 식히는 의미에서 그중에 한 가지 소문을 여기 소개한다(소문의 출처와 그 진위여부 모두가 지금 와서는 기억이 가물가물하다). 어느 해엔가 한 물리학자가 에리케에서 개최된 여름학교에 참석하기 위해 기차여행을 하다가 짐을 도둑맞았다. 그는 에리케에 도착하자마자 지치치에게 달려가 "그 가방이 없으면 저는 강연을 할 수 없습니다. 모든 자료가 그 안에 들어 있거든요. 제발 저 좀 도와주세요!"라며 다급하게 하소연했고, 지치치는 태연한 어투로 "아무 문제없을 테니 걱정 마세요, 시뇨레."라며 그를 진정시켰다. 다음 날 아침, 그 물리학자는 호텔 객실의 현관문 앞에서 도둑맞은 가방을 발견했다. 지치치가 각계각층에 연락을 취하여 가방을 제자리에 갖다 놓은 것이다.

1960~70년대를 통틀어 에리케 여름학교의 주인공은 하버드 대학교의 물리학자 시드니 콜먼*1 이었다. 그는 이 기간 동안 단 한 번도 빠지지 않고 여

*1 '올챙이 그림'이란 용어를 만들어 낸 그 사람이다. 콜먼이 청취자로 세미나에 참가했을 때 강의가 끝나고 나면 연사보다 그 내용을 더 잘 이해하더라는 전설이 전해 내려온다. 그는 2007년 11월 19일 향년 69세의 나이로 별세했다.

름학교에 참석하여 SU(3) 대칭과 흐름대수, 점근적 자유성, 자발적 대칭 붕괴, 순간자, 큰 N 전개 등에 대해 강연했고, 그 내용은 1980년대 중반에 『대칭의 형태Aspects of Symmetry』라는 단행본으로 출판되어 이론물리학자의 필독서로 자리 잡았다.◆4 그 후 1981년에 여름학교에 참석한 위튼은 초대칭과 관련된 환상적인 강연을 베풀면서 콜먼의 지위를 계승했다.

앞에서 설명한 대로, 1970년대 중반부터 표준모형이 대통일이론의 후보로 거론되면서 이론의 대칭을 확장하는 연구가 활발하게 진행되었다. 당시에는 표준모형의 SU(3)×SU(2)×U(1) 대칭군을 SU(5)나 SO(10)으로 확장한 양-밀스 양자장이론을 구축하는 것이 최대의 현안이었는데, 위튼은 "표준모형을 대통일이론으로 확장하다 보면 '계층문제hierarchy problem'에 직면하게 된다"는 사실을 발표하여 잔뜩 꿈에 부풀었던 물리학자들을 실망시켰다. 이는 전혀 다른 두 가지 스케일의 에너지(또는 거리) 계층이 존재하는 이론에서는 확장과정에서 두 값 사이의 차이를 끝까지 유지하기가 어렵다는 사실을 의미한다. 두 개의 스케일 중 하나는 약전자기이론의 자발적 대칭 붕괴에 관여하는 W입자와 Z입자의 질량에 해당되며, 그 값은 약 $100(10^2)$GeV 정도이다. 다른 하나는 (훨씬 큰 대칭을 갖는) 대통일이론의 자발적 대칭 붕괴에 나타나는 에너지 스케일인데, 실험과 상충되지 않으려면 이 값은 약 10^{15}GeV가 되어야 한다. 그런데 위튼은 "진공상태의 자발적 대칭 붕괴를 유도하기 위해 근본적인 장(힉스장)을 도입한다면 두 에너지 스케일을 10^{13}배 차이로 유지할 방법이 없다"고 주장했다. 건드림 전개에 등장하는 모든 항들을 '미세 조정fine-tuned' 하지 않는 한, 작은 에너지 스케일이 마구 커져서 대통일 에너지와 거의 비슷해진다는 것이다.

위튼은 이 문제의 해결책으로 초대칭을 제안했다. 힉스장과 같은 보존 장의 질량을 자연스럽게 유지하는 방법은 없지만, 거울반전에 대하여 비대칭인 페르미온은 자신의 질량을 0으로 유지하는 나선성 대칭을 갖는 것으로 판명되었다. 초대칭이론에서 보존과 페르미온은 질량이 동일한 짝을 이루므로, 위튼은 "약전자기 힉스장은 초대칭이론의 일부이며, 힉스입자는 질량이 0으로 세팅된 페르미온과 짝을 이룬다"고 제안했다. 질량 스케일이 엄청나게 큰 대통일이론에서도 초대칭과 나선성 대칭을 적절히 조합하면 약전자기 힉스입자의 질량을 작은 값으로 유지할 수 있다. 위튼의 주장을 요약하면 다음과 같다. "SU(5) 유형의 대통일이론을 구축하면서 힉스장으로 진공의 대칭이 붕괴되는 구조를 유지하려면 계층문제에 직면하게 된다. 그러나 이 문제는 초대칭을 도입함으로써 해결할 수 있다."

위튼의 논리는 매우 설득력이 있어서 지금까지도 물리학자들에게 많은 영향을 미치고 있다. 그러나 여기에는 몇 가지 가정이 깔려 있음을 잊지 말아야 한다. 첫 번째는 매우 큰 에너지에서 대칭성이 붕괴되는 대통일이론이 존재한다는 가정이고, 두 번째는 약전자기 상호작용의 자발적 대칭 붕괴가 힉스장에 의해 이루어진다는 가정이다. 둘 중 하나(또는 둘 다)는 틀렸을 가능성이 매우 높다.

위튼이 제안했던 계층문제 이외에 초대칭과 관련하여 지난 20년 동안 물리학자들에게 큰 영향을 미쳐 온 주장이 또 하나 있는데, 이것 역시 '보편타당한 대통일이론이 존재한다'는 가정에서부터 출발한다. 표준모형에서 상호작용의 강도는 SU(3)와 SU(2), U(1)에 대응되는 3개의 숫자로 특성화되지만, 대통일이론은 이것이 단 하나의 숫자로 특성화된다고 가정했다. 점근적 자유성에 의하면 상호작용 강도는 관측된 거리 스케일에 따라 달라진다. 대통일이론을 전개할 때에는 실험에 사용된 입자가속기의 출력으로부터 상호작용 강도를 추정하는 수밖에 없다. 1970년대에 이 계산을 처음 실행했을 때 세 가지 상호작용(전자기력, 약력, 강력)은 10^{15}GeV 근처에서 거의 같은 강도를 갖는 것으로 판명되었으며, 따라서 대통일이론의 에너지 스케일도 10^{15}GeV 정도로 추정되었다. 물론 지금은 실험장비가 개선되어 각 상호작용의 강도가 훨씬 정확하게 알려져 있다. 그런데 이 값에 입각하여 동일한 계산을 실행하면 세 개의 숫자가 한 지점에서 정확하게 일치하지 않는다. 전자기력과 약력, 전자기력과 강력, 그리고 약력과 강력이 서로 일치하는 지점이 10^{13}~10^{16}GeV 사이에 흩어져 있는 것이다.

가장 일반적인 방법을 사용하여 표준모형을 초대칭 양자장이론으로 확장한 후 동일한 계산을 수행하면, 세 가지 상호작용의 강도가 2×10^{16}GeV 근처에서 거의 일치한다. 그러나 여기에 어떤 의미를 부여하려면 "지금까지 실험으로 관측된 에너지 스케일(100~1,000GeV)과 2×10^{16}GeV 사이에서는 새로운 물리 현상(새로운 상호작용)이 존재하지 않는다"는 가정이 전제되어야 한다. 이 가정은 '사막 가설' 이라 불린다. 그러나 대통일이론의 대칭이 붕괴되는 이유가 아직 규명되지 않았기 때문에, 그다지 설득력은 없다. 세 가지 상호작용의 강도가 하나의 에너지 값에서 일치해야 한다는 것도 이 가정하에서 요구되는 사항이다.

위에 제시된 두 가지 논의 이외에도, 초대칭 양자장이론에서 도출되는 다른 종류의 문제들이 있다. 초대칭은 페르미온과 보존을 연결해 주므로 이 개념을 이용하면 두 가지 유형의 입자들을 하나로 통일할 수 있을 것만 같다. 그러나 안타깝게도 이는 전혀 사실이 아니다. 초대칭으로 페르미온과 보존을 하나로 통일한다는 발상은 완전히 헛짚은 생각이다. 두 입자군을 초대칭으로 연관지으려는 모든 시도는 그와 상충하는 실험결과라는 벽에 부딪혔다. 이 모든 문제는 초대칭이 내부의 SU(3)×SU(2)×U(1)대칭과 무관한 시간-공간의 대칭이라는 사실에서 기인한다. 그 결과 동일한 SU(3)×SU(2)×U(1) 표현을 갖는 보존과 페르미온을 연결시켜야 하는데, 표준모형에는 이와 같은 입자 쌍이 등장하지 않는다. 초대칭이 예견하는 대칭패턴과 관측결과 사이의 불일치는 가장 가설적인 대통일이론에서도 여전히 나타난다. 여기 등장하는 여분의 입자들은 초대칭을 통해 연결되지 않는다.

초대칭과 관련하여 종종 제기되는 다른 논의점은 초끈이론의 저에너지 극한이 초대칭 양자장이론일 가능성이다. 물론 이 논리는 우리의 우주가 고에너지에서 초끈이론의 지배를 받는다는 가정에 기초한다. 이 가능성은 다음 절에서 알아 보기로 하고, 지금 당장은 "초끈이론이 대접을 받는 이유 중 하나는 그것이 초대칭을 설명해 주기 때문이다"라는 점을 기억해 두기 바란다. 사실 이것은 다소 완곡한 표현이고, 사실대로 말하자면 초끈이론과 초대칭은 한 배를 탄 운명이나 다름없다. 이들은 똑같이 옳거나 똑같이 틀릴 수밖에 없는 이론이다.

초대칭에 대한 또 다른 주장은 표준모형에 초대칭가설을 논리 정연한 방법으로 일반화만 해도 새로운 이론이 도출될 거라는 생각이다. 이론물리학자들은 지난 25년 동안 모든 가능한 초대칭이론을 찾아내고 이해하기 위해 전력을 기울여 왔다. 표준모형을 일반화한 가장 단순한 초대칭이론이 바로 '최소 초대칭 표준모형Minimal Supersymmetric Standard Model, MSSM'인데, 지금부터 몇 가지 내용을 다루어 보도록 하자. 이론의 일부만 살펴 봐도 그 실현가능성이 자연스레 드러날 것이다.

표준모형을 초대칭 버전으로 확장하는 데에는 두 가지 어려운 문제가 도사리고 있다. 첫 번째 문제는 앞서 말한 바와 같이 이미 알려진 입자들 사이에는 초대칭이 존재하지 않기 때문에 기존 입자들과 초대칭으로 연결되는 새로운 입자들이 존재해야 한다는 점이다. 이런 입자를 초대칭짝superpartner이라고 하는데, 아직 발견된 사례는 한 건도 없지만 초대칭짝의 출현을 애타게 기다리는 물리학자들은 미리 이름을 다 붙여 놓았다. 쿼크의 초대칭짝은 '스쿼크squark', 렙톤의 초대칭짝은 '스렙톤slepton', 글루온의 초대칭짝은 '글루이노gluino' 등으로 불린다.*1 또한 보존 힉스장에는 초대칭짝이 할당되지 않으므로 제2의 힉스장과 초대칭짝의 존재를 가정해야 한다. 힉스장의 수를 두 배로 확장하지 않으면 이론에 비정상성이 나타나며, 쿼크 중 일부의 질량이 0이 된다.

두 번째 문제는 새로 가정한 입자들이 기존 입자들과 전혀 다른 질량을 가져야 한다는 점이다. 만일 초대칭짝 입자의 질량이 기존 입자와 비슷하다면 진작 관측되었어야 한다. 따라서 실험결과와 상충되지 않으려면 "기존 입자의 모든 초대칭짝들은 질량이 너무 커서 현존하는 입자가속기로는 만들어 내지 못한다"고 가정하는 수밖에 없다. 또한 이것은 초대칭이 자발적으로 붕괴되었음을 뜻한다. 진공에 초대칭이 존재한다면 모든 입자들은 자신의 초대칭짝과 동일한 질량을 가져야 하기 때문이다.

초대칭의 자발적 붕괴를 그 안에 포함시켜야 한다는 조건은 모든 초대칭 양자장이론에게 하나의 재앙과 같다. 표준모형의 초대칭 버전에서는 스스로 초대칭을 붕괴시키는 역학구조가 존재하지 않으며, 힉스장 같은 것을 도입해서 초대칭을 붕괴시키면 입자의 질량들 사이의 관계가 사실과 일치하지 않는다. 어떻게든 초대칭을 자발적으로 붕괴시키는 데 성공했다 해도, 이 과정에서 초대칭으로부터 도입된 입자 이외에 여러 종의 새로운 입자와 힘을 추가로 가정해야 한다. 이것을 구현하는 가장 좋은 방법은 스스로 붕괴가 가능한 완전히 새로운 대칭, 즉 '숨어 있는 초대칭'에서 출발하는 것이다. 숨어 있는 초대칭으로부터 도입된 입자와 힘은 기존 입자나 힘과 아무런 관련이 없기 때문에 이렇게 하면 완전히 분리된 두 개의 초대칭 양자장이론을 갖게 되는 셈이다. 여기에 나름대로의 입자를 갖고 있는 '제3의 이론'을 추가하되, 이론에 등장하는 입자들이 기존 힘과 숨어 있는 힘의 영향을 모두 받는다고 가정하면 된다. 이렇게 도입된 제3의 입자를 '전령입자messenger particle'라고 하는데, 현재 전령입자를 서술하는 다양한 이론이 제기된 상태

*[1]뉴트리노에서 쓰인 작다는 뜻의 이탈리아어 어미 -ino를 붙여 게이지 입자의 짝은 게이지노(gaugino), W입자는 위노(wino), Z입자는 지노(zino)이다.

이다.

그러나 이 장밋빛 계획 모두는 터무니없이 비틀린 사상누각이며, 아무것도 예견할 수 없다. 초대칭을 옹호하는 학자들은 이 상황을 '초대칭을 붕괴시키는 역학 과정이 알려지지 않았기 때문'이라는 말로 얼버무리려 한다. 어쨌거나 우리는 초대칭의 붕괴과정을 이해하지 못하고 있으므로 MSSM(최소 초대칭 표준모형)을 제대로 정의하려면 각 입자의 초대칭짝뿐만 아니라 모든 가능한 초대칭 붕괴과정에서 나타나는 모든 항들까지 이론에 포함시켜야 한다. 그 결과 MSSM에 등장하는 '결정되지 않은 매개변수의 수'는 표준모형보다 무려 105개나 많다. 이론으로는 설명하지 못하지만 실험을 통해 결정된 표준모형 내 18개 변수를 이해하려 도입된 초대칭이, 도움이 되기는커녕 미지수만 105개 더 얹어 준 꼴이다. 사정이 이러하기에 MSSM은 실제로 아무것도 예견할 수 없었다. 원리적으로 105개의 변수는 어떤 값이든 가질 수 있으며 아직 관측되지 않은 초대칭짝들의 질량을 예측할 방법도 없다. 초대칭 붕괴의 에너지 스케일이 '지나치게 크지 않다'는 조건을 부과하면(이 조건은 초대칭의 계층문제를 어느 정도 해결해 준다) 무언가를 예견할 수도 있지만, '지나치게 크다'는 기준이 모호하기 때문에 별로 설득력이 없다.

초대칭 붕괴 문제가 가장 골칫거리이긴 하지만, MSSM엔 또 하나의 마뜩찮은 요소가 있다. 초대칭짝과 이미 알려진 입자들이 상호작용하는 현상은 단 한 번도 관측된 적이 없으므로, 이런 사건이 일어나지 않으려면 이론에 R-반전성 대칭R-parity symmetry이 존재해야 한다. 이것은 일종의 거울대칭으로서, 기존 입자들은 R-반전 하에 불변이지만 초대칭짝은 그렇지 않다는 조건이다. 그러나 이처럼 억지로 끼워 넣은 듯한 조건에도 불구하고 실험과 일치하지 않을 가능성은 곳곳에 남아 있다. 표준모형은 매우 간단하여 몇 가지 현상이 이론적으로 금지되어 있지만 MSSM에서는 모든 현상이 허용되며, 실험결과와 일치시키려면 105개의 변수들을 특정한 값으로 정해야 한다. 물론 이 변수들이 그와 같은 값을 가져야 하는 이유는 여전히 오리무중이다. MSSM에서는 허용되지만 표준모형에서는 일어나지 않는 현상들을 정리해 보면 다음과 같다.

- 맛깔이 변하는 중성 소립자류neutral current. 이것은 쿼크의 전하가 변하지 않은 채 맛깔이 바뀌는 현상이다. 1970년에 맵시쿼크의 존재를 예견하게 된 주요 동기 중 하나는 그것이 위와 같은 현상을 미연에 방지해 주기 때문이었다. 표준모형에서 맵시쿼크의 도입으로 해결된 문제가 MSSM에서 다시 등장하고 있는 것이다.
- 한 종류의 렙톤이 다른 종류로 변하는 현상. 대표적 사례로는 뮤온이 전자와 광자로 붕괴되는 현상을 들 수 있다. 이론적으로는 허용되지만 실제로 관측된 적은 없다.
- CP 위반CP violation. 앞서 말한 바와 같이, 약한 상호작용은 거울반전(또는 홀짝성 변환)에 대하여 불변이 아니다. 물리학자들은 이 변환을 'P'라는 기호로 표기한다. 그리고 입자를 반입자로 바꾸는 전하켤레변환(또는 그 역변환)은 'C'로 표기한다. CP는 이 두 가지 변환을 한꺼번에 행하는 변환을 의미하는데, 지금까지 행해진 실험에 의하면 3세대 이상의 쿼크가 포함된 특수한 경우를 제외하고 CP변환은 물리계를 변화시키지 않는다. 그러나 MSSM에서는 CP 대칭성이 붕괴되는 경우가 다양하게 존재한다.

MSSM은 'μ-문제'라는 또 하나의 문제점을 잠재적으로 안고 있다. 여기서 그리스 문자 뮤(μ)는 MSSM에서 초대칭 힉스입자의 질량을 좌우하는 계수를 의미한다. 기본적으로 이 문제는 초대칭이 이미 해결했다고 주장하는 계층문제를 또 다시 불러일으킨다. 모든 것이 맞아떨어지려면 μ는 반드시 약전자기력의 자발적 대칭붕괴가 일어나는 에너지 스케일에 속해야 하지만, 이 값이 10^{13} 이나 더 큰 거시(대통일)스케일 쯤에 있지 않아야 할 이유도 딱히 없다. 이 경우에는 첫 번째 계층문제를 해결할 때 사용했던 역학은 쓸 수 없기 때문에 무언가 다른 방법을 모색해야 한다. 이 문제를 해결하려면 "미지의 어떤 원인에 의해 대통일 스케일에서 μ의 값은 0이어야만 한다"고 가정한 후, MSSM에 등장하지 않는 다른 장을 도입하여 적절한 값을 구현해야 한다.

게다가 MSSM과 대통일이론을 연결시키는 과정에서도 문제가 발생한다. 앞에서 말한 대로 가장 단순한 비-초대칭 SU(5) 대통일이론은 양성자 붕괴가 일어나지 않음을 실험실에서 관측한 결과 틀린 이론으로 판명되었다. 반면에 초대칭을 도입한 SU(5)나 초대칭 유형 대통일이론은 저에너지 극한이 MSSM에 해당되며 이런 이론들은 MSSM의 논리를 그대로 살린 채 구축될 수 있다. 초대칭 대통일이론으로 가면 에너지 스케일이 커지면서 비-초대칭 대통일이론에서 양성자 붕괴의 원인이 되었던 과정이 훨씬 뜸하게 나타나기 때문에, 실험과의 불일치가 해소된다. 그러나 이 경우에는 다른 과정이 등장하면서 다른 문제가 발생하는데 가장 심각한 것이 '이중상태-삼중상태 분리문제doublet-triplet splitting problem'이다. 초대칭 대통일이론은 SU(2) 표준모형의 2차원 표현에 해당되는 이중상태 힉스입자Higgs doublet뿐만 아니라 SU(3) 표준모형의 3차원 표현에 해당되는 삼중상태 힉스입자Higgs triplet까지 포함하며, 이 입자들은 쿼크와 같이 세 가지 색을 가진다. 이중상태 힉스입자는 질량이 작지만 삼중상태 힉스입자는 대통일 스케일, 또는 그 이상으로 질량이 매우 크며 양성자의 붕괴를 초래한다. 이렇게 질량이 크게 다른 두 종류의 입자를 자연스럽게 배열하는 것이 이중상태-삼중상태 분리문제의 핵심이다. 이 문제를 해결하지 않으면 이론으로부터 '관측 가능한' 양성자붕괴가 예견될 것이고, 실험결과와 상충되기 때문에 결국은 이론을 폐기해야 할 지경에 이르게 된다.

지금까지의 상황을 정리해 보자. 초대칭은 대통일이론을 구축하는 데 도움이 될 만한 두 가지 특성을 가진다. 그중 하나는 이론에 등장하는 변수들을 특정한 값으로 제한하지 않고서도 약전자기 대칭성 붕괴와 대통일의 질량 스케일을 자연스럽게 분리할 수 있다는 점이며, 나머지 하나는 초대칭이론에서 표준모형 SU(3), SU(2), U(1)의 강도가 2×10^{16}GeV 근처에서 거의 일치한다는 점이다. 그러나 중요한 질문이 남아 있다. "이 두 가지 특성을 하나로 모았을 때 무언가를 예견할 수 있는가?" 초대칭이론에 의하면 모든 입자들은 고유의 초대칭짝을 가져야 하지만 실제로 발견된 적은 없다. 물론 여기에는 긍정적인 측면도 있다. 첫째는 이론에서 예견하는 초대칭짝의 질량이 약전자기력 대칭이 자발적으로 붕괴되는 200GeV에서 크게 벗어나지 않는다는 점이다. 다양한 실험을 거치면서 질량이 이보다 작은 초대칭짝은 존재하지 않음이 판명되었다. 그러나 질량이 이보다 크면서 계층문제를 야기하지 않는 초대칭짝의 존재여부는 아직 알려지지 않았다. 초대칭의 두 번째 긍정적인 측면은 한 가지 사실을 예측할 수 있다는 점이다. 세 가지 상호작용의 강도가 정말로 한 지점에서 일치한다면, 이들 중 둘을 알고 있을 때 나머지 하나를 예측할 수 있다. 예를 들어 SU(2)와 U(1) 힘의 강도를 안다면 강한 상호작용 SU(3)의 강도를 예측할 수 있다. 이 숫자는 실험을 통해 3% 이내의 오차범위에서 알려져 있는데, 이론을 통해 추정된 값은 이보다 10~15% 정도 크다.◆5 그러나 다른 방법으로 계산을 수행하면(다른 두 힘의 크기를 강력에 대한 상대적 크기로 계산하기 등) 훨씬 정확한 예측이 가능하므로, 그 부정확도를 확실하게 정하기가 쉽지 않다.

따라서 초대칭으로부터 예견된 내용은 (대칭이 붕괴되는 저에너지에서)10~15%의 오차를 갖는다고 말할 수 있다. 물론 대통일 에너지 스케일로 가는 동안 다른 새로운 물리학이 개입되지 않는다는 가정 하에서만 그렇다. 일반적인 에너지 영역에서 새로운 입자들이 존재한다는 예견도 있는데 아직 발견된 적은 없다. 별 소득이 없는 듯해도, 사실 이 예견은 상당한 대가를 치른 결과이다. 앞서 지적한 대로 표준모형에 초대칭을 적용해 확장시키면 이론만으로 결정 못 하는 변수가 105개나 많아진다. 뿐만 아니라 새로운 모형은 기존 표준모형으로 설명할 수 있었던 입자의 행동규칙들 중 많은 부분을 설명하지 못하며, 중성 소립자류의 맛깔이 변하는 현상 등 새로운 문제를 야기한다.

이런 문제에도 불구하고 누군가가 MSSM을 심각하게 받아들인다면, 그 이유는 미적인 측면이라고 밖에는 볼 수 없다. 외형상으로 이 이론은 너무나도 아름답기 때문에 그 안에 진리가 담겨 있다는 생각을 갖기 쉽다. 사실관계를 정확하게 파악하려면 양자장이론의 언어를 사용하여 MSSM을 철저히 해부해야 한다. 그런데 나는 이 특이한 이론이 아름답다고 주장하는 사람들 중에서 양자장이론에 능통한 사람을 단 한 번도 보지 못했다.

사람들이 초대칭 장이론을 지지하는 또 한 가지의 이유 역시 아직은 결말이 나지 않은 상태다. 앞에서 나는 초대칭 개념을 도입한 중력이론, 즉 초중력이론을 잠시 언급했었다. 물론 초중력은 재규격화가 되지 않는다는 문제점을 가지지만 "절대 해결될 수 없다"고 단정짓기도 어렵다. 앞으로 어떤 천재가 나타나서 재규격화에 성공한다면 이론물리학계에 커다란 반향을 불러일으킬 것이다. MSSM을 초대칭 대통일이론으로 확장하면서, 초중력까지 포함시킨다면 모든 물리학자들이 그토록 열망하는 만물의 이론*[1]이 탄생하는 셈이다. 그러나 안타깝게도 이 아이디어는 관측결과와 크게 상충되는

*[1]Theory of Everything. 중력, 전자기력, 약력, 강력을 통합해 거대한 우주에서부터 아원자 입자의 세계까지 설명할 수 있으리라 기대받는 이론.

것으로 드러났다.

자발적 초대칭 붕괴도 나름대로의 문제점을 가진다. 진공의 대칭은 과연 초대칭인가? 그 여부를 결정하는 것은 진공상태의 에너지이다. 만일 진공상태가 초대칭 변환에 대하여 불변이 아니라면, 0이 아닌 에너지를 갖게 된다. 앞서 말한 바와 같이 한 입자와 그 초대칭짝은 질량이 같지 않기 때문에 초대칭은 반드시 자발적으로 붕괴해야 한다. 다시 말해서, 진공상태는 초대칭변환에 대하여 불변이 아니어야 하며 0이 아닌 에너지를 가져야 한다는 뜻이다. 이 에너지는 초대칭이 자발적으로 붕괴할 정도의 스케일이 되어야 하는데, 그 값은 대략 수백 GeV 정도이다. 그러나 초대칭 대통일이론에서 진공에너지는 대통일이 일어나는 에너지로부터 할당되기 때문에 이보다 훨씬 커야 한다.

특정상태의 에너지를 관측하는 표준적인 방법은 진공을 기준으로 삼아 진공과 특정 상태 사이의 에너지 차이를 관측하는 것이다. 여기에 중력을 고려하지 않으면 진공에너지는 거의 0에 가깝기 때문에 무시할 수 있다. 그러나 아인슈타인의 중력이론(일반상대성이론)을 고려하면 사정은 크게 달라진다. 이 경우에는 진공에너지가 시공간의 곡률에 직접적으로 영향을 주기 때문이다. 이것은 아인슈타인의 장방정식에 우주상수cosmological constant라는 형태로 등장한다. 방정식에 우주상수가 없으면 '팽창하는 우주'라는 결과가 얻어지는데, 정적인 우주를 신봉했던 아인슈타인은 팽창효과를 상쇄하기 위해 방정식에 우주상수를 새로 끼워 넣었다. 그러나 그 후에 실행된 천문관측에서 "우주는 팽창하고 있다"는 확실한 결론이 내려졌고, 결국 아인슈타인은 자신의 실수를 인정하면서 우주상수를 철회했다. 그런데 우주상수의 값은 정말로 0일까? 이 사실을 확인하는 유일한 방법은 우주의 팽창속도를 정밀하게 측정하는 것뿐이다. 최근 들어 원거리 은하에 속해 있는 초신성을 관측한 끝에 "우주상수는 0이 아닐 수도 있다"는 놀라운 결과가 얻어졌다.

우주상수의 값은 진공의 '에너지 밀도' 또는 '시공간의 단위부피에 들어있는 에너지'로 해석된다. 에너지를 전자볼트(eV) 단위로 표기하고 거리를 전자볼트의 역수 단위(eV^{-1})로 표기하면 우주상수의 단위는 eV^4인데, 천문학자들은 그 값을 약 $10^{-12}eV^4$로 추정하고 있다. 그런데 초대칭이론에서 자발적 대칭 붕괴는 적어도 $100GeV = 10^{11}eV$ 근처에서 일어나야 하며, 이 경우에 진공의 에너지밀도는 무려 $(100GeV)^4 = 10^{44}eV^4$이나 된다. 즉, 초대칭으로 예견된 진공에너지의 밀도가 관측결과보다 무려 $10^{44}/10^{-12} = 10^{56}$배나 크다는 뜻이다. 이것은 아마도 세부분야를 막론하고 물리학 역사상 '가장 크게 틀린' 예견일 것이다. 초대칭을 도입한 대통일이론은 사정이 더욱 나쁘다. 이 이론에서 예견되는 진공 에너지는 $(2 \times 10^{16}GeV)^4 = 1.6 \times 10^{101}eV^4$인데, 관측을 통해 추정되는 값($10^{-12}eV^4$)보다 무려 10^{113}배나 크다.

우주상수 문제는 너무나 자명하여 초대칭을 연구하는 학자라면 누구나 알고 있다. 그래서 이 문제가 공식적으로 언급되기만 하면 곧바로 학계 전체에 퍼져 나간다. 수많은 물리학자들이 이 문제를 해결하거나 피해 가기 위해 다양한 이론을 제안해 왔지만, 성공한 사례는 단 한 건도 없다. 최근에는 문제 해결을 아예 포기하고 우주상수의 값을 인류원리적 관점에서 추정하는 아이디어가 제기되어 세간의 관심을 끌고 있다. 만일 우주상수가 매우 큰 값이었다면 우주의 팽창속도가 너무 빨라서 지금처럼 은하가 형성되지 못했을 거라는 이야기다. 일견 그럴 듯하게 들리지만, 사실 여기에는 아무런 정보도 담겨 있지 않다. 그런데도 이 논리는 많은 사람들로부터 공감을 사고 있다. 지금 이 시점에서 한 가지 확실한 것은 초대칭이론이 입자의 질량과 우주의 중력 사이에 심각한 모순을 야기한다는 점이다. 관측된 입자의 질량에 의하면 초대칭의 자발적 붕괴가 매우 큰 에너지에서 일어나야 하지만, 관측된 중력에 의하면 이 값은 거의 0에 가깝다.

초끈이론

표준모형에 초대칭을 적용시키는 길에 뛰어들기로 마음먹은 물리학자라면 지금까지 언급된 심각한 문제들이 어떻게든 해결 가능하다는 믿음을 가지고 있어야 한다. 그리고 이들의 믿음을 실현시켜 줄 가장 강력한 후보로 대두된 것이 바로 초끈이론이다. 지난 20여 년 동안 세계적인 석학들이 이 분야에 투신하여 전례 없이 방대한 양의 논문을 발표해 왔지만, 아직도 초끈이론은 '희망사항'의 단계를 뛰어넘지 못했다. 실험으로 검증 가능한 결과를 단 하나도 내놓지 못한 것은 물론이거니와, 지금으로선 이 상황이 달라질 가능성도 거의 없다.

물리학 이론이 어떤 값을 예견한 후 실험을 통해 검증받는 것은 당연한 수순이다. 그러나 초끈이론은 이 과정을 지금까지 한 번도 거치지 못했으며, 기다림에 지친 물리학자들은 이론 자체의 신빙성에 의구심을 품기 시작했다. 1988년에 작고한 리처드 파인만은 1987년에 행해진 인터뷰에서 다음과 같은 말을 남겼다.

요즘 늙은 물리학자가 초끈이론을 배격하면 바보취급을 받기 십상이지요. 이론물리학계에 이러한 풍조가 만연한 걸 내 모르는 바 아닙니다. 하지만 바보취급을 받는 한이 있어도 할 말은 해야겠어요. 초끈이론은 완전히 엉터립니다! 이런 발언이 얼마나 위험한지는 잘 압니다. 내가 이런 말을 했다는 걸 후대의 역사가들이 분명히 기억해주길 바래요. 초끈이론은 100% 허튼소리이고, 명백하게 잘못된 방향으로 가는 중입니다.

— 어떤 부분이 그렇게 싫으신 겁니까?

일단, 초끈이론은 아무것도 계산하지 못해요. 그런데도 초끈이론을 연구하는 학자들은 자신의 아이디어를 재검증할 생각조차 하지 않습니다. 이론과 실험이 완전히 따로 노는데도, 여전히 초끈이론은 옳다고 주장합니다. '그' 이론에 의하면, 이 세상은 10차원 시공간으로 이루어져 있다고 하더군요. 잘은 모르겠지만 여분의 6차원을 작은 영역 속에 구겨 넣는 방법이 있을지도 모르지요. 수학적으로는 가능합니다. 그런데 구겨진 차원의 수가 왜 하필 6개지요? 7개면 안됩니까? 끈이론학자들은 실험과 일치시키려는 의지도 없이, 그저 구겨진 차원의 개수를 맞추기 위해 방정식을 사용하고 있어요. 구겨진 차원이 8개이고 우리의 시공간이 2차원이면 안될 이유가 있습니까?(당시에 초끈이론이 주장하는 시공간은 10차원이었다: 옮긴이) 그들의 이론에 의하면 이렇게 되지 말라는 법도 없지요. 그러나 이 세상이 4차원 시공간이라는 사실은 삼척동자도 다 알 정도로 명백하니까, 여분의 6차원을 없애려고 안간힘을 쓰는 겁니다. 사실, 관측결과와의 불일치는 문제가 아닙니다. 정작 심각한 문제는 이론으로부터 아무것도 알아낼 수 없다는 점이에요. 정말이지 초끈이론은 지나치게 관대한 대접을 받고 있습니다. 내가 아는 한, 결코 이런 이론이 진리가 되는 일은 없습니다. ◆6

이 문제와 관련하여 파인만의 의견을 좀더 간략하게 인용한 책에는 다음과 같이 적혀 있다. "초끈이론은 아무것도 예견하지 못하면서 이리저리 핑계만 둘러댄다."◆7

1979년에 노벨 물리학상을 수상했던 셸던 글래쇼도 초끈이론을 다음과 같이 비난했다.

……그러나 끈이론학자들은 그들의 이론이 제대로 작동한다는 것을 아직 증명하지 못했다. 그들은 끈이론으로부터 표준모형을 논리적으로 도출해 내지 못했으며, 양성자나 전자와 같이 기본적인 입자의 특성조차 서술하지 못하고 있다. 뿐만 아니라 끈이론은 실험으로 검증 가능한 예견을 단 하나도 내놓지 못했다. 무엇보다도 심각한 문제는 끈이론이 자연에 대한 기본적인 전제를 흔들어 놓는다는 점이다. 공간

은 왜 9차원이어야 하는가? 이유는 간단하다. 다른 차원의 공간에서는 끈이론이 성립하지 않기 때문이다.

……끈이론학자들이 이론으로부터 현실세계를 설명하지 못하는 한 그들의 연구는 결코 '물리학'이 될 수 없다. 이런 사람들이 대학에서 연구비를 타내면서 감수성 예민한 학생들을 타락시키는 것을 그대로 방치해야 하는가? 오직 초끈이론만 경험한 채로 갓 박사학위를 받은 학생이 끈에만 매달릴 때 이들을 고용해야 할까? 끈이론의 논의가 물리학과를 넘어 수학과나, 심지어 신학대학의 영역을 도용하는 상황임에도? 바늘 끝에 얼마나 많은 천사들이 올라서서 춤을 출 수 있을지 논쟁했다는 이야기를 들어 보았는가?*1 그보다 10^{30}배나 작은 꼬인 다양체 속에 얼마나 많은 차원이 존재하는가를 연구하겠다는 사람들을 어찌하란 말인가?◆8

끈이론이 실제로 아무것도 예견할 수 없는 이유는 그것이 '이론'이 아니라 '그런 이론이 존재하기를 희망하는 논리의 집합'에 불과하기 때문이다. 위튼은 1983년에 필라델피아의 한 강연석상에서 다음과 같은 말을 한 적이 있다.◆9 "현재 끈이론이 당면한 가장 큰 문제는 아직 이론으로 진화하지 못했다는 점입니다." 물론 이 상황은 지금도 크게 달라지지 않았다. 초끈이론이 가장 최근에 얻은 이름은 'M-이론'인데, 한 물리학자는 이를 다음과 같이 논평했다. "M-이론은 잘못 붙여진 이름이다. 그것은 이론이 아니라 '이론의 존재를 예시하는' 일련의 논리를 모아놓은 것에 불과하다."◆10

1999년에 노벨상을 수상한 토프트는 초끈이론이 처한 상황을 파인만이나

---

*1 중세시대 천사의 품계와 임무를 연구하는 천사론(angelology)이 지나치게 심화된 끝에 나온 천사의 공간성에 대한 논증. 토마스 아퀴나스는 천사는 공간성이 없으나 공간에 들어오면 공간이 천사를 수용하는 것이 아니라 천사가 일정 공간을 수용함으로써 공간을 차지하며 따라서 두 천사가 동일한 공간에 있을 수 없고, 공간 또는 시간의 이동도 동시적이 아니라 빠르지만 중간 공간이나 시간을 통과한다고 주장하였다. 오늘날에는 쓸모없는 탁상공론의 예로 쓰인다.

글래쇼보다 더욱 직설적으로 표현하였다.

나는 끈이론을 '이론'이나 '모형'으로 부르고 싶지 않다. 그것은 일종의 '직감'에 지나지 않는다. 물리학이론이라면 입자의 질량이나 전하를 계산하는 등 물리적 대상을 서술하는 정량화된 규칙이 있어야 하며, 그로부터 일어나는 현상을 예측할 수 있어야 한다. 내가 당신에게 의자를 준다면서 "다리는 아직 달지 않았습니다. 그리고 밑창과 등받이, 손걸이는 곧 배달될 것입니다"라고 한다면, 당신은 "의자를 받았다"고 말할 텐가?◆11

1970년대부터 꾸준하게 연구되어 온 초끈이론이 진정한 이론으로 대접받지 못하는 이유는 무엇인가? 이 점을 이해하기 위해 QED에 건드림 전개를 도입하던 시기로 되돌아가 보자. QED는 무한대 문제로 말썽을 부리다가 2차 세계대전이 끝난 후 재규격화 과정을 통해 정상적인 이론으로 거듭났다. 재규격화가 가능한 임의의 양자장이론에 건드림 전개법을 적용하면 원하는 물리량을 계산할 수 있다. 건드림 전개는 무한히 많은 항들의 합으로 나타나며, 각 항들은 파인만 도표로 표현된다(고차 항으로 갈수록 도표는 정신없이 복잡해진다). 무수히 많은 항들을 더한 결과가 어떻게 유한할 수 있을까? 원리는 간단하다. 건드림 전개의 각 항에는 상호작용의 강도와 관련된 '결합상수coupling constant'가 곱해져 있는데, 고차 항으로 갈수록 결합상수에 붙어 있는 지수가 커진다. 이런 식의 전개가 의미를 가지려면 고차 항으로 갈수록 그 값이 급격하게 작아져야 한다. 이런 경우라면 처음에 등장하는 몇 개의 항만 더하고 나머지를 모두 무시해도 매우 정확한 값을 얻는다. 이 가능성을 좌우하는 요인이 바로 결합상수이다. 결합상수가 크면, 고차 항으로 갈수록 값이 커지기 때문에 건드림 전개 자체가 무의미해진다. 그러나 결합상수가 충분히 작은 경우에는 뒤로 갈수록 값이 급격하게 작아져서 처음 등장하는 단 몇 개의 항으로 전체 값을 대신할 수 있다.

가장 바람직한 경우는 건드림 전개급수가 수렴하는 경우이다. 이런 경우에는 여러 개의 항을 더할수록 유한한 답에 근접하게 된다. 그러나 안타깝게도 자명하지 않은 4차원 시공간 양자장이론의 재규격화된 건드림 전개는 방금 언급한 '바람직한 경우'에 속하지 않고 '점근적 전개asymptotic expansion' 라는 특성을 갖게 되는데, 이런 경우에는 두 가지 사실을 확실하게 말할 수 있다. 첫 번째는 그다지 좋지 않은 소식이다. 항을 여러 개 더할수록 답에 접근하는 것이 아니라 무한대로 발산한다. 두 번째는 좋은 소식인데, 처음 몇 개의 항만 더해도 거의 올바른 답이 얻어지며, 결합상수가 작을수록 정확도가 증가한다. 이것이 바로 QED의 성공비결이었다. 무수히 많은 파인만 도표 중 단 몇 개만 계산하여 기가 막힐 정도로 정확한 답을 얻어낸 것이다. 그러나 수백 개의 항까지 고려한다면 더욱 정확한 답에 접근하기는 커녕 오히려 답에서 멀어질 수도 있다. 양-밀스 양자장이론은 점근적 자유성(상호작용의 유효강도가 거리가 가까워질수록 약해지는)을 가지므로 건드림 전개는 '가까운 거리에서는' 유용한 점근적 전개가 된다. 물론 거리가 가까울수록 정확도는 증가한다. 거리가 멀어지면 유효결합상수effective coupling constant가 커지기 때문에 건드림 전개의 의미가 없어진다. QCD를 완전히 이해하기 위해 다른 형태의 계산법이 필요한 것은 바로 이런 이유 때문이다. 양-밀스 양자장이론은 건드림 전개가 완벽히는 작용하지 않지만, 앞장에서 설명한 바와 같이 격자를 이용한 엄밀한 정의가 가능하므로 이론 자체는 잘 정의된 완벽한 이론이다.

초끈이론에서는 임의의 물리적 과정에서 끈이 쓸고 지나가는 2차원 월드시트에 하나의 숫자가 할당된다. 월드시트는 표면에 난 구멍의 수에 따라 위상학적으로 분류되는데, 각각의 경우에 서로 다른 숫자가 할당되는 식이다. 초끈이론은 "이와 같은 숫자가 무한히 이어지는 수열이 어떤 '잘 정의된'

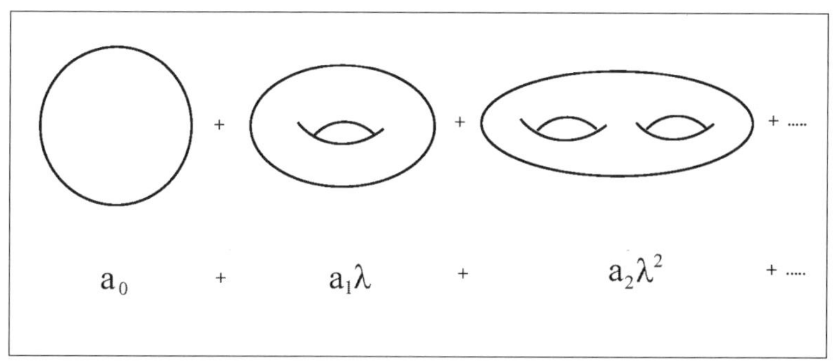

그림 12.1 구멍의 개수에 따른 전개법

이론의 건드림 전개에 해당된다"는 것을 기본 가정으로 삼는다. 이 가설적인 이론을 흔히 '비-건드림 초끈이론'이라고 하는데, 요즘은 'M-이론'이라는 용어로 대신하고 있다. 물론 이 이론의 정체는 아직 밝혀지지 않았다.

구멍의 수에 따른 전개가 특정한 값으로 수렴하여 물리량을 정확하게 계산할 수 있다면 더할 나위 없이 좋을 것이다. 그 정도까지는 아니더라도 타당한 점근적 수열을 얻을 수만 있어도 이론이 생명력을 얻기엔 충분하다. 그러나 지금까지 알려진 바에 의하면 이 전개는 수렴하지 않으며, 고차 항을 더해 나갈수록 계산결과가 무한대에 가까워진다. 원칙적으로는 이 전개에서 '유용한' 점근적 수열을 얻는 일까지는 가능해 보이나, 이는 초끈이론학자들이 원하는 바가 아니다. 물론 그들도 무언가가 계산되기를 바라겠지만, 누군가가 월드시트의 구멍 개수에 따른 전개법으로 무언가를 계산하려 시도했다가 완전히 실패했다고 해도 초끈이론학자들은 전혀 개의치 않을 것이다. 확실한 결과를 내지 못할 바에는 차라리 모호한 채로 남아 있는 편이 유리하지 않겠는가?

초끈이론을 연구하는 학자들은 초끈이론이 저에너지 극한에서 양-밀스장과 중력자 이론으로 전환되기를 간절하게 바라 마지않았다. 원래 초끈이론은 이것을 이루기 위한 수단으로 출발한 이론이다. 반면에 초끈이론학자들이 M-이론에서 나타나지 않기를 바라는 것도 많이 있는데, 그중 하나가 바로 진공의 초대칭이다. 초끈이론의 구멍전개에서 각 항들은 자발적으로 붕괴되지 않은 초대칭을 가진다. 그래서 사람들은 M-이론이 무엇이건 간에 초대칭의 자발적 붕괴가 어떻게 일어나는지 설명해 주기를 기대하고 있다. 또한 M-이론은 최소 초대칭 표준모형에 등장하는 105개의 변수 값을 어떻게든 계산할 수 있어야 하며, 앞 절에서 언급한 초대칭 양자장이론의 문제도 해결해야 한다. 이 모든 문제를 일거에 해결하는 M-이론이 과연 존재할까? 초끈이론학자들은 "언젠가는 발견된다"라는 희망을 품고 있지만, 이들의 낙천적인 관점을 뒷받침할 만한 증거는 단 하나도 발견되지 않았다.

구멍전개의 특성 중 초끈이론학자들이 M-이론에서 마주치기 싫어하는 또 하나의 문제는 '진공겹침vacuum degeneracy'이다. 앞에서 여러 번 강조한 바와 같이, 초끈이론은 10차원 공간에서 성립하는 이론이다. 그런데 구멍전개 중에는 끈이 이동할 수 있는 10차원의 목록이 무수히 많이 얻어진다. 초끈이론은 배경 의존적인*[1]이론이므로, 무수히 많은 10차원 후보들 중 하나를 끈이 이동하는 배경공간으로 선택해야 한다. 단, 10차원 중 4개의 시공간 차원이 큰 스케일로 나타나고 나머지 6개의 차원은 칼라비-야우 공간에 돌돌 말려 있다는 조건이 만족되어야 한다(우리에게 보이는 차원은 4개뿐이기 때문이다). 논리적으로 가능한 칼라비-야우 공간의 수는 무한히 많을 수도, 유한할 수도 있다. 어쨌거나 선택된 공간은 여러 개의 변수에 의해 좌우되는 고유의 크기와 형태를 갖는다. 그런데 구멍전개에서는 모든 칼라비-야우 공간이 주어진 조건을 만족한다. 이것이 바로 진공겹침 문제이다. 최근에는 새로운 구조를 추가하여 칼라비-야우 공간의 크기와 형태를 결정하는

*[1]Background-dependent. 시간과 장소에 관한 모든 질문에 고정되고 변하지 않는 배경이 존재한다고 가정할 때 배경 의존적이라 한다. 뉴턴역학이나 전자기학, 양자역학이 이에 속한다. 배경독립적인 이론의 대표 격으로는 아인슈타인의 상대성이론이 있다.

방법이 제안되었으나, 이 논리를 적용한다 해도 가능한 공간의 수가 너무 많다. 진공겹침 문제는 이 책의 후반부에서 자세히 다룰 예정이다. 초끈이론학자들은 M-이론이 특정한 칼라비-야우 공간을 골라주기를 바라지만 구체적인 증거는 전무한 상태이다.

최근 들어 일각에서는 M-이론의 실체가 '행렬이론'이라는 의견이 제기되었다(M의 후보로는 Mother, Magic, Mystery, Master 등이 있으며, Matrix도 그중 하나이다). 이 이론은 아직 완성되지 않았지만, 완성이 된다 해도 진공겹침 문제는 해결되지 않는다. 조건을 만족하는 해가 무수히 많은 데다가 하나를 골라낼 방법도 없다.

초끈이론학자들에게 "초끈이론은 왜 아무런 예견도 하지 못하는가?"라고 물으면, 그들은 별로 솔직해 보이지 않는 두 가지 이유를 제시하곤 한다. 첫 번째는 "이론에 등장하는 수학이 너무 어렵다"인데, 사실 이는 솔직한 대답이 아니다. 초끈이론이 실질적인 예견을 못하는 이유는 수학이 어려워서가 아니라 "풀어야 할 방정식이 무엇인지"를 모르기 때문이다. 초끈이론의 구멍전개에서 고차 항 계산이 어려운 것은 사실이지만, 이 계산을 하는 물리학자가 거의 없는 이유는 성공해도 보답이 전혀 없기 때문이다. 애써 답을 얻어봤자 초대칭 붕괴는 없고 진공겹침 문제는 여전히 남으므로 정작 손에 남는 게 아무것도 없다. 초끈이론학자들이 내세우는 두 번째 이유는 "초끈이론의 기본 에너지 스케일이 너무 커서 초끈 특유의 현상이 관측될 수 없으며, 저에너지 극한에서 일어날 일의 예측도 쉽지 않다"는 것이다. 물론 이 말은 사실일지도 모른다. 그러나 아직은 완성된 이론이 없기 때문에 입자가속기 출력이 초끈이론의 에너지 스케일을 따라잡는다 해도 현실세계에서 일어나는 구체적인 현상을 초끈이론으로 설명하지는 못할 것이다. 초끈이론은 예측 가능한데 양자장이론에선 안 되는 기본적 현상은 확실히 있지만, 초 고에너지 상태 정도는 돼야 겨우 그 질적인 차이가 나타나기 때문에 이대로라면 '뜬구름 잡는 이론' 에서 벗어날 길은 요원하다.

초끈이론을 옹호하는 사람들은 "비정상성이 상쇄되어야 한다는 조건을 부과하면 초끈이론으로부터 시공간의 차원(10차원)과 초대칭군($E_8 \times E_8$)을 예견할 수 있다"고 주장한다. 그러나 이것은 분명히 틀린 예견이다. 우리의 눈에 보이는 시공간은 10차원이 아닌 4차원이기 때문이다. 게다가 수많은 칼라비-야우 공간들 중 무엇이 우리의 공간과 일치하는지 알아낼 방법도 없기 때문에, 이 정도로 초끈이론이 무언가를 예견했다고 보기엔 이르다. 1995년에 위튼이 M-이론 가설을 제안한 후로, 끈이론학자들은 "M-이론은 단 하나밖에 존재하지 않는다"고 주장해 왔다. 그러나 M-이론의 실체를 모르는 이상 효율성이나 중요성을 논해 봤자 아무런 의미도 없다.

초끈이론학자들은 초끈이론이 초대칭 대통일이론을 실현해 줄 가장 유력한 후보라고 굳게 믿어 왔다. 그러나 앞에서 논한 바와 같이 초끈이론은 아무런 예견도 하지 못하면서 심각한 문제만 떠안은 상태로, 이들의 믿음에 부응할 가능성이 전무하다.

"사정이 이러한데도 초끈이론을 계속 연구할 가치가 있는가?"라고 물으면 초끈이론학자들은 단호히 "그렇다!"고 대답한다. 그런데 그들이 제시하는 이유라는 것이 하나같이 비과학적이다. 가장 빈번하게 듣는 말은 '초끈이론이 현재 이론물리학계에서 진행되고 있는 유일한 게임이기 때문' 이라는 것이다. 이 말 속에 함축된 의미는 나중에 따로 살펴볼 것이다. 내가 볼 때, 많은 물리학자들이 초끈이론에 매달리는 이유 중 하나는 위튼이라는 슈퍼스타가 아직도 이 분야에 투신하고 있기 때문인 듯하다. 물론 위튼은 그 동안 이론물리학계에 엄청난 업적을 남겼다. 이런 천재의 관심 분야에 함께 매진한다면 적어도 외톨이가 되는 일은 없을 것이다. 그러나 이 시점에서 우리는 과거 프린스턴 고등과학원에서 위튼과 동일한 지위를 누렸던 한 천재의 실패담을 떠올릴 필요가 있다.

아인슈타인은 1915년에 일반상대성이론으로 기념비적인 성공을 거둔 후, 남은 여생의 대부분을 통일장이론 연구에 전념했다. 그의 목적은 일반상대성이론의 기하학을 이용하여 전자기학과 중력을 하나의 체계로 통일하는 것이었다. 그러나 아인슈타인은 물리학의 대세로 굳어진 양자역학을 부정했기에, 잘못된 길로 갈 수밖에 없었다. 전자기적 현상을 완전히 이해하려면 양자장이론과 QED를 도입해야 하는데, 아인슈타인은 이를 끝까지 거부하면서 고전적인 장이론만으로도 모든 문제가 해결된다고 믿었다. 당시 양자역학은 전대미문의 성공을 거두면서 승승장구 중이었지만 아인슈타인은 더욱 완벽한 이론을 구축하여 양자역학을 물리학의 무대에서 추방하려 했다. 내가 보기에, 위튼은 과거의 아인슈타인과 비슷한 영향력을 행사하면서 역시 비슷한 실수를 범하는 듯싶다. 그리고 누군가가 세계적인 천재와 같은 분야를 연구한다고 해서 성공할 가능성이 없는 연구에 수십 년을 허비하는 행위가 미화될 수는 없다.

초끈이론학자들에게 초끈이론의 장점을 물었을 때, 가장 흔하게 듣는 대답은 초끈이론이 '유일하게 타당한 양자중력이론' 이라는 것이다. 근거가 전혀 없는 주장은 아니지만 이 역시 사실과 크게 다르다. 앞에서 살펴본 바와 같이 초끈이론은 진정한 이론이 아니라, 건드림 전개에서 나타나기를 바라는 희망사항을 열거해 놓은 '규칙의 집합' 에 불과하다. 그래도 이것이 일반상대성이론에 양자장이론의 표준적 방법을 적용한 건드림 전개보다는 낫다는 건 사실이다. 앞서 언급한 대로 양자중력에 표준 건드림 전개법을 적용한 이론은 재규격화가 불가능하다. 이 전개에서 고차 항을 계산하면 도저히 다룰 수 없는 무한대가 얻어진다.

초끈이론이 등장하면서 이 상황은 확실히 개선되었다. 끈이론학자들이 말하는 '유일하게 타당한 양자중력이론' 이란 바로 이 점을 두고 하는 말이다. 초끈이론의 고차 항 계산은 매우 어렵지만, 무한대로 발산하지 않을 때도 있다. 양자장이론의 무한대는 근거리 상호작용에서 나타나며, 두 장場 사이의 상호작용이 시공간의 동일한 지점에서 일어난다는 사실과 관련 있다. 끈이론은 근본적으로 다른 체계이기 때문에 이로 인한 무한대는 발생하지 않는다. 그러나 무한대의 여지는 항상 남아 있다. 예를 들어 끈이 무한히 작다면 어떻게 될까? 최근에 컬럼비아 대학교의 수학자이자 나의 친구인 D.H. 퐁D.H. Phong은 동료 수학자 에릭 도커Eric D' Hoker와 함께 초끈이론 구멍전개에서 구멍이 두 개인 항의 수학 구조를 완벽하게 규명함과 동시에, 그 값이 무한대가 아님을 증명했다(한때 데이비드 그로스의 제자였던 도커는 나와 프린스턴 대학교 동기이기도 하다). 이로써 구멍이 0, 1, 2개인 항들은 유한한 것으로 판명되었으며, 구멍의 수가 더 많은 항들도 유한할 수 있다는 희망을 품게 되었다.

초끈이론 구멍전개의 모든 항들이 각기 유한한 값을 갖는다는 추론이 널리 퍼지면서 사람들은 초끈이론을 타당한 양자중력이론으로 간주하게 되었다. 그러나 이들은 한 가지 중요한 사실을 잊고 있다. 모든 항들이 유한하다 해도 이들을 모두 더한 결과는 무한대가 될 수도 있다는 점이다. 그리고 전개 자체가 수렴한다고 해서 문제가 해결되는 것은 아니다. 이 사례에서도 초끈이론 학자들은 실험과 일치하지 않는 현상들(초대칭, 진공겹침, 질량이 없는 입자 등)을 아직 설명해 내지 못했다.

이 분야를 연구하는 사람들은 초끈이론이 '유일하게 타당한 양자중력이론'이라고 주장한다. 과연 그럴까? 다른 문제는 차치하고, 일단 '유일하다'는 표현이 과연 옳게 쓰였는지 확인해 보자. 그동안 양자역학과 일반상대성이론을 조화롭게 결합시키려는 시도는 여러 차례 있었지만 초끈이론처럼 집중적으로 연구된 경우는 찾아보기 어렵다. 초끈이론 이외에 물리학자들의 관심을 끌었던 이론으로는 고리 양자중력이론loop quantum gravity이 있는데, 기본 아이디어는 표준 양자이론과 거의 동일하지만 변수를 선택하는 방법이

다르다. 공간의 기하학적 특성을 연구할 때 각 지점마다 정의되어 있는 곡률 curvature을 분석하는 것이 일반적인 방법이지만, 그 대신 공간에 놓여 있는 고리loop의 홀로노미*[1]를 분석할 수도 있다. 이것은 수학자들 사이에서 잘 알려진 사실이다. 휘어진 공간의 한 점에서 출발하여 임의의 경로를 따라 한 바퀴 돈 후 다시 출발점으로 되돌아왔다고 상상해 보자. 이 경우 고리형 궤적을 따라 이동하는 일련의 벡터를 상상할 수 있는데, 각 지점을 이동할 때마다 새로 생기는 벡터는 방금 전의 벡터와 평행하다는 조건을 부과한다. 이런 식으로 이동하여 출발점으로 되돌아온 후 원래의 벡터와 최종 벡터를 비교해 보면, 이들이 회전변환을 통해 서로 연결되어 있음을 알 수 있다. 이럴 때 이들을 연결하는 회전변환을 해당 고리의 홀로노미라고 한다. 이것은 임의의 고리에 대하여 항상 계산 가능하므로 휘어진 공간의 홀로노미는 모든 고리에 회전을 대응시키는 방법이라고 할 수 있다.

최근 들어 고리 양자중력이론을 연구하는 물리학자들은 타당한 양자중력이론을 구축하는 데 커다란 진전을 보았다. 이들의 이론이 저-에너지 극한에서 일반상대성이론에 접근한다는 것은 아직 증명되지 않았지만,◆[12] 이 정도로 근접한 이론이 엄연히 존재함에도 불구하고 초끈이론이 '유일하게 타당한 양자중력이론'이라고 주장하는 것은 지나친 오만이다. 고리 양자중력이론과 일반적인 양자중력이론에 대하여 더 알고 싶은 독자들은 리 스몰린Lee Smolin이 쓴 『양자중력의 세 가지 길Three Roads to Quantum Gravity』을 읽어 보기 바란다.◆[13] 고리 양자중력이론이 초끈이론만큼 관심을 끌지 못한 이유는 아마도 이론 자체가 덜 도전적이기 때문일 것이다. 고리 양자중력이론의

*[1]미분기하학에서 매끈한 다양체 상에 주어진 접속의 홀로노미는 곡률의 존재로부터 나타나는 기하학적 결과로, 닫힌곡선을 따라 평행수송을 했을 때 기하학적 정보가 변형되는 정도를 측정한 것이다.

주된 목적은 중력과 표준모형의 통합이 아니라 논리적으로 타당한 양자중력 이론의 구축이다. 특히 이 이론에는 표준모형에 등장하는 18개의 변수에 대한 설명이 전혀 없다.

초끈이론학자들이 초끈이론을 양자중력이론의 1등 후보로 생각하는 또 다른 이유로는 블랙홀과 관련된 계산을 들 수 있다. 스티븐 호킹은 블랙홀과 관련하여 "양자장이론과 일반상대성이론을 하나로 합치다 보면 블랙홀이 완전히 검지 않고 복사를 방출한다는 결론에 이르게 된다"는 사실을 처음으로 알아냈다. 블랙홀에서 방출되는 복사에너지의 양은 열역학 법칙을 따르는데, '진짜배기' 양자중력이론 없이는 호킹의 복사이론을 정확하게 검증할 수 없다. 블랙홀의 극단적 경우에 해당하는 어떤 특별한 시공간을 배경으로 삼으면 초끈이론으로 호킹의 복사이론을 설명 가능한데, 현실적인 4차원 시공간에서 이 계산이 수행된 적은 없지만 초끈이론학자들은 이 결과를 '타당한 양자중력이론이 초끈이론의 일부라는 증거'로 간주한다.

초끈이론과 고리 양자중력이론에 대하여 지금까지 알려진 사실들을 종합해 볼 때, 중력을 포함하지 않는 양자장이론은 여러 개가 존재하며 중력을 포함하는 양자이론(장이론일 수도, 아닐 수도 있다)도 역시 여러 개 존재할 가능성이 높다. 만일 고리 양자중력이론이 성공을 거둔다면 다른 장을 서술하는 양자장이론들은 그대로 남고, 여기에 양자중력이론이 추가될 것이다. 그리고 만일 타당한 M-이론이 존재한다면 그것은 배경공간의 선택에 따라 달라지며, 선택의 여지는 무한하다. 이와 같이 고리 양자중력이론이나 M-이론은 중력을 비롯한 여타 상호작용을 서술하는 '유일한 양자장이론'은 되지 못한다. 이 이론들이 중력의 양자장이론을 성공적으로 구축한다 해도, 표준모형과의 연결고리가 없으면 실험으로 확인할 길이 없으므로 무용지물이다. 양자중력에 의한 효과는 매우 큰 에너지 스케일에서 나타나기 때문에 관측하기가 쉽지 않다. 우주 폭발big bang시의 양자중력적 효과들 중 일부가 현 우주에 관측 가능한 형태로 남아 있으리라 생각되지만, 어디까지나 추측일 뿐이다.

초끈이론과 관련된 또 하나의 주장은 "수학이 너무나 아름답기 때문에 틀릴 가능성이 거의 없다"는 것이다. 이 주장은 다양한 논쟁을 야기시켰는데 자세한 이야기는 나중에 다룰 예정이다(아름답다는 주장 자체도 논란의 대상이 되었다). 아무튼 초끈이론의 정체가 밝혀지지 않는 담에야, 옹호론자들이 낙관적 주장을 마음껏 펼치는 일을 막을 방법은 없다. 위튼은 이런 말을 한 적이 있다. "초끈이론은 20세기에 우연히 발견된 21세기형 물리학이다."(그러나 위튼은 이 말을 이탈리아 물리학자 다니엘레 아마티Daniele Amati에게 들었다고 했다) 또 다른 일각에서는 초끈이론을 '사용 설명서가 누락된 미래의 슈퍼컴퓨터나 우주선'에 비유하기도 한다. 이런 식의 표현은 현실적인 물리량을 예견하지 못하는 초끈이론에 대해서 어느 정도 변명이 될지도 모른다(그러나 이미 21세기가 밝았으므로 첫 번째 변명은 설득력이 떨어진다). 또한 이것은 초끈이론의 현재 상태를 다소 감상적으로 표현하고 있다. 원대한 꿈을 품고 지독한 미스터리를 해결하는 데 바친 일생이라면 나름대로 의미 있는 삶일지도 모른다. 하지만 미스터리의 정체가 우주선이 아니라 고작 빵 굽는 토스터에 불과했다면 어찌할 것인가?

이와 같이, 초끈이론에 대한 옹호론은 이론 자체가 아닌 '희망사항'에 그 근거를 둔다. 물론 이론이 완성되기만 하면 물리학 역사상 가장 큰 성공임은 두말할 나위가 없다. 그러나 "간절히 원하면 꿈은 이루어진다.*[1]"는 격언은 물리학에서 통하지 않는다. 표준모형이 탄생하기 훨씬 전인 1958년, 하이젠베르크는 전자기력과 강력, 약력을 하나로 통일하는 이론구축을 목적으로 파울리와 공동연구를 수행했었다. 그러나 이들의 연구는 곧바로 난관에 봉착했고 파울리는 "이런 이론으로는 아무것도 예견할 수 없다"고 판단하여

*[1] 조셉 머피 박사의 자기 긍정의 50가지 법칙 중 그 1번째.

연구를 도중에 그만두었다. 반면, 하이젠베르크는 위대한 발견을 이루었다고 확신하면서 강연과 인터뷰를 통해 연구결과를 사방에 알리고 다녔다. 이 사실에 크게 격분한 파울리는 동료들에게 보내는 편지에서 하이젠베르크가 "저잣거리의 장사꾼들이나 하는 짓" 중이라며 맹렬하게 비난했고, 그와 관련된 모든 연구에서 손을 뗄 것임을 선언했다. 그중에는 속이 빈 사각형 그림 옆에 이런 글이 적힌 엽서도 있었다. "어때, 보다시피 나도 티치아노*[1]만큼 그림을 잘 그린다네. 기술적 세부 사항만 빼면 말이야!"

결국 하이젠베르크의 통일장이론은 어떤 결론에도 이르지 못했다. 파울리의 회의론은 옳았던 것이다. 지금은 익히 알려진 사실이지만, 재규격화가 불가능한 이론은 어떤 것도 계산하지 못한다. 운명의 장난인지 드미트리 볼코프가 창안했던 초대칭이론은 뉴트리노가 남부-골드스톤 입자라는 잘못된 논리에서 시작되었는데,◆[14] 하이젠베르크의 통일장이론을 소개한 책에도 이 논리가 등장한다.◆[15]

몇몇 물리학자들은 티치아노의 그림이 되기를 열망하는 사각 액자 꼴인 하이젠베르크의 통일장이론과 초끈이론 사이에는 공통점이 많다고 생각한다. 두 이론 다 현실세계의 현상을 전혀 예견하지 못하기 때문이다. 이들 중 한 사람인 우주론학자 로렌스 크라우스Lawrence Krauss는 초끈이론을 만물萬物이 아닌 '비물非物의 이론Theory of Nothing'이라고 표현한다.◆[16] 유명한 여권운동가 베티 프리단*[2]의 아들이자 끈이론 초창기에 러트거스 대학교에서 끈이론 연구팀을 이끈 공로로 1987년 맥아더 재단으로부터 천재상을 수상했던

*[1]Vecellio Tiziano(1488~1576). 르네상스기 이탈리아 베네치아파의 대표적 화가. 고전양식에 구애받지 않은 바로크식의 격정적인 화풍으로 이름이 높다. '젊은 영국인', '매장', '우르비노의 비너스' 같이 널리 알려진 작품 외에도 다수의 초상화를 그렸다.

*[2]Betty Friedan(1921~2006). 책 『여성의 신비』로 60년대 2세대 여성운동을 주도했던 미국의 여권운동가이자 사회심리학자. 전미 여성기구(NOW), 전미 낙태권 행동 리그(NARA), 전미 여성정치 회의(NWP)를 발족시켰다.

다니엘 프리단Daniel Friedan은 최근 발간한 논문에 다음과 같이 적어 놓았다.

> 끈이론은 배경 시공간을 이루는 다양체 문제 때문에 완전히 실패한 이론이다……. 예전부터 항상 그래 왔듯이, 끈이론은 거시 스케일의 물리학을 설명하지 못할 뿐만 아니라 그 어떤 물리량도 예견하지 못한다. 거시적인 시공간의 차원과 기하학적 특성, 입자의 종류, 결합상수 등을 이론적으로 결정할 수 없는 것이다. 끈이론은 현실세계와 관련하여 아무런 지식도 창출하지 못했으며, 아무런 예견도 하지 못했다. 사실 끈이론은 아직 완성되지 않았기 때문에 학문적 가치평가 자체가 무의미하며, 물리학 이론의 '후보' 명단에도 이름을 올리지 못한 상태이다.◆17

물론 프리단과 같은 생각을 가진 사람은 초끈이론학자들 중 소수에 불과하지만, M-이론을 그만두고 대신에 앞에서 소개한 브레인-세계 추론, 또는 끈우주론을 연구하는 학자들의 수는 점차 늘어가는 추세이다. 이렇게 된 데에는 여러 가지 이유가 있겠으나, "끈이론 학자들은 물리학보다 수학적 요소에 치중한다"는 학계의 비난이 가장 큰 요인으로 작용한 듯싶다. M-이론의 실체를 규명할 확증이 없다는 사실도 초끈이론의 연구를 포기하는 계기가 되었을 것이다.

초끈이론을 포기하지 않은 학자들도 초끈이론을 더 이상 '중력과 표준모형을 통합하는 수단'이 아니라 'QCD를 서술하는 또 하나의 이론'으로 바라보기 시작했다. 앞에서 언급했던 AdS/CFT가 이쪽으로 각광을 받고 있으며, 끈이론 자체를 이해하는 데에도 새로운 실마리를 던져 줄 것으로 기대된다. 이 분야를 연구하는 학자들은 이 아이디어가 최소한 하나의 초끈이론에 대하여 비-건드림적인 체계를 제공해주리라 여긴다. 하지만 이렇게 얻어지는 비-건드림적 정의가 결국 초끈이론을 일종의 양자장이론으로 규정지음으로써 이루어진다는 점은 종종 설명에서 누락되곤 한다. "제 아무리 초끈이론이라 해도 양자장이론의 범주에서 벗어날 수는 없다"는 사실은 여기서도 진리인 것이다.

끈이론과 초대칭, 그리고 수학

초대칭과 끈이론은 지금까지 물리학에 대하여 아무런 설명도 하지 못했지만, 수학과 물리학의 생산적인 상호교류에는 커다란 업적을 남겼다. 어떤 면에서 보면 초끈이론이 물리학에서 성공을 거두지 못했기 때문에 수학과의 교류가 활발해졌다고 생각할 수도 있다. 초끈이론학자들이 당면한 문제를 해결하기 위해 수학 아이디어를 대량으로 양산해 냈기 때문이다. 만약 1984년 제기되었던 희망사항이 현실로 이루어지고 특정 칼라비-야우 공간의 초끈이론으로부터 표준모형을 이끌어 내는 데 성공했다면, 수학과 물리학 사이에는 별다른 교류가 없었을 거라는 예측이 지배적이다. 이 작업이 성공하지 못한 덕분에, 물리학자들은 모자라는 부분을 채우기 위해 새로운 아이디어를 찾아 수학으로 관심을 돌리게 되었다.

1980년대에 양자장이론을 연구하면서 보여준 위튼의 새로운 통찰은 많은 수학적 발상을 물리학자들이 고려해 보게끔 만들었다. 위튼을 비롯한 여러 물리학자가 칼라비-야우 공간을 이용한 초끈이론으로 통일장이론을 구축하면서 새로운 수학사조가 물리학자 사이에 퍼지기 시작했다. 이 추세에 영향을 받아 "추상적인 수학은 물리학에 별로 도움이 안 된다"고 믿어 왔던 물리학자들도 조금씩 생각을 바꾸어 갔는데, 그 대표적인 인물이 바로 머리 겔만이었다. 그는 1960년대 초에 입자물리학을 연구하면서 SU(3) 표현론의 중요성을 깊이 깨달았음에도 불구하고, 수학 자체에 대해서는 그다지 큰 의미를 두지 않고 있었다. 그러나 1986년 겔만이 공식석상에서 발표했던 연설문을 보면 그의 생각이 크게 바뀌었음이 느껴진다.

……지금까지 언급된 모든 질문들은 고등수학과 밀접한 관련이 있다. 수학의 중요성은 말로 형언하기 어려울 정도이다. 이론물리학과 순수수학은 근 50년 동안 서로 대립각을 세워 오다가 지난 10년 사이에 극적으로 화해했다. 그리고 가장 기본적인 이론물리학은 기하학과 해석학, 대수학(심지어는 정수론까지) 등 순수수학과 재결합을 시도하고 있다……

나는 수학교육과 저술, 편집 등에서 일어나고 있는 이러한 변화가 극단적인 부르바키즘*[1]에서 탈피하여 (20세기초에 그랬듯이)물리학자들이 수학을 좀 더 깊이 이해하는 계기가 되기를 바란다.

순수수학에 대한 나의 견해는 그동안 커다란 변화를 겪었다. 나는 이제 수학을 '수학자들이 규칙을 만들어 놓은 그들만의 게임'으로 생각하지 않으며, '규칙을 만든 사람에게 절대적으로 유리한 게임'이라고 생각하지도 않는다. 아직도 많은 수학자들은 수학과 자연의 상관관계에 대하여 회의적인 생각을 갖고 있지만(나도 과거에는 수학과 과학의 관계가 자위와 섹스의 관계와 비슷하다고 생각했다), 결국은 그들도 자신만의 '진실한 과학'을 탐구한다는 점에서는 다르지 않다. 그들이 떠받드는 규칙이 자연에 존재하지 않는다고 단언해서는 아니 된다……◆[18]

겔만이 언급한 '부르바키즘'이란 20세기 초에 프랑스의 소수 수학자들이 제창한 새로운 수학운동으로서, 당시에는 부르바키Bourbaki라는 익명의 이름

*[1] 1930년대 초 에콜 노르말 쉬페리외르(Ecole normale supérieure:고등사범학교) 출신 소장파 수학자들이 소르본 대학교 수학 강의의 고루함에 자극을 줄 목적으로 수학 교과서를 새로이 집필 · 출판하면서 공동으로 사용한 가공의 작가명. 프로이센-프랑스전쟁 당시 프랑스 장군의 이름을 빌려왔다. 현대의 유클리드를 지향하면서 공리론적이고 집합론적인 수법을 통해 수학의 통일을 시도하였다.

으로 세간에 알려져 있었다. 부르바키는 "기초수학의 결과물들을 엄밀하고 완벽하게 재정립한다"는 목적으로 1930년대에 앙드레 베유Andre Weil가 시작한 일종의 수학운동이다. 부르바키의 회원들은 모든 정의와 정리들을 완벽하게 정립해 놓지 않으면 수학의 미래가 위태롭다고 생각했다. 이들의 노력은 1950년대에 부르바키라는 이름으로 일련의 책들이 출간됨으로써 결실을 맺게 되는데, 엄밀한 논리와 정의에 치중한 나머지 예제나 부가설명이 부족하여 수학 교재로는 그다지 좋은 책이 아니었다. 아무튼 이 기간 동안 전 세계 수학자들은 가장 일반적이고 추상적인 수학체계를 세우는 데 모든 노력을 기울였고, 부르바키는 이 연구에 기초를 제공했다.

겔만은 부르바키즘에 알레르기 반응을 보였고 실제로 이 사조는 수학과 물리학의 상호교류에 아무런 기여도 하지 못했다. 그들의 책을 읽어보면 온통 수학적인 내용으로 가득 차 있고 예제도 거의 없어서 수학 이외의 생각을 떠올리기란 쉽지 않지만, 실제 부르바키 회원들끼리의 회합에서는 다양한 예제를 다루고 별로 엄밀하지 않은 논리와 추론도 사용했다고 전해진다. 책 출간 이외에도, 부르바키는 학회를 조직하고 정기적으로 세미나를 개최하는 데 많은 노력을 기울였다. 이 모임은 지금도 프랑스 파리에서 1년에 세 번 개최되며 미리 선정된 대여섯 명의 수학자들이 각자 한 시간씩 강연하고 수학의 최근동향을 요약한 보고서를 청중들에게 배포하는 식으로 진행된다. 부르바키는 이처럼 명맥을 유지하고 있지만, 그들이 출간한 책은 이미 수학의 비주류로 밀려났다.

부르바키의 책과 그들의 관점은 대체로 수학계에 부정적인 영향을 미친 것으로 평가된다. 특히 그들의 영향을 받은 수학자들이 책이나 논문을 너무 어렵게 쓰는 바람에 한동안 수학은 완전히 고립된 학문 취급을 받았다. 그러나 이러한 경향은 1970년대부터 점차 둔화되어 '오로지 수학만을 위한' 추상 개념보다 구체적인 예제들이 세간의 관심을 끌기 시작했다. 그리고

1970~80년대와 90년대 초에 물리학 쪽에서 새로운 발상들이 유입되면서 자신만의 분야에 몰두했던 수학자들도 다른 분야에 관심을 갖게 되었다. 이 시기에 수학자들은 과거에 비해 한층 균형이 잡힌 자세를 견지했는데, 그들이 사용하는 완전히 추상수학적인 개념들을 반 농담 삼아 "추상적 허튼소리"라 부르기도 했다. ('그 친구, ○○정리를 추상적 허튼소리만 써서 증명해냈다며?' 같은 식으로)

겔만이 수학을 자위에 비유한 것은 물리학자들 사이에 널리 알려진 일화이다. 그런데 일각에서는 이 말을 처음 한 사람이 파인만이라는 주장도 있다(인터넷을 검색해보면 파인만의 이름이 더 자주 등장한다). 1980년대에 복잡한 수학을 이용한 초끈이론이 괄목할 만한 성공을 거두면서 겔만을 비롯한 여러 이론물리학자들은 수학에 대한 생각을 근본적으로 바꾸게 되었다. 그러나 그 후 초끈이론이 현실적인 물리량을 계산하지 못하는 딱한 상황이 1990년대 중반이 되도록 개선될 기미를 보이지 않자, 그 반작용으로 일부 입자물리학자들은 입자 이론에 추상적인 수학을 도입하는 것 자체를 회의적으로 바라보기 시작했다. 이들은 초끈이론이 실패한 원인을 '물리적 아이디어보다 추상적인 수학에 지나치게 의존했기 때문'에서 찾았다. 그래서인지 브레인-세계 가설이나 끈우주론과 관련하여 최근에 발표된 논문들은 매우 단순한 수학만을 사용하고 있다.

우주론학자 주앙 마게이주João Magueijo가 최근에 저술한 책 『빛보다 더 빠른 것Faster Than the Speed of Light』은 초끈이론과 M-이론에 대하여 다음과 같이 반박하면서 끝을 맺는다.

> 초끈이론을 열렬히 숭배하는 사람들도 M-이론의 'M'이 무엇의 약자인지 모른다. 심지어는 M-이론을 연구하는 학자 사이에서도 이 문제를 놓고 열띤 논쟁이 벌어지곤 한다. M은 어머니Mother인가? 아니면 그들이 그토록 주장하는 막Membrane

을 의미하는가? 내가 보기엔, 자위Masturbation가 그 뜻에 가장 어울린다.◆19

또한 마게이주는 책의 다른 부분에서 초끈이론과 M-이론이 수학적 우아함에 지나치게 목매어 왔음을 지적하면서, 아인슈타인의 책임으로 비난의 화살을 돌렸다.

아인슈타인이 들으면 무덤에서 옆으로 돌아누울 소리겠지만, 오늘날 이론물리학이 수학적 외양에 치중하는 경향은 대부분 그로부터 비롯되었다. 그는 실험보다 수학적 아름다움이 물리학자들을 올바른 길로 이끄는 지침이라고 굳게 믿었으며, 이 지침을 끝까지 고수한 끝에 일반상대성이론을 구축하는 데 성공했다. 그러나 바로 이 성공 때문에 그의 말년은 완전히 망가져 버렸다……◆20

소설가 조지 오웰George Orwell은 "정치적 사상, 특히 좌파의 그것은, 끔찍한 현실을 잊으려 시도하는 자위행위에서의 성적 환상에 불과하다"라고 냉소했다. 물리학자들은 수학자들을 비웃기 이전에 오웰의 발언이 입자물리학에 똑같이 적용되는 건 아닐까 고민해봐야 한다. 과연 누가 자연과 성공적이고 만족스러운 교감을 나누며 누가 그걸 꿈꾸고만 있는지는 아직 분명하게 밝혀지지 않았기 때문이다.

최근 들어 수학계에서는 물리학에서 배운 지식을 수학에 적용하려는 움직임이 조금씩 나타나기 시작했다. 다수의 수학자들이 물리학자의 입에서 나온 추론을 수학으로 엄밀하게 가다듬어서 추론의 타당성을 증명하기 위해 애쓰고 있다. 그러나 수학적으로 완벽한 양자장이론은 존재하지 않고 초끈이론의 많은 논리들이 잘 정의된 물리적 기초를 갖고 있지 않기 때문에, 물리학자의 논리를 수학 언어로 엄밀하게 정의하기란 결코 쉬운 일이 아니다. 일단 물리적 추론이 순수수학 언어로 엄밀하게 표현된다면 이미 알려진 수학적 방법을 사용하여 추론의 진위여부를 증명할 수 있겠지만, 수학자들이 아무리 노력한다고 해도 양자장이론의 언어로 표현된 추론을 완벽하게 이해하기는 어려울 것이다. 경우에 따라서는 물리적 추론으로부터 새로운 수학 아이디어가 탄생할 수도 있다. 물리학과 수학은 엄연히 다른 대상을 다루는 학문이지만 물리적 대상의 특성이 대부분 수학적 객체로 서술되기 때문이다.

대다수의 수학자들은 자신이 연구하는 물리적 추론의 근원이 양자장이론인지, 또는 M-이론인지를 제대로 알지 못한다. 초끈이론은 구멍의 수에 따라 항을 전개하는 방법에 초점을 맞추지만, 각 항을 계산할 때에는 2차원 양자장이론을 적용해야 한다. 사실 초끈이론의 계산결과라고 알려진 내용의 상당수는 2차원 양자장이론의 결과이다. 실제로 초끈이론과 관련된 것은 하나의 항에 대한 계산이 아니라, 전개식 전체를 포함하는 계산이다. 그러나 수학자들은 양자장이론에서 유도된 결과와 초끈이론에서 유도된 결과를 정확하게 구별하지 못하기 때문에, 초끈이론을 과대평가하는 경향이 있다.

13장

아름다움과 어려움

신이 이 세상을 어떤 식으로 창조했건 간에, 자신의 피조물에게 모종의 질서와 규칙을 부여했을 것이다. 또한 신은 가장 완벽한 것을 선택했다. 즉 가장 단순한 가설에서 가장 풍부한 현상을 이끌어 낼 수 있는 구조로 이 세상을 창조했을 것이라는 이야기다. 기하학에 등장하는 직선이 가장 적절한 사례이다. 직선을 그리기는 쉽지만, 직선의 성질과 파급효과는 가히 상상을 초월한다. 나는 신의 지혜와 불완전한 피조물을 비유할 때 이 비유를 자주 사용한다. 인간의 언어로는 신의 의도를 직설적으로 표현할 수 없기 때문이다. 우주 전체를 관장하는 위대한 신비를 어떻게 말로 표현할 수 있겠는가?

고트프리트 빌헬름 라이프니츠G. W. Leibniz, 『형이상학 서설Discourse on Metaphysics』◆1

17세기말 독일의 철학자이자 수학자였던 라이프니츠는 예정조화설*1의 주창자로 역사에 그 이름을 남겼다. 그러나 멀게는 18세기 대문호 볼테르F.

*1 세계가 수많은 단자들이 신에 의해 가장 좋은 형태로 조화를 이룬 상태라고 여기는 라이프

M. A. Voltaire*[1]에서◆[2] 가깝게는 20세기의 테리 서던*[2]◆[3]에 이르기까지, 라이프니츠의 주장은 작가들에게 줄곧 비웃음거리였다. 우리 주변을 슥 둘러보기만 해도 자비로운 신이 우리를 위해 '악惡을 최소화시킨' 최상의 세상을 선택했다는 주장은 설득력이 없어 보인다. 그런데도 라이프니츠는 나름대로의 논리를 고집하며 자신의 주장을 굽히지 않았다. 그는 뉴턴과 함께 미적분학을 창시한 수학자였으나(두 사람은 각자 독립적으로 미적분학을 완성했는데, 훗날 "누가 원조인가?"를 놓고 한바탕 논쟁이 벌어지기도 했다), 뉴턴의 논리가 훨씬 단순하면서도 강력했다. 결국 뉴턴은 자신이 개발한 미적분학을 바탕으로 고전역학(또는 뉴턴역학) 체계를 완벽하게 구축할 수 있었다. 뉴턴의 고전역학은 훗날 추가된 장론 및 입자이론과 함께 물리학의 절대진리로 군림해 왔다. 20세기 초에 등장한 상대성이론과 양자역학에게 권좌를 물려주긴 했지만, 고전역학의 250년에 가까운 집권기간은 지금까지 난공불락의 기록으로 남아 있다. 이 우주가 미적분학으로 표현된 간단한 방정식에 따라 운영된다는 것은 "가장 단순한 가설로부터 가장 풍부한 현상이 나타난다"는 라이프니츠의 우주관과도 정확하게 일치한다.

고전역학이 상대성이론과 양자역학으로 대치되면서 수학과 물리학은 더욱 가까운 사이가 되었다. 양자역학은 고전역학보다 복잡한 수학을 사용하

니츠의 사상. 라이프니츠는 실재하는 형이상학적 점 단자monad(그리스어로 '하나')를 세계구성의 기본단위로 정의한다. 단자는 원자와 달리 연장성을 지니지 않기 때문에 물리적 점과는 다르며 독립적으로 각자의 원리에 따라 활동한다. 그러나 단자가 실체라는 점에서 단자들이 어떻게 우주를 형성하는가 하는 문제가 발생한다. 라이프니츠는 이 단자들은 무한히 많이 존재하며 서로 연결되어 있지 않고 닫힌 체계이지만 신의 의지가 개입해 세계구성을 가능케 한다고 보았다. 그 조화는 신에 의해 미리 예정된 것이다. 지금의 이 세계보다 더 좋은 세계는 있을 수 없다는 긍정적이고 낙천적인 세계관이다.

*[1]볼테르의 철학소설 『낙천주의자, 캉디드』에서 주인공 캉디드는 현재의 상태가 언제나 가장 옳다고 철석같이 믿었던 낙천적 성격의 청년이다. 볼테르는 부조리하고 끔찍해서 눈감고 싶어질 정도의 현실을 캉디드에게 들이대면서 라이프니츠의 순진한 책상물림을 비웃었다. 결말 부분 팡글로스 박사와의 대화는 다음과 같다.

지만, 하나의 단순한 방정식(슈뢰딩거의 파동방정식)만으로 원자세계를 비롯하여 훨씬 넓은 영역에서 일어나는 현상을 설명한다는 기본 골격은 같다. 또한 일반상대성이론은 우주적 스케일에서 측정 가능한 가장 작은 스케일에 이르기까지 거의 모든 영역에서 일어나는 중력 효과를 매우 정확하게 서술하고 있다. 일반상대성이론이 채용한 수학은 현대 기하학(구면기하학, 또는 리만기하학)으로서 이론의 핵심은 매우 단순한 방정식으로 요약된다. 이와 같이 새로운 개념으로 재탄생한 현대물리학은 과거보다 훨씬 넓은 영역을 망라하면서도 수학적으로는 훨씬 우아하고 단순한 형태로 진화했다.

물리학자 유진 위그너Eugene Wigner는 자신의 저서 『자연과학에서 발휘되는 수학의 뛰어난 효율성The Unreasonable Effectiveness of Mathematics in the Natural Science』의 끝 부분에서 다음과 같이 언급했다. "마치 물리법칙의 공식화를 위해 준비된 듯 딱 들어맞는 수학 언어라는 이 기적은 우리 이해를 뛰어넘는 영문 모를 선물이다." ◆4 이치에 맞는 수학 언어가 주어지기만 하면, 물리학의 기본원리는 매우 간단한 형태로 표현되어 나타난다. 이것을 보여 주는 대표적인 사례가 바로 게이지대칭, 스피너, 디랙방정식 같은 20세기 수학으로 표현되는 표준모형이다. 이 새로운 언어를 적절히 사용하면 모든 상호작용과 입자의 행동양식을 관장하는 방정식도 단 몇 줄로 요약할 수 있다(단, 중력의 상호작용을 서술할 때에는 세심한 주의가 필요하다).

팡글로스 : 모든 사건은 가장 완벽한 세계로 진행되는 법일세. 만약 자네가 큐네공드 양을 사랑한 이유로 엉덩이를 발로 뻥 채여서 훌륭한 성에서 쫓겨난 후 종교 재판소에 처넣어지고, 아메리카를 걸어서 돌아다니다 남작을 멋지게 칼로 찌르고, 이상향 엘도라도의 라마 전부를 잃어버리지 않았다면, 결국 자네는 여기서 설탕에 절인 레몬과 피스타치오 열매를 먹고 있지는 못할 테니까.
캉디드 : 정말 명언이시긴 하지만, 우리의 뜰을 가꾸어야 먹죠(Il faut cultiver notre jardin).
*2 Terry Southern(1924~1995). 영화 'DR. 스트레인지 러브', '신시내티의 도박사', '이지 라이더' 의 각본 외에도 많은 소설과 수필을 펴낸 미국의 문필가.

에릭 바움Eric Baum은 하버드와 프린스턴에서 동문수학하였으며, 양자장이론으로 박사학위를 받은 내 친구이다. 후에 그는 인지과학으로 전향하여 신경 회로망neural network을 연구했고 최근에는 『사고란 무엇인가?What Is Thought?』라는 책까지 출간했다.◆5 염치 불고하고 그의 책을 한 줄로 요약하자면, "인간의 사고(마음)는 복잡하긴 하지만, 이 좁은(밀집적인) 세상의 구조*1를 그대로 반영한 컴팩트한 프로그램이다" 정도가 되겠다. 위에서 언급한 대로, 물리 세계를 지배하는 법칙은 매우 단순하고 컴팩트한 형태로 표현된다. 바움은 인간의 사고가 자연 법칙을 반영하는 컴퓨터 프로그램과 유사하기 때문에 자연과 효율적인 상호작용을 교환할 수 있다고 주장했다. 그런데 우리가 일상적으로 접하는 거리 스케일의 사물들은 고전역학 법칙을 따르므로, 인간의 사고 과정도 고전역학적 구조를 반영하고 있을 것이다. 초단거리와 초장거리 상호작용을 다루는 복잡한 현대물리학은 근본 단계에서 인간의 사고와 무관하지만, 추상적인 정신능력을 발휘하면(매우 어렵긴 해도) 어떻게든 그 내용을 습득하고 활용할 수 있다. 물론 이것은 결코 쉬운 일이 아니다. 그러나 이 우주가 단순한 구조로 이루어져 있음을 굳게 믿으면서 어려운 고등수학을 습득할 준비가 되었다면 누구에게나 가능한 일이기도 하다.

물리학자들은 이론의 우아함이나 아름다움을 논할 때 "가장 강력한 물리학 이론도 수학 언어로 간단하게 서술된다"는 점을 강조한다. 이와 관련하여 디랙은 다음과 같이 유명한 말을 남겼다. "물리학자가 '미美'의 관점에서 방정식을 찾아 헤메이면서, 그 과정에서 뚜렷한 영감과 마주친다면 올바른 길에 들어선 셈이다." 심지어는 이런 말까지 했다. "물리방정식은 실험

---

*1 1967년 미국의 스탠리 밀그램(Stanley Milgram)이 300명을 대상으로 실시한 메시지 전달 실험에서는 평균 5.5명을 거치면 미국 어느 곳에든 소식을 전하는 일이 가능했다. 단지 몇 개의 법칙만 반복하는 것만으로도 어느 순간 굉장히 복잡해 보이는 구조가 갑자기 창발되며 이를 상전이라 한다.

과의 일치보다 구조의 미가 더 중요하다."◆6 디랙의 두 번째 주장에는 대다수 물리학자가 불복하겠지만, 그래도 그의 첫 발언이 이론물리학자들의 속내를 그대로 드러낸다는 사실에는 변함이 없다.

실험에서 예상 밖의 결과가 얻어졌을 때, 기존 실험결과와 상충되지 않으면서도 새로운 결과를 설명해 줄 이론모형의 구축이 이론물리학자의 주된 임무이다. 이런 경우에는 이론의 아름다움이나 우아함에 집착하지 말고 '오컴의 면도날Occam's razor*1' 에 입각하여 이론을 선택해야 한다. 즉, 실험결과와 일치하는 이론이 여러 개 존재한다면 이들 중 가장 간명한 것을 선택한다. 그러나 요즘처럼 거의 모든 실험결과가 이론적으로 규명된 시기에는 이론의 아름다움과 우아함이 중요한 덕목으로 부상하게 된다. 초끈이론과 관련하여 가장 흔히 듣는 말들 중 하나가 "이론이 너무도 아름답고 우아하기 때문에 틀릴 가능성이 별로 없다"는 것이다.

나는 이런 말을 들을 때마다 머릿속이 혼란스럽다. 나는 과거에 꽤 오랜 세월 동안 초끈이론을 공부했지만, 아름답다고 생각한 적은 단 한 번도 없었다. 아름다움으로 따진다면 표준모형의 양자장이론에 등장하는 수학 아이디어들이 훨씬 아름답다. 표준모형의 기본구조(디랙방정식과 양-밀스 장의 개념 등)는 20세기에 개발된 현대기하학의 핵심과 정확하게 일치한다. 초끈이론은 표준모형이 "더욱 심오한 이론의 근사적인 저에너지 극한에 해당한다"고 주장하면서도 정작 그 심오하다는 이론에 대해서는 아무런 설명도 제

---

*1 '경제성의 원리', '사고절약의 원리' 라고도 한다. 14세기 영국의 논리학자이며 프란체스코회 수사였던 '오컴의 윌리엄' 의 이름에서 따왔다. 같은 현상을 설명하는 두 개의 주장이 있다면, 간단한 쪽을 선택하라는 뜻이다.
Pluralitas non est ponenda sine neccesitate.
(불필요하게 복잡한 언명을 제시하지 말라.)
Frustra fit per plura quod potest fieri per pauciora.
(보다 적은 수의 논리로 설명이 가능한 경우 많은 수의 논리를 세움은 헛되다.)

시하지 못하고 있다.

초끈이론의 어떤 부분이 그토록 아름답다는 것인가? 초끈이론학자들에게 이런 질문을 던지면, 사람에 따라 다양한 답이 되돌아온다. 가장 일반적인 답은 "하나의 이론으로 중력과 표준모형을 통합한다는 아이디어 자체가 아름답다"는 것이다. 하긴, 진동하는 끈의 진동모드에 따라 모든 입자와 힘을 만들어 낼 수 있다니 아름답게 느껴질 만도 하다. 그러나 이것은 매우 피상적인 아름다움이다. 10차원 초끈이론을 파고들면서 비정상성 상쇄, 칼라비-야우 공간 등을 접하다 보면, 진동하는 끈이나 음색musical note 등은 물리적 실체와 별로 관계없음을 알게 된다(기껏해야 시적인 은유로나 뜻이 닿을 뿐이다).

언젠가 존 슈바르츠는 인터뷰 석상에서 초끈이론의 아름다움에 관한 질문을 받고 다음과 같이 대답했다.

질문: 방금 초끈이론의 아름다움에 관해 언급하셨는데, 실질적인 예를 들어 주시겠습니까?

대답: 사람마다 보는 관점은 다르겠지만, 가장 표준적인 답은 "광범위한 영역에서 일어나는 수많은 현상들이 매우 간단한 방정식으로 귀결된다"는 것입니다. 이 정도면 매우 만족스러운 결과입니다. 뉴턴과 아인슈타인도 이와 비슷한 경험을 했습니다. 그런데 모든 것을 정확하게 설명해 주는 초끈이론의 방정식을 아직 구하지 못했으므로, 제가 말하는 아름다움은 조금 다른 관점에서 찾아야 합니다. 아시다시피 초끈이론은 엄청나게 복잡한 수학을 통해 전개됩니다. 수학이 너무 어려워서 웬만한 물리학자들은 엄두도 못 낼 정도지요. 그런데 복잡한 계산을 거쳐서 얻은 결과는 입이 딱 벌어질 정도로 간단명료합니다……

이런 일을 겪으면 누구나 '수학적 기적이 일어났다' 고 생각할 겁니다. 하지만 거기에 기적이란 없습니다. 기적 같아 보이는 경우를 찾아냈을 땐, 아직 이해 못한 뭔가 중요한 개념이 거기 들어 있다는 뜻입니다. 여러분도 이런 경험을 몇 차례 반복하다 보면 초끈이론에 완전히 매료되어 버리게 됩니다. 저 역시 그랬고, 다른 열정적인 초끈이론학자들도 비슷한 경험을 했으리라 봅니다.◆7

슈바르츠는 "디랙방정식의 미를 정하는 기준으로는 초끈이론은 아름답지 않다"라고 말한다. 초끈이론은 단순한 원리에서 출발하여 강력한 결과를 낳는 이론이 아니기 때문이다. 사실 초끈이론은 복잡하게 얽혀 있는 아이디어들을 규합하여 '아직 정체가 밝혀지지 않은' 심오한 원리의 존재를 증명하려는 이론이다. 그러므로 이 경우의 아름다움이란, 위튼이 M-이론의 'M'을 두고 언급했던 신비함mystery이나 마술magic의 그것에 가깝다. 물론 이런 종류의 아름다움은 신비의 저변이나 마술사의 트릭을 알고 나면 금방 사라진다.

그린과 슈바르츠가 이론의 비정상성을 제거하는 조건을 제시하면서, 초끈이론은 탄생 초기인 1984년부터 커다란 반향을 일으켰다. 이 계산은 이전에 행해진 또 하나의 비정상성 제거과정(이 계산을 통해 초끈이론의 배경 시공간은 10차원으로 확정되었다)과 함께 초끈이론의 아름다움을 대표하는 상징으로 자리 잡았다. 만일 비정상성이 제거되면서 시공간의 차원이 현재와 같은 4차원으로 판명되었다면 초끈이론의 수학은 정말로 아름다웠을 것이다. 그러나 불행히도 계산결과는 10차원이었고, 비정상성의 제거와 함께 예견된 게이지군[SO(32)와 $E_8 \times E_8$]은 표준모형의 게이지군보다 훨씬 컸다. 1984년 초끈이론의 창시자들은 6개의 여분차원을 칼라비-야우 공간에 우겨 넣음으로써 이러한 불일치가 해소된다고 생각했다. 그러나 당시에는 칼라비-야우 공간에 대해 알려진 바가 거의 없었기 때문에, 이런 희망 자체가 사치였다.

그러나 그 후로 20여 년의 세월이 흐른 지금까지도 칼라비-야우 공간으로 차원다짐*[1]을 해결하겠다는 시도는 여전히 현재진행형이다. 수많은 칼라비-야우 공간 중에서 하나를 골라내기만도 어려운데, 브레인이 도입된 후로는 엄청나게 다양한 시나리오가 새롭게 추가되면서 상황이 더욱 복잡해졌다. 일부 초끈이론학자들은 이제는 "초끈이론은 원래 우아한 이론이 아니다. 그러나 일단 체계가 확립되면 우주 안에서 일어나는 모든 현상을 설명할 수 있다"고 주장하는 지경에 이르렀다. 레너드 서스킨트는 최근 집필한 저서 『우주의 경치』에서 '유일한 끈이론의 존재'에 대한 희망이 꺼져 가고 있음을 지적하면서 다음과 같이 적어 놓았다.

……수학적으로 타당한 논리가 제시되면서 유일한 이론에 대한 새로운 가능성이 부각되었고, 1990년대에는 이 가능성이 최고조에 달했다. 끈이론학자들은 자신 앞에 펼쳐진 무한한 가능성의 계곡을 바라보며 두려움마저 느낄 정도였다. 계곡을 일일이 탐사하다 보면 무엇이든 나올 성싶었다.

게다가 끈이론은 골드버그 기계*[2]와 비슷한 속성까지 갖고 있었다. 표준모형을 찾아 계곡을 헤맬수록 이론의 구조는 점점 더 복잡해졌으며, '움직이는 부속품'의 수도 더욱 많아졌다……

유일함과 우아함의 관점에서 판단할 때, 끈이론은 미녀가 아니라 야수에 가깝다.
◆ 8

서스킨트는 "끈이론이 외견상 복잡하고 흉물스러운 것은 사실이되, 오히려 장점이다"고 주장했는데, 자세한 이야기는 나중에 논하기로 한다. 그는 끈이론의 정체가 무엇이건 간에 엄청나게 복잡하고 다양한 진공상태를 가지

---

*[1]dimensional compactification, 4차원을 제외한 나머지 차원들을 극미의 영역 속에 구겨넣기=꽉채우기, 조밀화.
[2]32쪽의 옮긴이 주[1] 참조

지만, 그 저변에 깔려 있는 미지의 이론은 훨씬 단순하고 우아하다고 생각했다. 그는 "나는 끈이론의 보편원리가 최고로 우아함을 입증할 수 있으리라 본다 – 그 정체를 밝혀내기만 한다면"◆9이라고 주장하면서 그 뒤에 이렇게 적어 놓았다.

물리학이론이 '우아하다'는 칭찬을 들으려면 이론을 규정하는 방정식의 개수가 적어야 한다. 10개보다는 5개가, 5개보다는 1개가 더 우아하다. 그래서 혹자는 끈이론이 더할 나위 없이 우아한 이론이라고 빈정 대곤 한다. 지금까지 20년이 넘도록 연구되어 왔음에도 불구하고, 이론을 규정할 만한 방정식이 단 한 개도 발견되지 않았기 때문이다! 즉, 현재 끈이론의 방정식 수는 0개이다. 이론의 근간을 이루는 방정식을 찾아내지 못했을 뿐 아니라, 정말 그런 게 존재하는지조차 확실치 않다. 그런데, 방정식이 없는 이론이란 대체 어떤 이론인가? 나도 잘 모르겠다. 어느 누군들 그렇지 않으랴?◆10

'초끈이론의 아름다움'은 심미안과 관련된 사안이므로 사람마다 생각이 다를 수도 있다. 그러나 이론의 난이도에 관해서는 논쟁의 소지가 적다. 진동하는 고전적 끈을 양자화시킨 가장 단순한 유형의 초끈이론조차 엄청나게 높은 난이도의 계산을 요구한다. 끈이론은 끈을 변수로 표현하는 방법에 좌우되지 않는다고 알려져 있으나, 이런 식으로 이론을 구축하는 것도 결코 만만한 작업은 아니다. 고전 끈이론(초대칭을 도입하지 않은 끈이론)에 비정상성이 존재하지 않으려면 끈의 배경 시공간이 26차원이 되어야 한다. 그런데 이렇게 단순한 끈이론은 안정된 진공상태를 가질 수 없기 때문에, 페르미온을 포함하는 초대칭을 도입할 필요가 생긴다. 즉, 초끈이론이 해결사로 등장할 시점이다. 초끈이론의 기본 방정식은 몇 가지 유형이 있는데, 여기에 비정상성이 제거되어야 한다는 조건을 부과하면 끈의 배경 시공간이 26차원에서 10차원으로 줄어든다. 그러나 우리가 살고 있는 시공간은 분명히 4차원이므로 여분의 6차원을 어떻게든 제거해야 한다. 즉 여분차원을 복잡하게 휘어져 있는 6차원 칼라비-야우 공간 속으로 '다져 넣어야' 하는 것이다. 이 과정은 매우 복잡하고 어려운 작업으로서 현대 대수기하학 같은 난해한 고등수학을 요구한다.

10차원 초끈이론을 칼라비-야우 공간에서 차원다짐시키는 것만으로도 엄청나게 복잡하고 어려운 과제지만, 최근 초끈이론의 관점에서 보면 이 정도는 시작에 불과하다. 초끈이론학자들에게 남은 희망은 이 모든 논리의 저변에 비건드림적 M-이론이 존재하리라는 것이지만, 지금은 이론의 극히 일부만이 규명되었을 뿐이다. M-이론의 저에너지 극한으로 추정되는 11차원 초중력이론도 초끈이론 못지않게 복잡하며 차원다짐을 하려면 휘어진 7차원 공간의 수학적 특성을 이해해야 한다. 게다가 지금까지 알려진 바에 의하면 M-이론은 1차원 끈뿐만 아니라 '브레인'이라는 2차원 이상의 끈까지 포함하는 이론일 가능성도 있다. 지난 10여 년 동안 브레인을 포함하는 다양한 계산이 실행되었으나, 7차원 공간이 작은 영역 속에 '다져진compactified' 11차원 이론의 존재여부는 아직 확인되지 않았다.

초끈이론이 이토록 복잡하다는 것은 아직 연구할 거리가 많이 남아 있음을 의미하지만, 또 한편으로는 이 분야에 투신하기 전에 미리 공부해야 할 내용이 엄청나게 많다는 뜻도 된다. 초끈이론을 이해하려면 먼저 양자장이론을 공부해야 하는데, 결코 만만한 과제가 아니다. 일반적으로 물리학과 대학원생은 먼저 석사과정 2년차에 양자장이론을 배우게 되며, 그래서 3학년이 되기 전까지는 초끈이론을 연구할 엄두조차 내기 힘들다. 4년에서 5년이라는 박사과정기간은 초끈이론을 전부 깨우치고 새로운 결과를 내놓기에는 너무나도 짧은 시간이다. 젊은 끈이론학자들은 극히 지엽적인 지식만을 습득한 채 학위를 받는 경우가 태반이고, 전문가가 되려면 졸업 후에도 여러 해 동안 연구경험을 쌓아야 한다. 언젠가 『사이언스』지誌에 실린 초끈이론과 관련된 기사에는 어느 젊은 끈이론학자의 인터뷰 내용이 다음과 같이 인용되어 있었다.

현재 펜실베니아 대학교에서 박사후 과정을 밟는 중인 브렌트 넬슨Brent Nelson은 10대 시절, 끈이론 책을 읽으면서 사람들 모두가 한 이론을 그토록 얄궂게 여긴다는 사실이 믿기지 않았다고 한다. "그땐 (끈이론을) 전부 배운 게 아니었거든요." 그는 회상했다. "그런데 나는 이걸 믿어야 될 이유를 아직도 찾는 중이죠." ◆11

분과 자체가 너무 복잡하고 어렵기 때문에, 이론물리학자들은 과학계의 현황을 스스로 판단하지 않고 타인의 의견에 지나치게 의존하는 경향을 보인다. 1984년에 위튼이 초끈이론에 열정을 쏟아 부은 후로 초끈이론은 이론물리학에서 가장 유망한 분야로 급부상했다. 그 이유는 여러 가지가 있겠으나, 초끈이론의 현주소를 스스로 파악하지 못한 대다수 물리학자들이 위튼의 판단에 영향을 받은 것이 큰 몫을 했다.

초끈이론에 입문하는 것도 어렵지만, 모든 어려움을 극복하고 연구를 시작한 후에는 발을 빼기도 쉽지 않다. 초끈이론을 주제로 논문을 쓴 학자들은 이미 엄청난 노력과 시간을 투자한 사람들이기 때문에, 전망이 불투명하다고 해도 연구 분야를 바꾸려면 커다란 결심을 해야 한다. 이를 두고 필립 앤더슨Philip Anderson은 다음과 같이 평했다.

이론물리학을 지망하는 젊은 물리학자들은 "초끈이론을 연구하여 이 분야의 일인자가 되고 싶은데, 현재 알려진 내용을 따라가는 것만도 벅차다"고 토로하고 있다. 이들이 시작부터 기가 죽어도 문제지만, 똑똑하고 유능한 젊은 인력이 초끈이론에 집중되어 물리학의 다른 분야들이 외면당하는 것이 더 심각한 문제이다. ◆12

초끈이론 연구를 그만 두고 다른 관점에서 통일장이론에 접근하고 싶어도, 쉽게 시작할 만한 분야가 없다. 다른 아이디어들은 아직 충분히 개발되어 있지 않은데다가 물리학자들에게 생소한 수학이 계속 등장하기 때문이다. 대체로 수학자들은 난해한 현대수학을 쉽게 풀어서 해설하는 데 몹시 인색하다. 원래 수학이라는 학문 자체가 극도로 엄밀하고 추상적이기 때문에, 직관이나 감성에 호소하는 식의 설명은 애초부터 불가능하다. 일반인들이 현대수학의 동향을 제대로 파악하려면 수학자가 수행했던 엄밀한 증명을 그대로 따라가는 수밖에 없다. 그래서 수학은 공개된 학문임에도 불구하고 소수 수학자들의 전유물로 취급받는 경향이 있다. 심지어 수학자 중에는 이렇게 생각하는 사람도 존재했다. "나는 이 정리를 이해하기 위해 가진 능력을 다 쏟아 각고면려*[1]했다. 따라서 나보다 수학 능력이 떨어지는 사람을 위해 더 쉽게 설명할 이유가 없다. 정 이해하고 싶다면 내가 들인 만큼의 노력을 기울여라!"

역설적인 것은, 초끈이론학자 사이에 만연한 거만한 태도가 수학자의 그것을 능가한다는 점이다. 그들은 오직 천재들만이 초끈이론을 다룰 수 있으며, 초끈이론을 비난하는 사람은 내용을 이해하지 못하기 때문이라고 생각한다. 이런 점은 인문과학계에서 포스트모더니즘 사조가 차지하는 위상과 비슷하다. 이들 분야에 몸담은 사람들은 난해함과 모호함에 시달리면서도 그로부터 상당한 자부심을 키워 나간다는 공통점을 가진다. 그래서 자신이 이해한 내용을 다른 사람이 쉽게 이해하지 못하도록 특유의 포장술을 발휘하는 것이다.

초끈이론이 복잡하고 난해하다는 것은 연구가 올바른 길을 찾지 못했다는 뜻이며, M-이론의 존재여부가 아직 확인되지 않았음을 의미한다. 표준모

---

*[1] 刻苦勉勵. 심신의 고생을 이겨내면서 오직 한 가지 일에만 노력을 기울임.

형과 같이 성공적인 물리학이론의 경우 한창 공부 중인 학생들이 근간이 되는 아이디어를 이해하기는 어렵지만, 일단 머릿속에 들어오고 나면 기본가정으로부터 이론의 전체 구조와 물리적 의미가 어렵지 않게 도출된다. 다만 표준모형에서 한 가지 불만이라면 '이론의 저변에 더욱 심오한 이론이 존재할 것 같은' 강한 심증을 불러일으킨다는 점일 터이다. 만일 누군가가 이 이론을 찾아낸다면 그 내용이 표준모형보다 더 어려울 리는 없다. 그러나 기초물리학에서 기존 이론과 다른 방식으로 자연을 서술하는 또 하나의 이론을 찾는다는 것은 결코 쉬운 일이 아니다. 실험에서 실마리가 주어지지 않는다면, 현재 인간의 지적 능력으로는 영원히 찾지 못할 수도 있다.

14장

초끈이론은 과연 과학인가?

초끈이론으로 만들어진 통일장이론의 수학 방정식을 이용하면 베다Veda문학의 40가지 특성과 통일장이 갖고 있는 40가지 중요한 특성들이 서로 일치한다는 놀라운 사실을 증명할 수 있다.

마하리쉬 마헤쉬 요기*[1] 「모든 자연법칙을 아우르는 통일장Unified Field of All the Laws of Nature」

앞으로 어떤 결론이 내려지건 간에, 초끈이론은 현대과학사에서 미증유의 사건으로 남을 것이다. 20년이 넘는 세월 동안 전 세계 수천 명의 내로라하는 과학자들이 근 만 편의 연구논문을 발표했으면서 실험으로 검증 가능한 예견을 단 하나도 내놓지 못했으니, 이런 일이 또 어디 있겠는가? 이 전례 없

*[1]Maharishi Mahesh Yogi. 서양에 초월명상(Transcendental Meditation: 수행자가 하루에 2번씩 마음속으로 특별한 주문mantra을 암송하는 명상법. 주문 반복에 정신을 집중함으로써 잡념을 없애고 의식의 높은 단계에 도달한다. 다이어트용, 알콜중독 치료용 등의 주문이 존재)을 소개한 인도의 종교지도자. 힌두 성지인 알라하바드 대학교에서 물리학을 전공한 이력이 있다. 생전에 비틀스, 클린트 이스트우드, 프리쵸프 카프라 등 수많은 유명 인사를 제자로 두었으며 2008년 2월 5일 91세의 나이로 네덜란드 자택에서 타계했다.

이 희한한 상황 앞에서 우리들은 다음과 같은 질문을 던지지 않을 수 없다. "초끈이론이 과연 과학인가? 이것을 주제로 써진 논문을 과학논문이라 부름이 합당할까?" 이 질문은 두 가지 의미로 해석 가능한데, 하나는 많은 물리학자들이 지적했던 바와 같이 초끈이론이 물리학보다 수학에 가까운 이론임을 문제 삼는 것이고 또 하나는 초끈이론을 진정한 과학으로 간주해야 하는지를 묻는 것이다.

나는 경력의 대부분을 수학과에서 쌓아 왔기 때문에 동료 수학자들에게 "초끈이론은 수학인가?"라는 질문을 던졌을 때 어떤 대답이 돌아올 지 가늠이 가고도 남는다. 그들은 분명 "절대로 아니다!"라고 단호하게 외칠 것이다. 수학자에게 주어진 가장 중요한 임무는 수학적 객체에 대하여 정확한 정리를 세우고 그것을 엄밀하게 증명하는 일이다. 수학자는 무엇이건 추상화하는 데 도가 튼 사람들이기 때문에, 그들에게 정확하게 정의된 물리학 이론을 건네주면 쉽사리 추상적인 수학 언어로 바꾸어 놓는다. 그러므로 초끈이론이 현실과 동떨어진 대상을 다룬다고 해서 큰 문제는 없다. 정작 문제는 초끈이론이 진정한 이론이 아니라, 그런 이론이 존재하기를 바라는 희망사항의 집합에 불과하다는 점이다. 수학자들이 볼 때 물리적 원인 없이 "이러이러한 이론이 존재했으면 좋겠다"는 희망만 가지고서는 수학은 결코 이루어지지 못한다. 이러한 희망이 물리학에서 진실을 추측하고 유도하는 강력한 동기가 될 수는 있겠지만, 방향을 확실하게 잡고 나아가려면 구체적인 기초개념이 선결되어야 한다.

다른 분야의 물리학자들은 초끈이론을 종종 물리학이 아닌 수학으로 간주한다. 그런데 많은 물리학자들이 겔만처럼 추상적인 수학을 일종의 '수음手淫'으로 생각하기 때문에, 초끈이론을 수학으로 간주하는 그들의 태도 속에는 대부분 부정적인 의미가 가미되어 있다. 주류 물리학자들에게 수학으로 간주되는 만큼 또한 초끈이론은 주류 수학자들에게는 물리학으로 여겨지며,

서로 자기네 영역에 속한다고는 생각조차 안 하고 다른 분과에 속하겠거니 하고 철석같이 믿고 있다.

1980년대 중반에 이론물리학자들은 마하리쉬 국제대학교Maharishi International University의 홍보용 포스터를 자신의 연구실 벽에 장식용으로 붙여 놓곤 했다. 그 포스터에는 11차원 초중력이론의 방정식이 큰 글씨로 인쇄되어서, 항項 하나하나마다 그 의미를 인도철학적 관점에서 해설한 마하리쉬의 주해가 깨알같이 적혀 있었다. 이 장의 첫머리에 적은 문구는 새로 작성된 포스터에서 인용했는데, 마하리쉬 대학교의 웹사이트를 방문하면 전문을 열람 가능하다. 새 포스터는 몇 가지 내용이 개선되었지만(초중력이론이 초끈이론으로 대치되는 등) 전체적으로는 크게 달라지지 않았다.*1

물리학계에 이런 유행을 퍼뜨린 사람은 마하리쉬가 아니라 존 하겔린John Hagelin이라는 물리학자였다. 그는 1970년대에 하버드 대학원에서 입자물리학을 전공했으며 나와 함께 양자장이론 과목을 수강한 적도 있다. 그 무렵에 나의 룸메이트는 당시 유행했던 초월명상Transcendental Meditation, TM에 심취해 있었는데, 인근의 TM명상센터에 드나들면서 알게 된 하겔린을 내게도 소개해 주었다. 하겔린은 양자장이론을 이용하여 초월명상의 공중부양*2을 설명하려는 등 물리관이 좀 이상했지만 전반적으로는 평범한 대학원생이었다.

그로부터 몇 년 후, 하겔린은 서너 편의 입자물리학 논문을 발표하고 하버드에서 박사학위를 받았으며 SLAC에서 몇 년 동안 박사후 과정을 밟았다. 이 기간 동안 하겔린은 세계적인 석학들과 함께 표준모형의 초대칭버전과 대통일이론을 연구하여 여러 편의 논문을 발표했으며, 이들 중 상당수는 아

*1 http://www.worldpeaceendowment.org/invincibility/invincibility8.html
*2 가부좌를 틀고 TM명상에 몰입하면 몸 전체가 공중으로 떠오른다는 추종자들의 주장.

직도 빈번하게 인용되고 있다. 1984년에 하겔린은 SLAC을 떠나 아이오와주 페어필드Fairfield에 있는 마하리쉬 국제대학교로 자리를 옮겼고 그곳에서 물리학과를 창설하였다. 예나 지금이나 각 대학의 입자이론 연구소에서는 관례적으로 다량의 연구논문을 프리프린트*1형태로 복사하여 세계 각지의 대학에 배포한다. 당시에 나도 마하리쉬 국제대학교에서 발행한 입자물리학 관련 프리프린트를 몇 편 받아 보았는데, 연구주제는 다른 논문과 비슷했지만 백지가 아닌 분홍색 종이에 인쇄했기 때문에 슥 보기만 해도 마하리쉬 국제대학교구나 하는 감이 왔다.

하겔린은 1980년대 말~1990년대 초반까지 입자물리학계의 주류를 따르면서 꾸준히 논문을 발표해 왔고 얼마 전까지는 초끈이론으로부터 유도된 다양한 통일장이론을 나름대로 연구했다. 그는 1995년까지 총 73편의 논문을 발표했는데, 이들 중 대부분이 일류 학술지에 게재되었으며 인용횟수가 100회를 넘는 논문도 많다. 그러나 SLAC의 논문 데이터베이스에서 하겔린의 논문을 검색해 보면 제일 윗줄에 「의식은 과연 통일장인가?(입자물리학자의 관점에서)Is Consciousness the Unified Field?(A Field Theorist's Perspective)」, 「마하리쉬의 베다 과학에 입각한 물리학의 근본적 개혁Restructuring Physics from its Foundation in Light of Maharishi's Vedic Science」등 특이한 제목을 단 논문이 올라온다. 이 논문들을 읽어 보면 하겔린이 1980년대부터 통일장이나 초끈이론을 '의식의 통일장'과 동일하게 취급해 왔음이 드러난다. 마하리쉬 국제대학교는 초끈이론과 의식세계 간의 상호관계를 가르친다는 미명하에 '통일장이론의 개념 정립을 위한 20가지 과제 입문'을 1학년 필수과목으로 정해 놓았다. 하겔린은 몇 년 전부터 물리학연구를 그만 두고 '자연법칙당Natural Law Party'의 당수로 등극하여 사람들에게 악명을 떨치는 중인데, 최근에는 '통일장에

---

*1 Preprint. 연구결과를 정식논문으로 출판하기 전에 약식으로 인쇄한 간행물=예고(豫稿).

기반을 둔 무적의 방어기술’로 테러분자들과 싸운다는 구호를 내걸었다.

대다수 물리학자들은 하겔린의 행동을 정신 나간 짓으로 치부한다. 그러나 하겔린은 “정신 나간 사람도 하버드 대학교 물리학과에서 박사 학위를 따서 인용횟수가 많은 논문을 유명 학술지에 여러 편 싣기도 한다”는 사실을 증명했다. 학술계를 이런 정신 나간 짓으로부터 지키려면 어떻게 해야 할까? 하겔린은 자신이 발표한 논문들이 일관된 내용을 견지한다고 주장하겠지만 대부분의 물리학자들은 그렇게 생각하지 않는다. ‘타당한 과학’과 ‘비논리적인 희망사항’의 차이점은 무엇일까?

자연을 서술하는 방법은 참으로 다양하지만, 그중에서 극히 일부만이 ‘과학적인 방법’에 해당된다. 이전에 실행된 적이 없는 실험을 하면서 그 결과를 구체적으로 예측할 수 있어야만 ‘과학적’으로 분류함이 마땅하다. 전통이나 종교적 믿음에 바탕을 두고 미래를 올바르게 예측하지 못하는 설명은 과학이 아니다. 논리가 결여된 이데올로기나 희망사항에 기초한 설명도 마찬가지로 과학과는 거리가 멀다.

과학과 비과학의 구별이 과연 가능한가? 만일 가능하다면 어떻게 구별해야 하는가? 이것은 과학철학에서 제기되는 가장 중요한 논제이다. 이 문제에 관하여 가장 유명한 기준을 제시한 사람은 칼 포퍼*1이다. 그의 기준에 의하면, 과학적 예측은 반증될 수 있어야 한다. 즉, ‘자체적으로 모순이 없어서 반증이 불가능한 주장’은 과학이 아니다.*2 그러나 현상의 관찰 자체가 이론의존적*3이거나 심지어는 실험결과를 설명할 때 이론의 도움을 받아야 하는 경우도 있으나, 현재 우리의 논지에서 벗어난 문제가 되므로 이쯤

---

*1 Karl Popper(1902~1994). 영국의 과학철학자. 비엔나에서 태어나 비엔나 대학교에서 물리학, 철학 등을 전공하고 1946년 영국으로 이주해 런던 대학교 논리학, 과학방법론 교수를 지내며 기사작위를 받았다.

*2 이론의 예측을 부정하려는 수많은 시도가 성공하지 못한 결과를 보일 때만, 그런 식으로

에서 멈추도록 하자.

개중에는 쉽게 반증 가능한 이론도 있다. 그러나 일반적으로 이론의 반증이란 결코 간단한 문제가 아니다. 지난 여러 해 동안 표준모형이론과 일치하지 않는 실험결과들이 다수 발견되었는데, 이론을 확장해서 어떻게든 설명할 수 있었지만 그 대가로 이론체계는 엄청 복잡해졌다. 그러나 더욱 세심한 분석을 실행하고 보니 실험결과의 잘못이었고, 이론이 복잡해질 이유는 전혀 없었다. 사실 이론이 아무리 복잡해져도 상관없다면야 어떤 실험결과가 튀어나오든 받아들일 방법은 항상 존재한다. 물리학자들은 단순하고 자연스러운 논리를 추구하기 때문에 이론의 반증가능성을 따질 때마다 미학적 관점이 개입된다. 하지만 극도로 복잡한 이론을 허용한다면 이 세상에 수용하지 못할 실험결과는 없다.

표준모형은 이런 유의 이론 중에서 가장 단순하고 입자물리학 실험에서 얻어진 모든 결과들을 논리적으로 예견하기 때문에, 반증 가능한 이론의 전형적인 사례이다. 반면에 초끈이론은 당장 아무것도 예견하지 못했으므로 반증될 수도 없다. 지금까지 어느 누구도 '실험결과와 일치하는' 초끈이론을 만들어 내지 못했다. 시도를 할 때마다 초끈이론은 더욱 복잡해지기만 할 뿐, 표준모형 같은 아름다운 일치는 단 한 번도 보여 주지 못했다.

이론을 지지하는 뚜렷한 증거가 생길 경우에만, 사실은 이론을 확증한다. 즉 이론의 과학성을 구성하는 것은 그 이론을 전복할 수 있는 가능성, 혹은 그 이론의 반증가능성이다. 포퍼는 반증가능성에 따른 과정을 다음과 같이 정리했다:

1. 과학이론은 다수의 증거에 의해 확증되지 않고, 반증가능한 가설을 통해 구성된다.
2. 하나의 가설이 반증가능한 실험을 많이 구성할 수 있다면, 그것은 좋은 이론이다.
3. 반증 실험을 많이 견뎌 낼수록 믿음직한 이론이 된다.

*3 까만 배경에 하얀 점이 산재한 사진을 화랑에서 볼 땐 추상회화의 일종으로 생각하겠지만, 천문대에서 보게 된다면 우주의 사진으로밖에 여겨지지 않을 터이다. 관찰이란 그에 부합하는 이론적 문맥 속에서 특정 이론을 배경으로 가능해지는 적극적인 행위이다. 어떠한 이론적 배경으로부터도 독립된 관찰-에서 도출되는 순수한 사실-은 존재하지 않는다. 절대중립의 관찰언어라는 가정은 불가능하며, 이는 반증이라는 절차 자체를 무의미하게 한다.

1998년 물리학회에 참석했던 초끈이론학자 조셉 폴친스키는 실험물리학자들 앞에서 다음과 같이 말했다.

"초끈이론을 어떻게 반증할까? 어떻게 저걸 물리학의 무대에서 영원히 추방시키지?" 저는 모든 실험물리학자들께서 이를 오매불망 꿈꾸고 계심을 잘 압니다. 자, 어디 봅시다. 실패군요. 아직까진.◆[1]

반증가능성의 기준에서 볼 때, 초끈이론은 과학이 아니다. 그러나 상황은 그리 간단하지 않다. "아직까진"이라는 폴친스키의 말을 다시 음미해 보자. 과학자들이 만들어 내는 대부분의 이론은 다음과 같은 질문에서 시작된다. "X가 참이라고 가정한다면, 이 가정으로부터 생겨날 만한 이론은 무엇일까?" 과학자는 이런 생각을 하면서 수많은 시간을 보낸다. 이를 두고 '비과학적 행위'라고 말할 사람은 없을 것이다. 초끈이론도 다양한 가정 위에 쌓아 올린 이론이므로, 이런 관점에선 과학으로 손색이 없어 보인다. 초끈이론을 연구하는 학자들이 "그동안 소립자를 점으로 간주해 왔으나, 입자의 최소단위는 점이 아니라 사실 끈이다"라는 과감한 가정 하에, 반증 가능한 예견을 내놓기 위해 노력해 온 건 사실이다.

'과학적'이라는 개념을 이런 경우까지 확장해서 적용한다면 초끈이론도 엄연한 과학이라고 할 수 있다. 그런데, 이런 사색적인 행위까지 과학의 범주에 넣어야 할까? 우주론학자들 사이에는 다음과 같은 일화가 유행처럼 떠돈다(이 이야기는 스티븐 호킹 식이며, 다른 변형도 많다).

한 유명한 과학자가(버트런드 러셀이라는 설도 있음) 천문학을 주제로 공개강연을 하고 있었다. 그는 청중들에게 '태양을 중심으로 이루어지는 지구의 공전과, 거대한 은하수Milky Way를 중심으로 진행되는 태양의 운동'을 설명했다. 강연이 끝나갈 무렵, 뒤쪽에 앉아 있던 한 중년부인이 자리에서 벌떡 일어나 큰 소리로 외쳤다. "모두 엉터리야, 당신 이야기는! 이 세상은 커다란 거북이 등 위에 얹힌 평평한 땅덩어리인데!" 과학자는 여유있는 미소를 지으며 반문했다. "부인, 그렇다면 그 거북이는 어디에 앉아 있습니까?" 그러자 그 부인이 자신 있게 대답했다. "제법 똑똑한 젊은이구만. 아주 똑똑해. 거북이는 다른 거북이 등 위에 앉아 있고, 그 거북이는 또 다른 거북이 위에 앉아 있지. 이런 식으로 계속된다오. 이젠 알았겠지?"◆2

이 일화는 물리학자들에게도 유명하다(버트런드 러셀 대신에 윌리엄 제임스*1나 아인슈타인이 등장한다). 그런가 하면 문화인류학계에선 그런 전설들은 클리포드 기어츠*2의 이야기에서부터 생겨났다고 믿어져 왔다.

인도인들 사이에 전해 내려오는 우스갯소리가 있다(확실하진 않지만, 적어도 내가 알기로는 인도사람의 이야기다). 한 영국인이 어디선가 "지구는 코끼리 등에 얹힌 평평한 땅덩어리며, 이 코끼리는 거북이의 등을 밟고 서 있다"는 이야기를 듣고 질문을 던졌다(아마도 그는 민족지 연구가였나 보다. 일단 물어보는 게 그 친구들이 하는 일이니). "그렇다면 그 거북이는 어디 위에 서 있나요?" 인도인이 대답했다. "다른 거북이 등 위에 있습죠." "그러면 그 거북이는요?" "나리, 그 아래로는 모두 거북이입니다. 더 이상 따질 필요가 없어요."◆3

---

*1 경험이 곧 실재이며 세계는 물질도 정신도 아닌 순수경험으로 이루어졌다고 주장한 미국의 철학자.

*2 Clifford Geertz(1926~2006). 20세기 후반 사회과학과 인문학을 통합한 미국의 대표적인 문화인류학자. 기호학과 해석학을 끌어들여 사회변동에서 문화의 독자적 역할에 주목했다. 문화를 상징체계로 파악하고 문화분석을 (법칙을 추구하는 실험적 과학이 아닌) 의미를 추구하는 해석적인 과학으로 보았다. 또한 자신이 발견한 이방인의 생각을 '자신의 문화에서' 이해할 수 있게 전달하는 사람이 인류학자라고 정의했다. 이 때문에 문화인류학에 후기구조주의적 관점을 처음으로 도입했다고 평가받기도 한다. 미 인류학협회(AAA)는 2006년 타계한 그를 기리기 위해 기어츠상을 제정했다.

기어츠는 반-토대주의*[1]개념을 설명하기 위해 위 이야기를 사용했으며, 다음과 같은 의견을 피력하기도 했다.

……그동안 나는 글을 쓰면서 무언가의 근본에 다다른 적이 한 번도 없다. 문화분석은 본질적으로 불완전하며, 깊이 파고들수록 더욱 불완전해진다.

민족지학民族誌學, ethnography과는 달리 입자물리학은 이론적 토대가 있으므로 훨씬 과학에 가까우며, (지금까지 얻은 결과로 미루어 볼 때)깊이 파고들수록 더욱 완전해진다. 표준모형은 광범위한 영역에서 자연현상을 예견하고 이해하기 위한 이론이며, 현재는 다소 불확실한 기초를 더욱 완전하게 다듬기 위해 노력하고 있다.

만일 내가 거북이이론을 과감하게 확장하여 "극도로 짧은 거리에서 나타나는 물리현상은 입자나 끈이 아닌 거북이로 설명된다"는 황당한 이론을 연구한다면 어떻게 될까? 내가 "지금 나는 이 세계를 구성하는 최소단위가 엄청나게 작은 거북이라는 가정 하에 표준모형을 다시 유도하고 변수들을 계산하는 중이다"라고 주장한다면, 아무도 나의 연구를 '과학'이라고 부르지 않을 것이다. 그러나 몇 달 후에 거북이이론으로 표준모형의 모든 변수들을 성공적으로 계산해 낸다면 사람들은 당장 생각을 바꿔서 나의 연구를 진정한 과학으로 인정할지도 모른다. 다시 말해서 어떤 사색적 행위를 놓고 "이것이 과연 과학인가?"를 물었을 때, 그 답은 전체적인 여론에 의해 좌우된다. 이론이 과학으로 인정받고 통용되는 시점은 그것이 절대적인 답을 제시할 때가 아니라 과학계 전체에 어떤 믿음을 형성하고 새로운 이론과 실험을 통해 진화하는 일이 가능해졌을 때이다. 따라서 다수의 과학자들이 볼 때 불

*[1]Anti-foundationalism. 어떤 믿음 B를 정당화 하는 것이 경험 E가 아니며 믿음의 정당화는 또 다른 믿음에 의존한다는 생각.

합리하고 실행 불가능한 방법으로 연구되는 분야는 과학이라 부르기 곤란하다. 특히 그 분야가 여러 해 동안 아무런 결과도 내놓지 못했다면 더 말할 나위도 없다. 반면에, 대다수의 학자들이 타당하다고 생각하는 아이디어를 연구하는 사람은 '과학자'란 말을 들을 자격이 충분하다.

초끈이론은 '한번 시도해 볼 만' 하다는 게 그간 이론물리학계의 공론이었으므로, 초끈이론은 위 기준에 의거한 검증과정을 꾸준하게 거쳐 온 셈이다. 이런 식으로 어떤 결론이 내려진다면 그것은 과학적인 결론이 아니라 다수의 과학자들이 선호하는 '사회적 결론'에 가깝다(비록 '모든' 이론물리학자들이 선호하지는 않을지라도). 이젠 많은 물리학자들은 초끈이론의 가설이 틀렸거나 '예견 가능한 이론으로 발전할 가능성'이 없다고 여긴다. 초끈이론학자들은 이것이 물리학계의 논쟁거리라는 사실을 잘 알고 있으며, 앞으로 초끈이론이 여전히 아무것도 예견하지 못한다면 '과학적 이론'으로서의 입지가 위태로워진다는 사실도 잘 알고 있다.

많은 과학자들은 그렇게 구박받으면서도 살아남아 온 초끈이론의 믿음이 혹시나 종교적 도그마로 변하지는 않을까 하고 우려한다. 글래쇼는 초끈이론의 앞날을 걱정하면서 다음과 같은 말을 남겼다.

> 나는 초끈이론이 중세 신학에 등장하는 천사를 칼라비-야우 공간으로 대치시킨 새로운 신학으로 변질될 것 같아 염려스럽다. 과민반응인지는 모르겠지만, 지금의 세태를 보면 곳곳에서 징후가 나타나고 있다. 우리는 인간의 신념이 과학을 대신하는 순간을 또 다시 대면하게 될지도 모른다.◆4

나는 주변 물리학자들로부터 "초끈이론이 위튼을 구루*1로 삼는 일종의

*1Guru. 힌두교 수련에서 스승 또는 지도자.

종교단체처럼 변해 간다"는 말을 여러 차례 들어 왔다. 앞에 실렸던 'M-이론에 대한 마게이주의 언급'을 다시 한 번 떠올려 보자. 일부 끈이론학자들은 후안무치하게도 초끈이론에 대한 자신의 믿음을 종교적인 언어로 표현하곤 한다. 예를 들어, 하버드 대학교의 한 초끈이론학자는 사람들에게 전자메일을 보낼 때 "초끈이론/M-이론은 이 세상을 창조한 신의 언어이다"라는 문구를 끝 부분에 항상 첨부하며, 끈이론학자이자 교양과학서 작가로 유명한 미치오 카쿠는 한 라디오 프로그램에 출연하여 "신의 마음은 11차원 초공간에서 울려 퍼지는 음악입니다"라고까지 말했다.◆5 몇몇 물리학자들은 "초끈이론은 적어도 미국에서는 '믿음의 이끄심으로' 연방정부의 지원을 받아 살아남을지도 모른다"*1고 농담조로 평한다. 종교와 과학의 화합을 목적으로 설립된 템플턴 재단Templeton foundation*2에서는 얼마 전부터 초끈이론학자들을 위한 학술회의를 후원해 왔다. 초끈이론이 종교적 색채가 짙어져 간다는 글래쇼의 염려는 이미 현실로 다가오고 있다.

나는 지금 상황에서 초끈이론에 종교나 컬트*3가 개입되는 것이 부적절하다고 생각한다. 그 주장이 신의 섭리와 아무리 비슷하다고 해도, 과학 이론은 과학적 방법으로 검증되어야 하기 때문이다. 요즘 세태를 보면, 그럴듯한 아이디어에서 출발한 초끈이론이 '실패한 통일장이론'으로 굳어져 가면서 별로 바람직하지 않은 이중적 의미가 부여되는 듯하다. 앞서 언급한 바와 같이 우리는 사람들이 믿는 대상이 과학인지, 또는 비과학인지를 분명하게

*1 W. 부시 대통령은 종교 단체들이 단지 그들의 신앙 때문에 정부의 재정 후원에서 차별을 받아서는 안 된다고 언급하며, 2005년 '신앙에 기초한' 사역(사회사업)에 13억 3천만 달러를 지원했다. 농경부와 국제개발기구로부터 집행된 6억 6천 9백만 달러를 더한다면 지원금은 총 한화 2조 원에 이르며 이는 사회사업에 할당한 정부 지원의 총 10.3%에 해당된다.

*2 설립자인 존 템플턴 경은 글로벌 펀드의 대명사격인 템플턴 그로스펀드의 설립자이며 프린스턴 신학교의 이사와 학장을 역임한 경력도 있다. 종교계의 노벨상이라 불리는 템플턴상을 제정하였다.

*3 Cult. 어떤 사조나 사상에 대한 열광적인 숭배.

구별하지 못하므로, 제아무리 과학이라고 해도 언제든지 컬트와 같은 사조에 빠질 수 있음을 염두에 두어야 한다. 과학이란 이름을 계속 이어 나가기 위해선 논리의 엄밀한 기준 설정이 특히 요구되며, 그 체계 또한 꾸준히 강화해야 할 것이다.

15장

보다노프 사건

이 책을 한창 집필 중이던 2002년 10월의 어느 날 아침, 나는 여느 날과 다름없이 연구실에 출근하여 전자메일을 열어 보았다. 수신함에는 몇 사람의 동료 물리학자들이 보내온 메일이 들어 있었는데, 그 안에는 "관심 있어 할 듯해 보내니 한 번 읽어 보기를"이라는 짤막한 언급과 함께 프랑스인 형제 이고르 보다노프Igor Bogdanov와 그리츠카 보다노프Grichka Bogdanov에 의해 시작되었다는 황당한 소문이 적혀 있었다(사람들은 이것을 '역-소컬 사기reverse-Sokal hoax'*[1]라고 불렀다). 1996년 앨런 소칼Alan Sokal이라는 물리학자가 「경계의 침범: 양자중력의 변형해석학을 위하여Transgressing the Boundaries: Toward a Transformative Hermeneutics of Quantum Gravity」라는 논문을 쓴 적

*[1]뉴욕대 물리학과 교수인 앨런 소칼이 '라캉의 정신분석학 작업이 양자장이론의 최근 성과를 통해 입증되다' 라는 주제로 쓴 논문이 저명한 문화연구 저널인 『소셜 텍스트』 지에 편집자들의 극찬을 받으며 실린 사건. 후에 소칼은 자기 논문이 '그저 뜻을 꼬아놓기 위해 과학용어를 오용한 포스트모더니즘 사회학자, 철학자의 저작들' 의 짜깁기였음을 다른 저널에서 밝힌다(『소셜 텍스트』 지에 기고했으나 거절당했다). 이는 포스트모더니즘 철학, 과학사회학 진영과 순수과학계간의 소위 '과학전쟁' 의 도화선이 되었다. 그는 나중에 이 사건들을 『Fashionable nonsense : postmodern intellectuals' abuse of science』란 이름의 책으로 펴냈다. 국내에는 『지적 사기』(민음사 펴냄)란 제목으로 출간되어 있다.

이 있다. 구성 자체는 주도면밀했지만 과학 논리와는 거리가 먼 글이었는데, 여기에는 소컬 자신의 황당무계한 주장과 함께 포스트모더니즘 이론가와 과학자들의 글이 수록되어 있었다. 결국 이 논문은 논리와 담을 쌓은 황당하고 재미있는 농담으로 끝을 맺는다(단, 읽는 사람이 농담으로 받아들일 준비가 되어 있을 경우에만). 소컬은 자신의 글을 『소셜 텍스트Social Text』라는 저명한 학술잡지에 제출했고, 담당 편집자는 '과학 연구Science Studies'라는 코너에 이 글을 게재했다. 나에게 온 메일에는 "보다노프 형제가 양자중력이론을 주제로 비슷한 짓을 저질러서 이 황당무계한 원고가 몇몇 개 학술지에 실렸으며, 심지어 프랑스 대학에서는 이것을 논문으로 인정하여 보다노프 형제에게 박사학위까지 수여했다"고 적혀 있었다.

나는 소컬의 그악한 장난을 처음 접했을 때, 초끈이론을 주제로 비슷한 글을 써 볼까를 심각하게 고려했었다. 과연 내 글도 저널에 실릴까? 전혀 이치에 맞지 않고 복잡하기만 한 논리로 초끈이론을 설명한다면 과연 사람들이 믿어 줄까? 논리가 아무리 황당무계하다 해도, 뜬구름 잡기 식의 더 괴상한 설명과 몇 개의 그럴듯한 농담을 섞어서 잘 버무리면 여러 과학잡지에 무난히 실릴 듯했다. 그러나 나는 한동안 고민하던 끝에 글쓰기를 포기했다. 새로 증명했다고 떠벌릴 만한 내용이 없었기 때문이다. 소칼에 반대하는 사람들은 "소칼은 글을 쓸 때 그 스스로가 그 내용을 믿는지 안 믿는지 신경 쓰지 않고, 우리가 따르는 사상 중에서 엉성한 것만 골라서 악의적으로 글을 구성했다"라는 사실을 지적했다. 그렇다면 내가 초끈이론을 대상으로 장난기 어린 글을 쓴다 해도, 안 그래도 과도한 업무에 시달리는 편집자들에게는 '별 볼일 없는 연구논문' 쯤으로 보일 것 같았다.*[1] 사실, 나는 자신이 무엇 하나

*[1] 고를 필요도 없이 재료 전부가 괴상하고 엉성하므로 소칼의 사례처럼 뭔가 '획기적으로 보이게' 꾸며대기 조차 어렵다는 뜻이다.

증명하지 못한 채로 빙빙 돌리는 글쓰기가 가능한지부터가 미심쩍었다.

그길로 나는 인터넷에서 보다노프 형제가 썼다는 논문을 찾아 훑어 보았는데, 내 눈에는 전혀 사기처럼 보이지 않았다. 소컬의 논문과는 달리 웃음을 자아낼 만한 구석이 전혀 없는 평이한 논문이었던 것이다. 그날 오후에 나는 "보다노프 형제 중 한 사람과의 뉴욕타임스 인터뷰 도중에, 그는 심한 불쾌감을 나타내면서 자신의 논문이 사기라는 소문을 강하게 부인했다"는 새로운 소문을 듣게 되었다. 내가 보기에도 그의 논문은 전 세계에서 날마다 수백 개씩 쏟아져 나오는 함량미달의 논문 중 하나에 불과했다.

그다음 날부터 보다노프의 '사기'는 인터넷을 타고 본격적으로 살포되기 시작했다. 그때 하버드 대학교 초끈이론 연구팀을 방문 중이었던 한 물리학자는 자신의 친구에게 다음과 같은 메일을 보냈다.

하버드 대학교의 연구팀도 이 논문이 진지한 것인지, 아니면 사기인지 판단을 못 내리고 있더라구. 오늘 아침까지만 해도 다들 '사기논문'이라며 비웃었는데, 오후가 되니까 "보다노프는 대학 교수이며 사기꾼이 아니다"라는 쪽으로 기울면서, 많은 사람들이 이 논문을 장난이 아닌 진짜 연구논문으로 간주하는 것 같아.

당시 보다노프 형제는 전자메일을 통해 자신의 논문이 결코 사기가 아니었음을 사방에 알리고 있었다. 소문의 진상이 궁금해진 나는 잠시 짬을 내서 보다노프 형제의 논문을 찬찬히 읽어 보기로 했다. 양자대수학quantum algebra을 주제로 한 그리츠카의 논문은 내용이 제법 난해하고 나의 전공분야도 아니었기에 대충 읽고 넘어갔다. 그러나 이고르의 논문주제는 위상수학적 양자장이론topological quantum field theory으로서, 나에게도 어느 정도는 익숙한 분야였다. 이 논문은 매우 짧은데다가 부록appendix과 참고문헌이 상당부분을 차지했는데, 그중에는 이고르 자신이 이전에 발표했다는 4편의 논문도 포함되어 있었다. 그런데 이 4편의 논문을 다시 찾아보니 그중 2편은 초록이 똑같고(단어 하나하나까지 완전히 똑같았다) 내용도 거의 비슷했다. 마치 한 논문에서 내용을 발췌하여 다른 하나의 논문을 써놓은 듯한(=자기표절) 모양새였다. 뿐만 아니라 보다노프 형제는 다섯 번째 논문을 또 다른 학술지에 발표했고 이것도 방금 언급한 두 편의 논문과 거의 판박이였다.

그 동안 물리학을 연구하면서 함량미달의 논문을 많이 보아 왔지만, 이처럼 거의 똑같은 내용의 논문을 세 개의 학술지에 따로 게재한 경우는 정말이지 처음이었다. 그중 가장 긴 논문을 자세히 읽어 보니 내가 지금까지 읽어 본 논문들 중 가장 터무니없는 내용이 들어 있었다. 논문 도입부에는 위상수학적 양자장이론과 관련된 몇 가지 아이디어들이 그럴듯한 문체로 소개되어 있었지만, 대부분 완전히 틀렸거나 무의미한 것이었다. 혹시 하는 마음으로 본문을 읽어 보았으나 터무니없기는 마찬가지였다. 이고르의 논문은 그야말로 완전히 난센스였다. 덕분에 원 없이 웃기는 했지만 과연 이고르 자신도 사람들을 웃기려고 이런 논문을 썼을까? 내가 보기에는 그렇지 않은 것 같았다.

결국 보다노프 형제는 거의 똑같은 세 편의 논문을 포함하여 총 다섯 편의 논문을 학술지에 게재한 셈이 되었다. 이들 중 두 곳은 매우 유명한 학술지였고(『Classical and Quantum Gravity』와 『Annals of Physics』), 또 한 곳은 한때 제법 유명했지만 지금은 다소 수준이 떨어지는 학술지였으며(『Nuovo Cimento』), 나머지는 별로 들어본 적이 없는 곳이었다(『Czechoslovak Journal of Physics』와 『Chinese Journal of Physics』). 이 학술지의 편집자와 심사위원들은 이고르 보다노프의 논문이 완전히 난센스라는 사실을 전혀 모르는 채 게재를 허락했음이 분명했다. 나중에 일부 편집자들은 '함량 미달의 논문이 게재된 사건'을 소극적으로 해명했는데, 이들 중 한 사람은 저자인 이고르에게 "논문에서 일곱 군데를 수정하면 출판해 주겠다"는 회신을 보냈다고 한다. 그러나 "수준미달의 논문이 우리 학술지에 게재된 것은 명백한 실수이며, 앞으로 두 번 다시 이런 실수를 반복하지 않겠다"고 천명한 학술지는 『Classical and Quantum Gravity』 한 곳 뿐이었다. 『Annals of Physics』의 편집자인 프랭크 윌첵은 "이고르의 논문이 우리 학술지의 심사를 통과한 것은 내가 이곳에 편집자로 부임하기 전이었지만, 어쨌거나 그것은 우리 측 실수이며 앞으로 학술지의 수준을 높이기 위해 최선을 다하겠다"고 말했다.

이 사건이 있은 후 보다노프 형제에 관한 이야기는 고등교육연보Chronicle of Higher Education와 네이처, 뉴욕타임스 등 유명한 매체에 실리면서 세간의 관심을 끌었으며, 사람들은 이 형제가 어떻게 박사학위를 받았는지 궁금해 하기 시작했다. 50대의 중년인 보다노프 형제는 1980년대부터 프랑스의 한 방송국에서 공상과학에 관한 TV쇼를 진행해 왔고, 지금은 과학과 관련된 시청자들의 질문에 답해 주는 새로운 쇼를 진행하고 있다. 부르고뉴Bourgogne 대학교의 수리물리학자인 모셰 플라토Moshe Flato는 1990년대 초반에 보다노프 형제를 학생으로 받아들였으나 1998년 갑자기 세상을 떠나고 말았다. 보다노프 형제는 지도교수가 없는 상황에서 학교에 졸업논문을 제출했고, 이들 중 그리츠카는 1999년에 수학 박사학위를 받았으나 이고르의 논문은 심사를 통과하지 못했다. 그 후 학교 측에서는 그에게 "지명도 있는 학술지*1에 논문 세 편을 게재하면 졸업시켜 주겠다"는 제안을 했고, 이고르는 앞서 말한 대로 이를 실현시켰다. 이것이 그가 2002년에 물리학 박사학위를 받게 된 경위이다.

보다노프의 논문은 말이 되는 구성이 없기 때문에 요약하기도 어렵지만, 대충 말하자면 위상수학적 양자장이론을 이용하여 시공간의 기원을 설명하며 이 모든 것이 고온에서의 양자장이론과 얼마간 관련되어 있다고 주장한

---

*1동료검증(peer-reviewed)방식을 택하는 학술지를 말한다. 본인이나 편집자 외에도 같은 분야에 종사하는 학자의 검증과 평가를 통과한 논문만을 게제하는 방식으로써 학계 논문의 질을 향상시키는 방법이다.

다. 그리고 거의 동일한 세 편의 논문 끝 부분에서는 자신의 연구가 초끈이론 및 자발적 대칭 붕괴와 관련되어 있음을 지적하고 있다. 그의 논문을 게재한 한 학술지의 심사위원은 다음과 같은 평을 내놓았다.

이 논문은 끈이론에서 출발하여 플랑크 스케일 이하의 시공간을 KMS 조건에 입각한 열역학적 관점에서 설명하고 있다. 플랑크 스케일 이하에서 일어나는 물리 현상들은 거의 연구된 적이 없으므로, 이 논문은 초미세 물리학에 새로운 관심을 불러일으킬 것으로 기대된다.

그 후로 몇 달 동안 보다노프 사건은 물리학자들의 입에 수시로 오르내리면서 학계의 화젯거리로 부상했다. 초끈이론학자들은 "보다노프의 논문이 학술지에 실린 것은 일부 게으른 편집자들의 실수이며 내용 자체도 초끈이론과 무관하다"고 주장했고, 입자물리학자들도 보다노프의 논문을 전혀 옹호하지 않았다. 그런데도 물리학자들 사이에서는 이상한 전자메일이 꾸준히 돌아다녔다. 당시 한 초끈이론학자는 보다노프가 위상수학적 양자장이론을 전혀 이해하지 못했다는 수리물리학자 – 나 – 의 주장을 공박하자는 사발통문을 동료들에게 돌렸다. 그 형제들과 한통속임을 온 세상에 떠벌린 격이다.

그 후 2003년 2월에 나는 보다노프로부터 메일을 한 통 받았다. 그는 공손한 문체로 자신의 논문에는 아무런 하자가 없으며, 내가 논문 내용을 잘못 이해하고 있다고 주장했다. 그래서 나는 그들의 논문이 매우 모호하고 논리에 맞지 않으며, 정당한 평가를 받으려면 생각을 좀 더 구체화시켜야 한다는 내용의 답장을 보냈다.

2003년 말경에 나는 홍콩 국제 이론물리학 연구원International Institute of Theoretical Physics의 리우 양 교수Prof. Liu Yang라는 사람으로부터 또 한 통의 메일을 받았는데, 그는 리만 우주론Riemannian Cosmology에 관한 보다노프의 논문을 강하게 지지하고 있었다. 생면부지의 물리학자가 왜 하필 나에게 이런 메일을 보냈는지 잠시 어리둥절하다가 출처를 확인해 보니, 홍콩에는 국제 이론물리학 연구원이라는 기관이 아예 존재하지도 않았고 리우 양이라는 사람도 가공의 인물이었다. 무언가 이상한 생각이 들어 헤더*[1]를 자세히 읽어 보자 그것은 홍콩의 인터넷 주소를 빌렸을 뿐 사실은 프랑스 파리에서 발송된 메일이었다. 형제는 나의 짐작대로 학문적 사기꾼에 불과했다.

보다노프 형제는 2004년 6월초에 프랑스에서 『빅뱅 이전Avant le Big-Bang』이라는 책을 발간했다. 들리는 소문에 의하면 꽤 많이 팔렸다고 한다. 이 책에서 그들은 예전에 내가 보냈던 메일 중 "지금 나는 당신의 연구를 지지한다"는 부분만 인용하는 걸로도 모자라 해석도 자기네 입맛대로 바꿔 버렸다. (이제 와서 생각해 보면, 지나치게 예의를 차렸던 것이 문제였다).

당신이 양자군론에서 새롭고 가치 있는 결과를 유도했을 가능성도 분명히 있습니다. (It' s certainly possible that you have some new worthwhile results on quantum groups.)

원래는 이런 내용이었는데, 그들은 이 문구를 다음과 같이 바꾸어 놓았다.

당신은 양자군론에서 새롭고 가치 있는 결과를 얻은 것이 분명합니다. (Il est tout a fait certain que vous avez obtenu des resultats nouveaux et utiles les groupe quantiques.)

이 무렵 로널드 슈바르츠Ronald Schwartz라는 이름으로 보다노프의 논문을

*[1]Header. 전자메일의 첫 부분에 기록되어 있는 상세정보.

옹호하는 또 하나의 메일이 나돌았는데 결국 리우 양의 경우와 마찬가지로 프랑스의 인터넷을 통해 전송된 메일임이 밝혀졌다. 그로부터 한 달쯤 후에, 보다노프 형제는 리가Riga에 있다는 '국제 수리물리학 연구원International Institute of Mathematical Physics'의 도메인을 이용하여 사방에 전자메일을 보내기 시작했다. 이 도메인의 소유자는 리만우주론 수학센터Mathematical Center of Riemannian Cosmology였는데 이것도 보다노프 형제를 위해 세워진 연구기관이었다. 이들은 프랑스 뉴스그룹*1을 통해 메일을 살포하면서, "리가대학 측에서 우리를 위해 웹사이트를 만들었기 때문에, 도메인 명이 '.it'(리투아니아*2)이다"고 설명했다. 그러나 리가는 리투아니아가 아니라 라트비아의 수도이다.*3 내 아버지의 고향이 리가이기 때문에 개인적으로 잘 안다(나에게는 '보이츠Voits'라는 라트비아식 이름도 있다). 내 아버지와 조부께서는 2차 대전 중에 소련에서 추방되었다. 나는 아버지 생전에 당신과 함께 리가에 처음 가 보았으며, 그 후로도 여러 차례 방문했다(리가대학도 직접 방문했었다). 리가는 매우 아름다운 도시로서 얼마 전까지만 해도 전쟁 전의 모습을 계속 간직해 왔으나 최근 들어 중심가가 재개발되면서 신식 레스토랑과 호텔, 백화점 등이 들어선 역동적인 도시로 거듭났다. 그러나 리가의 어느 곳을 둘러봐도 '국제 수리물리학 연구원'이라는 기관은 존재하지 않는다. 다른 건 몰라도, 이것만은 자신 있게 말할 수 있다.

보다노프 논문의 진정성 여부는 차치하더라도, 사람들은 이 사건을 통해 놀라운 사실을 알게 되었다. 양자중력이론에 관한 논문을 일단 쓰기만 하면

---

*1 전 세계에 걸친 분산환경의 토론 시스템인 유즈넷(Usenet)을 구성하는 전자게시판. 개인적인 자료들을 배포하거나 동일한 관심사를 가진 사람들의 토론의 장으로 이용된다.

*2 1991년 소련으로부터 독립한 러시아 북서부 발트해 연안 3국(라트비아 · 리투아니아 · 에스토니아) 중 하나.

*3 그래서인지 현재는 주소가 http://www.phys-maths.edu.lv (lv는 라트비아Latvia의 도메인 명) 로 바뀌었다.

그 내용이 완전히 난센스라고 해도 다양한 학술지에 쉽게 게재 가능하다는 것이다. 여기에 운까지 조금 따라 준다면 세계적으로 저명한 학술지도 무사통과다. 소칼은 의도적으로 『소셜 텍스트』지의 편집자들을 우롱하는 데 그쳤지만, 보다노프의 엉터리 논문은 본인의 의도와 상관없이 무려 다섯 학술지의 편집자들을 완전히 바보로 만들었다. 이는 학술지의 논문검증 과정에 심각한 문제가 있음을 의미한다. 사정이 이러한데 최근에 학술지에 게재된 논문들도 이런 혐의에서 자유롭진 못하다.

이론물리학자가 새로운 논문을 탈고하면 온라인 형식의 프리프린트를 데이터베이스에 올려서 전 세계의 입자물리학자와 수학자들에게 공개하는 것이 보통이다. 그러나 보다노프는 이 과정을 생략했다. 요즘은 인터넷이 일상화되어서, 다른 사람의 논문을 인쇄물의 형태로 받아 보는 경우가 거의 없다. 값비싼 학술지들이 아직도 명맥을 유지하는 것이 신기할 정도다. 일반대학들은 물리학 학술지를 구입하는 데 매년 10만 달러 이상을 지출하는데, 인터넷에 들어가면 동일한 내용을 무료로 볼 수 있다. 돈이 들지 않을 뿐만 아니라 찾기도 쉽고 전달속도도 훨씬 빠르다. 책의 형태로 출간된 학술지가 가지는 강점이라면 해당분야 전문가로 이루어진 심사위원들에 의해 검증을 통과한 논문만 게재한다는 것이다. 이런 장점마저 없다면 학술지는 그 존재 가치가 없다. 그런데 보다노프는 일부 학술지에서 심사과정이 무의미함을 여실히 증명했다. 인쇄된 학술지가 사라지지 않는 또 한 가지 이유는 학자의 연구능력을 판단할 때 학술지에 게재한 논문 수를 중요하게 따지기 때문이다. 보다노프의 논문심사과정 통과도, 어느 정도는 이런 기준이 작용했기 때문일 것이다. 따라서 논문의 검증시스템이 제대로 작동하지 않으면 학계 전체가 심각한 혼란에 빠지게 된다.

어째서 해당 학술지의 심사위원들은 누가 봐도 엉터리임이 분명한 보다노프의 논문을 실어 주었을까? 모르긴 몰라도, 거기엔 지적 허영이 한몫 했으리라 여겨진다. 대체로 물리학자들은 자신이 무언가를 이해하지 못했을 때, '모른다' 는 사실을 솔직하게 인정하지 않는 경향이 있다. 심사위원에게 낯선 참고문헌으로 가득 찬 논문이 배달되었다면, "제 능력으로 심사하기엔 역부족입니다"는 평가와 함께 편집자에게 되돌려 보내거나 긴 시간을 두고 저자가 주장하는 내용을 철저히 분석해야 한다. 그러나 보다노프의 경우에 심사위원들은 논문을 자세히 읽어 보지도 않은 채 뭔가 중요하다고만 단정 짓고 최소한의 심사평을 붙여서 게재를 허락했다. 앞에서 인용한 심사위원의 심사평엔 그런 생각이 여실히 드러난다: "흠, 끈이론, 양자중력, 우주의 시작, 'KMS 조건'.....? 중요한 주제들을 가지고 그럭저럭 써놓긴 했군. 저 주제들에서 완전한 정론으로 통하는 논문이 하나도 없는 마당에, 다른 잡동사니들보다 크게 허튼소리 같지도 않은데 언젠가 선견지명으로 드러날지 누가 알겠어? 허락해도 별일 없겠지."

보다노프 사건은 사변적思辨的인 자세로 양자중력이론을 연구하는 사람들에게 커다란 경종을 울리는 계기가 되었다. 상당수의 심사위원과 편집자들이 엉터리 논문을 구별하지 못했으며, 그럴 능력이 있다 하더라도 엉터리 논문의 게재가 큰 문제가 되지 않는다고 생각했다. 이런데도 이론물리학회는 보다노프 사건의 심각성을 과소평가했는지 별다른 반응을 보이지 않았다. 따라서 유사한 사건은 앞으로도 얼마든지 발생 가능하다.

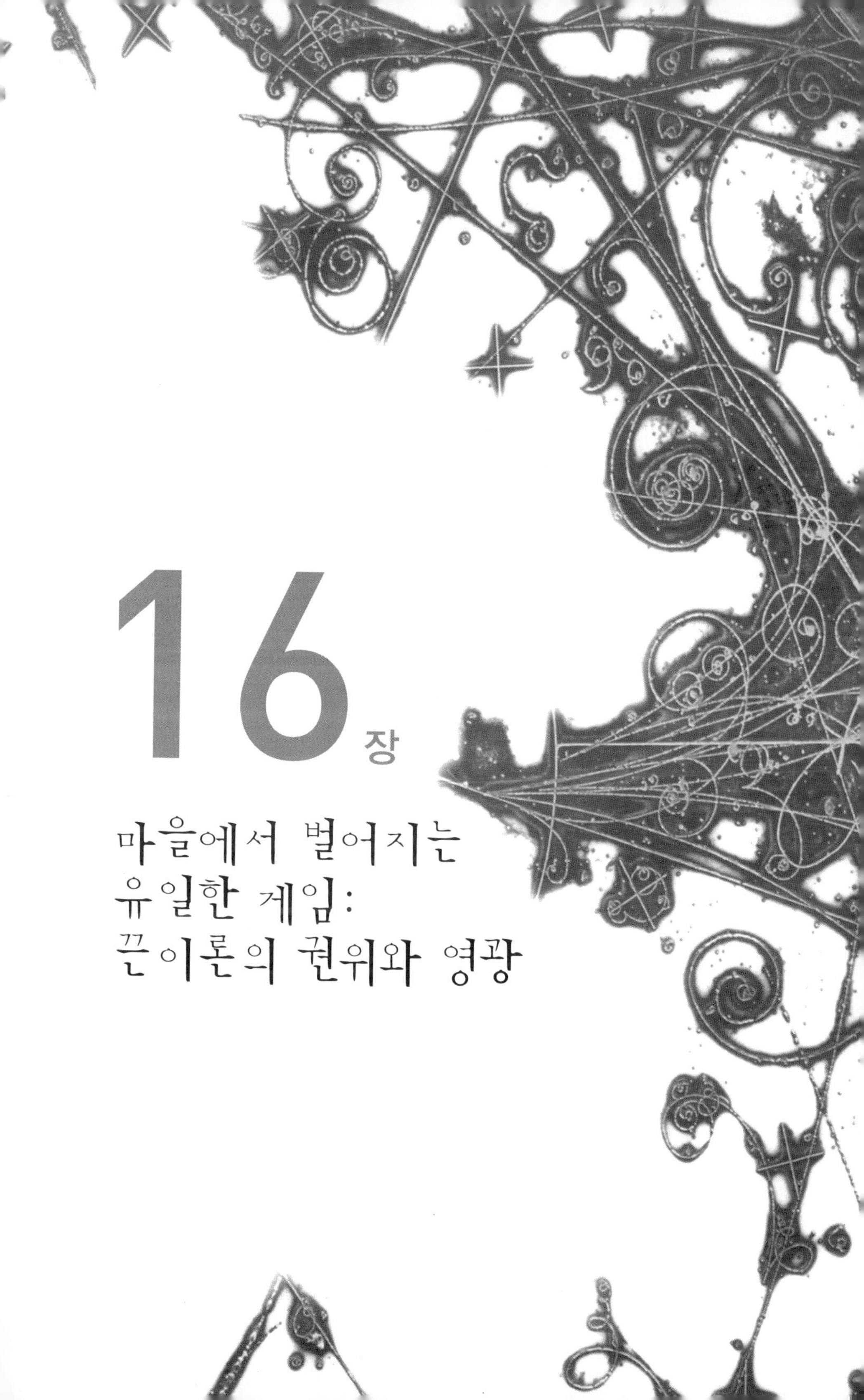

16장

마을에서 벌어지는 유일한 게임: 끈이론의 권위와 영광

도박에 빠진 그는 매일 밤 포커판에서 셔츠를 잃어버리곤 했다. 누군가가 다가와 이 포커판이 사기임을 알려 주면서 그를 끄집어내려고 했으나, 그는 이렇게 중얼거렸다. “알아, 나도 안다구. 하지만 이 마을에서 포커판이 벌어지는 곳은 여기뿐인걸.”

쿠르트 보니것Kurt Vonnegut, 『마을에서 벌어지는 유일한 게임The Only Game in Town』◆1

초끈이론학자에게 “실험으로 검증 가능한 결과가 전혀 없는데도 왜 초끈이론을 고집하고 있느냐?”고 물었을 때, 그들이 하는 대답을 정리하면 대충 다음과 같다. “주변을 둘러보라구. 이것이 지금 마을에서 벌어지고 있는 유일한 게임이잖아. 이것 외에는 연구할 게 없어.” 1984년 초끈이론의 1차 혁명이 시작된 후로 수많은 물리학자들이 이 분야에 투신했고, 그들은 지금까지 이런 식으로 자신의 처지를 정당화해 왔다. 데이비드 그로스는 1987년에 있었던 한 인터뷰 자리에서 초끈이론이 인기를 끄는 이유를 다음과 같이 설명했다.

사실, 요즘은 끈이론 외에 이렇다 할 아이디어가 없기 때문에 대다수 이론물리학자들이 초끈이론으로 몰려드는 상황입니다. 누구든지 끈이론에 처음 입문하면 아는 것이 하나도 없어서 기가 죽기 마련이죠. 특히 몇 년 전까지만 해도 끈이론에 대하여 알려진 바도 거의 없어서 이론 자체가 별로 매끄럽지 못했습니다. 그래서 배우기가 매우 어려웠고, 본격적인 연구를 결심하는 일조차 결코 만만치 않았습니다. 그럼에도 불구하고 수많은 사람들이 끈이론으로 몰려드는 이유는 이게 '이론물리학계에서 벌어지고 있는 유일한 게임' 이라는 데서 그 이유를 찾아야 될 듯합니다. 대통일이론을 지향하는 다른 접근법들은 모두 실패했지만 끈이론은 여전히 살아 있습니다. 성공해서가 아니라, 실패하지 않았기 때문에.◆2

그로스는 끈이론을 함께 시작한 물리학자 중 다수가 이론이 그다지 탐탁지 못함을 깨닫고 계속할지 말지의 여부로 고민하는 상황임에도, 그때나 지금이나 여전히 초끈이론을 맹신 중이다. 과학저술가 게리 타우브스의 저서 『노벨상을 향한 꿈』의 끝부분에는 한 이론물리학자와의 대화가 다음과 같이 수록되어 있다.

1985년 8월 4일, 나는 CERN(유럽 입자물리학 연구소)에 있는 한 술집에서 알바로 데 루줄라와 함께 맥주를 마시고 있었다…… 루줄라는 초끈이론과 초대칭이론이 이론물리학의 대세이므로 앞으로 이론물리학자의 90%가 이 분야에 투신하리라고 예견하면서, 그다지 바람직한 현상은 아니라 했다. "그렇다면 교수님은 어떤 연구를 할 생각이십니까?"라고 물었더니, 그는 직접적인 답을 피하면서 이렇게 말했다.

"초끈이론 탄생에 결정적 역할을 했던 두 사람-그린과 슈바르츠는 천대받던 이론을 말끔하게 다듬기 위해 지난 십 수 년 동안 온갖 조롱을 견디며 피나는 노력을 기울였습니다. 사람들은 흔히 '가장 말끔한 이론을 연구하는 것이 바람직하다' 고 주장하지만, 물리학의 비약적인 발전은 그린과 슈바르츠처럼 말끔한 이론에 관심이 없었던 사람들에 의해 이루어지는 법이지요."

"그러니까 질문은.", "교수님의 대안을, 콕 집어 말하자면 다음번 논문 주제를 묻는 겁니다."

"이론물리학자들은 항상 자신에게 그런 질문을 던지곤 하지요. 대답은 자기 자신이 이론물리학자로서 살아남기를 원하는지, 아니면 일시적인 명성보다 연구 자체의 의미를 더 중요하게 생각하는지에 달려 있습니다. 자신의 능력을 믿는 사람은 험난한 길을 갈 것이고, 그렇지 않은 사람은 쉬운 길을 찾아가겠지요."

"그러니까." 나는 재차 물었다. "다음번 논문을 뭘로 쓰실 거냐니까요?"

"대답을 하려고 노력 중인데…… 사실은 저도 잘 모르겠습니다."◆3

1980년대 중반에 초끈이론은 갓 태어난 신생아나 다름없었고 기존 이론은 한계에 다다른 상태였으므로, 새로운 돌파구가 절실히 필요했던 이론물리학자들은 초끈이론에 한 가닥 희망을 걸 수밖에 없었다. 즉, 그 당시에 초끈이론은 말 그대로 '마을(이론물리학계)에서 벌어지는 유일한 게임'이었던 것이다. 그런데 무려 20년이라는 세월을 거치면서 '실패한 이론'임이 분명해졌음에도 불구하고 아직도 '유일한 게임'으로 통하는 이유는 무엇일까?

2001년에 나는 초끈이론의 현 상태를 진단하고 기본 아이디어가 실패로 드러났음을 주장하는 글을 물리학 프리프린트 자료실에 올렸다.◆4 그 후 여러 명의 누리꾼들이 내게 전자메일을 보내왔는데, 초끈이론을 전공하는 대학원생 두 명이 "당신은 과학 발전을 저해하는 멍청이다"라고 주장한 것을 빼고는 대부분 글에 동조하는 내용이었다(사실은 동조하는 정도가 아니라 '초끈이론의 사멸을 축하하는' 내용에 가까웠다. 그 반응이 얼마나 열광적이었는지 나 자신도 놀랄 정도였다). 나의 글을 읽은 사람들은 한결같이 "초끈이론학자들이 아무리 맹렬하게 비난하더라도 끝까지 굴복하지 말라"며 용기를 북돋아 주었다. 놀랍게도 꽤 많은 수의 물리학자가 초끈이론에 대해 회의적일 뿐만 아니라, "암묵의 위협을 통해 초끈이론이 목숨을 이어간다"

고 생각하고 있었다. 나는 수학자이므로 직업상으로 보복을 당할 걱정이 없었지만 내게 메일을 보내온 사람들 대부분은 초끈이론에 강한 반감을 가진 듯했다. 심지어 어떤 사람은 초끈이론학자들을 '마피아'에 빗대었다. 이것은 '마을에서 벌어지는 유일한 게임'의 다른 속성을 보여 주는 사례이다. 대다수의 물리학자들은 "초끈이론이 거둔 성과에 딴지를 거는 학자는 자신의 밥줄부터 걱정해야 한다"고 여기는 듯했다.

도가 넘치게 흥분했던 두 명의 대학원생을 제외하고, 초끈이론학자들은 대부분 나의 글에 매우 예의 바른 반응을 보였다. 협박성 메일이 딱 하나 있긴 있었는데, 이것도 학술적이고 지적인 관점에서 크게 벗어나지 않았다. 사실 초끈이론을 선도하는 학자들은 대부분 천재적인 두뇌와 타고난 재능을 겸비하고서 이 분야에서 확고한 지위를 가지는 사람들이기 때문에, 그들 스스로가 초끈이론이 잘못된 길로 나아가고 있다는 결론에 이르기란 결코 쉬운 일이 아니다. 그리고 자신의 연구분야를 누군가가 평가절하 한다고 해서 경박한 반응을 보여야 할 이유도 없었다. 그래서인지 초끈이론학자들은 나의 글을 대체로 무시하는 듯한 반응을 보였다. 나의 논리에 특별히 새로운 내용이 없다고 생각했기 때문일 것이다. 반면에 초끈이론을 연구하는 나의 친구나 동료들은, 나의 글이 유치하다고 생각하면서도 내가 지적했던 문제가 엄연한 현실임을 잘 알고 있었다. 이들은 새로운 아이디어가 출현하여 '초끈이론이 마을에서 벌어지는 유일한 게임인' 상태에서 벗어나기를 간절히 원했다.

최근에 나는 두 가지 프로젝트를 실행하면서 초끈이론의 입지가 약해져 간다는 사실을 실감하게 되었다. 그중 하나가 바로 이 책이고(2002년에 집필을 시작했다), 다른 하나는 2004년에 시작한 나의 누리사랑방blog*1이다. 그동안 나는 초끈이론을 포함한 수학과 물리학의 최근동향과 누리꾼들이 관심을

*1 http://www.math.Columbia.edu/~woit/wordpress/

가질 만한 새로운 소식들을 누리사랑방에 계속 올려 왔다. 이 두 개의 프로젝트는 앞서 발표했던 글보다 더 많은 비난에 시달렸는데, 나의 글을 무시하고 넘어가기가 이전보다 더욱 어려워졌기 때문이다.

나의 누리사랑방은 예상보다 큰 반향을 불러일으켰다. 지금은 전 세계에서 하루 평균 6,000명 이상이 방문하는데, 접속지가 대부분 학술연구단체의 컴퓨터이고 '끈string'이라는 접속명을 사용하는 것으로 보아 방문객의 대다수가 초끈이론학자인 걸로 추정된다. 각각 파리와 토론토에서 열린 '끈이론 2004' 학회와 '끈이론 2005' 학회가 개최되던 동안 학회 세미나실에서 무선으로 접속해 온 사례도 종종 있었다. 아마도 누군가가 지루한 강연을 듣느니 나 같은 사람의 누리사랑방을 뒤지는 것이 더 재밌겠다고 생각했던 모양이다.

나의 누리사랑방은 댓글을 허용하는데, 일부 초끈이론학자들은 이곳에 나를 개인적으로 공격하는 글을 남기곤 했다. 이들은 내가 "초끈이론을 제대로 알지도 못하면서 제멋대로 해석을 내린다"고 주장한다. 심지어 하버드 대학교의 한 교수는 "초끈이론의 재정지원을 비난하는 사람은 곧 테러리스트이며 미군은 이들을 소탕해야 한다."는 과격한 글을 올리기도 했다. 제발 이 말이 농담이었기를 바랄 뿐이다.

이 책은 원래 케임브리지 대학교 출판부에서 출판될 예정이었다. 그곳의 한 편집자가 2003년에 내 초고를 읽고서 관심을 보여 왔기 때문이다. 그는 케임브리지에서 초끈이론에 관한 책을 이미 상당수 출판했으므로, 나의 책을 출판하면 대충 균형이 맞을 거라고 했다. 그래서 나는 출판사 측의 요청에 따라 원고를 보내 주었다. 나는 비록 이 책의 주된 내용이 초끈이론 비판이긴 하지만, 학술적으로 큰 잘못이 없기 때문에 출판도 문제 없으리라고 생각했다. 다른 분야의 학자들은 긍정적인 반응을 보이고, 초끈이론학자들은 주장에 동의하진 않더라도 사실을 사실대로 인정하리라 믿었던 것이다.

나의 원고를 심사했던 일부 학자들은 예상대로 출판을 강하게 지지했다.

그러나 초끈이론학자들은 나의 예상과 전혀 다른 반응을 보였다. 편집자의 표현에 따르면 원고의 1차 심사과정에서 '저명한 초끈이론학자'라는 사람이 원고에서 잘못된 곳을 한 군데 지적하고는 "곳곳에 실수투성이"라고 주장했다고 한다. 그(또는 그녀)는 한 문장을 골라 단수를 복수로 고쳐 놓고 인용구가 잘못되었다고 지적하면서, "그러므로 이 책의 저자는 초끈이론을 제대로 이해하지 못하고 있다"고 결론을 내렸다는 것이다. 지적당한 문장은 양자장이론의 어떤 문제점에 대하여 지금까지 알려진 내용의 축약으로서 내가 보기에는 아무런 잘못이 없었다. 그의 평가서는 다음과 같은 글로 끝을 맺는다. "이 원고에 대하여 장문의 비평글을 쓸 수도 있지만, 실제로는 그럴 필요까지도 없어 보입니다. 제 생각에는 편집자께서 이 글에 대하여 조금이라도 긍정적인 평을 해 줄 사람을 찾기란 굉장히 힘드실 것입니다." 나는 이 원고평과 출판을 강력히 추천하는 원고평을 같은 메일로 받았다. 그 학자는 끈이론에 대한 내 비평을 진화의 탈을 뒤집어쓴 창조론자들의 혹세무민에 대한 비판과 능히 견줄 만하다고 했다.

원고에 대한 부정적인 평을 보기 전까지는 내 글이 끈이론학자들을 너무 지적으로 정직하지 못한 사람으로 그려 놓진 않았나 하고 걱정했지만, 이 사건 이후로는 신경 쓰지 않기로 했다. 자기네 학문의 허점을 지적하는 쓴소리에 귀를 막은 끈이론 학자들의 수와 그들의 부정직 수준은 내 상상 이상이었다. 케임브리지 출판부의 편집자는 교수들의 부정적인 평가가 신빙성이 없음을 인정했으나, 긍정적인 평가가 더 나오기 전에는 출판이 어렵다고 털어놓았다.

2차 심사에선 긍정적인 평가(무려 끈이론을 연구했던 물리학자에게서!)와 부정적인 평가가 동시에 내려졌다. 원고를 긍정적으로 평가한 물리학자는 나의 원고에 틀린 곳이 거의 없고 일부 내용은 자신도 동감하는 바이나, 입자물리학계는 자신들의 문제를 스스로 해결할 수 있기 때문에 나에게 끈이론학자들을 비난할 권리는 없다고 했다. 그러고는 내 원고가 출판에 부적당하다는 결론을 내렸다. 실망한 편집자는 그 후 3차 심사를 추진했지만, 나는 출판이 이미 물 건너갔음을 짐작했다. 끈이론학자들이 나의 논리를 반박하지 못한다 해도 출판을 반대할 게 뻔했기 때문이다. 결국 나는 되지도 않을 일로 케임브리지에서 시간만 낭비한 셈이었다. 편집자가 아무리 밀어붙인다 해도 이 분야의 전문가들이 반대하는 한 책의 출판은 현실적으로 불가능했다(그러나 반대자들도 원고의 내용을 논리적으로 반박하지는 못했다). 그 후 나는 다른 몇 개 대학 출판부에 원고를 보냈는데, 모두 부정적인 반응을 보였다. 특히 이들 중 두 대학에서는 다음과 같이 분명한 답신을 보내왔다. "당신의 원고는 매우 흥미롭지만 논쟁의 여지가 너무 많기 때문에, 대학 출판부에서 출판하기에는 부적절하다고 사료됩니다."

사실, 초끈이론이 '마을에서 벌어지는 유일한 게임'이라는 것은 전혀 과장된 표현이 아니다. 이 분야에 갓 발을 들여놓은 학자들(또는 학생들)은 초끈이론을 물리학의 절대교리처럼 떠받들고 있다. 2001년에 데이비드 그로스는 미 과학진흥회에서 '끈이론의 권위와 영광The Power and the Glory of String Theory'이라는 제목으로 연설을 하여 수많은 끈이론학자들에게 우월감과 자부심을 한껏 심어 주었으며,◆5 조셉 폴친스키는 1998년 SLAC에서 개최된 여름학교에서 이런 말까지 했다.

랜스 딕슨Lance Dixon은 내 강의의 개요를 소개하면서 '끈이론의 대안'이라고 했는데, 이것은 완전히 잘못된 표현입니다. 끈이론을 대신할 만한 이론은 이 세상에 존재하지 않습니다.◆6

대부분의 끈이론학자들은 끈이론이 틀린 아이디어라는 주장을 수용할 생각이 전혀 없다. 이들은 비록 지금은 초끈이론이 틀렸을지도 모르지만, '궁극적으로 옳은 이론의 한 부분'이라고 굳게 믿고 있다. 프린스턴 고등과학원의 위튼과 그 동료들의 활약상을 소개한 어떤 책에선 다음과 같은 인용구가 발견된다.

"끈이론학자들은 아주 오만한 편이죠." 사이버그는 입가에 미소를 지으며 말했다. "만일 (끈이론을 능가하는)어떤 이론이 있다 한들, 결국 그것은 끈이론이라 불리게 될 테니까요." ◆7

현재 프린스턴 고등과학원 원장인 피터 고다드Peter Goddard는 끈이론학자이며, 1960년대부터 이곳 터줏대감이고 은퇴를 눈앞에 둔 애들러Stephen Adler를 제외하면 나머지 사람들도 모두 그렇다.

2001년에 뉴욕타임스 과학부 기자인 제임스 글랜츠James Glanz는, '뚜렷한 증거도 없이 아직도 영향력을 발휘하는 끈이론'이라는 제목으로 다음과 같은 기사를 실었다.

……과학자들은 최후에 완벽한 이론을 구성하리라 기대되는 파편 이상을 아직 만들어 내지 못했다.

그럼에도 끈이론학자들은 실험에 성공한 학자에게 돌아가야 할 전리품들(연방정부의 재정지원, 유명한 상, 교수의 정년보장 등)을 거의 싹쓸이해 간다. 데이비드 그로스는 이렇게 말했다. "불과 10년 전만 해도 끈이론학자는 직장을 구하기가 매우 어려웠습니다. 그러나 지금은 세태가 완전히 달라져서, 젊은 학자가 '끈이론'이라는 간판을 달기만 하면 모셔가려는 학교가 줄을 서지요." ◆8

1981년부터 시작된 맥아더상의 수상자 명단을 훑어보면 이러한 세태가 더욱 확연해진다. 그동안 맥아더상을 수상한 이론 입자물리학자는 모두 9명인데, 1982년 수상자인 프랭크 윌첵을 제외하고 모두 한결같이 끈이론학자들이었다(다니엘 프리단, 데이비드 그로스, 후안 말다세나, 존 슈바르츠, 네이선 사이버그, 스티븐 셴커Stephen Shenker, 에바 실버스타인Eva Silverstein, 에드워드 위튼).

학계에서는 유명대학의 종신재임 교수들이 가장 큰 영향력을 발휘한다. 『US 뉴스 앤 월드 레포트US News and World Report』 지의 보고에 따르면 미 대학 중 상위 6개의 물리학과는 버클리, 칼텍(캘리포니아 공과대학), 하버드, MIT, 프린스턴, 스탠퍼드이다. 이곳에서 정년을 보장받은 이론 입자물리학자들 중에서 1981년 이후에 박사학위를 받은 사람은 총 22명인데, 이들 중 20명이 초끈이론 전공자이며(일부는 브레인이론을 연구), 나머지 한 사람은 표준모형의 초대칭 확장, 그리고 마지막 한 사람은 고온에서의 QCD를 연구한 물리학자이다.

성공 가도를 달려 온 끈이론학자들은 연구기금을 모으고 연구소를 짓는 일에도 혁혁한 전과를 올렸다. 맥킨지 경영자문회사의 전 회장은 최근 들어 샌타바버라 캘리포니아 주립대 이론물리학과에 프레데릭 글룩*1 석좌교수직을 창설하기 위해 100만 달러를 기부했다. 현재 그 자리는 데이비드 그로스의 차지이다. 당시 발표된 관련기사를 보면, 기부자가 얼마나 끈이론에 매혹되어 있는지 짐작이 간다.

글룩과 그로스의 접점이라면 끈이론뿐이다…… 번개를 맞은 듯이 감화되어, 글룩은 버넘우드 골프 클럽*2에서 설명회를 열 정도로 끈이론의 공식 전도사가 되었다.

---

*1Frederick W. Gluck. 맥킨지의 경영파트너 출신으로 세계 최고 건설업체인 벡텔의 부회장을 지냈다.

다니엘 프리단의 한 친구는 나와 만난 자리에서 러트거스 대학교Rutgers(뉴저지 주 뉴브런즈윅New Brunswick 소재)의 초끈이론 연구팀이 결성된 계기를 (아마도 과장을 좀 섞어) 다음과 같이 설명해 주었다. 1980년대 말, 시카고 대학교에 있던 프리단에게 한 통의 전화가 걸려 왔다. 발신인은 러트거스 대학교의 고위인사였는데, 그는 프리단을 포함한 일군의 초끈이론학자들을 영입할 예정이라고 했다. 그다지 뉴저지에 가고 싶은 맘이 없었던 프리단은 엄청난 연봉과 강의의무 면제, 젊은 학자와 방문연구원을 맘대로 뽑을 권리, 별도의 연구동 등 자기 생각엔 말도 안 되는 조건들을 술술 풀어놓았다. 그러자 그는 고맙다는 인사와 함께 전화를 끊어 버렸고, 프리단은 이제 이런 전화가 다신 안 오겠거니 확신했다. 압권은 몇 시간 후에 전화가 다시 걸려와서 "우리 대학으로 와 주기만 한다면, 모든 조건을 기꺼이 들어주겠다"고 했다는 점이다.

초끈이론학자가 자신의 비용을 들이지 않고 1~2주 동안 방문할 만한 연구기관을 찾는다면, 30여 곳의 후보지 중 하나를 입맛대로 고를 수 있다(이국적인 풍취가 물씬 풍기는 휴양지 근처도 가능하다). 예를 들어 2002년에 아스펜 물리학센터에는 방문신청자들이 너무 많아서 일정을 잡기가 매우 어려웠는데, 그 해에 초끈이론학자들은 샌타바버라와 칠레, 트리에스테Trieste, 제노바, 흑해Black Sea, 코르시카, 파리, 베를린, 벤쿠버, 서울, 중국, 심지어 아제르바이젠의 바쿠Baku까지 선택의 폭이 매우 넓었다.

이 목록이 말해 주듯, 초끈이론의 권위와 영광은 이제 미국뿐만 아니라 세계 곳곳에 퍼져 있다. 이 분야를 선도하는 학자들은 대부분 미국에 본거지를

---

*[2] Birnam Wood Golf Club. 샌타바버라시 동쪽에 위치한 골프장. 1968년 개장했다. 버넘이란 이름은 '멕베스'에서 '버넘 숲이 던시네인 언덕을 공격해 오지 않는 한 맥베스는 쓰러지지 않는다' 라고 예언한 그 숲에서 유래했다.

*[3] Globalization. 냉전체재 붕괴 이후 정보통신혁명의 확산으로 인해 경제부문을 필두로 한

두지만, 미국 문화가 세계로 힘을 뻗치도록 만든 글로벌화*[3] 현상이 초끈이론에도 그 영향을 미친 것이다.

초끈이론학자들은 자신의 연구내용을 세간에 알리는 데 많은 노력을 기울인다. 나의 동료이자 재능 있는 과학자, 해설가, 연설가, 작가이기도 한 컬럼비아 대학교의 브라이언 그린은 두 권의 베스트셀러 『엘러건트 유니버스』와◆[9] 『우주의 구조』◆[10]를 집필하여 세계적인 명사가 되었다. 『엘러건트 유니버스』는 2003년 '노바'라는 3시간짜리 TV 시리즈로 제작되었으며, 무려 350만 달러에 달하는 제작비를 미 국립과학재단에서 일부 부담했다. 초끈이론과 초끈이론학자들은 언제부턴가 대중매체의 단골손님이 되었고 각 매체와 대중들은 초끈이론을 아무런 비판 없이 수용하고 있다. 심지어 뉴욕타임스는 한 술 더 떠서 브레인세계 가설을 소개하는 기사에 '물리학자들, 마침내 초끈이론을 검증할 방법을 찾아내다'라는 말도 안 되는 제목을 달아 놓았다.◆[11]

2002년 여름에 프린스턴 고등과학원은 대학원생들을 대상으로 2주짜리 여름학교를 개설했다. 이것은 대학원생들을 초끈이론학자로 키우는 최초의 프로그램이었는데, 2003년 초끈이론과 우주론을 주제로 개최되었다가 2004년에는 다시 초끈이론으로 되돌아왔으며 2005년의 주제는 당시 입자물리학계의 최대 현안이었던 고에너지 입자가속기였다. 과거에 각 대학에서 초끈이론과 관련된 과목은 주로 대학원생을 대상으로 개설되었으나 지금은 사정이 많이 달라졌다. MIT 물리학과에서는 학부생들에게도 초끈이론을 강의하고, 강의내용은 인터넷을 통해 무료로 배포된다. 『끈이론 입문The First Course in String Theory』이라는 제목의 교재도 판매 중이다.◆[12] 2001년에는 샌타바버라의 이론물리학 연구소에서 고등학교 교사들을 위한 초끈이론 워크샵을 개최하여

사회 · 문화 등이 급속히 하나의 세계로 통합되어 가면서 나라 간 장벽이 없어지고, 사람과 물자, 기술, 문화의 자유로운 교류와 함께 모든 면에서 국제 경쟁력과 국제협력이 강화되는 시대적 변화.

고등학생들에게도 초끈이론을 가르치도록 홍보했다. 그러나 이 기간 동안 끈이론의 단점에 대해서는 단 한마디도 언급되지 않았다. 온라인으로 출판된 강의록에는 고교 교사들의 대화가 수록되어 있는데, 그중에는 다음과 같은 내용도 있다. "과학에서 '무언가를 안다'고 말할 때 그 진위여부를 판단할 새로운 기준을 배웠습니다."

지금까지 보다시피 초끈이론은 '마을에서 벌어지는 유일한 게임'임이 분명하다. 그러나 이론물리학에는 오랜 역사와 전통을 자랑하는 다른 주제도 많이 있다. 그런데 왜 유독 끈이론만 대접받는 세상이 되었을까? 새로운 아이디어가 출현하여 현재의 상황을 바꿔 놓을 가능성은 있는가? 수학자나 물리학자에게 이런 질문을 했더니, "어디선가, 어떻게든 젊은 물리학자가 새로운 아이디어를 들고 나타나 모든 것을 바꿔 주기를 바란다"는 대답이 의외로 많았다. 그런 일이 일어날 가능성을 알아보려면, 젊고 패기에 찬 물리학자가 선택하게 될 '정석코스'를 주의 깊게 살펴볼 필요가 있다. 지역에 따라 약간씩 차이는 있겠지만 내가 가장 잘 아는 지역이 미국이고 아직은 미국이 초끈이론의 본산지이므로, 일단은 미국의 사정을 살펴보기로 하자.

1970년 이후로 물리학자가 미국에서 직장을 얻기란 결코 쉬운 일이 아니었다. 1970년 이전에 미국의 각 대학들은 몸집을 크게 부풀렸고, 그 결과 물리학과에서 정년을 보장받은 교수들의 평균연령은 40을 밑돌았다.◆13 그 무렵에 입자물리학을 전공하여 박사학위를 받은 젊은 물리학자들은 (지금도 그렇지만)골치 아픈 일을 겪지 않고 순탄하게 교수나 연구원이 되기를 원했다. 그런데 1970년대 미국 전체가 경기 침체를 겪은 이후로는 교수충원은 거의 이루어지지 않았으며, 그 후로 한동안 물리학과 정년보장 교수의 평균연령은 1년에 8개월씩 증가했다. 최근 발표된 통계자료에 의하면 미국 대학의 물리학과 정년보장 교수의 평균연령은 거의 60세에 가깝다.◆14 이와 같이 지난 30년 동안 물리학과 교수의 수가 거의 동결된 상태에서 박사를 꾸준히 배출했기 때문에, 젊은 입자물리학자들의 취업이 어려워질 수밖에 없었다. 여기서 또 한 가지 고려해야 할 사항은 양자장이론이 1970년대 초부터 사양길에 접어들었다는 점이다. 그래서 현재의 입자물리학자들이 교수로 채용되던 시기에는 양자장이론을 전공한 물리학자가 그리 많지 않았다. 이런 현상은 1984년에 초끈이론이 유행하기 시작하면서 다시금 반복된다. 갓 박사학위를 받은 젊은 물리학자들이 양자장이론으로 연구활동을 시작하던 시절은 주로 1974~84년이었고, 이 기간 동안 신임 정규교수로 채용된 사람은 극소수에 불과했다.

버클리 대학교의 입자물리학 데이터 그룹에서는 지난 몇 년 동안 이론 및 실험 입자물리학자들로부터 다양한 정보를 수집해 왔는데,◆15 이 자료에 의하면 최근 몇 년 동안 매년 400~500명의 학생들이 이론 입자물리학 박사과정에 진학했고 이 분야에서 정년을 보장받은 교수의 수는 약 500명이다. 즉, 한 해에 배출된 젊은 박사들만으로도 정년보장 교수 전체를 물갈이할 수 있다는 뜻이다. 1997년 통계에 따르면 매년 78명의 학생들이 이론 입자물리학으로 박사학위를 받으며 이들 중 53명이 상위 30위 권 이내의 대학에서 학위를 받은 것으로 나타났다.◆16

박사과정을 마친 학생들은 주로 포스트닥*1의 신분으로 학자로서의 삶을 시작하게 된다. 이 과정은 보통 1년에서 3년 동안 진행되며, 관련예산은 미국립과학재단National Science Foundation, NSF이나 미 에너지국Department Of Energy, DOE에서 부담하고 있다. 1997년 통계자료와 버클리 데이터그룹에서 최근 발표한 자료를 종합해 보면 현재 약 200명의 젊은 이론물리학자들이 대학을 비롯한 각 연구기관에서 박사후 연구과정 중인 것으로 추정된다. 이들은 한 곳에 계속 머물지 않고 수시로 자리를 옮기는 게 보통이며 안정된 직장이 결

*1 Post-doctoral research position. 박사후 과정 연구원.

코 아니기 때문에, 가능한 한 빨리 박사후 과정을 끝내고 교수자리를 얻어 정년보장을 향해 일로매진해야 한다. 인터넷에서 '이론 입자물리학 구직관련 소문 모음Theoretical Particle Physics Jobs Rumor Mill'이라는 웹사이트를 방문하면 각 대학의 입자물리학자 모집공고와 취업현황을 알 수 있는데, ◆17 이곳에 게시된 최근 자료에 의하면 매년 평균 15명 정도의 이론 입자물리학자가 취업에 성공하고 있다.

원칙적으로는 일단 교수로 채용되면 6년쯤 후에 정년을 보장받게 되어 있다. 그러나 이것은 실적이 탁월하고 만사가 잘 풀린 경우의 이야기다. 장담은 못하지만, 교수로 채용된 15명 중에서 최종적으로 정년을 보장받을 사람은 10명을 넘지 않는다. 개중에는 정년보장에서 제외되는 사람도 있고 다른 이유로 전공을 바꾸는 사람도 있으며 다른 학교로 이전하는 경우도 있기 때문에, 15명이라는 숫자는 중복 계산되었을 가능성이 높다.

결과적으론, 최근 몇 년 동안 매해 80명씩 배출된 이론 입자물리학 박사들 중 단 10명만이 해당분야에서 종신 연구직을 얻게 되는 셈이다. 그렇다면 '이 의자 뺏기 게임에서 탈락한' 나머지는 어떻게 되는가? 이들은 완전히 새로운 분야에서 경력을 쌓아야 하는 처지에 놓이지만, 대부분 결국 잘 해낸다. 일부는 연구보다 강의를 중시하는 대학의 교수가 되기도 하고, 일부는 법학전문대학원(로스쿨)이나 의학전문대학원(메디컬스쿨)에 진학하여 새로운 삶을 시작한다. 최근에는 이론 입자물리학 박사들 중 상당수가 컴퓨터나 금융분야로 진출하는 추세이다.

대학원생시절 나의 룸메이트였던 네이선 미어볼드nathan Myhrvold와 척 휘트머Chuck Whitmer가 이론물리학을 그만둔 후 크게 성공한 대표 사례에 속한다. 이들은 학위를 받은 후 잠시 동안 박사후 과정을 밟다가(이 기간 동안 네이선은 영국 케임브리지 대학교에서 스티븐 호킹과 연구를 수행했다) 버클리 근처에 다이나미컬 시스템Dynamical System이라는 컴퓨터회사를 차렸다. 네이선과 척은 나에게 사업을 같이 하자며 수시로 러브콜을 보내왔는데, 당시 나는 스토니브룩에서 나름 괜찮은 보수를 받으며 원하는 연구를 하고 있었으므로 긴 시간 동안 프로그램을 짜면서 그 대가로 주식을 받는다는 조건에 별로 매력을 느끼지 못했다. 그러나 훗날 네이선이 개인제트기를 타고 뉴욕을 종종 방문한다는 이야기를 듣고 나서야, 나의 판단이 일생일대의 실수였음을 알게 되었다. 이들이 차린 다이나미컬 시스템이 마이크로소프트사에 팔리면서 주가가 크게 올랐던 것이다. 네이선과 척, 그리고 함께 일을 시작했던 동료들은 MS사의 정식 직원이 되었고 그 후 네이선은 최고기술경영자CTO *1로 승진했다.

이렇게 종신교수직을 얻지 못한 이론 입자물리학자라 할지라도 다양한 분야에 진출하여 나름대로 성공을 거두는 반면 이들이 결코 진출하지 않는 분야가 하나 있는데, 다름 아닌 '이론 입자물리학'이다. 아인슈타인처럼 특허청의 직원으로 일하면서 여가시간을 이용하여 물리학계에 커다란 족적을 남길 수 있었던 시절은 이미 오래 전에 끝났다. 그동안 이론물리학은 끔찍하게 복잡해져서, 전문가로 살아남기 위해서는 엄청난 노력과 시간을 요하게 되었다. 입자물리학의 발전이 '다른 일로 먹고사는 사람'에 의해 이루어질 수 없게 된 것은 우리 모두에게 불행한 일이다.

이 게임에서 승리하고 학계에서 안정된 직업을 얻으려면 어떻게 해야 하는가? 게임에 참가한 모두에게 대답은 명확하고 확실하다. 박사학위를 받은 직후부터 부단히 노력하여 2~3년마다 한 번씩 찾아오는 장애물을 극복해야 한다. 수많은 지원자들 중에서 옥석을 가려내는 선임교수들을 설득할 수 있도록 연구경력을 쌓아야 하는 것이다. 경쟁자의 컴퓨터에는 저명한 학자들이 써 준 추천서와 상당수의 연구논문들이 이미 저장되어 있다. 개중에는 가

*1 Chief Technology Officer. 기업 내에서 기술의 획득 · 관리 · 활용 전략을 총괄하는 책임자.

장 예민한 문제를 건드려서 학계에 큰 화제를 몰고 올 논문이 있을지도 모른다. 이런 경쟁자들을 이기려면 최고수준의 학술지에 최신주제로 획기적인 논문을 게재하여 내 밥줄을 좌우할 사람들에게 깊은 인상을 남겨야 한다.

이 경쟁에서 살아남아 직장을 얻었다고 해도 운이 따라 주지 않으면 1년 만에 다시 지원자의 신세로 되돌아가게 된다. 새로운 직장에서 한두 해 잘 버텼다손 쳐도, 첫 번째 고비를 넘으려면 연구 테마를 잘 잡아서 가능한 한 많은 수의 논문을 학술지에 실어야 한다. 새로운 테마로 연구를 시작하려 한다면 먼저 신중하게 결정해야 할 것이 있다. 무언가 결과가 나올 듯한 아이디어가 있긴 있는데, 다른 학자들이 관심을 가져 주지 않으면 어쩔 것인가? 새로운 분야에 뛰어들고자 한다면, 그 전에 다른 사람들이 관심을 갖지 않는 이유를 분명히 알아두어야 한다. 만일 이 과정을 대충 넘어간다면 고생은 고생대로 하고 결국 논문이 게재되지 못해 승진심사에서 떨어지는 최악의 결과를 초래할지도 모른다. 전문미답의 황무지에 홀로 뛰어드는 것은 어느 모로 보나 위험한 일이다.

저명한 수학자인 이사도르 싱어는 여러 해 동안 이론물리학과 수학의 접경지역에서 나타나는 문제들을 집중적으로 연구한 끝에, 2004년 마이클 아티야와 함께 아벨상을 공동수상하였다. 시상식이 끝난 후 기자와의 인터뷰에서 싱어는 다음과 같이 말했다.

미국의 젊은 학자들은 경제적인 문제 때문에 자신의 전문분야를 가능한 한 빨리 결정해야 하는 어려운 처지에 놓여 있습니다. 첫 번째 직장을 잘 얻으려면 좋은 추천서를 받아야 하고, 그러기 위해서는 가능한 한 빨리 자신의 능력과 가능성을 주변사람들에게 보여 줄 필요가 있습니다. 그래서 확실한 직장을 얻기 전에 새로운 분야로 눈을 돌릴 여유가 없는 거지요. 현실세계의 중압감이 우리의 시야를 좁게 만드는 셈입니다. 그러나 수학이라는 학문의 특성은 원래 이렇지 않았습니다……. 내가 젊었던 시절에는 직장을 구하기가 그리 어렵지 않았어요. 물론 당시에도 유명대학의 교수가 되기는 쉽지 않았지만, 작은 대학에서도 충분히 성공할 수 있었습니다. 그런데 지금의 취업시장은 상당히 경직되어 있기 때문에, 특정 분야에 뛰어난 사람도 성공하기가 쉽지 않아요. 수학이 발전하려면 먼저 젊은 수학자들에게 다양한 선택의 기회부터 주어져야 합니다.◆18

이것은 물리학에 가까운 새로운 수학을 연구하려는 수학자들에게 적용되는 말이다. 그러나 물리학의 취업시장은 수학보다 경쟁이 더욱 치열하다. 젊은 물리학자들이 젊은 수학자보다 더 어려운 상황에 직면해 있는 것이다.

이 모든 경쟁에서 끝까지 살아남아 정년보장교수가 되었다면, 바야흐로 모든 일이 순조롭게 풀려 나가게 될까? 이 극소수의 사람들은 이제 자신이 속한 대학에서 이론물리 연구팀의 생존여부를 좌지우지하는 중요한 위치에 올라섰다. 이 연구팀은 아마도 미 에너지국DOE이나 미 국립과학재단NSF 둘 중 하나에서 재정적인 지원을 받을 공산이 크다. 2001년에 미 에너지국은 70개의 이론물리학 연구팀을 대상으로 총 2천만 달러를 지원했고(교수 222명과 110명의 포스트닥, 116명의 대학원생이 혜택을 받았다), 미 국립과학재단은 30여 개의 연구팀에게 약 천만 달러를 지원했다. 주요 대학의 연구팀들은 5년마다 DOE나 NSF에 연장신청이 가능하며 한 팀 당 매년 50만 달러 정도를 지원받는다. 이 중 상당부분은 "간접비", 즉 연구관련 장비 및 도서구입에 고정적으로 쓰인다. 이런 돈은 대부분의 대학에서 매우 중요한 수입원이며, 정부지원금을 확보한 교수에겐 강의시간이 줄어드는 등 연구활동에 유리한 혜택이 주어지는 편이다. 지원금의 나머지 중 일부는 연구팀 내 1~2명의 포스트닥과 일부 대학원생에게 월급으로 지출되는데, 이런 돈이 없으면 대학 측에서는 이론물리학 대학원생의 수를 줄일 수밖에 없다.

또한 지원금의 상당액은 교수들의 '여름급여'로 지급된다. 대부분의 대학은 기본적으로 교수들에게 1년 중 9개월 치의 월급만을 지불한다는 입장이기 때문에, 교수는 나머지 3개월 치 급여를 어디선가 끌어와야 한다. NSF와 DOE에서는 이론 입자물리학자들에게 대학에서 받는 급여의 2/9를 지원한다. 실제로 이렇게 되는 경우까진 거의 없지만, 만약 이 돈이 끊긴다면 교수들은 여름학기 강의를 하거나 다른 일거리를 찾아야 한다. 마지막으로 정부지원금은 학회참석을 위한 여행경비와 연구실에서 사용할 컴퓨터 구입비 등으로 사용된다(물론 이 액수는 인건비보다 훨씬 적다).

DOE와 NSF가 이론물리학자들에게 지원하는 금액은 지난 수십 년 동안 거의 증가하지 않았다. 그런데 이 기간 동안 인건비는 천정부지로 치솟아서, 지원금을 받는 연구인원의 수가 크게 줄어들었다. 그래서 지원기간의 연장을 신청할 때마다 금액이 삭감되거나 지원이 아예 중단되기 일쑤였다. 더 이상 지원을 받을 수 없게 된 교수는 월급의 2/9가 잘려 나가면서 포스트닥이나 대학원생을 고용할 여유가 사라지고 학회에 참석할 때도 여비에 쪼들리며, 강의시간을 늘리라는 학교 측의 압력에 시달리게 된다. 이는 이론물리학자라면 어떠한 희생을 치르더라도 피하고 싶은 악몽 같은 상황이다. 결국 종신재임교수라 할지라도 지원금 확보를 위해서는 경쟁자를 물리치는 학문적 전쟁을 주기적으로 치러야만 한다.

영국의 초끈이론학자 마이클 더프Michael Duff는 미국에서 크게 성공한 후, 미국과 영국의 지원시스템을 다음과 같이 비교하였다(그는 나중에 영국으로 되돌아갔다).

학계의 경쟁은 '이젠' — 혹은 '유독' 이나 '흡사' — 제 살 깎아먹기 식으로 과열되었고, 우리 영국의 "페어 플레이"하곤 거리가 멀다.

미국 친구들이 학문적 윤리관이 바닥으로 추락했다는 나의 말을 들으면서 분노하기보다는 느끼는 바 있었으면 좋겠다. 관례처럼 9개월 치 월급만을 받고 여름 급여를 위해 과학재단 같은 기구에게서 연구 기금을 구걸해야만 하는 미국 대학 교수들에겐 성공해야 한다는 중압감은 가중될 뿐이다. 그들은 돈을 타내기 위한 신청서를 쓰는 데만도 수많은 시간과 정력을 낭비하고 있다.◆19

미국의 입자물리학회에 등록된 회원은 약 1,000여 명이다. 이 정도면 그다지 큰 집단이 아니다. 이들은 매우 재능 있는 사람들이지만 지난 20년 동안 얼마 되지 않는 재원을 놓고 경쟁을 벌이면서 아까운 능력을 낭비해 왔다. 초끈이론이 '마을에서 벌어지는 유일한 게임'이 된 데에는 여러 가지 이유가 있겠지만, 물리학자들이 처한 사회적, 재정적 환경도 중요한 요인 중 하나임에는 틀림없다.

17장

끈이론의 경치

지난 몇 년 사이 초끈이론학계는 인류원리anthropic principle를 놓고 여러 갈래로 갈라섰다. 인류원리엔 다양한 유형이 있는데, 일반적으로는 "물리법칙이 인간 같은 지적 생명체의 탄생을 허용하는 쪽으로 조정되어 있다"는 원리이다. 대다수 물리학자들은 이것이 어떠한 논리로도 반증할 수 없는 완고한 주장이기 때문에 과학 논리가 아닌 동어반복에 불과하다고 믿는다. 초끈이론학자들은 "초끈이론이 현실세계와 관련된 예견을 하지 못하는 이유는 이론에 문제가 있기 때문이 아니라, 이론 자체에 우주의 특성이 반영되어 있기 때문이다"라고 주장한다. 물론 이들의 주장은 도처에서 논쟁을 불러일으켰다. 초끈이론학자의 관점에서 볼 때, 초끈이론으로부터 우리가 얻어 낸 교훈은 다음과 같다. "표준모형에 등장하는 여러 개의 변수값을 결정하는 것은 원래 불가능하며, 오직 인류원리로만 우주가 지금과 같은 모습으로 진화해온 이유를 설명할 수 있다."

앞서 말한 대로 초끈이론은 진공겹침이라는 심각한 문제를 안고 있다. M-이론의 실체는 아직 규명되지 않았으므로, 초끈이론학자는 월드시트에 나 있는 구멍의 수에 따라 초끈이론의 건드림 전개를 실행한 후 처음 몇 개의 항만 취하는 수밖에 없다. 그들은 이런 식으로 계산한 결과가 장차 M-이론에서 얻게 될 결과와 거의 일치할 것이라고 가정한다. 이 근사적인 계산을 실행하려면 배경시공간을 10차원이나 11차원으로 선택하고 브레인, 즉 끈이 붙어 있는 시공간의 하위공간subspace도 적절히 선택해야 한다. 그런데 이것은 진공을 선택하는 것과 같다. 왜냐하면 초끈이론학자들은 이 하위공간이 M−이론의 최저에너지 상태인 진공과 일치하기를 바라기 때문이다. 그러나 이 조건을 만족하는 공간은 엄청나게 많고(무한대일 수도 있다!), 각각의 공간에는 배경시공간의 크기와 형태를 좌우하는 여러 개의 변수가 대응된다. 이 변수들을 모듈리moduli라고 하는데, 과거에 수학자들이 공간의 크기와 형태를 매개하는 함수를 모듈러스(계수) 함수라고 부른 데서 비롯되었다.

"M−이론을 이용해 모듈리의 값을 어떻게든 결정한다." − 이것이 초끈이론학자들의 간절한 희망사항이다. 이 바람이 실현되려면 각각의 모듈리 값에 대하여 서로 다른 진공에너지가 얻어지는 역학체계를 구축해야 한다. 만일 진공상태의 에너지가 모듈리 값과 무관하다면 모듈리는 질량이 없는 입자의 양자장에 대응되는데, 아직 발견된 사례는 없다. 모듈리 변수의 값에 따라 달라지는 에너지함수의 형상을 초끈이론의 '경치'라고 한다. 경치를 정의할 때의 고도가 에너지의 개념과 비슷하고 두 개의 모듈리 변수는 경도, 위도와 비슷하다는 점에서 이런 이름이 붙여졌다.

2003년에 물리학자 카츠루Kachru와 캘로쉬Kallosh, 린데Linde, 트리베디Trivedi는◆1 에너지의 최소값을 모듈리 함수로 표현하여 모듈리 값을 결정함으로써, 서로 다른 에너지에 다른 모듈리 값이 할당되는 역학 구조를 발견했다. 경치론 관점에서 볼 때 이 최소값들은 다양한 골짜기의 바닥에 해당된다. 이것은 흔히 'KKLT 메커니즘'이라 불리는데, 그 얼개가 너무 복잡하여 카츠루의 연구동료인 스탠퍼드 대학교의 레너드 서스킨트는 KKLT 메커니즘을 '골드버그 기계'에 비유하면서 카츠루를 '골드버그 기계의 대가'라고 불렀다.◆2 KKLT는 10차원 배경공간에서 숨어 있는 6차원을 처리하는 칼라비−

야우 공간에서 출발하여 브레인과 흐름flux을 포함하는 몇 개의 계층구조를 추가하였다. 여기서 말하는 흐름이란 자기장을 더 높은 차원으로 확장한 개념으로서, 칼라비-야우 공간의 위상topology에 속박되는 장을 의미한다.

KKLT 메커니즘은 모듈리가 취할 수 있는 값들 중에서 단 하나를 골라내는 것이 아니라 '동등하게 옳은' 여러 개의 값들을 제시한다. 그런데 그 개수가 너무 많아서(10^{100}개나 10^{500}개, 또는 10^{1000}개가 될 수도 있다) 머릿속에 그리기도 어렵다. 이 정도면 우주를 구성하는 입자의 수를 모두 합한 것보다 훨씬 많다. 끈이론이 일부 물리학자 사이에서 '만물의 이론Theory of Everything'으로 각광을 받고 있긴 하지만, 카츠루는 KKLT 메커니즘을 '만물 그 이상의 이론Theory of More Than Everything'이라고 불렀다. 초끈이론학자들은 카츠루의 이론을 놓고 열띤 논쟁을 벌이는 중인데, 그 배경이 되는 M-이론의 실체가 밝혀지지 않는 한 이들의 논쟁은 어떤 결론에도 이르지 못할 것이다.

초끈이론에서 가능한 진공상태의 수가 10^{500}개라면, 무언가를 예견할 가능성은 완전히 사라진다. 누군가가 이 많은 후보들 중에서 현재 알려진 관측결과와 일치하는 진공을 골라낸다 해도, 나중에 다른 결과가 나왔을 때 새로 발탁될 후보도 이에 못지않게 많을 것이다. 그렇다면 이 이론은 아무것도 예견 못 하고 동시에 틀렸다고 반증할 수도 없다. 이것은 알로 거스리Arlo Guthrie가 부른 반전가요 '앨리스의 레스토랑' *[1]의 후렴구 "앨리스의 레스토랑에선 원하는 건 뭐든지 가질 수 있어요You can get anything you want at Alice' s restaurant"를 패러디하여 '앨리스의 레스토랑 문제'라고 불리기도 한다. 레스토랑에서 무엇이든 가질 수 있다면 그만큼 좋은 일도 없겠지만, 물리학에서는 천만의 말씀이다.

초끈이론의 창시자 중 한 사람인 서스킨트는 최근 들어 "물리학이론이 어

*[1]Alice' s Restaurant. '쓰레기 투기로 문 벌금 50달러가 전과로 걸려 월남전 징병결격자가 되는' 우스꽝스러운 현실을 담은 반전가요.

떤 결과에도 부합된다면, 그것은 이론이 가진 장점에 속한다"고 주장하기 시작했다. 그는 다양한 상태들에 대응되는 우주상수가 '거의 연속적인' 불연속 값을 갖는다고 주장했다(어떤 이는 우주상수의 불연속 배열을 '디스크리튬discretuum'이라고 부르기도 한다). 앞서 이야기한 대로 초대칭과 중력을 하나로 결합하면 우주상수가 관측된 값보다 적어도 10^{56}배 이상 커진다. 그런데 디스크리튬이 존재한다는 것은, 초끈이론의 진공상태 중 적어도 몇 개의 진공에 해당되는 우주상수가 충분히 작아서 실험결과와 일치할 수도 있음을 의미한다. 그래서 서스킨트의 관점에서는 초끈이론에서 가능한 진공상태가 엄청나게 많다는 것이 오히려 장점으로 작용한다.

1987년에 스티븐 와인버그는 학술지에 기고한 글을 통해 "은하가 형성되고 생명체가 탄생하려면 우주상수 값이 지나치게 크지 않아야 한다"고 주장했다.◆3 만일 우주상수가 예상되는 값보다 10배에서 100배정도 크다면 우주의 팽창속도가 너무 빨라서 은하가 형성되지 못한다. 와인버그는 우주상수가 작은 이유를 인류원리로 설명할 것을 제안했다. 가능한 우주는 엄청나게 많고, 우리가 사는 우주는 거대한 다중우주의 일부라는 것이다. 꽤 그럴듯한 설명이다. 우리 우주는 수많은 우주들 중에서 은하의 생성과 지적 생명체의 탄생이 가능한 우주였다. 만일 이것이 사실이라면 우주상수 값을 예측할 방법은 어디에도 없다. 생명체가 탄생하기에 적절하도록 우주상수 값이 잘 맞춰진 우주에서 우리가 태어났다는데, 더 이상 무슨 말이 필요하겠는가?

최근 서스킨트는 자신의 관점을 입자물리학계에 전파하기 위해 많은 노력을 기울이는 중이다. 여기서 잠시 그의 말을 들어 보자.◆4

에드워드 위튼은 이 아이디어를 끔찍하게 싫어하지만, 전하는 말에 의하면 그는 이것이 행여 사실일까봐 신경이 곤두서 있다고 하더군요. 그 자신에겐 괴로운 일일지 몰라도 위튼은 대세가 기울어 가는 작금의 상황을 잘 알 겁니다. 전 세계에서 열

손가락 안에 들 정도로 뛰어난 물리학자인 조*[1] 역시 이 아이디어를 받아들였습니다. 그는 초끈이론에 엄청난 다양성이 깃들어 있다는 사실을 처음부터 간파했었고, 지금은 완전히 이쪽 사람이지요. 이제 스탠퍼드의 모든 사람들이 우리를 지지합니다.

2005년 말에 스탠퍼드 대학교 출판부에서는 끈이론의 다양한 진공상태가 '극미우주Pocket universe'로 나타나며 그 개수는 헤아리지 못할 정도로 많다고 보는 편이 옳다는 주장을 담은 서스킨트의 저서 『우주의 경치: 지적설계 가설에 대한 환상과 끈이론The Cosmic Landscape: String Theory and the Illusion of Intelligent Design』을 출간했다.◆[5] 이 책에서 서스킨트는 다음과 같이 주장한다. "위튼은 가능한 진공의 수가 매우 작음을 입증하기 위해 열심히 노력했지만 실패하고 말았다 — 완전히."◆[6] 그는 계속해서 부르짖는다. "이 아이디어에 반대하던 사람들은 시간이 흐를수록 좌절과 절망 속으로 빠져 들었음을 스스로 인정하고 있다." 서스킨트는 이 책을 통해 자신의 관점을 전 세계에 홍보했다.

위튼은 뉴욕타임스와의 인터뷰에서 "나는 우리가 무언가를 놓쳤거나 오해했을 뿐이고, 궁극적으로는 하나의 답이 존재하리라는 희망의 끈을 놓지 않고 있습니다."라고 말했다.◆[7] 한편으로는, 2004년 10월에 '끈이론의 미래Future of the String Theory'◆[8]라는 주제로 개최된 KITP *[2]학회의 강연석상에서 그는 이렇게 언급했다. "저는 그 아이디어가 사실이 아니길 바라지만, 찬성하는 사람도 꽤 있는 듯합니다. 지금으로선 그 아이디어를 반박할 만한 뚜렷한 근거가 없습니다."

이 책 1장에 언급한 대로, 데이비드 그로스는 처칠의 연설을 인용하면서

---

*[1] "그걸 믿느니, 차라리 교수직을 그만두겠다."고 선언했던 조셉 폴친스키(Joseph Polchinski)의 애칭이다.(1장 참조)

*[2] Kavli Iustitute for Theoretical Physics. 그로스가 소장인 카블리 이론물리학 연구소.

초끈이론학자들을 향해 "절대, 절대, 절대로 포기하지 말라"고 신신당부했다. 위튼과 그로스는 초끈이론에 무수히 존재하는 배경공간의 의미해석을 어떻게든 피해 갈 수 있기를 바라고 있다. 특히 그로스는 "초끈이론으로는 우주의 근본 특성을 설명하지 못한다"는 주장이 성급한 결론임을 강조하면서 다음과 같이 말했다.

우리는 아직 끈이론의 진정한 실체를 이해하지 못했습니다. 우리는 이론을 근본적이고 배경독립적인 단계까지 이르도록 공식화하지 못했습니다. 준안정적인metastable 진공상태가 하나가 아니라 10^{1000}개 존재할 지도 모릅니다. 아마도 그 안에는 특수한 상태가 있을 테지요.

대다수 끈이론학자들은 초끈이론이 진정한 이론으로 거듭나는 일에 시간과 공간의 개념에 대한 커다란 변화가 반드시 필요한 것인지 의심하고 있습니다. 만일 그렇다면, 자연(진공)의 상태를 정의하는 기준도 매우 달라져야만 할 겁니다. 아직 우리의 이해는 전초전에 불과합니다. 벌써부터 우주를 올바르게 예측할 이론이 도출되리란 희망을 버릴 이유는 없습니다.◆[9]

그로스의 바람대로, 새로운 시간과 공간으로 이루어진 미지의 M-이론이 우주의 특성을 설명해 줄지도 모른다. 그러나 끈이론학자들은 이것이 단순한 희망사항에 불과하다는 사실을 서서히 깨닫기 시작했다. 그로스의 동료인 폴친스키는 그로스와 위튼의 태도에 대하여 다음과 같이 논평했다.

끈이론 학계에는 단 하나의 진공으로 역사하는 마법의 방정식이 존재하심을 믿는

---

*[1]위튼이 재직하는 프린스턴 고등과학원이 뉴저지 주에 있음을 비꼰 것. 연구실 아래층이라 함은 그로스를 뜻한다.

'단일진공교monovacuism' 란 이름의 사교邪敎가 있으며, 이들의 예지자는 뉴저지에 거주한다(또는 내 연구실 아래층일지도 모른다). *1 나도 이것이 사실이었으면 하고 바라지만, 그저 '행복해지기 위해' 무언가를 믿는 것은 과학자의 도리가 아니다. ◆10

CERN의 끈이론학자인 볼프강 레르헤Wolfgang Lerche는 한 걸음 더 나아가 "끈이론에 무수히 많은 진공이 존재하는 것은 KKLT의 연구가 알려지기 훨씬 전부터 이미 예견된 사실"이라고 주장했다.

이렇게 뛰어난 아이디어가 80년대 중반에 사라졌다는 것은 실로 안타까운 일이 아닐 수 없다. 당시 4차원 끈이론을 주제로 발표된 한 논문은 진공상태의 수를 대략 10^{1500}개로 계산했는데, 그때 이 논문을 무시했던 사람들이(사실, 당시의 철학에 부합되지 않았다) 지금은 이와 관련된 논문과 책을 열심히 쓰고 있다…… 지금의 논쟁은 사실 1986/87년에 이미 제기되었어야 했다. 지금은 스탠퍼드의 연구팀이 이 분야에 뛰어들어 헌신하고 있으므로, 과거보다 사정은 나아진 셈이다. ◆11

초끈이론은 진공상태가 엄청나게 많고 우주상수를 예견할 수도 없으며, 표준모형에 등장하는 변수들을 결정할 수도 없다. 그다지 반가운 소식은 아니지만 초끈이론학자들도 현실을 점차 받아들이는 추세이다. 사람들은 지금 상황을 다음과 같은 사례에 비유하고 있다. 1596년에 케플러는 (당시 알려져 있던) 태양계 6개 행성의 공전궤도 간의 거리를 플라톤 입체*2 다섯 개 만으로 수학적으로 우아하게 설명하는 모형을 주장했었다. 물론 행성들 사이의 거리는 태양계 진화에 따른 결과이지, 수학적으로 예측될 수 있는 양이 아니다. 이 논리를 입자물리학에 적용해 보면, 표준모형에 등장하는 변

*2 각 꼭지점에 모이는 면의 개수가 같으며, 각 면이 모두 합동인 정다면체. 정사면체, 정육면체, 정팔면체, 정십이면체, 정이십면체로 총 다섯 개가 있다.

수들 중 적어도 일부는 물리법칙으로 예견될 수 있는 양이 아니라 우리 우주의 특별한 상태에 부합하는 값이라고 보아야 한다. 만일 이것이 사실이라면, 생명 탄생을 가능하게 하는 '인류적 제한조건'을 도입해야만 지금의 우주가 설명된다.

이 논리의 문제점은 다음과 같다. 태양계의 경우, 무엇이 이론에 의해 결정되고 무엇이 환경적 우연에 따라 결정되는지 명확하게 정의한 후에야 행성 운동을 설명하는 역학체계(뉴턴 역학)를 도출할 수 있다. 초끈이론에서는 이런 구별이 아예 존재하지 않는다. 무엇이 예견가능하고 무엇이 불가능한지, 구별할 방법이 없는 것이다. 초끈이론은 표준모형이 계산했던 그 어떤 물리량도 계산하지 못했으며 앞으로도 사정은 크게 달라질 기미가 보이지 않는다.

러트거스 대학교의 마이클 더글러스Michael Douglas를 비롯한 일단의 연구팀은 "생명체의 존재와 모순되지 않는 진공상태의 통계치를 잘 분석하면 초끈이론으로 현실세계를 예견할 수 있다"고 주장했다. 가능한 진공상태 대부분이 어떤 공통적인 특성을 갖는다면, 우리 우주에서 이 특성을 관측할 수 있다는 것이다. 이들이 관측대상으로 삼은 가장 간단한 특성은 '초대칭이 붕괴되는 에너지 스케일'이었다. 매우 큰 에너지 스케일(플랑크 스케일)에서 초대칭이 붕괴되는 진공상태들은 과연 거대 강입자 충돌기LHC로 감지될 것인가?

이 질문에는 다소 불분명한 구석이 있다. 무엇보다도 10^{500}개나 되는 상태에 나타나게 될 일을 일일이 계산한다는 것 자체가 불가능하다. 만일 누군가가 이 일을 해냈다 해도 각 상태에 어떤 확률값이 할당되는지 알 길이 없다. 특정한 상태가 나타날 확률은 우리가 전혀 알지 못하는 빅뱅의 역학에 의해 좌우되기 때문이다. 모든 상태의 확률이 동일하다고 가정한다 해도, 상태의 수가 무한대이면(그럴 가능성이 높다) 아무런 결론도 내리지 못한다. 이 문제는 상태의 수를 적절히 '잘라 내어' 유한하게 만듦으로써 해결 가능한데, 이 경우에도 어떻게 잘라 내느냐에 따라 결과가 달라진다.

더글러스와 그의 동료들은 무언가를 예견하겠다는 희망을 아직도 버리지 않고 여러 편의 논문을 계속 발표하고 있다. 나는 그 논문의 이야기 흐름을 따라갈 때면 언제나 머릿속이 혼란스럽다. 더글러스가 쓴 한 논문은◆12 결국 시기별로 4가지 갈래의 결말을 가지게 되었는데, 각각의 결론은 천양지차로 다르다. 서스킨트는 더글러스가 초기에 쓴 논문에 기초하여 그의 논리 중 일부가 틀렸음을 주장하는 논문을 발표했다가,◆13 후에 더글러스가 결론을 수정하자 자신도 논문을 철회했다. 아마도 그 논문이 '틀린 논문에 기초했다' 라고 판단했기 때문일 것이다. 서스킨트가 철회한 논문과 여기 인용된 더글라스의 이전 논문들은 내용이 매우 짧고 수학 논리라고 할 만한 것이 별로 없다.

2004년에 서스킨트와 관련된 희한한 사건이 일어났다. 리 스몰린Lee Smolin이라는 물리학자가 논문 한 편을 썼는데, 여기에서 그는 인류원리가 반증 가능한 예견을 만들어 내지 못하는 이유를 구체적으로 설명하면서 "따라서 인류원리는 과학이 아니다"는 결론을 내렸다. 스몰린의 논문이 출간된 다음 날 서스킨트는 3쪽 짜리 프리프린트를 배포했는데, 절반은 스몰린의 논리를 재서술하는데 썼고 나머지 반은 "스몰린의 논문을 자세히 읽어보지 않았다"고 인정하면서도 그의 논문을 공격하는 데 할애하였다. 놀라운 것은 서스킨트의 논문(프리프린트)이 학술지의 심사위원에 의해 '출판 부적합' 판정을 받았다는 사실이다. 이것은 매우 희귀한 일이 아닐 수 없다. 내가 아는 한, 세계적으로 유명한 주류 물리학자의 논문이 퇴짜를 맞은 사례는 이번이 처음이었다.

이와 비슷한 시기에 러시아의 끈이론학자인 알렉산더 폴리야코프(지금은 프린스턴에 있음)는 게이지이론과 끈이론 사이의 이중성duality을 설명하는 보고서를 발표했는데, 그 안에는 다음과 같은 문구가 실려 있다.

개인적으로는, 끈이론은 야망이 너무 큰 듯싶다. 끈이론은 인류원리와 비-인류원리 중 하나를 선택하거나, 올바른 진공을 골라낼 만한 역학 체계를 아직 갖추지 못했다. 실험을 통해 길 안내를 받지 못한다면 물리학은 길을 잃기 십상이다. 게이지이론과 끈이론의 이중적 관계가 지금의 상황을 개선하는 데 도움이 되기를 바란다…… 아마 끈이론의 정신건강에도 좋을 것이다.◆14

서스킨트는 최근 출판한 그의 저서에서 "나에겐 끈이론으로부터 물리량을 계산할 수 있는 그럴듯한 아이디어가 없다"고 인정했다.◆15 이 점을 정말로 깊이 이해한다면 상식적으로 생각할 때 끈이론 연구를 그만둬야 하겠지만, 서스킨트를 비롯한 유명 물리학자들은 아무것도 예견하지 못하는 상황에서도 끈이론을 믿는 쪽을 선택했다. 서스킨트는 끈이론이 반증 불가능하다는 반대의견을 "무엇이 과학인지, 그렇지 않은지를 결정하려는 '포퍼계 유대인' *1들의 거만"이라 치부하며, "나는 아이디어가 없다는 사실도 그런 비판에 위축되지 않게 해 준다는 측면에서는 오히려 큰 장점이라고 생각하는 체질이다"고 맞받아쳤다.

어떤 이론을 추구하는 학자가 자신의 이론으로부터 아무런 예측도 하지 못했다면, 당연히 그것을 포기하고 다른 이론을 찾아야 한다. 지금의 현실은 전혀 그렇지 않다. 초끈이론과 관련하여 항상 제기되는 질문은 "초끈이론을 지지하는 사람들에게 그것이 잘못된 아이디어라는 것을 어떻게 설명해야 하는가?"이다. 초끈이론은 아직 잘 정의된 이론이 아니기 때문에 이론적 논리나 실험을 통해 반증될 수 없다. 이 이론이 틀렸음을 입증하는 유일한 방법은 "이론 자체가 무의미하며 아무것도 예측하지 못한다"는 사실을 강조하는 것뿐이다. 그러나 이제는 다들 알겠지만, 이 정도로는 초끈이론 추종자들을 설득하기 어렵다.

---

*1 원문은 Poppernazi, 아시케나지Ashkenazi는 히브리어로 독일을 의미하는

프린스턴의 우주론학자인 폴 슈타인하르트Paul Steinhardt는 이런 말을 한 적이 있다. "문제는 경치론 모형을 반대하는 사람들이 아니라, 서스킨트처럼 인류원리를 주장하는 사람들이다." 여기서 잠시 그의 주장을 들어 보자.

끈이론학자들은 위기상황을 모면하기 위해서 인류원리를 들고 나왔다.

솔직히 말해서, 이것은 막다른 길에 몰린 사람들의 몸부림에 지나지 않는다. 그들이 주장하는 인류원리는 참고 들어 주기 어려울 지경이다. 자고로 과학 이론은 검증 가능한 가설에 기초를 두어야 하며, 자연현상을 예측하는 능력으로 평가되어야 한다. 인류원리는 다중우주와 무작위적 창조과정, 그리고 다양한 생명체의 탄생을 허용하는 확률분포 등 무수한 가정을 내세우고 있는데, 여기에는 시공간에 대한 교조주의적 전제가 깔려 있기 때문에 검증 자체가 불가능하다. 끈이론의 예측능력은 극히 제한되어 있어서, 실험을 통해 이미 알려진 사실 중 일부만 재확인할 수 있을 뿐, 새로운 사실을 예측할 수는 없다(예측이 가능하다는 다른 유형의 인류원리도 사실은 잘못된 원리이다. 일부 물리학자들은 인류원리로 우주상수의 값을 예측할 수 있다고 주장하지만, 이것 역시 일치하지 않는 것으로 판명되었다).◆16

슈타인하르트는 인류원리에 광적으로 매달리는 현상을 '새 천년의 광기Millennial madness'로 단정 지었다.

서스킨트를 비롯한 일부 학자들이 피난처로 삼은 인류원리는 사람들을 현혹시키는 궤변에 불과하다. 그로스는 이 상황을 다음과 같이 서술하였다.

이런 상황은 어려운 문제에 직면할 때마다 계속해서 반복될 것이다……. 이것은

Ashkenaz에서 유래한 독일, 러시아, 폴란드계 유대인을 총칭하는 말이다. 아인슈타인, 프로이트, 맑스, 트로츠키, 멘델스존, 조지 거슈윈, 조셉 스티글리츠 등 역사에 큰 족적을 남긴 사람만도 다 열거하기 힘들 정도이다. 칼 포퍼 또한 오스트리아 비엔나 출신의 유대인이며, 1946년 영국으로 망명하였다.

'문제를 풀지 못하는 이유'를 설명해 주는 대원리이다.

"우주상수는 이론이 아니라 오직 인류원리에 의해 결정된다"는 것을 사실로 받아들인다 해도, 초끈이론이 직면한 문제는 여전히 해결되지 않은 채 남아 있다. 초끈이론이 물리량을 정확하게 예측했는데 우주상수만 결정하지 못했다면, 인류원리는 나름대로 의미를 가질 수 있다. 그러나 초끈이론은 우주상수뿐만 아니라 물리량도 예측하지 못하고 있다. 따라서 인류원리를 물리학에 도입한다 해도 그것은 실패에 대한 변명에 지나지 않는다. 잘못된 예측을 내놓은 과학이론은 물론 틀린 이론이지만, 예측을 전혀 못하는 공허한 이론도 틀린 이론이기는 마찬가지다.

『사이언스』지의 한 기자는 몇 명의 끈이론학자들과 인터뷰를 한 뒤 다음과 같은 결론을 내렸다.

……그들 중 대다수가 답변을 통해 우리가 이미 알고 있는 내용(또는 관측 가능한 것)과 일치하는 이론은 무수히 많다는 의견을 피력했다. 만일 그렇다면 물리학자들은 실험데이터를 이론적으로 설명하는 행위가 과연 무엇을 의미하는지, 다시 한 번 생각해 봐야 할 것이다.◆17

생각해 볼 필요도 없다. 실험결과를 이론으로 설명하는 행위가 결과에 이론을 끼워 맞추는 식으로 변질되어야 할 필요가 대체 어디에 있는가? 과학은 먼 옛날부터 이런 방식으로 진행되어 왔으며, 앞으로도 그래야만 한다. 이 지경까지 오게 된 이유는 일부 물리학자들이 실패를 인정하지 않고 괴상한 논리만 들이댔기 때문이다. "끈이론학자는 예견 대신, 핑계만 늘어놓는다."는 파인만의 말처럼, 끈이론학자는 자신의 실패를 인정하는 대신 잘못된 논리를 이론물리학의 새로운 연구방법으로 삼아 버렸다.

18장

다른 관점들

지금까지는 다소 특이한 관점(수학 쪽으로 편향된 입자물리학자의 관점)에서 입자물리학의 현주소를 조망해 왔다. 즉 표준모형과 그 기초가 되는 수학, 표준모형 발견에 일조했음에도 이젠 자체 한계로 더 이상의 진보가 힘들어진 입자가속-관측기술 등을 주로 다루었지만, 이게 입자물리학의 전부는 아니다. 이 장에서는 입자물리학의 다른 관점에 대해 알아보기로 한다.

입자가속기의 한계를 생각해 보면, 한 가지 질문이 자연스럽게 떠오른다. 고에너지 입자의 상호작용을 분석할 다른 방법은 없을까? 입자물리학의 초창기에는 가속기가 아닌 우주선을 분석하여 새로운 사실을 발견했었다. 지금도 높은 하늘에서는 천체물리학*[1]적 과정 중 빠르게 가속된 소립자와 핵자들이 대기입자와 다양한 반응을 일으키면서 지표면으로 비처럼 가없이 내리는 중이다(이것을 우주선이라 한다). 이 과정에서 입자들끼리 격렬한 충돌을 겪게 되는데, 매우 큰 에너지를 갖는 입자들 사이의 충돌역학을 적용하면 충돌 결과로 탄생한 새로운 입자의 특성을 분석할 수 있다. 다만 그 목표가 고정되어 있지 않기 때문에, 예를 들어 우주선이 LHC와 비슷한 정도의

*[1] 별의 내부구조와 겉 표면, 별의 일생을 연구하는 물리학.

에너지(14TeV = 1.4×10^{13}eV)를 발휘하려면 대략 10^{17}eV의 에너지를 가져야 한다. 에너지가 이보다 큰 우주선이 발견된 적은 있지만 지구표면 1m^2에 도달하는 입자는 100년 당 몇 개에 불과하다. 앞에서 이야기한 대로 충돌에너지가 클수록 '에너지가 많이 교환되고 새로운 입자가 탄생하는' 의미 있는 충돌이 일어날 확률은 급격하게 줄어든다. 이것이 의미 있는 결과를 얻기 위해 LHC와 같이 광도가 높은 입자가속기를 사용하는 이유이다.

에너지가 LHC보다 10배 이상 큰 충돌은 1km^2(1,000,000m^2) 안에서 1년에 100회 정도 일어난다. 2005년에 가동을 시작한 AUGER 관측소*1(우주선을 최초로 발견한 피에르 오제Pierre Auger의 이름을 딴 것)는 아르헨티나의 3,000㎢ 구역 안에 1,600여 개의 감지기를 설치해 놓고, 사상 최대의 에너지를 갖는(약 10^{20}eV 정도) 우주선이 도달하기를 기다리고 있다. 사실 이런 규모의 충돌이 관측된다고 해도, 관측소 측은 충돌과정에서 일어나는 상호작용에 대하여 할 말이 별로 없을 것이다.*2 그러나 이런 입자의 존재 자체만으로도 입자물리학자들의 관심을 끌기엔 충분하다. 이 정도로 에너지가 큰 입자는 항성간 우주를 여행하면서 저에너지 광자를 사방에 산란시키는데, 바로 마이크로파 우주배경복사cosmic microwave background radiation이다. 고에너지 우주선은 이러한 산란과정을 거치면서 에너지를 잃기 때문에 관측되기가 어렵다. AUGER 관측소에서 이런 입자가 발견된다면 물리학의 새로운 지평이 열릴 것이다.

우주 역사상 가장 큰 입자가속기는 빅뱅이었다. 그러므로 대다수의 입자물리학자들이 우주론의 관점에서 입자물리학을 연구하는 최근 동향은 지극히 자연스러운 현상이다. 이 분야는 내용이 너무 방대해서 제대로 설명하려면 책 한 권을 새로 써야 할 지경인데, 전문가가 아니기 때문에 그럴 수는 없

*1 http://www.auger.org/observatory에 AUGER 관측소의 최신 동향이 실려 있다.

*2 실험 조건을 조절할 방도가 없다. 관측만이 가능하다.

고 중요한 사실 몇 가지만 시대순으로 짚고 넘어가기로 한다. 표준모형이 완성된 직후인 1970년대에 일부 입자물리학자들이 표준모형으로 빅뱅을 설명하려는 시도를 한 적이 있었다. 이 내용은 스티븐 와인버그가 1977년에 집필한 『최초의 3분: 우주의 기원에 관한 현대적 견해The First Three Minutes: A Modern View of the Origin of the Universe』에 잘 서술되어 있으므로 관심 있는 독자들은 한 번 읽어 보기 바란다.◆1

현대 우주론에 의하면 시계를 거꾸로 돌려 빅뱅으로 접근할수록 우주의 온도와 밀도가 높아진다. 온도가 높다는 것은 우주를 구성하는 입자의 에너지가 크다는 뜻이므로 입자물리학자들은 빅뱅 직후의 상태를 포착한다면 고에너지 입자의 행동양식이 알려지지 않을까 하는 희망을 품어 왔다. 그러나 지금으로선 그 정도로 먼 옛날 일(137억 년 전)을 알 수는 없고, 다만 그 효과가 어떤 과정을 거쳐 사라졌는지를 알 수 있을 뿐이다. 현재의 시점을 기준 삼아 과거로 거슬러 올라가면 원시우주에 존재했던 원소의 종류와 양이 추정 가능한데, 결론만 말하자면 우주의 대부분은 수소와 헬륨으로 이루어져 있었다. 표준모형을 초기우주에 적용하면 당시 존재했던 수소와 헬륨의 양이 얻어진다. 여기서 중입자생성baryogenesis이라는 아직 해결되지 않은 질문 하나를 던져 보자. "우리의 우주는 왜 대부분 중입자(baryon, 양성자와 중성자)로 이루어져 있는가? 반-중입자(anti-baryon, 반양성자와 반중성자)는 왜 중입자처럼 풍부하게 존재하지 않는가?" 이것은 우주가 아주 뜨거울 때 거의 같은 수의 중입자와 반-중입자가 생성되었는데, 이들이 서로 만나 대부분 소멸되고 중입자의 초과분이 남아서 지금의 우주를 생성했다고 설명하는 수밖에 없다. 그렇다면 이 비대칭의 원인은 무엇일까? 왜 초기우주는 중입자와 반-중입자의 수가 달랐을까? 여러가지 설명이 가능하지만, 이들 중 어느 것도 만족할 만한 답을 주지 못하고 있다.

1970년대 말과 1980년대 초에 물리학자들은 우주론이 GUT(대통일이론)

에너지 스케일에서 입자물리학에 중요한 정보를 제공할 것으로 생각했으나, 지금까지도 별달리 거둔 성과가 없다. 우주초창기 중입자의 비대칭은 GUT 스케일의 물리학과 어떻게든 연관되어 있겠지만 구체적인 내용은 아직 오리무중이다. 그래서 물리학자들의 관심은 뜨거운 초기우주에서 실험데이터를 얻을 수 있는 지금의 우주로 옮겨가는 추세이다.

1965년 아노 펜지어스Arno Penzias와 로버트 윌슨Robert Wilson에 의해 발견된 우주배경복사는 우주의 근원에서 생성된 흑체복사로서 오늘날 2.7K(−271.3°C)의 저온상태를 유지하고 있다. 현재 통용되는 이론에 의하면 빅뱅 후 약 400,000년이 흘렀을 때 전자와 양성자가 자유원자들의 뜨거운 플라즈마 상태에서 벗어나 전기적으로 중성인 원자를 형성하기 시작했고, 우주배경복사를 실어 나르는 광자도 이 무렵에 생성되었다. 그 이전의 광자는 플라즈마 속의 하전입자에 의해 꾸준히 산란되었으나, 이 무렵부터 아무런 간섭 없이 우주공간을 여행할 수 있게 되었다. 오늘날 관측되는 우주배경복사는 이 광자의 잔해로서 초기우주의 정보를 담고 있다.

우주배경복사가 생성되던 무렵 우주의 온도는 약 3,000K였다. 지금의 관점에서 볼 때 이 정도면 꽤 높은 온도지만, 입자에너지의 단위로 보면 수십 분의 1eV에 지나지 않기 때문에 우주배경복사를 이용하여 고에너지 입자의 상호작용을 추정하는 것은 불가능하다. 그러나 이 복사에너지 속에는 엄청난 양의 정보가 들어 있다. 얼마 전까지만 해도 우주배경복사는 특별한 구조 없이 우주 전역에 걸쳐 모든 방향으로 고르게 퍼져 있는 흑체복사로 알려져 있었다. 그러나 1992년에 COBE(Cosmic Background Explorer)위성이 배경복사가 비등방적으로 분포되어 있음을 최초로 확인하였고, 2003년에는 WMAP(the Wilkinson Microwave Anisotropy Probe)위성이 배경복사의 구체적인 분포도를 완성함으로써 초기우주와 관련된 엄청난 양의 정보를 제공하였다*1. 2007년에는 차세대 위성인 플랑크Planck위성이 발사될 예정이다.

지금도 천문학자들은 WMAP가 보내온 우주배경복사의 비등방 분포도로부터 더 많은 정보를 추출하기 위해 노력을 경주 중이며, 앞으로 플랑크위성이 보내올 정보에 큰 기대를 걸고 있다. 이들의 희망사항 중 하나는 우주배경복사의 편광에 의한 초기우주의 중력파gravitational wave가 플랑크위성에 감지되는 것이다. 이런 중력파는 광자와 달리 플라즈마 속 하전입자에 의해 산란되지 않기 때문에 중력파에 의한 효과가 발견된다면 우리 입장에서는 초기우주를 들여다볼 창문 하나를 확보하는 셈이다. 어쩌면 인플레이션이론*[2]이 주장하는 급속팽창의 흔적까지 발견하게 될지도 모른다.

우주론학자들은 WMAP 데이터와 다른 관측자료들(특히 멀리 있는 초신성)을 이용하여 우주의 '표준모형'을 만들어 내면서, 입자물리학자들에게 두 가지 수수께끼를 함께 던져 주었다. 이 모형에 의하면 우주 에너지밀도의 단 5%만이 중입자로 이루어진 일상적인 물질 축에 속하고 25%는 미지의 차가운 암흑물질cold dark matter로 구성되어 있다. 차가운 암흑물질은 새로운 형태의 안정된 입자로 이루어져 있을 것으로 추정되는데, 이들은 전기전하가 없고 강력強力과도 무관하며 오직 중력을 통해 우주에 영향을 행사한다. 이들 중 하나가 바로 윔프입자(약하게 상호작용하는 무거운 입자Weakly Interacting Massive Particles, WIMPs)*[3]이며, 이 입자는 초대칭유형 표준모형에서 안정된 입자로 등장한다.

*[1]2008년 3월, WMAP는 5년차 결과를 발표했다:
http://lambda.gsfc.nasa.gov/product/ map/dr3/map_bibliography.cfm
*[2]우주가 한 점으로부터 터져 나가면서 생성되었다는 빅뱅이론과 달리 '공간이 확대되면서' 우주가 생성되었다고 보는 이론=급팽창모형. 4가지 힘이 통일된 인플레이션 단계에서 힘들이 분리되는(맨 처음에 중력, 그다음 강력)상전이 과정에서 엄청난 에너지가 발생해 공간이 팽창한다. 공간은 물질이 아니므로 빛의 속도보다 빠른 팽창이 가능하다.
*[3]서울대 김선기 물리학과 교수가 이끄는 암흑물질 탐색 연구단(http://dmrc.snu.ac.kr/)은 2000년부터 강원도 양양발전소 지하 700m의 공사용 터널에서 윔프입자 검출실험을 수행 중이다.

이대로라면 우주 에너지밀도의 나머지 70%를 채워 줄 최후의 후보자는 진공의 단일한 에너지밀도(우주상수)인 암흑에너지dark energy *[1]뿐인 듯 보인다. 우리는 이미 숱한 초대칭 모형들이 실제 관측량보다 수천 배 많은 크기의 에너지밀도를 제시하는 진공의 자발적 초대칭 붕괴 문제로 얼마나 골머리를 앓았는지 알고 있다. 앞 장에서는 아예 수많은 진공 상태를 허용해 그중에 실험결과와 들어맞는 우주상수가 하나쯤은 있으려니 기대하는 경치론에 대해서도 살펴보았다.

이렇듯 아인슈타인의 중력이론인 일반상대성이론을 양자역학 판版으로 재구성하는 작업은 아직 미완의 상태이다. 초끈이론학자들은 초끈이론이 문제를 해결했다고 주장하지만, 앞서 확인한 대로 아직은 성공했다고 보기 어렵다. 일반상대성이론과 표준모형은 모두 기하학적 이론이기 때문에 수학 구조가 매우 비슷하다. 기하학자의 관점에서 볼 때 양-밀스 게이지장은 한 지점의 장을 가까운 주변과 어떻게 비교할 것인지를 알려주는 일종의 접속connection이다. 일반상대성이론도 접속으로 나타낼 수 있는데, 이 경우 비교 대상은 (한 지점의) 장이 아니라 벡터이다. 그러나 일반상대성이론의 기하학은 리만기하학으로서 양-밀스 이론에 없는 추가구조를 가진다. 벡터의 크기를 비교하는 방법인 '계량metric'이 바로 그것이다. 계량 변수는 양-밀스 게이지장과 전혀 다른 역학적 특성을 갖고 있으며, 이것은 원거리long distance나 저에너지low energy의 경우에 잘 알려져 있다. 즉, 계량은 아인슈타인의 장 방정식에 의해 결정된다. 그러나 이 역학을 짧은 거리에서 양자장이론에 적용하면 무한대라는 문제에 직면하게 된다. 이 무한대는 표준 재규격화 방법을 써도 제거되지 않는다.

---

*[1]중력과 달리 밀어내는 척력을 가지는 진공의 에너지. 아인슈타인이 정상우주설을 위해 '우주 상수'로 처음 도입했다. 우주가 가속팽창하는 원인으로 생각된다.

끈이론은 "초단거리에서 근본적인 장은 비-기하학적이다(끈의 들뜸모드 excitation mode)"라는 가정 하에 문제해결을 시도한다. 중력의 양자화를 구현하기 위한 또 다른 시도로는 최근에 유명세를 타고 있는 '고리 양자중력이론 Loop Quantum Gravity, LQG'이 꼽히는데, 자세한 이야기를 하려면 너무 길어지므로 관심 가는 독자들은 리 스몰린의 『양자중력의 세 가지 길』을 읽어 보기 바란다. 좀 더 기술적인 내용을 알고 싶은 독자들에게는 카를로 로벨리Carlo Rovelli의 『양자중력이론Quantum Gravity』을 권한다.◆2 LQG는 중력을 양자화하는 과정에서 일반상대성이론의 표준 접속변수를 사용하고, 무한대를 다루는 왕도인 표준 파인만 도표 전개법과는 사뭇 다른 비-건드림 양자화방법을 이용한다.

LQG는 중력의 양자이론 구축에서 초끈이론 못지않은 성공을 거두었으나, 초끈이론과 달리 표준모형까지 설명하지는 않는다. LQG는 순전히 양자중력을 위한 이론으로서 원리적으로 다른 입자의 상호작용과 무관하다. 초끈이론이 각광을 받은 이유는 양자중력이론의 후보라는 점뿐만 아니라 모든 입자의 상호작용을 하나의 이론체계로 설명하는 통일장이론의 후보로 대두되었기 때문이다. 그러나 최근 몇 년 사이에 초끈이론의 환상이 깨지면서 LQG가 유력한 대안으로 떠오르기 시작했고, 두 분야의 학자들 사이에서 열띤 공방이 수시로 벌어지고 있다. 최근 초끈이론 논문들 사이에서는 마치 LQG학자들을 격분시키기라도 하려는 양, 글 첫머리를 '양자중력을 해결해 줄 가장 확실한 이론' 운운하는 도발적인 문구로 시작하는 일이 잦아졌다. 아직도 초끈이론은 (특히 미국에서) 이론 입자물리학의 주류로서 재정을 비롯한 모든 면에서 가장 좋은 대접을 받는다. 많은 대학의 물리학과는 초끈이론 연구팀을 운영하면서 젊은 물리학자를 적극적으로 고용하고 있지만, LQG를 전공한 젊은 물리학자를 고용하려는 대학은 극소수에 불과하다.

LQG 이외에 일반상대성이론에서 출발하여 중력의 양자화를 도모하는 분야로 '트위스터이론twister theory' 이라는 것도 있다. 이 이론은 영국 옥스퍼드 대학교의 로저 펜로즈Roger Penrose와 그의 동료들에 의해 탄생하였다. 펜로즈의 유명한 저서 『진실로 가는 길』은 입자물리학이 아닌 일반상대성이론의 관점에서 이론물리학을 집대성했으며, 후반부에는 트위스터이론의 핵심 아이디어가 소개되어 있다. 펜로즈는 "양자중력이론이 성공하려면 트위스터이론과 함께 기본 아이디어가 수정된 양자역학을 도입해야 한다"고 주장하고 있는데 그와 뜻을 같이하는 물리학자는 아직 소수에 불과하다. 트위스터이론은 4차원에 특화된 기하학 사상을 포함하고 복소기하학complex geometry과 스피너spinor의 기하학적 측면을 기초도구로 활용한다. LQG와 마찬가지로 트위스터 이론은 표준모형의 설명을 제시하지 않으며, 역시 아직은 양자중력을 완벽하게 이론화하진 못했다.

트위스터이론은 중력뿐만 아니라 다른 여러 분야에 적용 가능하며 특히 기하학적으로 의미 있는 방정식계의 정확한 해exact solution를 구하는 데 유용함이 밝혀졌다. 여기에는 도널드슨의 4차원 위상학에서 중요한 역할을 하는 양-밀스 이론의 자체이중적 방정식도 포함된다. 또한 트위스터이론은 4차원 양-밀스 양자장이론에서 특정 산란진폭scattering amplitude에 대한 새로운 공식을 제공한다(최근에 위튼은 이 산란진폭을 위상수학적 끈이론topological string theory, 시공간이 아닌 트위스터 공간에 끈이 존재한다는 가정 하에 전개된 끈이론으로 설명하려는 시도를 한 적이 있다). 이것은 산란진폭을 계산하는 흥미로운 방법임이 분명하지만, 아직은 양-밀스 양자장이론과 새로운 끈이론 사이에서 그 위치가 불분명한 상태이다.

프랑스의 수학자이자 필즈메달 수여자인 알랭 콘느Alain Conne가 주도하는 비가환 기하학non-commutative geometry도 새로운 접근법으로 떠오르고 있다. 일반적으로 대수학이란 추상적인 수학구조로서 그 요소들은 서로 더해지거나 곱해질 수 있다. 그리고 기하학과 대수학은 근본 단계에서 매우 밀접하게 연관되어 있음이 알려졌다. 이 관계를 이용하면 기하학적 공간은 특정한 대수체계에 대응되며, 이렇게 정의된 대수함수는 서로 가환적이다. 즉, 함수들을 서로 곱한 결과가 곱하는 순서에 무관하다는 뜻이다. 그런데 콘느가 창시한 비가환 기하학은 일반화된 기하학적 공간에서 비가환 대수학을 다루는 분야이다. 그는 비가환 기하학을 이용하여 표준모형을 이해하려는 시도를 하고 있는데, 자세한 내용을 알고 싶은 독자들은 콘느가 발표한 논문을 읽어보기 바란다.◆3

19장

결론

"그러나 법 없이 살려면 무엇보다도 정직해야 한다."

밥 딜런Bob Dylan의 '너무도 사랑스러운 마리Absolutely Sweet Marie' 중에서

자연계를 이루는 가장 근본적인 단위의 특성과 이들 사이의 상호작용을 이해하려는 인간의 시도는 길고도 복잡한 역사를 거쳐 지난 세기에 최고의 결실을 거두었다. 표준모형은 인간 지성이 이루어 낸 위대한 업적으로 역사에 길이 남을 것이다. 그러나 이런 눈부신 진보에도 불구하고 이론 입자물리학은 지난 4반세기 동안 자신이 거둔 성공의 희생양이 되었다. 향후 나아갈 길을 밝혀줄 실험데이터도 전혀 없이, 막다른 길을 눈앞에 두고 답보상태에 빠져있는 것이다. 과거에 물리학자들은 새로운 실험결과를 설명하기 위해 자신의 주장을 수시로 번복해 왔지만 그것은 어디까지나 진보를 위한 효율적 선택에 한해서였다. 그러나 지금의 주류 이론물리학은 실험과 완전히 격리된 채 심각한 기능장애를 보이고 있다.

입자물리학자들이 실험과 직접적으로 연결되는 견고한 물리법칙에서 벗어나 그 밖에서 살기를 원한다면, 자신이 추구하는 분야에서 가식을 버리고 솔직해져야 한다. 조만간 새로운 실험결과는 얻어질 테고 이론물리학자들이

솔직한 자세를 견지한다면 이론의 진위를 평가하는 방법 자체는 별로 중요한 문제가 아니다. 최근 다니엘 프리단은 초끈이론의 실패를 논하는 자리에서 다음과 같이 말했다.

> 과학자가 실패를 인정하는 것은 수치가 아니라 매우 중요하고 유익한 연구요소이다. 자신의 실패를 인정해야 막다른 길에서 기존의 방법을 폐기하고 실패한 계획의 일부라도 재활용할 수 있다. 실패를 인정하는 것은 과학자의 기본소양이며, 과학정신에서 가장 중요한 부분이다. 과학에서 완전한 실패는 반드시 인정되어야 한다.◆[1]

초끈이론학자들은 허황된 꿈이 더 부풀려지기 전에 실패를 인정하고 이것을 교훈 삼아 새로운 길을 모색해야 한다. 이론 입자물리학을 선도하는 학자들이 현실을 직시하지 않고 젊은 물리학자들을 계속 끌어 모으는 한, 새로운 아이디어가 뿌리를 내릴 가능성은 거의 없다. 이론물리학자들이 연구 테마를 고르는 자세가 크게 변하지 않는다면, 결국 새로운 실험결과를 기다리며 아무런 소득 없이 보내 버린 지난 20여 년의 반복이 될 뿐이다.

실험물리학자들은 테바트론의 광도 개선에 한 가닥 희망을 걸고 있었으나, 기술적 어려움에 직면하여 사실상 어려워진 상태이다. 따라서 새로운 실험결과를 처음 내놓게 될 주인공은 아마도 CERN의 LHC일 거라 여겨진다. 그러나 새로운 결과가 나오려면 적어도 2008년까지 기다려야 할 것 같다. LHC가 완공되면 약전자기 진공의 대칭 붕괴에 대하여 결론을 내릴 수 있을 것으로 기대되며, 이것으로 입자물리학은 다시 올바른 길을 찾게 될 것이다. LHC가 기대에 미치지 못한다 해도 앞으로 10년 이내에 새로운 전자-양전자 선형충돌기가 제작되어 입자물리학자들의 소망을 이루어 줄 것이다.

과학저술가인 존 호건John Horgan은 1996년 『과학의 종말The End of Science』이라는 저서를 출간하여 커다란 논쟁을 불러일으켰다.◆[2] 그는 이 책에서 "과학사를 바꿀 정도로 위대한 발견은 이미 대부분 이루어졌으며 아직 남아 있는 어려운 문제들은 앞으로도 해결될 가능성이 별로 없다. 앞으로 이루어질 발견은 기존 이론에 몇 가지 세부사항을 추가하는 정도에 지나지 않을 것이다. 그러나 과학자들은 어떻게 해서든 새로운 것을 찾아내야 하기 때문에, 점점 더 '아이러니한 과학ironic science'에 매달리게 된다"고 주장했다. 여기서 말하는 아이러니한 과학이란 다분히 사변적이고 후경험적인post-empirical 과학으로서 현대과학이 진리탐구라는 본연의 의미를 잃어버렸다는 뜻이기도 하다. 또한 호건은 최근에 발간된 책 『합리적 신비주의Rational Mysticism』에서 초끈이론을 '수학 형식을 빌어 서술된 일종의 공상과학물'로 규정했다. ◆[3] 그는 『과학의 종말』에서 아이러니한 과학의 개념을 다양한 과학분야에 적용했지만, 가장 중요시한 표적은 입자물리학이었다. 호건은 입자물리학의 미래를 다음과 같이 예측하였다.

현실성보다 진리를 더 중요하게 여기는 일부 보수 학자들은 비경험적이고 아이러니한 관점으로 초끈이론 등 마술적이고 난해한 영역을 탐사하면서, 양자역학의 진정한 의미를 파악하지 못해 초조해하고 있다. 아이러니한 물리학을 추구하는 학자들의 논쟁은 실험을 통해 결론내려질 수 없으므로, 이들은 현대어학회Modern Language Association, MLA처럼 외부 비판으로부터 완전히 자유로운 성채 안에 안주하고 있는 셈이다. ◆[4]

호건의 발언은 거의 대부분의 물리학자들에게 싸움을 거는 것처럼 들린다. 아닌 게 아니라 그는 책이 출간된 직후부터 물리학자들과 자신의 고용주인 『사이언티픽 아메리칸Scientific American』지 측으로부터 혹독한 비난을 들었는데, 그 이유 중 하나는 현대어학회MLA와 초끈이론학회 사이에 큰 차이가 없다는 그의 말이 대다수 물리학자들의 아픈 곳을 찔렀기 때문이었다. *[1] 그러나 호긴의 예측은 정확했다. 그의 책이 출간된 다음해인 1997년에 암스테르담에서 '끈이론 1997String 1997' 이라는 제목 하에 제1회 초끈이론 연례 국제학회가 개최되었으며, 그 후로 학회 참가자수가 꾸준하게 증가해 오다가 케임브리지 대학교에서 개최된 '끈이론 2002' 학회는 445명, 교토에서 열린 '끈이론 2003' 학회에는 392명, 파리에서 열린 '끈이론 2004' 학회는 477명, 그리고 토론토에서 열린 '끈이론 2005' 학회에는 440명이 참가하는 등 정체 상태를 보이고 있다. 현대어학회와는 달리 끈이론학회는 교수 채용기간인 겨울이 아니라 한여름에 열렸기 때문에 학회가 열리는 현장에서 구직 인터뷰가 성행하는 진풍경은 연출되지 않았다. 그러나 발표자들 중 어느 누구도 실험으로 검증 가능한 내용을 언급하지 않았다는 점만은 현대어학회와 다를 것이 없었다.

내가 보기에 호건이 이론 입자물리학의 현주소를 정확하게 짚은 것은 사실이지만, 이 분야의 먼 미래까지 언급하며 혹평을 가한 것은 다소 지나친 참견이었다고 생각한다. 가장 중요한 현안이라 할 수 있는 약전자기 대칭 붕괴는 LHC가 완공되어야 본격적인 검증에 들어갈 수 있기 때문이다. 만일 LHC가 이 문제를 해결하지 못한다 해도, 그 후에 개발될 차세대 입자가속기가 결국은 궁금증을 풀어 줄 것이다. 현재 뉴트리노 질량과 섞임각mixing angle을 측정하는 다양한 실험들이 진행되고 있으며 표준모형을 뛰어넘는 중요한 진보가 향후 몇 년 이내에 이루어질 것으로 기대된다.

나는 호건이 미처 지적하지 않은 수학계의 현재 상황에 대해서도 매우 익숙한 편이다. 수학은 실험에 의존하지 않고 물리계에 대하여 어떤 예측을 내놓을 필요도 없지만, 그래도 엄연한 과학이다. 수학은 20세기에 괄목할 만한 진보를 이루었음에도 불구하고 아직 많은 문제들이 해결되지 않은 채 남

---

*[1]현대어학회는 언어와 관련된 거의 모든 주제를 다루는 세계적인 규모의 언어학회로서, 이 학회의 규정은 전 세계에서 발행되는 학술논문에 그대로 적용된다.

아 있다. 그러나 수학의 발전은 정체되지 않고 앞으로 더욱 빠르게 진행될 것이다. 수학은 지난 세기를 거치면서 매우 어렵고 복잡해졌으므로 물리학처럼 '자신의 성공에 대한 희생양'이 되었다고 볼 수 있지만, 인간지성의 한계에 도달하려면 아직 멀었다.

관심 있는 독자들에겐 주지의 사실이겠지만, 수학의 최고 난제로 군림해 오던 두 가지 문제가 지난 10년 사이에 해결되었다. 17세기에 탄생하여 근 300여 년 동안 수학자들을 괴롭혀 왔던 페르마의 마지막 정리Fermat's Last Theorem*[1]가 1994년에 앤드루 와일즈Andrew Wiles에 의해 증명되었으며, 2003년 그리고리 페렐만Grigori Perelman은 근 100년 동안 위상수학의 난제로 남아 있던 푸앵카레 추측Poincare conjecture을 증명했다. 와일즈와 페렐만은 목적을 달성하기 위해 7년이 넘는 세월 동안 혼자서 고군분투했고, 자신의 증명 속에 현대수학의 모든 내용을 망라했다는 공통점을 갖고 있다.

수학의 역사를 돌이켜 볼 때 새로운 수학을 창출하는 보물창고는 정수론과 이론물리학이었다. 이들은 기존의 수학으로 설명할 수 없는 수수께끼를 꾸준히 만들어 냈으므로, 어떤 면에서 보면 '수학의 실험데이터'와 같은 존재라 할 수 있다. 앞서 말한 대로 양자장이론은 지난 20년 동안 수학에 긍정적인 영향을 미쳐 왔고, 이런 추세는 한동안 계속될 것이다. 앞으로 수학은 이론물리학자들을 위한 '문제해결용 도구'로 되돌아올 수도 있지만, 사실 수학이 이론물리학에 기여하는 길은 이것뿐만이 아니다.

수학자들은 호건이 말했던 '아이러니한 과학(사변적이고 후경험적인 과

---

*[1] 'n이 자연수이면서 n>2일때, $x^n+y^n=z^n$ 을 만족시키는 양의 정수 x, y, z는 존재하지 않는다'를 증명하는 문제. 3세기 반이 넘도록 미제로 남아 있다가 1994년 앤드루 와일즈에 의해 증명되었다. 타원 방정식과 모듈 형태 사이에 긴밀한 관계가 있다는 타니야마 - 시무라 추측과 타니야마 - 시무라 추측이 증명되면 페르마의 마지막 정리도 증명된다는 리벳, 프레이 등의 발견이 증명에서 결정적 역할을 했다. 흥미 있는 독자들에게는 『페르마의 마지막 정리』(영림 카디널 펴냄)을 추천한다.

학)'을 실로 오랜 세월 동안 다뤄 온 사람들이다. 그들은 이미 오래 전에 "무엇이 되었건 어떤 결론에 도달하려면 기본 아이디어 체계가 명확해야 하고, 그 의미를 분명하게 이해해야 한다"는 사실을 경험적으로 알고 있었다. 그런데 현대 수학자들은 이 기준을 너무 높이 끌어올려서 거의 숭배의 지경까지 몰고 가는 바람에 종종 비난의 대상이 되었다. 뿐만 아니라 논문을 쓸 때 중요한 내용을 지나칠 정도로 모호하게 서술하거나, 다른 사람의 업적을 모호하고 불분명하게 요약하여 거의 읽을 수 없는 지경으로 만들어 놓곤 한다.

위튼의 업적에서 출발한 새로운 수학 아이디어가 학계에 한창 유행하던 1993년에 아서 제프Arthur Jaffe와 프랑크 퀸Frank Quinn은 『미국 수학회 회보Bulletin of the American Mathematical Society』에 경고성 글을 발표했다.◆5 이들은 '사변적인 수학'이 학계를 점령해 가는 현실을 걱정하면서, 엄밀하게 증명된 것과 증명되지 않은 것의 구별이 모호한 상황에서 빠지기 쉬운 위험을 지적했다. 커다란 논쟁을 불러일으킨 이 글에 대하여 마이클 아티야는 다음과 같이 논평했다.

그러나 수학이 스스로 활력을 되찾고 흥미로운 분야를 개척하려면, 첫눈에 의심스러워 보이는 새로운 개념들을 적극적으로 수용해야 한다. 수학사를 빛낸 놀라운 개념들은 종종 이와 같은 과정을 거쳤다. 지금 우리는 증명에 대하여 수준 높고 절제된 표준을 요구하고 있지만, 개념이 갓 탄생한 초창기에는 해적들의 연회장처럼 무절제하고 소란스러운 분위기가 조성되는 것이 바람직하다…….

요즘은 이론물리학과 기하학이 수학을 선도하고 있으며, 그 결과 두 분야의 교류도 매우 활발하게 진행되고 있다. 그런데 제프와 퀸은 굳이 위험한 요소만 부각시키면서 기하학자들이 물리학을 모르기 때문에 길을 잃을 것이라고 주장하고 있다. 아마도 대부분의 기하학자들은 제프와 퀸이 오만하다고 생각할 것이다. 나는 우리가 수학의 장점과 고유의 가치를 보호할 능력이 있다고 믿는다.◆6

수학자들에게는 수학의 핵심 미덕인 '엄밀하고 정확한 사고'를 수호하는 것이 가장 중요하지만, 경우에 따라서는 다소 모호한 사고를 통해 결론에 도달할 수도 있다. 전통적으로 물리학자들은 수학의 엄밀한 사고에 별다른 관심을 두지 않았다. 과거에는 실험데이터가 물리학자들의 솔직함을 지켜 주었으므로, 굳이 수학자처럼 엄밀한 사고를 펼칠 이유가 없었다. 그러나 오늘날의 물리학자들은 수학에서 많은 것을 배우고 있다. 진정한 과학이 되려면 사변적 사고보다 현실을 예측하는 능력이 더욱 중요하게 취급되어야 한다. 또한 무엇이 이해되었으며 무엇이 미지로 남아 있는지, 앞으로 나아갈 길에 어떤 장애가 도사리고 있는지를 정확하게 판단하기 위해 모든 노력을 기울여야 한다.

수학 문헌들은 대부분 읽기 어렵거나 따분하다는 혹평을 자주 듣는다. 하지만 수학 학술지는 (물리학 학술지 편집자가 게재를 허락한 다섯 편의 보다노프 논문 정도로) 어떤 뜬구름 잡는 이야기일지라도 잘 실어 주는 편이다. 보다노프 사건은 이론물리학의 사변적 속성이 심각하게 변질되었음을 보여주는 사례이다. 지나치게 사색적으로 흐르다 보면 그 분야를 연구하는 사람들조차도 이해를 포기한 비논리적인 주장이 분위기를 타고 무임승차하기 쉽다. 이것은 학문의 가치를 심각하게 위협하는 불건전한 요소이므로 단호하게 잘라 내야 한다. 이런 분위기가 계속된다면 실험 증거보다 사변적 아이디어가 판을 치는 세상이 될 것이다.

이론 입자물리학계가 초끈이론의 가치를 솔직하고 냉정하게 판단한다면 끈이론학자들에게 상을 주고 실패한 아이디어를 권장하는 풍조는 자연스럽게 사라질 것이다. 그리고 학자들의 고용주와 재정지원 결정권자들도 새로운 연구 테마를 찾지 않고 실패한 아이디어에 집착하는 학자들에게 더 이상 관심을 갖지 않게 될 것이다. 그러나 이론 입자물리학계가 솔직한 판단을 계속 미룬다면 타 분야 물리학을 연구하는 학자들과 미 에너지국DOE, 미 과학재단NSF등이 직접 나서야 한다. 이론 입자물리학의 연구방향은 소수의 정부 관리와 재정을 지원하는 위원회의 결정에 따라 달라진다. 이들이 마음먹고 힘을 발휘하면 이론물리학계에 커다란 변화를 일으킬 수 있을 것이다.

이와 동시에 이론 입자물리학계는 지금의 상황이 왜 초래되었으며, 이 상황을 타개하려면 무엇을 어떻게 해야 하는지 스스로 자문하고 해답을 찾아야 한다. 아마도 이 과정에서 연구팀의 조직에 약간의 구조조정이 요구될 것이다. 포스트닥이 새로운 아이디어를 창출할 수 있도록 근무연한을 늘이고, 구직난을 해결하기 위해 대학원생 수를 제한하는 것도 하나의 방편이 될 수 있다.

호건의 『과학의 종말』이 발표되기 몇 해 전인 1993년, 물리학자 데이비드 린들리David Lindley는 『물리학의 종말: 통일장이론의 신화The End of Physics: The Myth of Unified Theory』라는 저서를 통해 "물리학은 통일장이론을 찾으면서 과학이 아닌 신화로 변질될 우려가 있다"고 경고했다.◆[7] 당시 린들리를 비롯한 많은 물리학자들은 초끈이론에 대한 평가가 주로 미학적 관점에서 이루어진다고 느꼈다. 이들은 초끈이론의 체계가 아름답고 우아한 것은 사실이지만, 바로 이러한 믿음 때문에 초끈이론학자들이 아무런 실험 증거도 없이 수학적 아름다움에 의존하게 된다고 주장했다. 현실적인 물리량을 전혀 예견하지 못하는 이유를 규명할 생각은 않고 수학적 미학만 강조하는 것은 분명히 잘못된 시각이다.

초끈이론이 아름답고 우아하게 보이는 이유는 학자들의 꿈과 희망이 이론을 앞서가기 때문이다. 그러나 해가 거듭될수록 이들의 꿈이 이루어질 가능성은 점점 희박해지고 있다. 초끈이론학자들은 아름다운 물리적 아이디어나 기본 대칭원리에서 유도된 간단한 방정식 하나가 우주의 복잡한 구조를 일거에 설명해 줄 것으로 기대하고 있으나, 지난 20년 동안 총력을 기울였음에도 불구하고 그런 환상적인 방정식은 발견되지 않았다. 이것이 바로 초끈이론의 현실이다. 물론 물리학의 역사를 돌아볼 때 성공적인 이론들이 아름답고 우아했던 것은 사실이다. 그러나 이것은 성공한 이론들의 공통적인 특징일 뿐 성공을 보장하는 필요조건이 아니다. 이론이 제아무리 아름답다고 해도 꿈과 현실은 엄연히 구별되어야 한다. 사실 현재의 초끈이론이 예견하는 우주는 전혀 아름답지도, 우아하지도 않다. 10차원, 또는 11차원 공간을 배경으로 하는 이론은 체계가 너무 복잡하여 글로 표현하기도 벅차다. 6차원 또는 7차원 공간이 눈에 보이지 않을 정도로 작은 영역 속에 감춰져 있는 것이 사실이라면, 우리 우주는 지나치게 복잡하고 보기 흉한 세계일 것이다.

2003년 9월에 하버드 대학교에서 '수학의 화합The Unity of Mathematics'이라는 주제로 학술회의가 개최되었는데 이 자리에서 아티야는 '기하학과 물리학의 상호 교류'라는 제목으로 연설을 했다. 몇 년 동안 위튼과 함께 M-이론을 연구해 오면서 위튼과 끈이론의 열렬한 추종자가 된 아티야는 끈이론보다 뛰어난 이론의 출현을 기대하고 있었다.

복잡한 수학에 기초한 끈이론이 논리적으로 타당한 통일이론에 도달한다면, 과연 이것이 현실세계를 서술한다고 믿을 수 있을까? 자연의 법칙들이 끈이론의 복잡한 대수학으로 표현된다는 것을 과연 믿어야 할까? 자연의 법칙은 너무도 심오하고 미묘한데, 우리가 사용할 수 있는 도구라는 것이 수학밖에 없어서 지금과 같은 상황이 연출된 것인가? 아마도 우리는 자연의 궁극적인 단순함을 설명하는 적절한 언어를 아직 개발하지 못한 것 같다.

아티야는 20세기 후반의 가장 뛰어난 수학자이며, 20세기 전반에 세계적인 명성을 떨쳤던 헤르만 바일로부터 커다란 영향을 받았다. 이들의 연구분야는 겹치는 부분이 거의 없지만 아티야는 기자와의 인터뷰에서 다음과 같이 말했다.

내가 가장 존경하는 수학자는 단연 헤르만 바일입니다. 지금까지 내가 수행했던 모든 연구는 바일이 먼저 족적을 남긴 분야들이었지요…….

나는 지난 여러 해 동안 다양한 연구주제를 다뤄 왔는데, 그 저변에는 항상 헤르만 바일이라는 위대한 수학자가 자리 잡고 있었습니다. 나의 중력중심이 그와 같은 위치에 있다고 느낄 정도로요. 힐베르트도 위대한 수학자였지만, 수학 성향이 조금 대수학 쪽으로 편향되어 있어서 기하학에 관한 한 바일만큼 뛰어난 직관을 발휘하지 못했습니다. 폰 노이만Von Neumann도 해석학과 응용수학의 천재이나 그보다는 한 수 아래라고 봅니다. 바일은 내가 아는 사람들 중 가장 위대한 수학자였습니다.◆8

이 책의 주제에 맞추려 끈이론이 실패한 이론이며 과대포장된 이론임을 주장하다 보니, 전반적으로 부정적인 책이 되고 말았다. 그러나 각 세대의 물리학자들이 양자역학으로부터 새로운 실마리를 풀어 나갔다는 것은 매우 긍정적이고 고무적인 사실이며 우리가 반드시 명심해야 할 중요한 교훈이기도 하다. 양자역학이 남긴 교훈은 수학적 군 표현론으로 서술되는 대칭원리에 잘 나타나 있다. 이 분야를 연구하다보면 양자역학의 신비한 특성이 모두 사라지면서 매우 자연스러운 역학체계라는 느낌을 갖게 된다. 초끈이론이 갖고 있는 문제의 근원은 이론 자체가 대칭원리에 기초를 두지 않으면서 군표현론으로 서술되지 않는다는 데 있다. 이 점을 개선하지 않는 한, 초끈이론은 어떤 결론에도 이르지 못할 것이다.

바일은 말년에 예술과 미학의 관점에서 수학을 설명한 『대칭Symmetry』이라는 책을 집필하였다.◆9 그는 이 책에서 거울대칭을 예로 들어가며 대칭성이 고전적 미학의 핵심개념임을 강조했다. 바일의 관점에서 볼 때, 대칭성을 이용하여 군을 표현하는 것은 수학의 우아함과 아름다움을 상징하는 데 부족함이 없었다. 이러한 관점에서 표준모형보다 아름다운 물리학이론을 찾는다면 다음 두 가지 작업 중 하나를 완수해야 한다. 즉, 기존의 대칭군을 뛰어넘는 새로운 대칭군을 찾거나, 수학적 표현론을 더욱 다양하게 활용하는 방법을 찾아 물리학적 이해를 도모해야 한다.

표준모형의 뛰어난 점 중 하나는 게이지 대칭군의 중요성이 충분히 고려되어 있다는 점이다. 그런데 이상하게도 4차원 시공간에서 이 무한차원군의 표현은 전혀 알려져 있지 않다. 물리학자들이 이 점을 대수롭지 않게 생각하는 이유는 게이지변환에 대하여 불변인 양만을 중요하게 생각하기 때문이다. 다시 말해서 물리학자에게 필요한 것은 자명한 표현trivial representation뿐이다. 그러나 이런 식의 생각은 양자장이론에서 진공을 대수롭지 않게 여기는 것만큼 잘못된 생각이다. 상대성이론에서도 이와 비슷한 상황이 벌어지고 있다. 일반상대성이론의 기본원리는 일반 좌표 변환 하의 불변성(미분동형사상diffeomorphism)인데, 이 변환에 대응되는 군의 표현은 거의 알려진 바가 없다. 미분동형사상군의 표현론을 좀 더 깊이 이해할 수 있다면 양자중력의 비밀도 풀릴 것으로 기대된다.

표현론을 이용하여 표준모형을 넘어서는 이론을 구축한다는 것은 물론 잘못된 생각이다. 그러나 우주의 근본 요소들을 더욱 깊이 이해하려면 초대칭이나 초끈이론 등 지난 20여 년 동안 이론물리학의 주류로 굳어져 온 이데올로기에서 벗어나야 한다. 일단 이것이 선행되면 양자장이론과 수학 사이의 풍부한 상호관계가 눈에 보이기 시작할 것이다. 양자장이론은 초대칭과 초끈이론이 갓 태어났을 때부터 이미 혁명적인 진보를 이루었다.

옮긴이 후기

초끈이론이 이론물리학의 전반에 처음으로 등장했을 때(1984년), 학계는 참으로 '난감한' 홍역을 치렀다. 기존의 양자장이론과 표준모형에 통달한 노학자들이 초끈이론과 수학으로 중무장한 젊은 학자들을 따라갈 수 없었던 것이다. 게다가 그 젊은 학자들은 입만 열면 "양자중력이론을 구현할 수 있는 이론은 초끈이론 뿐이다!"라고 외쳤으니, 자신이 풀 수 없는 문제를 풀겠다고 덤비는 신세대를 마냥 무시할 수도 없었다. 그리하여 이론물리학계는 젊은 학자들로 대거 교체되었고, 부정적인 의견을 가진 학자들은 대세에 밀려 뒷방늙은이 취급을 받았다. 과거에도 양자역학이라는 새로운 이론이 탄생하면서 아인슈타인을 비롯한 노학자들이 뒷전으로 밀려난 사례가 있긴 했지만, 초끈이론이 불러온 변화의 바람은 양자역학과 비교도 되지 않을 만큼 빠르게 진행되었고, 초반에 너무 진을 뺀 때문인지 10년도 못 가서 탈진 상태에 빠지고 말았다. 그러던 중 1995년 3월에 초끈이론의 선두주자인 에드워드 위튼Edward Witten이 이중성duality이라는 개념을 이용하여 5종류나 되는 초끈이론을 하나로 통합한 M-이론을 발표하면서, 거의 가사상태에 빠진 초끈이론을 기적처럼 살려냈다. 그후 수많은 물리학자들이 M-이론을 집중 공략하면서 여러 가지 사실이 새롭게 밝혀졌으나, 이론의 정체는 아직도 미지로 남아 있다. 무엇보다 난감한 것은, 초끈이론이 실험적으로 검증 가능한 물리량을 아직 단 하나도 계산하지 못했다는 점이다.

이 책의 저자인 피터 보이트Peter Woit는 하버드대학에서 물리학을 전공하고 초끈이론이 이론물리학계를 휩쓸기 시작했던 1984년에 프린스턴대학에서 이론물리학으로 박사학위를 받았으나, 기존의 양자장이론과 판이하게 다른 초끈이론에 회의를 느끼고 수학자로 변신한 사람이다. 따라서 그는 이론 자체에 대한 애정도 별로 없을 것이고, 초끈이론학자들처럼 이론이 잘 풀리기를 간절하게 바라는 마음도 없을 것이다. 이런 사람이 초끈이론에 반론을 제기한다는 것은 초끈이론학자들에게 다소 불경스럽게 보일 수도 있다. 그러나 어쩌겠는가? 초끈이론에 인생을 건 학자가 이런 책을 쓸 수는 없지 않은가? 이론물리학의 중앙무대에 진출한지 근 25년이 지나도록 '검증 가능한 계산결과'를 단 하나도 내놓지 못했으면서 아직도 명맥을 유지하고 있는 이 독특한 이론을 객관적인 관점에서 조명하려면 외부인의 눈이 더 정확할 것이다. 아니, 정확하지는 않더라도 아킬레스건을 슬며시 덮고 넘어가는 식의 변명은 하지 않을 것이다. 책을 읽다 보면 가끔씩 초끈이론에 대한 저자의 반감이 느껴지는 부분도 있지만, 어차피 이 책은 초끈이론을 옹호하기 위해 쓰여진 책이 아니므로 큰 문제가 되지는 않으리라 본다. 자신이 감명 깊게 봤던 영화를 어떤 비평가가 혹평을 가했다고 해서 영화의 가치가 손상되지 않듯이, 이 책도 초끈이론의 또 다른 측면을 조명한다는 점에서 나름대로 의미를 갖는다.

이 책을 번역한 나 자신도 저자와 비슷한 길을 걸었다. 나는 초끈이론이 한국에 알려지기 시작할 무렵인 1986년에 박사과정에 진학하여, 당시 이 분야의 국내 선두주자로 인정받던 지도교수 밑에서 자의 반 타의 반으로 초끈이론을 공부하기 시작했다. 그러나 이론물리학에 대한 지식이 너무도 부족하여 외국으로부터 쏟아져 들어오는 관련논문을 읽는 것만도 커다란 부담이었고, 어떻게든 결과물을 내놓아야 한다는 강박관념에 사로잡혀 근 5년 동안 사상누각을 쌓다가 떠밀려 나듯이 학위를 받고 학교를 졸업했다. 그 후로는 초끈이론과 관련된 논문을 단 한 편도 발표한 적이 없으니, 나 자신도 초끈이론의 이방인인 셈이다. 그래서인지 책을 번역하면서 평소 마음속에 담아 두었던 생각을 저자가 나 대신 후련하게 대변해주는 것 같아 간간이 후련한 마음까지 들었다. 물론 (저자도 같은 생각이겠지만)나는 초끈이론이 실패하기를 바라지 않는다. 초창기의 장밋빛 전망이 많이 퇴색되면서 추진력을 크게 상실하긴 했지만 아직은 그에 필적할 만한 대안이 마땅치 않은 것도 사실이다. 행여 초끈이론이 틀린 이론으로 판명되어 물리학의 무대에서 사라진다 해도, 그 기본적인 아이디어만은 물리학사에 영원히 남아 후대 물리학자들의 상상력을 자극할 것이다. 이론 자체가 실패로 끝난다 해도, 뉴턴이 말했던 '거인의 어깨' 의 역할은 할 수 있을 거라는 이야기다.

이 책의 진정한 목적은 초끈이론을 비방하는 것이 아니라, 그 현주소를 냉철하게 돌아보고 최선의 해결책을 모색하는 것이다(이론 자체가 완벽했다면 이런 책은 나오지도 않았을 것이다). 초끈이론을 낱낱이 해부하다 보면 부정적인 면이 드러날 수도 있고, 개중에는 저자의 지식이 부족하여 오해한 부분도 있을 것이다. 그러나 내가 보기에 저자는 가능한 한 중립적인 입장에서 초끈이론을 조명하기 위해 나름대로 최선을 다한 것 같다. 그런 입장을 고수하지 않으면 설득력이 크게 떨어지기 때문이다. 긍정적인 관점에서 초끈이론을 설명하는 교양과학서는 이미 여러 종 출간되었으니, 다른 관점에서 바라본 책도 한 권쯤 있어야 구색이 맞을 것 같다. 이는 초끈이론에 주어진 사명이 그만큼 막중하다는 뜻이기도 하다.

피터 보이트는 이 책을 집필하면서 '도마' 의 역할을 자청했다. 예수의 제자들 중에서 가장 의심이 많았다는 도마, 그러나 세간에 떠도는 그의 복음서에는 기존의 성경과 동일한 내용이 전혀 다른 관점으로 서술되어 있다. 종교계에서는 이런 책을 '외경' 이라 부르며 금기시 하고 있지만, 물리학의 진실은 '신념' 이 아닌 '사실' 로 좌우된다. 아무리 많은 학자들이 하나의 이론을 떠받들고, 도마 같은 학자 한 사람이 아무리 급진적인 발언을 한다 해도, 최종적인 판단은 자연이 내려줄 것이다. 자신이 수용한 과학이론을 누군가가 반대한다고 해서 분개할 이유도 없고, "판단은 독자들에게 맡긴다"는 회피성 사족도 필요 없다. 개인적인 신념에 딴지를 거는 사람은 경우에 따라 적이 될 수도 있지만, 자명한 fact에 딴지를 거는 사람은 그저 '무지한' 사람일 뿐이기 때문이다.

끝으로, 평소 물리학에 각별한 사랑을 갖고 있으면서 독자들의 편식을 우려하여 이런 책에까지 관심을 가져 주신 도서출판 승산의 황승기 사장님께 깊은 감사를 드린다.

2008년 9월
옮긴이 박병철

후주

◘ 후주 내에서 출처가 arxiv인 문헌은 코넬 대학교에서 운영하는 자연과학분야 공개논문 사이트 http://www.arxiv.org에 게재되었다는 뜻이며, 직접 검색 가능합니다.

입문

1. Heisenberg W. *Across the Frontiers*. Harper and Row, 1974.
2. Peierls R. *Biographical Memoirs of Fellows of the Royal Society*, Volume 5, February 1960, page 186.
3. Ginsparg P. and Glashow S. Desperately Seeking Superstrings. *Physics Today*, May 1986, page 7.
4. Weyl H. *Gruppentheorie und Quantenmechanik*. S. Hirzel, Leipzig, 1928

1장 새 천년을 맞이한 입자물리학

1. Einstein A. Autobiographical Notes, in *Albret Einstein: Philosopher-Scientist*, Schilpp P., ed. Open Court Publishing, 1969, page 63.
2. Susskind L. http://www.edge.org/3rd_culture/susskind03/susskind_index.html
3. Susskind L. *The Cosmic Landscape: String Theory and the Illusion of Intelligent Design*. Little, Brown and Company, 2005.
4. Gross D. 11 Oct. 2003. http://www.phys.cwru.edu/events/cerca_video_archive.php

2장 생산도구

1. Marx K. *The Communist Manifesto*, 1848.
2. Lawrence and the Cyclotron, an online exhibit, Center for History of Physics, http://www.aip.org/history/lawrence
3. Cramer J. The Decline and Fall of the SSC. *Analog Science Fiction and Fact Magazine*, May 1987.
4. Wouk H. *A Hole in Texas*. Little, Brown ,2004.
5. Close F., Sutton S. and Marten M. *The Particle Explosion*. Oxford University Press, 1990.
6. Weinberg S. *Discovery of Subatomic Particles*. W. H. Freeman, 1983.
7. Galison P. *Image and Logic*. University of Chicago Press, 1997.
8. Traweek S. *Beamtimes and Lifetimes: The World of High Energy Physicists*. Harvard University Press, 1990.

3장 양자이론

1. Crease R. and Mann, C. *The Second Creation*, Macmillan, 1986, page 52.
2. Dirac P.A.M. *Wisconsin State Journal*, 31 April 1929. Quoted in [4.5], pages 19-20.
3. Moore W. *A Life of Erwin Schrödinger*. Cambridge University Press, 1994, page 111.
4. Schrödinger E. Quantisierung als Eigenwert Problem: Erste Mitteilung, *Annalen der Physik* 79(1926) 361.
5. Moore W. *A Life of Erwin Schrödinger*. Cambridge University Press, 1994, page 138.
6. 같은 책, page 128.

7 Weyl H. Emmy Noether, *Scripta Mathematica* 3 (1935) 201-20.

8 Wigner E. *The Recollections of Eugene P. Wigner*. Plenum, 1992, page 118.

9 Yang C.N. Hermann Weyl' s Contributions in Physics, in Chandrasekharan K., ed. *Hermann Weyl: 1885-1985*. Springer-Verlag, 1986.

10 Dirac P.A.M. *The Principles of Quantum Mechanics*. Oxford University Press,1958.

11 Hey T. and Walters P. *The New Quantum Universe*. Cambridge University Press, 2003

12 Guillemin V. *The Story of Quantum Mechanics*. Charles Scribner' s Sons, 1968.

13 Mehra J. and Rechenberg H. *The Historical Development of Quantum Theory* (six volumes). Springer-Verlag, 1982-2001.

14 Zee A. *Fearful Symmetry*. Macmillan, 1986.

15 Wilczek F. and Devine B. *Longing for the Harmonies*. W.W. Norton, 1989.

16 Livio M. *The Equation that Couldn' t be Solved*. Simon and Schuster, 2005.

17 Wigner E. *Symmetries and Reflections*. The MIT Press, 1970.

18 Weyl. H. *Symmetry*. Princeton University Press, 1952.

19 Hall B. *Lie groups, Lie Algebras and Representations*. Springer-Verlag, 2003

20 Simon B. *Representations of Finite and Compact Groups*. American Mathematical Society, 1996.

21 Rossman W. *Lie Groups*. Oxford University Press, 2002.

22 Hawkins T. *Emergence of the Theory of Lie Groups*. Springer-Verlag, 2000.

23 Penrose R. *The Road to Reality: A Complete Guide to the Laws Of the Universe*. Jonathan Cape, 2004.

4장 양자장이론

1 Watson A. *The Quantum Quark*. Cambridge University Press, 2004, page 325.

2 Lautrup B. and Zinkernagel H. *Studies in History and Philosophy of Modern Physics* 30 (1999) 85-119.

3 Kinoshita T. New Value of the α^3 Electron Anomalous Magnetic Moment, *Phys. Rev. Lett.* 75 (1995) 4728-31.

4 Jost R. quoted in: Streater R. and Wightman A. *PCT, Spin and Statistics, and All That*. Benjamin, 1964. page 31.

5 Schweber S. *QED and the Men Who Made It*. Princeton University Press, 1994.

6 Bjorken J. and Drell S. *Relativistic Quantum Mechanics*. McGraw-Hill, 1964.

7 Bjorken J. and Drell S. *Relativistic Quantum Fields*. McGraw-Hill, 1965.

8 Itzykson C. and Zuber J-B. *Quantum Field Theory*. McGraw-Hill, 1980.

9 Ramond P. Field Theory: *A Modern Primer*. Benjamin/Cummings, 1981.

10 Peskin M. and Schroeder D. *An Introduction to Quantum Field Theory*. Westview Press, 1995.

11 Zee A. *Quantum Field Theory in a Nutshell*. Princeton University Press, 2003.

12 Feynman R. *QED: The Strange Theory of Light and Matter*. Princeton University Press, 1986.

13 Cao T.Y., ed. *Conceptual Foundations of Quantum Field Theory*. Cambridge University Press, 1999.

14 Teller P. *An Interpretive Introduction to Quantum Field Theory*. Princeton University Press, 1995.

15 Weinberg S. *Quantum Theory of Fields, I, II, and III*. Cambridge University

Press, 1995, 1996, 2000.

5장 게이지대칭과 게이지이론

1 Weyl H. Gravitation and Electricity, *Sitzungsber. Preuss. Akad. Berlin* (1918) 465.

2 Weyl H. *Space-Time-Matter*. Dover, 1952

3 Raman V. and Forman P. *Hist. Studies Phys. Sci.* 1 (1969) 291.

4 Translation from Yang C.N. Square root of minus one, complex phases and Erwin Schrödinger, in Kilmister C.W., ed. *Schrödinger: Centenary celebration of a polymath*. Cambridge University Press, 1987.

5 Weyl H. *Zeit. f. Phys.* 56 (1929) 330.

6 Bott R. On Some Recent Interactions between Mathematics and Physics, *Canad. Math. Bull.* 28 (1985) 129-64.

7 O' Raifeartaigh L. *The Dawning of Gauge Theory*. Princeton University Press, 1997.

6장 표준모형

1 Riordan M. *The Hunting of the Quark*. Simon and Schuster, 1987.

2 Johnson G. *Strange Beauty: Murray Gell-Mann and the Revolution in 20th-Century Physics*. Vintage, 2000.

3 Georgi H. *Lie Algebras in Particle Physics*. Benjamin/Cummings, 1982, page 155.

4 같은 책, page xxi

5 Gross D. *Physics Today*, Dec. 2004, page 22.

6 Crease R. and Mann, C. *The Second Creation*, Macmillan, 1986.

7 Brown L.M., Dresden M. and Hoddeson L. *Pions to Quarks: Particle Physics in the 1950s: Based on a Fermilab Symposium.* Cambridge University Press, 1989.

8 Hoddeson L., Brown L.M., Riordan M., and Dresden M. *The Rise of the Standard Model: Particle Physics in the 1960s and 1970s.* Cambridge University Press, 1997.

9 Weinberg S. *The Making of the Standard Model*, in [6.9], page 99.

10 't Hooft G. *50 Years of Yang-Mills Theory.* World Scientific, 2005.

7장 표준모형의 쾌거

1 Taubes G. *Nobel Dreams: Power, Deceit, and the Ultimate Experiment.* Random House, 1987.

2 't Hooft G. *In Search of the Ultimate Building Blocks.* Cambridge University Press, 1996.

3 Veltman M. *Facts and Mysteries in Elementary Particle Physics.* World Scientific, 2003.

4 Gross D., Politzer D. and Wilczek F. http://www.nobelprize.org/physics/laureates/2004

9장 표준모형을 넘어서

1 Kane G. *Supersymmetry: Unveiling the Ultimate Laws of Nature.* Perseus, 2000.

2 Hawking S. Is the End in Sight for Theoretical Physics? *in Black Holes and Baby Universe and Other Essays.* Bantam, 1994.

10장 양자장이론과 수학에 대한 새로운 통찰

1 Callan, Curtis, Jr. Princeton , 27 Feb. 2003.

2 Atiyah M. *Michael Atiyah Collected Works,* Volume 5: *Gauge Theories.* Oxford University Press, 1988.

3 Witten E. Michael Atiyah and the Physics/Geometry Interface, *Asian J. Math.* 3 (1999) lxi-lxiv.

4 Bott R. Morse Theory Indomitable, *Publ. Math.* IHES 68 (1988).

5 Atiyah M. New Invariants of 3 and 4 Dimensional Manifolds, in *The Mathematical Heritage of Hermann Weyl.* AMS, 1989.

6 Jaffe A. The Role Of Rigorous Proof in Modern Mathematical Thinking, in *New Trends in the History and Philosophy of Mathematics,* Kjeldsen T.H., Pedersen S.A., Sonne-Handsen I.M., eds. Odense University Press, 2004, pages 105-116.

7 Atiyah M. *Geometry of Yang-Mills Fields.* Scuola Normale Superiore, Pisa, 1979.

8 Coleman S. *Aspects of symmetry: Selected Erice Lectures.* Cambridge University Press, 1985.

9 Rothe H. *Lattice Gauge Theories: an Introduction.* World Scientific, 1997.

10 Treiman S., Jackiw R., Zumino B. and Witten E. *Current Algebra and Anomalies.* Princeton University Press, 1985.

11 Atiyah M. Anomalies and Index Theory, in *Lecture Notes in Physics* 208. Springer-Verlag 1984.

12 Atiyah M. Topological Aspect of Anomalies, in *Symposium on Anomalies, Geometry and Topology.* World Scientific, 1984.

13 Deligene P. et al. *Quantum Fields and Strings: A Course for Mathematicians* (two volumes). AMS, 1999.

14 Hori K. et al. *Mirror Symmetry.* AMS, 2003.

11장 끈이론: 역사

1 Greene B. *The Elegant Universe.* W.W. Norton, 1999.

2 Greene B. *The Fabric of the Cosmos.* Knopf, 2004.

3 Kaku M. *Hyperspace.* Anchor, 1995.

4 Kaku M. *Beyond Einstein, the Cosmic Quest for the Theory of the Universe.* Anchor, 1995.

5 Kaku M. *Parallel Worlds.* Doubleday, 2004.

6 Pauli W. Difficulties of Field Theories and of Field Quantization, in *Report of an International Conference on Fundamental Particle and Low Temperatures.* The Physical Society, 1947.

7 Chew G. *The Analytic S Matrix: A Basis for Nuclear Democracy.* Benjamin, 1996, page 95.

8 Gross D. Asymptotic Freedom, Confinement and QCD, *in History of Original Ideas and Basic Discoveries in Particle Physics,* Newman H. and Ypsilantis T., eds. Plenum Press, 1996.

9 Pickering A. From Field Theory to Phenomenology: The History of Dispersion Relations, in *Pion to Quacks: Particle Physics in the 1950s.* Brown L.M., Dresden M. and Hoddeson L., eds. Cambridge University Press, 1989.

10 Capra F. *The Tao of Physics.* Shambhala, 1975.

11 Capra F. *The Tao of Physics,* Third Edition. Shambhala, 1991, page 257.

12 같은 책, page 9.

13 같은 책, page 315.

14 같은 책, page 327.

15 Susskind L. in Hoddeson L., Brown L., Riordan M. and Dresden M., eds *The Rise of the Standard Model: Particle Physics in the 1960s and 1970s.* Cambridge University Press, 1997, page 235.

16 Schwartz J. in *History of Original Ideas and Basic Discoveries in Particle Physics,* Newman H. and Ypsilantis T., eds. Plenum Press, 1998, page 698.

17 Witten E. D=10 Superstring Theory, in Weldon H.A., Langacker P. and Steinhardt P.J., eds. *Fourth Workshop on Grand Unification.* Birkhauser, 1983, page 395.

18 Adams J. Frank. Finite H-space and Lie Groups, *Journal of Pure and Applied Algebra* 19 (1980) 1-8.

19 Reid M. Update on 3-folds, *Proceeding of the ICM,* Beijing 2002, Volumes 2, 513-24.

20 Witten E. Magic, Mystery, and Matirx, *Notices of the AMS* 45 (1998) 1124-1129.

21 Glashow S., interview in Nova special *The Elegant Universe.* Public Broadcasting Service, 2003.

22 Kane G. and Shifman M. eds. *The Supersymmetric World: The Beginning of the Theory.* World Scientific, 2001.

23 Green M., Schwartz J. and Witten E. *Superstring Theory* (two volumes). Cambridge University Press, 1988.

24 Polchinski J. *String Theory* (two volumes). Cambridge University Press, 1998.

25 Zwiebach B. *A First Course in String Theory.* Cambridge University Press, 2004.

26 Johnson C. *D-Branes.* Cambridge University Press, 2003.

27 Randall L. *Warped Passages: Unraveiling the Mysteries of the Universe's Hidden Dimensions.* Ecco, 2005.

12장 끈이론과 초대칭: 과학적 평가

1 Harris T. *Hannibal.* Delacorte Press, 1999.

2 Kane G. and Shifman M. *The Supersymmetric World.* World Scientific, 2000.

3 SLAC SPIRES datebase.

4 Coleman S. *Aspects of symmetry: Selected Erice Lectures.* Cambridge University Press, 1985.

5 Kane G. TASI Lectures: Weak Scale Supersymmetry – A Top-Motivated-Bottom-Up Approach, arXiv:hep-th/981210.

6 Davies P.C.W., Brown J.R. *Superstrings: A Theory of Everything?* Cambridge University Press, 1988.

7 Krauss L. Talk at Asimov Panel Discussion, Museum of Natural History, New York, February 2001.

8 Glashow S. and Bova B. *Interactions: A Journey Though the Mind of a Particle Physicist.* Warner Books, 1988, page 25.

9 17 Witten E. D=10 Superstring Theory, in Weldon H.A., Langacker P. and Steinhardt P.J., eds. *Fourth Workshop on Grand Unification.* Birkhauser, 1983.

10 Banks T. Matrix Theory, arXiv:hep-th/981210.

11 'ʻt Hooft, G. *In Search of the Ulimate Buliding Blocks.* Cambridge University Press, 1997, page 163.

12 Smolin L. How Far are we from the Quantum Theory of Gravity? arXiv:hep-th/9812014

13 Smolin L. *Three Roads to Quantum Gravity.* Basic Books, 2001.

14 Shifman M. From Heisenberg to Supersymmetry, *Fortschr. Phys.* 50 (2002) 5-7.

15 Heisenberg W. *Introduction to the Unified Field Theory of Elementary Particles.* Interscience, 1966.

16 Krauss L. *Hiding in the Mirror.* Viking, 2005.

17 Friedan D. A Tentative Theory of Large Distance Physics, arXiv:hep-th/0204131.

18 Gell-Mann M. Closing Talk at the Second Nobel Symposium on Particle Physics, 1986. *Physica Scripta* T15 (1987) 202.

19 Magueijo J. *Faster Than the Speed of Light.* Perseus Publishing, 2003, pages 239-40.

20 같은 책, pages 236-37.

13장 아름다움과 어려움

1 Leibniz G.W. *Discourse on Metaphysics.* 1826.

2 Voltaire. *Candide.* 1759.

3 Southern T. and Hoffenberg M. *Candy.* Putnam, 1964.

4 Wigner E. The Unreasonable Effectiveness of Mathematics in the Natural Sciences, *Comm. Pure Applied Mathematics* 13 (1960) 1-14.

5 Baum E. *What is Thought?* MIT Press, 2004.

6 Dirac P.A.M. The Evloution of the Physicist's Picture of Nature, *Scientific American*, May 1963, 45-53.

7 Schwarz J. Strings and the Advent of Supersymmetry: The View from Pasadena, in Kane G. and Shifman M. *The Supersymmetric World.* World Scientific, 2000, pages 16-17.

8 Susskind L. *The Cosmic Landscape: String Theory and the Illusion of Intelligent Design*. Little, Brown and Company, 2005, page 125.

9 같은 책, page 377.

10 같은 책, page 124.

11 Cho A. String Theory Gets Real — Sort of, *Science* 306 26 November 2004, pages 1460-2.

12 Anderson P. http://www.edge.org/q2005/q05_10.html#andersonp

14장 초끈이론은 과연 과학인가?

1 Polchinski J. Talk given at the 26th SLAC Summer Institute on Particle Physics, arXiv:hep-th/9812104

2 Hawking S. *A Brief History of Time*. Bantam, 1988, page 1.

3 Geertz C. *The Interpretation of Cultures*. Basic Books, 1973, page 28.

4 Glashow S. Does Elementary Particle Physics Have a Future? in *The Lesson of Quantum Theory*, de Boer J., Dal E. and Ulfbeck O., eds. Elsevier, 1986, pages 143-53.

5 Kaku M. Interview on the *Leonard Lopate Show*, WNYC, 1/2/2004.

16장 마을에서 벌어지는 유일한 게임: 끈이론의 권위와 영광

1 Vonnegut K. The Only Game in Town. *Natural History*, Winter 2001.

2 Davies P.C.W., Brown J.R. *Superstrings: A Theory of Everything?* Cambridge University Press, 1988, page 148.

3 Taubes G. *Nobel Dreams: Power, Deceit and the Ultimate Experiment*. Random House, 1986, pages 254-5.

4 Peter woit, String Theory: An Evalution, arxiv: physics/0102051v1

5 Gross D. Talk at AAAS session on 'The Coming Revolutions in Particle Physics', 16 February 2001, http://www.aaas.org/meetings/2001/6128.00.htm

6 Polchinski J. Talk given at the 26th SLAC Summer Institute on Particle Physics, arXiv:hep-th/9812104

7 Jha Alok. String Fellows. *The Guardian*, 20 January 2005.

8 Glanz J. Even Without Evidence, String Theory Gains Influence, *New York Times*, 13 March 2001.

9 Greene B. *The Elegant Universe*. W.W. Norton, 1999.

10 Greene B. *The Fabric of the Cosmos*. W.W. Knopf, 2004.

11 Johnson G. Physicists Finally Find a Way to Test Superstring Theory, *New York Times*, 4 April 2002.

12 Zwiebach B. *A First Course in String Theory*. Cambridge University Press, 2004.

13 Gruner S., Langer J., Nelson P. and Vogel V. What Future will we Choose for Physics? *Physics Today*, December 1995, 25-30.

14 Henly M. and Chu R. AIP Society Membership Survey: 2000.

15 Particle Data Group, *The 2002 Census of US Particle Physics*.

16 Oddone P. and Vaughan D. *Survey of High-Energe Physics Support at US Universities*. DOE, 1997.

17 Theoretical Particle Physics Jobs Rumor Mill: http://particle.physics.ucdavis.edu/rumor/doku.php

18 Raussen M. and Skau C. Interview with Michael Atiyah and Isadore Singer, *Notices of the AMS* 52 (2005) 228-31.

19 Duff M. and Blackburn S. Looking for a Slice of the American Pie, *The Times Higher Education Supplement*, 30 July 1999.

17장 끈이론의 경치

1 Kachru S., Kallosh R., Linde A. and Trivedi S. de Sitter Vacua in String Theory, arXiv:hep-th/0301240

2 Susskind L. Talk at Conference in Honor of Albert Schwarz, University of California at Davis, 15 May 2004.

3 Weinberg S. *Phys. Rev. Lett.* 59 2607 (1897)

4 Susskind L. http://www.edge.org/3rd_culture/susskind03/susskind _index.html

5 Susskind L. *The Cosmic Landscape: String Theory and the Illusion of Intelligent Design.* Little, Brown and Company, 2005.

6 Susskind L. Stanford Press Release, 15 February 2005.

7 Overbye D. One Cosmic Question, Too Many Answers. *New York Times*, 2 Semtember 2003.

8 Witten E. Talk at KITP, Santa Barbara, 9 October 2004.

9 Gross D. Abstrct for Talk Entitled 'Where do We Stand in Fundamental Theory' at Nobel Symposium, August 2003.

10 Polchinski J. sci.physics.strings posting, 7 April 2004.

11 Lerche W. sci.physics.strings posting, 6 April 2004.

12 Douglas M. Statistcal Analysis of the Supersymmetry Breaking Scale, arXiv:hep-th/0405279

13 Susskind L. Naturalness and the Landscape, arXiv:hep-ph/0407209

14 Polyakov A.M. Confinement and Liberation, arXiv:hep-th/0407209

15 Susskind L. *The Cosmic Landscape: String Theory and Illusion of Intelligent Design.* Little, Brown and Company, 2005, pages 192-3.

16 Steinhardt P. http://www.edge.org/q2005/q05_print.html#steinhardt

17 Cho A. String Theory Gets Real — Sort of, *Science* 306 26 November 2004.

18장 다른 관점들

1 Weinberg S. *The First Three Minutes: A Modern View of the Origin of the Universe.* Basic Books, 1977.

2 Rovelli C. *Quantum Gravity.* Cambridge University Press, 2004.

3 Connes A. *Noncommutative Geometry.* Academic Press, 1994.

19장 결론

1 Krauss L. *Hiding in the Mirror.* Viking, 2005.

2 Hogan J. *The End of Science: Facing the Limits of Knowledge in the Twilight of the Scientific Age.* Addison-Wesley, 1996.

3 Hogan J. *Rational Mysticism.* Houghton-Mifflin, 2003, page 175.

4 Hogan J. *The End of Science: Facing the Limits of Knowledge in the Twilight of the Scientific Age.* Addison-Wesley, 1996, page 91.

5 Jaffe A. and Quinn F. 'Theoretical Mathematics': Toward a Cultural Synthesis of Mathematics and Theoretical Physics, *Bull.* AMS 29 (1993) 1-13.

6 Atiyah M. Response to 'Theoretical Mathematics:.....', *Bull.* AMS 30(1994) 178-9.

7 Lindley D. *The End of Physics.* Basic Books, 1993.

8 Atiyah M. An Interview with Michael Atiyah, *The Mathematical Intelligencer* 6 (1984) 9-19.

9 Weyl. H. *Symmetry.* Princeton University Press, 1952.

찾아보기

0

1

2

3

A

B

C

D

E

G

H

I

J

K

L

M

N

P

R

S

ㄴ

ㄷ

ㅁ

ㅅ

ㅇ

ㅈ

ㅊ

ㅋ

ㅌ

ㅎ

19세기 산업은 전기 기술 시대, 20세기는 전자 기술(반도체) 시대, 21세기는 양자 기술 시대입니다. 미래의 주역인 청소년들을 위해 21세기 **양자 기술**(양자 컴퓨터, 양자 암호, 양자 정보, 양자 철학 등) 시대를 대비한 수학 및 양자 물리학 양서를 계속 출간하고 있습니다.

아이작 뉴턴

제임스 글릭 지음 | 김동광 옮김 | 320쪽 | 16,000원

'엄선된 자서전, 인간 뉴턴이 그늘에서 모습을 드러내다.'
'천재'와 '카오스'의 저자 제임스 글릭이 쓴 아이작 뉴턴의 삶과 업적! 과학에서 가장 난해한 뉴턴의 인생을 진지한 시선으로 풀어낸다.

파인만의 **과학이란 무엇인가?**

리처드 파인만 강연 | 정무광, 정재승 옮김 | 192쪽 | 10,000원

'과학이란 무엇인가?'. '과학적인 사유는 세상의 다른 많은 분야에 어떻게 영향을 미치는가?'에 대한 기지 넘치는 강연을 생생히 읽을 수 있다. 아인슈타인 이후 최고의 물리학자로 누구나 인정하는 리처드 파인만의 1963년 워싱턴대학교에서의 강연을 책으로 엮었다.

타이슨이 연주하는 **우주 교향곡 1, 2권**

닐 디그래스 타이슨 지음 | 박병철 옮김 | 1권 256쪽, 2권 264쪽 | 각권 10,000원

모두가 궁금해하는 우주의 수수께끼를 명쾌하게 풀어내는 책! 10여 년 동안 미국 월간지 〈유니버스〉에 '우주'라는 제목으로 기고한 칼럼을 두 권으로 묶었다. 우주에 관한 다양한 주제를 골고루 배합하여 쉽고 재치 있게 설명해 준다.

퀀트: 물리와 금융에 관한 회고

이매뉴얼 더만 지음 | 권루시안 옮김 | 472쪽 | 18,000원

'금융가의 리처드 파인만'으로 손꼽히는 금융가의 전설적인 더만! 그가 말하는 이공계생들의 금융계 진출과 성공을 향한 도전을 책으로 읽는다. 금융공학과 퀀트의 세계에 대한 다채롭고 흥미로운 회고. 수학자 제임스 시몬스는 70세의 나이에도 1조 5천억 원의 연봉을 받고 있다. 이공계생들이여, 금융공학에 도전하라!

아인슈타인의 베일: 양자물리학의 새로운 세계

안톤 차일링거 지음 | 전대호 옮김 | 312쪽 | 15,000원

양자물리학의 전체적인 흐름을 심오한 질문들을 통해 설명하는 책. 세계의 비밀을 감추고 있는 거대한 '베일'을 양자이론으로 점차 들춰낸다. 고전물리학에서부터 최첨단의 실험 결과에 이르기까지, 일반 독자를 위해 쉽게 설명하고 있어 과학 논술을 준비하는 학생들에게 도움을 준다.

과학의 새로운 언어, **정보**

한스 크리스천 폰 베이어 지음 | 전대호 옮김 | 352쪽 | 18,000원

양자역학이 보여 주는 '반직관적인' 세계관과 새로운 정보 개념의 소개. 눈에 보이는 것이 세상의 전부가 아님을 입증해 주는 '양자역학'의 세계와 현대 생활에서 점점 더 중요시하는 '정보'에 대해 친근하게 설명해 준다. IT산업에 밑바탕이 되는 개념들도 다룬다.

한국과학문화재단 출판지원 선정 도서

엘러건트 유니버스

브라이언 그린 지음 | 박병철 옮김 | 592쪽 | 20,000원

초끈이론과 숨겨진 차원, 그리고 궁극의 이론을 향한 탐구 여행. 초끈이론의 권위자 브라이언 그린은 핵심을 비껴가지 않고도 가장 명쾌한 방법을 택한다.

〈KBS TV 책을 말하다〉와 〈동아일보〉 〈조선일보〉 〈한겨레〉 선정 '2002년 올해의 책', 2008년 '새 대통령에게 권하는 책 30선'

우주의 구조

브라이언 그린 지음 | 박병철 옮김 | 747쪽 | 28,000원

'엘러건트 유니버스'에 이어 최첨단의 물리를 맛보고 싶은 독자들을 위한 브라이언 그린의 역작! 새로운 각도에서 우주의 본질에 관한 이해를 도모할 수 있을 것이다.

〈KBS TV 책을 말하다〉 테마북 선정, 제46회 한국출판문화상(번역부문, 한국일보사), 아·태 이론물리센터 선정 '2005년 올해의 과학도서 10권'

파인만의 물리학 강의 Ⅰ

리처드 파인만 강의 | 로버트 레이턴, 매슈 샌즈 엮음 | 박병철 옮김 | 736쪽 | 양장 38,000원 | 반양장 18,000원, 16,000원(Ⅰ-Ⅰ, Ⅰ-Ⅱ로 분권)

40년 동안 한 번도 절판되지 않았던, 전 세계 이공계생들의 필독서, 파인만의 빨간 책.

파인만의 물리학 강의 Ⅱ

리처드 파인만 강의 | 로버트 레이턴, 매슈 샌즈 엮음 | 김인보, 박병철 외 6명 옮김 | 800쪽 | 40,000원

파인만의 물리학 강의 Ⅰ에 이어 우리나라에 처음으로 소개하는 파인만 물리학 강의의 완역본. 주로 전자기학과 물성에 관한 내용을 담고 있다.

파인만의 물리학 강의 Ⅲ

리처드 파인만 강의 | 로버트 레이턴, 매슈 샌즈 엮음 | 김충구, 정무광, 정재승 옮김 | 511쪽 | 30,000원

오래 기다려 온 파인만의 물리학 강의 3권 완역본.

양자역학의 중요한 기본 개념들을 파인만 특유의 참신한 방법으로 설명한다.

파인만은 양자전기역학에 대한 연구로 노벨상을 받았을 만큼 양자역학에 대한 이해가 깊었다.

파인만의 물리학 길라잡이: 강의에 딸린 문제 풀이

리처드 파인만, 마이클 고틀리브, 랠프 레이턴 지음 | 박병철 옮김 |

304쪽 | 15,000원

파인만의 강의에 매료되었던 마이클 고틀리브와 랠프 레이턴이 강의록에 누락된 네 차례의 강의와 음성 녹음, 그리고 사진 등을 찾아 복원하는 데 성공하여 탄생한 책으로, 기존의 전설적인 강의록을 보충하기에 부족함이 없는 참고서이다.

파인만의 여섯 가지 물리 이야기

리처드 파인만 강의 | 박병철 옮김 | 246쪽 | 양장 13,000원, 반양장 9,800원

파인만의 강의록 중 일반인도 이해할 만한 '쉬운' 여섯 개 장을 선별하여 묶은 책. 미국 랜덤하우스 선정 20세기 100대 비소설 가운데 물리학 책으로 유일하게 선정된 현대과학의 고전.

간행물윤리위원회 선정 '청소년 권장 도서'

파인만의 또 다른 물리 이야기

리처드 파인만 강의 | 박병철 옮김 | 238쪽 | 양장 13,000원, 반양장 9,800원

파인만의 강의록 중 상대성이론에 관한 '쉽지만은 않은' 여섯 개 장을 선별하여 묶은 책. 블랙홀과 웜홀, 원자 에너지, 휘어진 공간 등 현대물리학의 분수령인 상대성이론을 군더더기 없는 접근 방식으로 흥미롭게 다룬다.

일반인을 위한 파인만의 QED 강의

리처드 파인만 강의 | 박병철 옮김 | 224쪽 | 9,800원

가장 복잡한 물리학 이론인 양자전기역학을 가장 평범한 일상의 언어로 풀어낸 나흘간의 여행. 최고의 물리학자 리처드 파인만이 복잡한 수식 하나 없이 설명해 간다.

발견하는 즐거움

리처드 파인만 지음 | 승영조, 김희봉 옮김 | 320쪽 | 9,800원

인간이 만든 이론 가운데 가장 정확한 이론이라는 '양자전기역학(QED)'의 완성자로 평가받는 파인만. 그에게서 듣는 앎에 대한 열정.

문화관광부 선정 '우수학술도서', 간행물윤리위원회 선정 '청소년을 위한 좋은 책'

천재: 리처드 파인만의 삶과 과학

제임스 글릭 지음 | 황혁기 옮김 | 792쪽 | 28,000원

'카오스'의 저자 제임스 글릭이 쓴, 천재 과학자 리처드 파인만의 전기. 과학자라면, 특히 과학을 공부하는 학생이라면 꼭 읽어야 하는 책.

2006년 과학기술부인증 '우수과학도서', 아 · 태 이론물리센터 선정 '2006년 올해의 과학도서 10권'

아인슈타인의 우주: 알베르트 아인슈타인의 시각은 시간과 공간에 대한 우리의 이해를 어떻게 바꾸었나

〈GREAT DISCOVERIES〉

미치오 카쿠 지음 | 고중숙 옮김 | 328쪽 | 15,000원

밀도 높은 과학적 개념을 일상의 언어로 풀어내는 카쿠는 이 책에서 인간 아인슈타인과 그의 유산을 수식 한 줄 없이 체계적으로 설명한다. 가장 최근의 끈이론에도 살아남아 있는 그의 사상을 통해 최첨단 물리학을 이해할 기회를 주는 친절한 안내서이다.

너무 많이 알았던 사람: 앨런 튜링과 컴퓨터의 발명

〈GREAT DISCOVERIES〉

데이비드 리비트 지음 | 고중숙 옮김 | 398 쪽 | 18,000원

튜링은 제2차 세계대전 중에 독일군의 암호를 해독하기 위해 '튜링기계'를 성공적으로 설계하고 제작하여 연합군에게 승리를 보장해 주었고 컴퓨터 시대의 문을 열었다. 또한 반동성애법을 위반했다는 혐의로 체포되기도 했다. 저자는 소설가의 감성을 발휘하여 튜링의 세계와 특출한 이야기 속으로 들어가 인간적인 면에 대한 시각을 잃지 않으면서 그의 업적과 귀결을 우아하게 파헤친다.

열정적인 천재, **마리 퀴리**

〈GREAT DISCOVERIES〉

바바라 골드스미스 지음 | 김희원 옮김 | 286 쪽 | 15,000원

수십 년 동안 공개되지 않았던 일기와 편지, 연구 기록, 가족과의 인터뷰 등을 통해 바바라 골드스미스는 신화에 가린 마리 퀴리를 드러낸다. 눈부신 연구 업적과 부양가족, 사회에 대한 편견, 그녀 자신의 열정적인 본성 사이에서 끊임없이 갈등하며 균형을 잡으려 애썼던 너무나 인간적인 여성의 모습이 그것이다. 이 책은 퀴리의 뛰어난 과학적 성과와 함께, 명성을 위해 치러야 했던 대가까지 눈부시게 그려 낸다.

수학

오일러상수 감마

줄리언 해빌 지음 | 프리먼 다이슨 서문 | 고중숙 옮김 | 416쪽 | 20,000원

수학의 중요한 상수 중 하나인 감마는 여전히 깊은 신비에 싸여 있다. 줄리언 해빌은 여러 나라와 세기를 넘나들며 수학에서 감마가 차지하는 위치를 설명하고, 독자들을 로그와 조화급수, 리만 가설과 소수정리의 세계로 끌어들인다.

허수: 시인의 마음으로 들여다본 수학적 상상의 세계

배리 마주르 지음 | 박병철 옮김 | 280쪽 | 12,000원

수학자들은 허수라는 상상하기 어려운 대상을 어떻게 수학에 도입하게 되었을까? 하버드대학교의 저명한 수학 교수인 배리 마주르는 우여곡절 많았던 그 수용과정을 추적하면서 수학에 친숙하지 않은 독자들을 수학적 상상의 세계로 안내한다. 이 책의 목적은 특정한 수학 지식을 설명하는 것이 아니라 수학에서 '상상력'이 필요한 이유를 제시하고 독자들을 상상하는 훈련에 끌어들임으로써 수학적 사고력을 확장시키는 것이다.

리만 가설: 베른하르트 리만과 소수의 비밀

존 더비셔 지음 | 박병철 옮김 | 560쪽 | 20,000원

수학의 역사와 구체적인 수학적 기술을 적절하게 배합시켜 '리만 가설'을 향한 인류의 도전사를 흥미진진하게 보여 준다. 일반 독자들도 명실공히 최고 수준이라 할 수 있는 난제를 해결하는 지적 성취감을 느낄 수 있을 것이다.

2007 대한민국학술원 기초학문육성 '우수학술도서' 선정

소수의 음악: 수학 최고의 신비를 찾아

마커스 드 사토이 지음 | 고중숙 옮김 | 560쪽 | 20,000원

소수, 수가 연주하는 가장 아름다운 음악! 이 책은 세계 최고의 수학자들이 혼돈 속에서 질서를 찾고 소수의 음악을 듣기 위해 기울인 힘겨운 노력에 대한 매혹적인 서술이다. 19세기 이후부터 현대 정수론의 모든 것을 다룬다.

제26회 한국과학기술도서상(번역부문), 2007 과학기술부 인증 '우수과학도서' 선정, 아·태 이론물리센터 선정 '2007년 올해의 과학도서 10권', 〈EBS 북 다이제스트〉 테마북 선정

불완전성: 쿠르트 괴델의 증명과 역설

〈GREAT DISCOVERIES〉

레베카 골드스타인 지음 | 고중숙 옮김 | 352쪽 | 15,000원

독자적인 증명을 통해 괴델은 충분히 복잡한 체계, 요컨대 수학자들이 사용하고자 하는 체계라면 어떤 것이든 참이면서도 증명불가능한 명제가 반드시 존재한다는 사실을 밝혀냈다. 괴델이 보기에 이는 인간의 마음으로는 오직 불완전하게 헤아릴 수밖에 없는, 인간과 독립적으로 존재하는 영원불멸의 객관적 진리에 대한 증거였다. 레베카 골드스타인은 소설가로서의 기교와 과학철학자로서의 통찰을 결합하여 괴델의 정리와 그 현란한 귀결들을 이해하기 쉽도록 펼쳐 보임은 물론 괴팍스럽고도 처절한 천재의 삶을 생생히 그려 나간다.

간행물윤리위원회 선정 '청소년 권장 도서'

영재들을 위한 365일 수학여행

시오니 파파스 지음 | 김흥규 옮김 | 280쪽 | 15,000원

재미있는 수학 문제와 수수께끼를 일기 쓰듯이 하루에 한 문제씩 풀어 가면서 논리적인 사고력과 문제해결능력을 키우고 수학언어에 친숙해지도록 하는 책. 더불어 수학사의 유익한 에피소드도 읽을 수 있다.

뷰티풀 마인드

실비아 네이사 지음 | 신현용, 승영조, 이종인 옮김 | 757쪽 | 18,000원

21세 때 MIT에서 27쪽짜리 게임이론의 수학 논문으로 46년 뒤 노벨 경제학상을 수상한 존 내쉬의 영화 같았던 삶. 그의 삶 속에서 진정한 승리는 정신분열증을 극복하고 노벨상을 수상한 것이 아니라, 아내 앨리샤와의 사랑으로 끝까지 살아남아 성장했다는 점이다.

간행물윤리위원회 선정 '우수도서', 영화 〈뷰티풀 마인드〉 오스카상 4개 부문 수상

우리 수학자 모두는 약간 미친 겁니다

폴 호프만 지음 | 신현용 옮김 | 376쪽 | 12,000원

83년간 살면서 하루 19시간씩 수학문제만 풀었고, 485명의 수학자들과 함께 1,475편의 수학논문을 써낸 20세기 최고의 전설적인 수학자 폴 에어디쉬의 전기.

한국출판인회의 선정 '이달의 책', 론-폴랑 과학도서 저술상 수상

무한의 신비

애머 악첼 지음 | 신현용, 승영조 옮김 | 304쪽 | 12,000원

고대부터 현대에 이르기까지 수학자들이 이루어 낸 무한에 대한 도전과 좌절. 무한의 개념을 연구하다 정신병원에서 쓸쓸히 생을 마쳐야 했던 칸토어와 피타고라스에서 괴델에 이르는 '무한'의 역사.

유추를 통한 수학탐구

P. M. 에르든예프, 한인기 공저 | 272쪽 | 18,000원

유추는 개념과 개념을, 생각과 생각을 연결하는 징검다리와 같다. 이 책을 통해 우리는 '내 힘으로' 수학하는 기쁨을 얻게 된다.

문제해결의 이론과 실제

한인기, 꼴랴긴 Yu. M. 공저 | 208쪽 | 15,000원

입시 위주의 수학교육에 지친 수학교사들에게는 '수학 문제해결의 가치'를 다시금 일깨워 주고, 수학 논술을 준비하는 중등학생들에게는 진정한 문제해결력을 길러 줄 수 있는 수학 탐구서.

생물

신중한 다윈 씨: 찰스 다윈의 진면목과 진화론의 형성 과정 〈GREAT DISCOVERIES〉

데이비드 콰멘 지음 | 이한음 옮김 | 352쪽 | 17,000원

찰스 다윈과 그의 경이롭고 두려운 생각에 관한 이야기. 다윈이 떠올린 메커니즘인 '자연선택'은 과학사에서 가장 흥미를 자극하는 것이다! 이 책은 다윈의 과학적 업적은 물론 위대함이라는 장막 뒤쪽에 가려진 다윈의 인간적인 초상을 세밀하게 그려 낸다.

안개 속의 고릴라

다이앤 포시 지음 | 최재천, 남현영 옮김 | 520쪽 | 20,000원

세 명의 여성 영장류 학자(다이앤 포시, 제인 구달, 비루테 갈디카스) 중 가장 열정적인 삶을 산 다이앤 포시. 이 책은 '산중의 제왕' 산악고릴라를 구하기 위해 투쟁하고 그 과정에서 목숨까지 버려야 했던 다이앤 포시가 우림지대에서 13년간 연구한 고릴라의 삶을 서술한 보고서이다. 영장류 야외 장기 생태 분야에서 값어치를 매길 수 없이 귀한 고전이다.

2008 대한민국학술원 기초학문육성 '우수학술도서' 선정

한국출판인회의 선정 '이달의 책'(2007년 10월)

근간

인류 시대 이후의 **미래 동물 이야기**

두걸 딕슨 지음 | 데스먼드 모리스 서문 | 이한음 옮김 | 240쪽 | 15,000원

인류 시대가 끝난 후의 지구는 어떻게 진화할까? 다윈도 예측하지 못한 신기한 미래 동물의 진화를 기후별, 지역별로 소개하여 우리의 상상력을 흥미롭게 자극한다. 책장을 넘기며 그림을 보는 것만으로도 이 책이 우리의 상상력을 얼마나 자극하는지 느낄 수 있을 것이다. 나아가 이 책은 단순히 호기심만 부추기는 데 그치지 않고, 진화 원리를 바탕으로 타당하고 예상 가능한 상상의 동물들을 제시하기에 설득력을 갖는다.

THE ROAD TO REALITY:

A Complete Guide to the Laws of the Universe

로저 펜로즈 지음 | 박병철 옮김

지금껏 출간된 책들 중 우주를 수학적으로 가장 완전하게 서술한 책. 수학과 물리적 세계 사이에 존재하는 우아한 연관관계를 복잡한 수학을 피해 가지 않으면서 정공법으로 설명한다. 우주의 실체를 이해하려는 독자들에게 놀라운 지적 보상을 제공한다.

THE ELEMENT:

How Finding Your Passion Changes Everything

켄 로빈슨 지음 | 승영조 옮김

인간 잠재력 계발 분야의 세계적 리더, 켄 로빈슨이 공개하는 성공의 비밀! 저자는 폴 매카트니, 〈심슨 가족〉의 창시자 매트 그로닝 등 다양한 분야에서 성공한 사람들과의 인터뷰와 오랜 연구 끝에 성공의 비밀을 밝혀냈다. 인간은 누구나 천재적 재능을 갖고 있다고 주장하는 켄 로빈슨은 이 책에서 재능을 발견하고 성공으로 이르게 하는 해법을 제시한다.

Why Beauty Is Truth

이언 스튜어트 지음 | 안재권 / 안기연 공역

수많은 천재를 매료시킨 수학의 아름다음은 대체 어떤 것인가? '수학을 배우는 이유'에 대한 답을 여러 대중과학서를 통해 집필해 온 이언 스튜어트가 이번에는 대수가 갖는 구조적인 아름다음의 발견사를 이야기한다. 대수의 핵심 개념인 '대칭'을 수학사를 통하여 짚어볼 수 있다. 더불어 수학사의 위대한 성취를 이루어 낸 수학자들의 인간적인 일화를 읽는 것도 이 책의 즐거움이다.

무한 공간의 왕 (가제)

시오반 로버츠 지음 | 안재권 옮김

자동차 설계, 세제 병의 굴곡, 만화영화의 살아있는 듯한 캐릭터, 알고 보면 우리 삶의 대부분을 지배하는 기하학에서 위대한 업적을 쌓은 도널드 콕시터의 이야기! 그림으로 세계를 나타내는 고전기하학과, 거꾸로 관념으로 세계를 설명하는 추상대수학 사이에 자유로운 정신으로 찬란한 다리를 놓은 천재의 전기이다.

미지수: 상상의 역사 (가제)

존 더비셔 지음 | 고중숙 옮김

"여기에 '무엇'을 더해야 이것이 될까?" 이 '무엇', 즉 미지수를 구하기 위해 우리가 책에서 보았던 수학자들이 실제로 얼마나 노력했는지, 미지수 x가 어떻게 발전해 왔는지 알려주는 책. 〈리만 가설〉의 저자 존 더비셔는 문자 기호부터 현대 대수에까지 이르는 대수의 역사를 자그마한 에피소드들을 통해 우리에게 들려준다.

초끈이론의 진실

1판 1쇄 펴냄 2008년 10월 27일
1판 2쇄 펴냄 2009년 10월 5일

지은이 | 피터 보이트
옮긴이 | 박병철
펴낸이 | 황승기
마케팅 | 송선경, 황유라
편 집 | 최 원
디자인 | 소울커뮤니케이션
펴낸곳 | 도서출판 승산
등록날짜 | 1998년 4월 2일
주 소 | 서울시 강남구 역삼동 723번지 혜성빌딩 402호
전화번호 | 02-568-6111
팩시밀리 | 02-568-6118
이메일 | books@seungsan.com
웹사이트 | www.seungsan.com

ISBN 978-89-6139-017-0 03420

■ 승산 북카페는 온라인 독서토론을 위한 공간입니다. 이 책의 포럼 'notevenwrong.seungsan.com' 으로 오시면 이 책에 대해 자유롭게 이야기 나눌 수 있습니다.
■ 도서출판 승산은 좋은 책을 만들기 위해 언제나 독자의 소리에 귀를 기울이고 있습니다.